大阪大学
新世紀レクチャー

計算機マテリアルデザイン入門
Introduction to Computational Materials Design
―From the Basics to Actual Applications―

笠井秀明
赤井久純
吉田　博 編

大阪大学出版会

初版第4刷を発刊するにあたり

　世界に先駆けて、第一原理を根幹とする計算機マテリアルデザイン（CMD）を確立してきた我々にとって、本書はCMDの必要性を世に問う試みの一つである。本書が第1刷で1000部、第2刷で500部、第3刷で500部、さらに、このたび第4刷を発刊する運びとなったことは、望外の喜びである。まずは、読者の皆様に感謝の意を表したいと思う。

　初版第1刷を発刊して、12年が経過しようとしているが、この間、CMDの産業への活用は特定の研究分野に留まらない。CMDを活用して得られる物質・プロセス・デバイスデザインの知見を共用することで、各研究分野に相乗効果をもたらしている。

　図に例示するように、省資源、創エネルギー、蓄エネルギー、省エネルギーをキーワードとする研究分野で、ナノ触媒、水素貯蔵、太陽電池、燃料電池、スピントロニクス、メモリーデバイスなど、関連する新技術・新産業の創生に結実しつつある。さらに、バイオセンシング・ガン治療などの生物・医療科学分野も視野に入っている。

　CMDの普及活動の一つであるコンピューテーショナル・マテリアルズ・デザイン（CMD）ワークショップは2017年9月に第31回を迎える。卒業生が加わって講師陣も若返り、参加者も多く盛況であり、国内では定着しているように思える。また、留学生が卒業後に講師陣に加わり、このワークショップの海外展開を主導しており、参加者も多く、大きな反響を呼んでいる。国際色豊かな取組みとなっている。喜ばしい限りである。

　このように、今後ますます、CMDが21世紀の新技術・新産業の創生の基盤となることを期待するものである。

CMDを用いた21世紀の新技術・新産業の創生

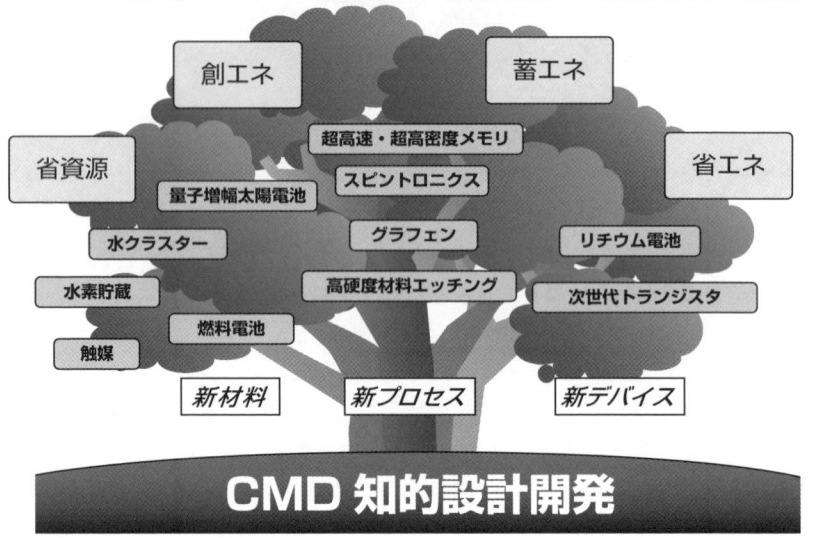

2017年7月
笠井　秀明

はじめに

　21世紀に入り科学技術の進歩はめざましく、以前は絵物語の中にしか存在しなかったような新物質や新デバイスが続々と開発されている。が、一方で旧来の手法では解決できないような問題も浮上してきている。例えば、ナノテクノロジーの発展は目を見張るばかりであるが、デバイス開発がナノメートルオーダーやそれ以下の微細領域に及ぶにつれ、量子力学的効果を考慮にいれなければならず、さらに、物質とデバイスが渾然一体となる局面が増えつつある。また、効率よく新機能物質を発見するためには、計算機上でシミュレーションを行って予測してから実験を行う必要がある。このような状況の中で、今、量子力学に基づいた実験に頼らない信頼性の高いシミュレーションが求められている。

　第一原理計算はこれらの要請にこたえる計算手法である。この計算手法は量子力学から導かれる密度汎関数理論に基盤を置いており、実験値や経験的パラメータに頼らない物性予測が可能である。第一原理計算手法の開発と、最近の計算機性能の飛躍的な発展により、量子力学に基づいたコンピューテーショナル・マテリアルズ・デザイン（Computational Materials Design：CMD）が現実性を増しており、このCMDを用いた知的設計手法の産業への応用展開が期待されている。特に、CMDを用いた先行的特許出願についてもその戦力的重要性が高まるものと期待される。

　本書ではこの第一原理計算の基礎、第一原理計算に基づいた計算コードの解説と使用法、そして、それらの計算コードを用いた新物質や新デバイス、新プロセス、知的財産の創出への研究例を紹介する。

　読者諸君が本書を手引きとして第一原理計算とそれに基づく物質・デバイス・プロセスデザインに親しまれ、その知識が研究や新分野の開発・実用化の助けとなれば著者一同まことに幸いとするところである。

　最後に本書の編集に当たりご助力いただいた大阪大学出版会の岩谷美也子氏、大阪大学大学院工学研究科中西寛氏、南谷英美氏に厚く御礼申し上げる。

2005年9月

笠井　秀明

目　次

基　礎　編

1 　第一原理計算　　　　　　　　　　　　　赤井久純　　2
　　　　　　First Principles Calculation – An Introduction
　　1.1　物質中の電子のハミルトニアン　　3
　　1.2　電子のシュレーディンガー方程式　　4
　　1.3　ホーエンベルク・コーンの定理　　5
　　1.4　密度汎関数理論　　7
　　1.5　コーン・シャム方程式　　8
　　1.6　局所密度近似　　10
　　1.7　量子シミュレーション　　11
　　1.8　バンド計算の系譜　　13

2 　計算機ナノマテリアルデザイン　　　　吉田　博　佐藤和則　　16
　　　　　　Computational Nano-Materials Design
　　2.1　計算機ナノマテリアルデザインとは？　　17
　　2.2　計算機ナノマテリアルデザインの方法論　　27
　　2.3　計算機ナノマテリアルデザインの例　　32

3 　MACHIKANEYAMA2002　　　　　　赤井久純　小倉昌子　　40
　　　　　　KKR-CPA-LDA CODE（MACHIKANEYAMA2002）
　　3.1　KKRグリーン関数法　　40
　　3.2　計算の実行　　46

4 STATE-Senri　　　　　　　　　　　　　森川良忠　　54
　　　　Simulation Tool for Atom Technology（STATE−Senri）
　4.1　擬ポテンシャル法　54
　4.2　平面波基底　60
　4.3　ウルトラソフト擬ポテンシャル法　64
　4.4　浅い内殻状態と非線形内殻補正　67
　4.5　繰り返し対角化法　68

5　第一原理分子動力学法「Osaka2002」　　　　　白井光雲　　73
　　　　Ab Initio Molecular Dynamics Code（Osaka2002）
　5.1　分子動力学法以前に　74
　5.2　第一原理分子動力学シミュレーション　81
　5.3　第一原理分子動力学シミュレーションの拡張・発展　93

6　結晶の対称性と電子状態　　　　　　　　　　　柳瀬　章　　101
　　　　Symmetry of Crystal and Electronic Structure
　6.1　結晶の対称性　101
　6.2　ブロッホの定理と逆格子　110
　6.3　ブリルアンゾーン　116
　6.4　回転の対称性と電子状態，k点群とkの星　118

7　ABCAP　　　　　　　　　　　　　　　　　　浜田典昭　　121
　　　　All Electron Band Structure Calculation Package（ABCAP）
　7.1　結晶　122
　7.2　Bloch関数と波数ベクトル　127
　7.3　マフィンティン球　130
　7.4　状態密度　134

8　HiLAPW　　　小口多美夫　　135
　　　　Hiroshima Linear Augmented Plane Wave Code（HiLAPW）
　8.1　基本仕様　*136*
　8.2　実行ファイル　*138*
　8.3　インストール　*140*
　8.4　fcc 構造の Cu　*142*
　8.5　ダイアモンド構造の Si　*145*
　8.6　bcc 構造の強磁性 Fe　*147*
　8.7　入力データの概要　*151*

9　NANIWA2001　　　笠井秀明　**Diño Wilson Agerico Tan**　156
　　　　Ab Initio based Quantum Reaction Dynamics Code（NANIWA2001）
　9.1　表面動的過程と第一原理計算　*156*
　9.2　水素－表面反応と NANIWA2001　*157*
　9.3　多次元ポテンシャル・エネルギー局面　*160*
　9.4　反応座標系　*163*
　9.5　カップルド・チャンネル方程式　*165*
　9.6　カップルド・チャンネル方程式の解法　*165*
　9.7　局所反射行列・透過行列・逆行列の導入　*167*
　9.8　波動関数の計算　*172*
　9.9　むすび　*173*

10　RSPACE-04　　　広瀬喜久治　小野倫也　176
　　　　―ナノ構造体の電気伝導特性―
　　　　Real Space Electronic Structure Calculation Code（RSPACE-04）
　10.1　ナノ構造体における電気伝導の基礎理論　*177*
　10.2　Overbridging boundary-matching 法　*180*
　10.3　むすび　*189*

11 新しい密度汎関数法の基礎　　　草部浩一　　191
Basics for a New Density Functional Theory
- 11.1 密度汎関数法の与える有効電子模型　192
- 11.2 Kohn−Sham の理論　195
- 11.3 交換・相関エネルギー　198
- 11.4 相関電子系のための密度汎関数法の拡張　199
- 11.5 密度行列汎関数理論　201
- 11.6 新しい密度汎関数理論の拡張　203
- 11.7 拡張 Kohn−Sham 方程式の一意性　206
- 11.8 ポスト LDA となる非局所近似によるモデルのデザイン　213
- 11.9 むすび　215

応 用 編

1 第一原理計算　　　赤井久純　　218
First Principles Calculations − Some General Case Studies
- 1.1 固体の凝集機構　219
- 1.2 希薄磁性半導体の量子シミュレーション　222
- 1.3 むすび　225

2 計算機ナノマテリアルデザイン　　　佐藤和則　吉田博　　226
―半導体スピントロニクスのマテリアルデザイン―
Computational Nano−Materials Design for Semiconductor Spintronics
- 2.1 半導体スピントロニクス　227
- 2.2 MACHIKANEYAMA と希薄磁性半導体のマテリアルデザイン　228
- 2.3 Ⅲ−Ⅴ族およびⅡ−Ⅵ族希薄磁性半導体の電子状態　230
- 2.4 平均場近似によるキュリー温度の計算　236
- 2.5 モンテカルロ法によるキュリー温度の計算　241

2.6 むすび　*246*

3　MACHIKANEYAMA2002　　　　　　　　小倉昌子　赤井久純　*249*
　　　　　KKR－CPA－LDA CODE（Machikaneyama2002）
　　　　　　　　　－Tutorial and Examples
3.1　不規則合金　*249*
3.2　不純物問題　*250*
3.3　スピングラス状態　*253*
3.4　状態密度とエネルギー分散　*256*

4　STATE-Senri　　　　　　　　　　　　　　森川良忠　*260*
　　　　　Simulation Tool for Atom Technology（STATE－Senri）
　　　　　　　　　－Some Applications
4.1　半導体表面構造と走査トンネル顕微鏡像の解析　*262*
4.2　吸着分子の基準振動解析と振動スペクトル　*265*
4.3　化学反応過程の第一原理シミュレーション　*269*

5　第一原理分子動力学法「Osaka2002」　　　　白井光雲　*274*
　　　―ダイナミックスデザインを目指して―
　　　　　Ab Initio Molecular Dynamics Code（Osaka2000）
　　　　　　　　　－Material Design via Atom Dynamics
5.1　基底状態計算　*274*
5.2　基底状態計算の応用　*281*
5.3　分子動力学シミュレーション　*288*
5.4　むすび　*294*

6　TSPACE　　　　　　　　　　　　　　　　柳瀬　章　　295
Space Group Program Package（TSPACE）－Tutorial and Examples
- 6.1　結晶構造の自動生成のプログラム WYCAPN　　296
- 6.2　結晶構造の自動生成のプログラムの使用例　　300

7　ABCAP　　　　　　　　　　　　　　　　浜田典昭　　306
All Electron Band Structure Calculation Package（ABCAP）
－Tutorial and Examples
- 7.1　準備　　306
- 7.2　バンド計算の手順　　309
- 7.3　描画ツール　　315
- 7.4　LDA+U 法　　322

8　HiLAPW　　　　　　　　　　　　　　　小口多美夫　　324
Hiroshima Linear Augmented Plane Wave Code（HiLAPW）
- 8.1　ボルツマン理論　　325
- 8.2　バンドフィッティング　　331
- 8.3　フェルミ速度とホール係数の計算　　338

9　NANIWA2001　　　　　Diño Wilson Agerico Tan　笠井秀明　　344
Ab Initio based Quantum Reaction Dynamics Code（NANIWA2001）
－Hydrogen－Surface Reaction Dynamics Related Studies
- 9.1　今なぜ水素？　　345
- 9.2　水素－表面反応の解析　　347
- 9.3　多次元ポテンシャル・エネルギー曲面　　349
- 9.4　反応座標系　　351
- 9.5　吸着過程と脱離過程の相関性　　352
- 9.6　水素分子の振動運動の影響　　354
- 9.7　水素分子の回転運動の影響　　357

9.8 動的量子フィルタリング　*362*

9.9 むすび　*364*

10　RSPACE-04　　　　　　　　　広瀬喜久治　小野倫也　*368*
Real Space Electronic Structure Calculation Code (RSPACE-04)
－Nanowire Conductance Related Studies

10.1 ジェリウムナノワイヤー　*368*

10.2 C_{20}フラーレンナノワイヤー　*371*

10.3 アルミニウム単原子ナノワイヤー　*374*

10.4 むすび　*376*

11　相関電子系設計への指針　　　　　　　　　草部浩一　*378*
Towards Designing Correlated Electron Systems

11.1 相関電子系の理論模型　*379*

11.2 ハバード模型の示す物性　*383*

11.3 有効模型の決定理論が果たす役割　*385*

11.4 むすび　*388*

索引　*391*

執筆者紹介　*394*

基礎編

1. 第一原理計算
2. 計算機ナノマテリアルデザイン
3. MACHIKANEYAMA2002
4. STATE-Senri
5. 第一原理分子動力学法「Osaka2002」
6. 結晶の対称性と電子状態
7. ABCAP
8. HiLAPW
9. NANIWA2001
10. RSPACE-04
11. 新しい密度汎関数法の基礎

1　第一原理計算

　本書で扱おうとしているテーマは，新しい物質の，計算機を用いたデザインである．何をデザインするかというと，物質の機械的，電気的，磁気的，光学的性質や，物質が示す特別な機能である．一般に物質のデザインといっても様々な階層がある．経験則が重要な場合もあるし，古典的な分子動力学や，連続体モデルによる解析が力を発揮する場合もある．しかし，計算機マテリアルデザインの出発点は，物質中の電子の状態（電子状態）とその物質が示す性質（物性）や機能の関係を見出すことである．この関係の中でも，特に，物質を指定したときに，その物質の物性や機能を調べることを量子シミュレーションと呼んでいる．「量子」という理由は，物性には電子の量子的な性質（量子性）が強く現れるため，電子を量子力学に基づいて取り扱わなければならないからである．

　物質中の電子の量子力学的な記述は，電子のハミルトニアンを用いて行われる．このようなハミルトニアンとして，考えている現象やある特定のエネルギー領域だけのことを議論するためのパラメータを含む模型（有効理論）を表すハミルトニアンを扱うことがしばしばなされる．しかし，計算機マテリアルデザインでは，より現実的な物質とその定量的な物性を，調整可能なパラメータを用いずに記述する必要がある．未知の物質を予測するために未知のパラメータを用いることはできないからである．したがって，物質中の本

当のハミルトニアンから出発する．このような立場から電子の状態を計算することを第一原理計算と呼んでいる．

本章では，計算機マテリアルデザインの出発点となる量子シミュレーションのための第一原理計算について，その基本的な考え方を紹介する．それとともに，第3章以降で紹介される様々な電子状態計算手法と第一原理計算との関連について一般的な立場から概観する．

1.1 物質中の電子のハミルトニアン

物質を記述するハミルトニアンは電子の座標と原子核の座標をともに含んでいる．しかし，物質中の電子を取り扱うときには，普通，原子核の運動は止めて考える．このような近似は断熱近似，あるいはボルン・オッペンハイマー近似と呼ばれる．原子核を構成する陽子や中性子の質量は電子の質量より 1000 倍以上大きく，その運動は電子の運動にくらべて十分遅いため，このような近似が許される．もちろん問題によってはこのような近似が許されず，電子の運動と原子核の運動を同時に考えなければならないこともある．しかし，ここでは断熱近似が十分正確な場合を仮定して話を進めよう．このとき，N 個の電子からなる系に対するハミルトニアンは

$$\mathcal{H} = \sum_{i=1}^{N} \{-\nabla_i^2 + v_{\text{ext}}(\boldsymbol{r}_i)\} + \frac{1}{2} \sum_{\substack{i,j=1 \\ (i \neq j)}}^{N} \frac{2}{|\boldsymbol{r}_i - \boldsymbol{r}_j|} \quad (1)$$

となる．ここで v_{ext} は静止した原子核の正電荷がつくるクーロン・ポテンシャル等の外部ポテンシャルである．$\boldsymbol{r}_i$ と ∇_i は i 番目の電子に対する位置ベクトルと微分演算子である．ここではスレータの原子単位を用いた．この単位では，プランクの定数，電子の電荷の 2 乗，電子の静止質量はそれぞれ，$\hbar = 1$，$e^2 = 2$，$m = 1/2$ となる．また光速は $c = 1/(2\alpha) = 274.0720442$（$\alpha$：微細構造定数）である．長さの単位はボーア半径で $1 \text{ bohr} = \hbar^2/(me^2) = 0.52917706 \text{ Å}$，エネルギーの単位はリドベルグで $1 \text{ Ry} = me^4/(2\hbar^2) = 13.6 \text{ eV}$ となる．

1.2 電子のシュレーディンガー方程式

量子力学の教えるところによれば N 個の電子の状態は N 個の座標を含む波動関数 $\Psi(\bm{r}_1, \bm{r}_2, \cdots, \bm{r}_N)$ によって記述される．波動関数 Ψ は $|\Psi|^2$ が電子を位置 $\bm{r}_1, \bm{r}_2, \cdots, \bm{r}_N$ に見出す確率を与えると解釈される．全確率が 1 であるという条件から

$$\int d\bm{r}_1 \cdots \int d\bm{r}_N \, |\Psi(\bm{r}_1, \cdots, \bm{r}_N)|^2 = 1 \tag{2}$$

でなければならない．また，位置 $\bm{r}$ に電子を見出す確率に比例する電子密度 $n(\bm{r})$ は

$$n(\bm{r}) = N \int d\bm{r}_2 \cdots \int d\bm{r}_N \, |\Psi(\bm{r}, \bm{r}_2, \cdots, \bm{r}_N)|^2 \tag{3}$$

で与えられる．定常状態，すなわち時間的に変化しない状態では，Ψ は微分方程式

$$\mathcal{H}\Psi = E\Psi \tag{4}$$

を物理的に適当な境界条件のもとで積分した解になっている．この微分方程式は時間に依存しないシュレーディンガー方程式と呼ばれている．E はエネルギー固有値と呼ばれ，境界条件に応じて決まってくる実数である．例えば，波動関数が有限の領域でのみゼロと異なるのであれば，E はとびとびの値しかとれない．エネルギー固有値はその系で許された定常状態に対応したエネルギー値となる．

さて，このように電子間の相互作用に相当する項が入っている微分方程式は $N \geq 3$ のときには一般的な形で解くことはできない．このような問題は多体問題と呼ばれ，量子力学に限らず古典力学でも事情は同じである．しかし，与えられた境界条件のもとで計算機を用いて数値的に微分方程式の解を求めていくことは原理的には常に可能である．「原理的に」といったのは，実際に数値計算が可能であるのは N がごく小さい場合（例えば，原子の中の電子の場合では $N \sim 20$ の程度）に限られるからである．N の増加とともに

数値計算は急激に困難となり計算は不可能となる．ましてや巨視的な物質を考えるならば，N はアボガドロ数程度であり，シュレーディンガー方程式を解くことは全く不可能である．この問題を解決するために様々な近似法が用いられる．最も便利で広く用いられている方法は密度汎関数理論（DFT：density functional theory）に基礎を置く局所密度近似（LDA：local density approximation）である．

1.3　ホーエンベルク・コーンの定理

　ここでは，密度汎関数理論をホーエンベルグとコーンによる最初の定式化に基づいて説明する．さらに整備された定式化が色々な人によってなされているが，ここでは触れない．扱う系は式(1)のハミルトニアンで表される系である．外部ポテンシャル v_ext の様々な関数形に応じて，エネルギーの最も低い電子の状態（基底状態）の電子密度を表す関数形は，量子力学に従ってそれぞれ一意的に決まっている．このことを数学的にいえば，基底状態の電子密度は外部ポテンシャルの汎関数である，ということになる．汎関数とは1つの関数から他の関数への写像，つまり関数の関数である．このことを

$$n(\bm{r}) = n[v_\text{ext}(\bm{r})] \tag{5}$$

と書く．ホーエンベルクとコーンはこの汎関数には逆汎関数が存在する，すなわち，

$$v_\text{ext}(\bm{r}) = v_\text{ext}[n(\bm{r})] \tag{6}$$

であることを示した．異なった v_ext には必ず異なった n が対応するということである．これをホーエンベルク・コーンの定理と呼ぶ．

　証明は簡単である．異なった v_ext に同じ n が対応したとすると矛盾を生じることを示せばよい．まず，異なった v_ext と v'_ext に対しては異なった基底状態波動関数 Ψ と Ψ' が対応する．これはシュレーディンガー方程式から次のように明らかである．v と v' に対応するハミルトニアンを $\mathcal{H}$，$\mathcal{H}'$，そのエネルギー固有値を E，E' としよう．$\Psi \equiv \Psi'$ だと仮定すると，これらに対す

るシュレーディンガー方程式を辺々引くことによって，

$$\sum \{v_{\text{ext}}(\boldsymbol{r}_i) - v'_{\text{ext}}(\boldsymbol{r}_i)\}\Psi = (E - E')\Psi \tag{7}$$

となるが，これは v と v' の違いが定数（すなわちエネルギー原点の取り方の違い）の場合にしか成立しない．よって上の命題が証明された．次に，異なった Ψ には異なった n が対応することを示そう．異なった Ψ と Ψ' に同じ n が対応したと仮定しよう．このとき

$$\begin{aligned}
E &= \langle \Psi | \mathcal{H} | \Psi \rangle \\
&< \langle \Psi' | \mathcal{H} | \Psi' \rangle \\
&= \langle \Psi' | \mathcal{H}' | \Psi' \rangle + \langle \Psi' | \mathcal{H} - \mathcal{H}' | \Psi' \rangle \\
&= E' + \int d\boldsymbol{r} \{v_{\text{ext}}(\boldsymbol{r}) - v'_{\text{ext}}(\boldsymbol{r})\} n(\boldsymbol{r})
\end{aligned} \tag{8}$$

が成立する．ここで $\langle \Psi | \mathcal{H} | \Psi \rangle$ 等は

$$\int d\boldsymbol{r}_1 \cdots \int d\boldsymbol{r}_N \, \Psi^*(\boldsymbol{r}_1, \cdots, \boldsymbol{r}_N) \, \mathcal{H} \, \Psi(\boldsymbol{r}_1, \cdots, \boldsymbol{r}_N) \tag{9}$$

等を意味する．不等号は Ψ が $\mathcal{H}$ の基底状態であることから生じる．また，基底状態には縮退がない（同じエネルギーをもつ複数の状態がない）ことを仮定している．同じ形の不等式は Ψ' から出発しても同様に得られる．

$$E' < E + \int d\boldsymbol{r}\{v'_{\text{ext}}(\boldsymbol{r}) - v_{\text{ext}}(\boldsymbol{r})\}n(\boldsymbol{r}) \tag{10}$$

式(8)と式(9)の辺々を加え合わせると

$$E + E' < E' + E \tag{11}$$

という矛盾した結果が得られる．したがって，異なった Ψ には異なった n が対応しなければならない．これらのことよりホーエンベルク・コーンの定理 ― 異なった v_{ext} には異なった n が対応する ― が証明された．

この定理の帰結は，電子系に対して基底状態における電子密度を指定すればその系のハミルトニアンが一意的に決まってしまう，言い換えると，系の

すべての性質は基底状態の密度の汎関数である，ということである．このことを梃子にすると，多体電子系を扱うための有用な方法を得ることができる．

1.4　密度汎関数理論

任意の電子密度 $n(\boldsymbol{r})$ を与えると，その電子密度を基底状態で実現するハミルトニアンが決まり，したがって基底状態を表す波動関数も決まる．したがって，この波動関数は電子密度 n の汎関数である．このことを $\Psi_g = \Psi_g[n(\boldsymbol{r})]$ と書こう．さて，定まった外部ポテンシャル v_{ext} に対するハミルトニアン$\mathcal{H}$が与えられたとき，基底状態の波動関数は関数（変分関数という）$\langle \Psi_g | \mathcal{H} | \Psi_g \rangle$ を $\langle \Psi_g | \Psi_g \rangle = 1$ という条件のもとで最小にする．これを変分原理とよぶ．これが基底状態に対するシュレーディンガー方程式と同等であることは簡単に示せる．そこで，密度 n の汎関数 $E_v[n]$ を次のように定義する．

$$E_v[n] = \langle \Psi_g[n] | \mathcal{H} | \Psi_g[n] \rangle \tag{12}$$

ここでは$\mathcal{H}$自身は，nを決めれば基底状態でnを与えるハミルトニアンが決まる，という意味での汎関数$\mathcal{H}[n]$ではなく，いま考えている系の現実的なハミルトニアンである．つまり，nを変化させても$\mathcal{H}$は変化しない．このとき，上の変分原理は $E_v[n]$ の n に関する変分原理に置き換えることができる．

もともとの量子力学の変分原理とさほど変わりがないように見えるかもしれないが，そうではない．波動関数Ψによる変分ではΨは N 個の電子の座標に対応した $3N$ 個の変数を含む関数について問題を扱わなければならない．それに対してnによる変分の場合にはたった3個の変数を含む関数 $n(\boldsymbol{r})$ に関する問題になっている．形式的には多体問題が1体問題に帰着したのである．もちろん，何らかの飛躍がない限りもとの問題に含まれる困難さは保存される．したがって，これだけでは本質的に問題が簡単になったわけではない．しかし，このような多体問題の整理 ― 密度汎関数理論 ― は次の飛

躍を生むための強力な中継点となる．

1.5 コーン・シャム方程式

密度汎関数理論の与える変分原理が満たされるためには $\delta E_v/\delta n = 0$ でなくてはならない．$\delta E_v/\delta n$ は汎関数微分と呼ばれ，関数の場合の微分に相当する．関数 $n(\boldsymbol{r})$ を $\Delta n(\boldsymbol{r})$ だけ微小変化させたときの E_v の微小変化 ΔE_v が，Δn の 1 次の程度で

$$\Delta E_v \simeq \int \frac{\delta E_v}{\delta n}\Delta n\, d\boldsymbol{r} \tag{13}$$

と表される，と定義される．

この式をもう少し便利な形に変形する．まず，E_v を外部ポテンシャルによる部分 $\int v_{\mathrm{ext}}(\boldsymbol{r})n(\boldsymbol{r})$ とそれ以外の部分 $F[n]$ に分離する．F は外部ポテンシャルにはよらず，したがって考える系が原子，分子であろうが，固体であろうが，そのようなことには一切よらないユニバーサルな汎関数である．

$$E_v[n] = F[n] + \int v_{\mathrm{ext}}(\boldsymbol{r})n(\boldsymbol{r}) \tag{14}$$

次に，F を運動エネルギーの部分 $T[n]$ とそれ以外の部分 $U[n]$ に分けて，$F = T + U$ とする．ここで，相互作用しない仮想的な電子系の運動エネルギー $T_0[n]$ を導入し，$F = T_0 + (U + T - T_0)$ と書き，さらに第 2 項から電荷密度の作る古典的な静電エネルギー（ハートリー項）

$$E_{\mathrm{H}} = \frac{1}{2}\iint d\boldsymbol{r}d\boldsymbol{r}' \frac{2}{|\boldsymbol{r}-\boldsymbol{r}'|} \tag{15}$$

を取り除いた残りの部分を $E_{\mathrm{xc}}[n]$ と書こう．この部分を交換相関エネルギーと呼ぶ．$E_{\mathrm{xc}}[n]$ を用いて $F[n]$ は $F = T_0 + E_{\mathrm{H}} + E_{\mathrm{xc}}$ と表される．このように分離すると，E_{xc} は経験的に小さな寄与しか与えず，また E_{xc} 以外の部分は一体問題であり厳密に扱うことができるという点が重要である．この形にしておいて E_v の汎関数微分がゼロであるという必要条件を書き下すと

$$\frac{\delta T_o}{\delta n} + v_{\text{ext}}(\boldsymbol{r}) + \int d\boldsymbol{r}' \frac{2}{|\boldsymbol{r}-\boldsymbol{r}'|} + v_{\text{xc}} = 0 \tag{16}$$

となる．ここで $v_{\text{xc}}[n] \equiv \delta E_{\text{xc}}/\delta n$ は交換相関ポテンシャルと呼ばれる．この式は，補助変数として $v_{\text{eff}}(\boldsymbol{r})$ を導入することによって 2 個の式に分離できる．

$$\frac{\delta T_o}{\delta n} + v_{\text{eff}}(\boldsymbol{r}) = 0 \tag{17}$$

$$v_{\text{eff}}(\boldsymbol{r}) = v_{\text{ext}}(\boldsymbol{r}) + \int d\boldsymbol{r}' \frac{2}{|\boldsymbol{r}-\boldsymbol{r}'|} + v_{\text{xc}} \tag{18}$$

ここで，最初の式は，よく見るとポテンシャル v_{eff} の中の相互作用しない N 個の電子系の量子力学の問題と全く同じ形になっている．N 個の電子といえども，相互作用しないのであるから，これは一体問題であり，厳密に解くことが可能である．また 2 番目の式は，与えられた n について補助変数 v_{eff} を決める式になっている．この 2 つの式をあわせてコーン・シャム方程式と呼んでいる．このように n と v_{eff} はコーン・シャム方程式を連立方程式として決まる 2 個の未知関数である．コーン・シャム方程式で唯一困難を含む項は v_{xc} である．言い換えれば多体問題の困難のすべてが，小さな項である v_{xc} に集約されたといってよい．最後に式(17)を N 個のパラメーター ψ を導入して書き直すと

$$(-\nabla^2 + v_{\text{eff}})\psi_i = \epsilon_i \psi_i \tag{19}$$

$$n(\boldsymbol{r}) = \sum_{i=1}^{N} |\psi_i(\boldsymbol{r})|^2 \tag{20}$$

となる．ここで i についての和はエネルギーの一番低い状態から N 番目の状態までの和をとる．この式は一体のシュレーディンガー方程式と同じ形をしているが，それは形式的なものであり，密度汎関数理論における変分問題に対するオイラー方程式という以上の意味はもたない．特に，この系における電子のシュレーディンガー方程式と混同しないように注意する必要がある．ここまでの話は厳密であり何の近似も含んでいない．

1.6 局所密度近似

前節でコーン・シャム方程式で唯一困難を含む項は v_{xc} であるといった. 多体問題であるから当然であるが, v_{xc} あるいは E_{xc} の汎関数としての厳密な表式は実際に計算できる形では与えられていない. したがって, ここで何らかの近似をする必要がある. 近似理論というならば, 改めて密度汎関数理論を持ち込むまでもなく近似方法はいくらもあると考えるかもしれないが, そうではない. 密度汎関数理論が成功をおさめてきた理由は, 第一に, 厳密に扱うことのできる交換相関項以外の部分が系の性質のほとんどを決めているということと, 第二に, 交換相関項には有効な近似が存在するということである. そのような近似の 1 つが局所密度近似(LDA : local density approximation)である. 局所密度近似では交換相関エネルギー汎関数 E_{xc} を

$$E_{\text{xc}}[n] \simeq E_{\text{xc}}^{\text{LDA}}[n] = \int d\boldsymbol{r} n(\boldsymbol{r}) \epsilon_{\text{xc}}(n(\boldsymbol{r})) \tag{21}$$

と表す. ここで, $\epsilon_{\text{xc}}(n)$ は密度が n の一様電子ガスの電子あたりの交換相関エネルギーであり, 非常に正確に計算することができる. $\epsilon_{\text{xc}}(n)$ は汎関数ではなく, 単に密度 n の関数である. この近似では交換相関エネルギーがそれぞれの位置における電子密度のみによって局所的に決まっていることから局所密度近似と呼ばれる. 多体問題を扱う最も素朴な方法であるトーマス・フェルミの方法とも共通した考え方である. 交換相関ポテンシャルは

$$v_{\text{xc}}^{\text{LDA}}(\boldsymbol{r}) = \epsilon_{\text{xc}}(n(\boldsymbol{r})) + n(\boldsymbol{r}) \frac{\partial \epsilon_{\text{xc}}}{\partial n} \tag{22}$$

となる. 数値計算に用いるための $\epsilon_{\text{xc}}(n)$ の表式としては使い易いように工夫された解析的な内挿式がいくつか提案されている. 標準的には Vosko らによる量子モンテカルロ計算の結果を基づく表式が多く用いられている. 局所密度近似に非局所効果を少し取り入れる方法としては一般化勾配近似(GGA : generalized gradient approximation)と呼ばれる近似法があり, 最近では GGA が使われることも多い. ただし, 必ずしも LDA の改良になっているとはいえない場合もあるので注意する必要がある.

1.7 量子シミュレーション

現在,最も広く用いられている凝縮系の量子シミュレーションは,密度汎関数法の局所密度近似(あるいはその拡張としての GGA)に基づく第一原理計算である.本節ではこれらの量子シミュレーションの考え方について説明する.量子シミュレーションの中心的な課題は局所密度近似におけるコーン・シャム方程式を解くことである.ここでは 0 K におけるシミュレーションを考える.実際の計算は別として,有限温度に対する形式的な拡張は困難ではない.

コーン・シャム方程式のうち,与えられた v_{eff} に対して n を決める式(19)を解くことを考える.先に述べたとおり,これは一体のシュレーディンガー方程式の形をしており,原理的には与えられた境界条件に対して厳密に固有値問題を解くことができる.しかし現実問題として,多数の原子核による非正則な外部ポテンシャルに対して,精度よくこの問題を解くことは容易ではない.完全結晶にたいしては外部ポテンシャルは周期的であり,したがって v_{eff} も何らかの周期性をもつことが期待される.その周期性は格子のそれと一致する必要はないが,最も単純な場合には格子の周期性と一致するであろう.このように何らかの周期性をもつ v_{eff} に対しては,ブロッホの定理が成立する.すなわちコーン・シャム方程式の解である波動関数(密度汎関数法の文脈からは単に変分パラメータという以上の意味はもたないが)ψ を結晶運動量 $\boldsymbol{k}$ によって分類することができる.すなわち,式(19)における $-\nabla^2 + v_{\text{eff}}$ を形式的にハミルトニアンと呼べば,異なった $\boldsymbol{k}$ の間にハミルトニアンは行列要素をもたない.$\boldsymbol{k}$ によって指定された波動関数 $\psi_{\boldsymbol{k}}$ は

$$\psi_{\boldsymbol{k}} = e^{i\boldsymbol{k}\cdot\boldsymbol{r}} u_{\boldsymbol{k}}(\boldsymbol{r}) \tag{23}$$

という形をもつ.ここで $u_{\boldsymbol{k}}(\boldsymbol{r})$ は $v_{\text{eff}}(\boldsymbol{r})$ と同じ周期性をもつ周期関数である.v_{eff} と $u_{\boldsymbol{k}}$ は同じ周期をもつ周期関数であるから,これらを次のようにフーリエ変換することができる.

$$v_{\text{eff}}(\boldsymbol{r}) = \sum_{g} e^{i\boldsymbol{g}\cdot\boldsymbol{r}} v_g \tag{24}$$

$$u_k(r) = \sum_g e^{ig\cdot r} u_{kg} \tag{25}$$

ここで g は $v_{\text{eff}}(r)$ のもつ周期を格子の周期と考えたときの逆格子ベクトルに相当する．これらを用いて式(19)を書き直すと

$$\sum_g (k+g)^2 u_{kg} e^{ig\cdot r} + \sum_{gg'} v_g u_{kg'} e^{i(g+g')\cdot r} = \epsilon_k \sum_g u_{kg} e^{ig\cdot r} \tag{26}$$

となる．これが任意の r について成立するためには

$$(k+g)^2 u_{kg} + \sum_{g'} v_{g-g'} u_{kg'} = \epsilon_k u_{kg} \tag{27}$$

でなければならない．これは標準的な固有値問題である．この式が，$u_{kg} = 0$ 以外の解をもつためには

$$\det \left| \{(k+g)^2 - \epsilon_k\} \delta_{gg'} - v_{gg'} \right| = 0 \tag{28}$$

でなければならない．ただし $\delta_{gg'}$ はクロネッカーの δ，$v_{gg'} \equiv v_{g-g'}$ である．原理的にはこの式から固有値 ϵ_k，すなわちコーン・シャム方程式のエネルギー固有値と固有関数が決まる．

しかし，実際の話はそのように単純ではない．緩やかに変化する外場の中の電子ならばいざ知らず，現実の固体は原子核の作る外部ポテンシャルの中にある．原子核の作るポテンシャルは原子核 Z を点電荷とみなせば原子核位置付近で $-2Z/r$ のような特異性をもつ．このようなポテンシャルをもつハミルトニアン対する固有関数 u_k は絶対値の大きな g の成分を含む．そのため，例えば，$Z = 26$ の鉄に対して，必要な g の数は 50,000 個程度にもなる．このようなサイズの行列の対角化は可能ではあるが，現実的とはいえない．数多くの k について対角化を行い，さらには式(17)，式(18)を連立して解かなければならないからである．したがって，このような単純なフーリエ変換ではうまく解けない．何らかの工夫が必要になってくるが，そのための種々の手法がこれまでに考え出されてきた．第一原理電子状態計算の歴史の中ではむしろこの方向での発展が重要である．

1.8 バンド計算の系譜

前節で述べたように，結晶中の電子の量子シミュレーションを簡単なフーリエ変換によって実行することは不可能である．一般的にバンド計算と呼ばれている現実的な量子シミュレーションの方法について，どのようなものがあるかを挙げておこう．主だった手法の詳しい説明は第 3 章以降に与えられている．

古い歴史をもつ方法としては APW (Augmented Plane Wave) 法がある．この方法では結晶全体をマフィンティン球と呼ばれる各原子核を中心とした球とそれ以外の領域に分割し，マフィンティン球内ではポテンシャルは球対称，それ以外ではポテンシャルは一定とする（マフィンティン・ポテンシャル模型）．マフィンティン球内では各エネルギーに対して数値的にシュレーディンガー方程式（コーン・シャム方程式）を積分することによって得られる角運動量の決まった波動関数で基底を作る．一方，マフィンティン球外の部分は平面波を基底にとる．マフィンティン球面上で平面波とマフィンティン内部の波動関数が連続的につながるようにマフィンティン球内の異なった角運動量をもつ波動関数の線形結合を作る．このようにして作られた基底関数 (augmented plane wave：補強された平面波) を，単純な平面波の代わりに用いてハミルトニアン行列を作るというのが APW 法の骨子である．素朴なアイデアに基づいた手法であるにもかかわらず高い精度で計算が可能であり，また，線形化 (LAPW) やフルポテンシャル法 (FLAPW) への拡張も容易であるために，最も広く用いられている．特に FLAPW は現在のところバンド計算の標準という位置づけになっている．

APW 法とともに古い歴史をもつ方法に KKR (Korringa-Kohn-Rostoker) 法がある．別名グリーン関数法と呼ばれている．文字通りグリーン関数を求めることによって電子状態を計算するのであるが，当初の定式化では結晶グリーン関数（すなわちポテンシャルがゼロであるような結晶に対するグリーン関数）を利用するものの，エネルギー固有値は，APW 法と同様，固有値問題を解くことによって決める形式であった．しかし 1980 年代以降，固有値問題

を経由せずに直接グリーン関数を求める手法が発達し，現在では後者を区別してKKRグリーン関数法と呼んでいる．KKR法もマフィンティン・ポテンシャル模型から出発する．1個のマフィンティン・ポテンシャルの遷移行列(t-行列)は，マフィンティン球内でシュレーディンガー方程式を積分することによって計算することができる．結晶全体にわたるグリーン関数は各マフィンティン・ポテンシャルによる多重散乱の重ねあわせとして表現することができる．一旦グリーン関数が計算されると，あらゆる基底状態の物理量はグリーン関数を用いて計算することができる．定式化は単純で電子状態計算のための最も美しい形式を与えているといえる．しかし，数値計算のための計算コードの作成は容易ではない．グリーン関数を用いることに由来する解析性や，エネルギーを含めてほとんどの量が複素数であることなどから多くの問題が発生する．安定に動く計算機コードは少ないといえる．長所としては計算がコンパクトで計算時間が速い，グリーン関数を用いた散乱法であるために，不純物問題や，CPA(Coherent Potential Approximation)と組み合わせることによって不規則系の問題が扱えるなどの点が挙げられる．KKR法から派生した方法としてはKKR法を線形化したLMTO(Linear Combination of Muffin-Tin Orbital)法，フルポテンシャル化した，フルポテンシャルKKR法などがある．特にフルポテンシャルKKR法は原理的には種々のフルポテンシャル法の中でも最も精度の高い方法であり，今後の応用が期待されている．

　APW法，KKR法とともに現在のバンド計算の重要なルーツの1つになっている手法がOPW(Orthogonalized Plane Wave)法である．本来のOPW法は変分のための基底波動関数として原子の芯状態(core states)と直交化させた平面波(OPW)を用いる．具体的には平面波から原子の芯状態に相当する成分を取り除けばよい．これは価電子状態のみを記述するためのよい基底となっている．単純な平面波では非常に絶対値の大きな波数ベクトル g を用いてしか表せない原子内の激しい振動が，直交化によってうまく取り入れられているために，比較的少数のOPWで波動関数を表すことができる．現在ではOPW法から派生して，そのエッセンスをうまく取り入れた擬ポテン

シャル (pseudo potential) 法が OPW 法の代わりにもっぱら使われている．擬ポテンシャル法のもともとの定式化は，直交化によって生じる項をポテンシャルの中に繰り込むことによって，本来のポテンシャルを特異性のない浅いポテンシャルに置き換えるものである．しかし，現在広く用いられているノルム保存型擬ポテンシャル法ないしその変形は，化学結合が生じる原子核から離れた領域では波動関数が正しく再現されるような，特異性を消した人工ポテンシャルを導入して，平面波展開の形で波動関数を決めるものである．一見乱暴な方法のように見えるが，もとを正せば OPW 法にルーツをもつものであり，適用する問題を間違えなければ FLAPW に匹敵する精度を得ることができる．

　ここで述べたようなバンド計算の手法は原理は簡単であり，一見，すぐにも計算が始められそうである．しかし，実際に実行しようとすると，様々なアルゴリズム上の問題，数値計算上の問題を解決しなければならないことがわかる．実際，これらの手法の開発には多大な努力と時間が費やされてきたことを認識する必要がある．今後，より大規模な量子シミュレーションをより高速に実行するための手法開発がますます重要になるのは間違いないが，それとともに，これらの手法開発自体が重要な研究分野を形成していくものと考えられる．

2　計算機ナノマテリアルデザイン

　ナノスケールレベルや原子レベルにおける物質の微視的世界の基本法則である量子力学(第一原理)に基づいて，21世紀に発生する多様な問題を解決するために社会が必要とする新機能マテリアルを効率よくデザインする機能と，これを実証する機能から構成される計算機ナノマテリアルデザインの新しい概念を明らかにする．物質機能の基本要素を還元することを主目的とした20世紀の物性物理学では，シリコンCMOS半導体技術に基づくコンピュータの長足の進歩と第三の物理学と呼ばれる計算物理学的手法開発の大きな進歩により，第一原理計算による精密化および物性予測機能が急速に強化された．その結果，21世紀の物性物理学では，物質を構成する機能に関する基本要素を統合し，新機能をデザインすることを目的とした計算機ナノマテリアルデザインへと必然的に移行することになる．このような社会状況のなかで基本要素統合による問題解決型の教育研究，人材育成，および社会貢献を目的とした計算機ナノマテリアルデザインが大きくクローズアップされている．量子シミュレーションをテクノロジーとして新機能物質のデザインに利用する計算機ナノマテリアルデザインエンジンの機能，構成，方法論を明らかにする．計算機ナノマテリアルデザイン手法である21世紀の『賢者の石』の開発と，これを用いた21世紀の『錬金術』としての計算機ナノマテリアルデザインについて，そのデザイン手法と目指すべき知識基盤社会

基礎2　計算機ナノマテリアルデザイン

における将来の方向性を明らかにする．工業化社会から知識基盤社会へと産業構造が大きく転換するなかで，問題解決型研究開発としての計算機ナノマテリアルデザインの必要性と人類の未来からの社会的要求に対して果たすべきその役割を明らかにする．環境問題，エネルギー問題，高齢化(少子化)問題，安心安全保障問題，次世代人材育成，新産業創成問題などの21世紀型社会の抱える多様な問題を解決するための総合デザインとしての計算機ナノマテリアルデザインの役割，構成，および方法論を明らかにする．計算機ナノマテリアルデザインエンジンを用いたプロトタイプのナノマテリアルデザインとその実証例をもとに，計算機ナノマテリアルデザインの知識基盤社会におけるパワフルな可能性を明らかにし，知識基盤社会における幸福な社会実現のために不可欠な計算機ナノマテリアルデザインの将来展望を行う．

2.1　計算機ナノマテリアルデザインとは？

(1)　21世紀の『賢者の石』の開発と21世紀の錬金術師の育成

　目的とする機能や物性を有する新物質を物質の存在様式の公準や理論に基づいて自由に創成する錬金術は紀元前からの人類の夢であった．物質の存在様式の公準であるヘルメス哲学に基づいて，卑金属である鉛を貴金属である金に金属変成するには，ルビーのような透明紅赤色をした『賢者の石(*The Philosopher's Stone*)』の創製が必要であると中世の錬金術書には書かれている．錬金術の起源は老子を開祖とする道教にあるといわれており，西洋の錬金術で使われる『賢者の石』は，古代中国では『錬丹』と呼ばれていたものが，インドのタントラ教を経て，西方に伝わり，アラブ諸国やエジプトを経て，イスラム教のヨーロッパへの進出やキリスト教による十字軍の遠征で西洋に錬金術が持ち帰られて，ヨーロッパに伝わったものといわれている．錬金術を意味するAlchemyはChemistryの語源であるが，Khemという言葉の語源は古代にエジプトを意味した黒い土地という意味であることや，大英図書館で閲覧することのできるエメラルド本と呼ばれる中世における錬金術の

写本などからも，このような錬金術の歴史を推察することができる．

近年，物質の原子レベル(10^{-10}m)やナノスケールレベル(10^{-9}m)での微視的世界の基本法則である量子力学(第一原理)に基づいた第一原理計算手法の開発と半導体技術の進歩によるコンピュータの急速な発展に支えられて，実験に頼らず，原子番号だけを入力パラメータにして，第一原理から現実物質の物性予測を行うことが可能になりつつある．その結果，狙った物性や機能を示す仮想物質を計算機上でデザインし，また，量子シミュレーションによる解析からマテリアルデザイン，プロセスデザイン，もしくはデバイスデザインのための新しいガイドラインを発見することが，単なる夢ではなく現実的なこととなりつつある．これらは量子力学に基づいた計算機ナノマテリアルデザインがその実現に向けてすでに一歩を踏み出していることを示している．我が国から発信した第一原理計算によるマテリアルデザインというキーワードを，今では欧州連合や米国における国際会議でも目にするまでになってきた．

一方，第一原理計算には通常，多体的に相互作用している電子の多体問題を，基底状態における密度汎関数理論により一電子近似に焼き直し，さらに交換相関相互作用を局所密度近似(LDA)により取り扱う近似が用いられている(図2.1)．LDAは電子間の二体以上の電子相関効果が平均的にしか取り入れられていないため，電子間クーロン相互作用が強い場合には，励起状態と基底状態とのエネルギー差であるバンドギャップを小さく見積もり，基底状態における凝集エネルギーを大きく見積もり過ぎ，また，光電子分光実験とのスペクトルの不一致などの問題を抱え，その限界についても多くの指摘がなされている．特に，電子相関が主役を演じる遷移金属化合物やf電子系においては，第一原理計算が定性的にも正しい結果を与えない場合がある．第一原理計算の発展を支えてきたLDAが，様々な局面で不十分であることは誰しもが認めるところである．このような現状を変革してゆくための研究は，多体電子論の研究者達を中心に進められており，第一原理計算との融合を視野に置いた新しい計算手法の開発(21世紀の『賢者の石』の開発)と現実物質や新機能物質の物性予測やデザインができる人材(21世紀の錬金術

基礎2 計算機ナノマテリアルデザイン

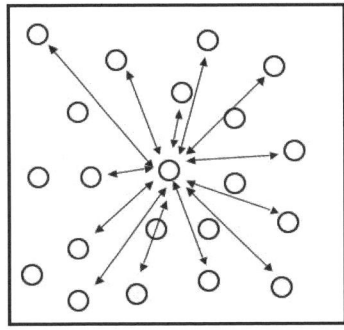
(a) 多体的にクーロン相互作用するアボガドロ数個の電子

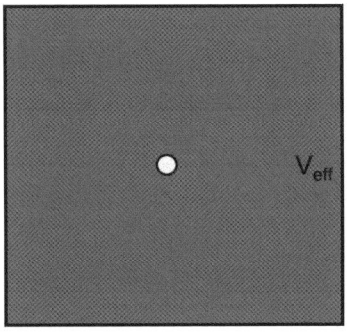
(b) 一電子近似に基づいた局所密度近似による有効ポテンシャル(V_{eff})の中を運動する一電子

図2.1　一電子近似としての局所密度近似(LDA)
(a)現実の固体物質ではアボガドロ数個の電子が多体的にクーロン相互作用している系であるが，現在の計算機の能力では多体的に相互作用するアボガドロ数個の電子の運動を微視的世界の基本法則である量子力学に基づいてシミュレートすることはできない．そこで，ひとつの電子に着目した一電子近似により，多体的な相互作用を平均化した有効ポテンシャル($V_{eff}(r)$)で記述する手法が(b)一電子近似としての局所密度近似(LDA)である．

師)の育成を目指した新しい先端研究拠点をノードとして連携する人材育成ネットワーク(Research Training Network)が我が国や欧州を中心に形成されつつある．

　本章では，「計算機ナノマテリアルデザイン」について，これらの背景を視野に入れて，
① 多体電子論に基づく，LDAをこえる第一原理電子状態計算のための方法，
② その成果を踏まえた，次世代量子シミュレーションの手法の開発，
さらに，
③ 次世代量子シミュレーションを用いた計算機ナノマテリアルデザインとその実証，

などについて，物性物理学に大きな発展をもたらす可能性を秘めるこの分野の研究の現状と進むべき研究の方向性，およびその将来展望について明らかにする．このような研究を推し進めることにより，量子力学に基づいた第一原理からの物性予測やデザイン手法である 21 世紀の『賢者の石』が開発され，それを用いた新物質のマテリアルデザインと実証からなる 21 世紀の錬金術が現実に可能になってくると思われる．

(2)　20 世紀の物性物理学と 21 世紀の物性物理学

　20 世紀は物理学の世紀といわれていた．物質の微視的世界の基本法則である量子力学(第一原理)に立脚し，デカルト的合理精神に基づいて，微視的な物理機構である基本要素を還元し，これをもとに自然を統一性(ユニバーサリティー)によって説明する基本要素還元型研究が主流であった．手法的には物理学を支える 3 本の柱である実験物理学，理論物理学，および，第三の物理学と呼ばれ，第一原理計算手法の進歩とコンピュータの進歩により 20 世紀後半に大きく台頭してきた計算物理学により，物質を構成する多くの基本要素が還元され，自然界に存在する多様な物質の物性についての理解が格段に進歩した．解明された基本要素に基づき，物質における分子，原子，電子，原子核等の構成要素の運動を制御して新しい物質機能が開発され，また，構成要素の結合を制御することによって新しい物質が作られてきた．生命科学の発展も遺伝情報の伝達の分子機構が明らかになって急速な発展を遂げている．

　このような基本要素還元型の研究により，ある階層に属する物質の基本要素が解明されたからといってすべての階層の出来事が理解されるわけでなく，ごく限られた階層の一部分の出来事についてだけこのような方法論は有用である．現実に多くの粒子から構成されるこの世の出来事や自然はまことに多様であり，基本要素還元型の研究手法の限界と階層を超えた予測性に関しては，かなり怪しいことが 20 世紀後半になって次第に明らかになってきた．例えば，原子を構成している素粒子の基本法則がわかったからといって，アボガドロ数個のオーダーの原子や電子で構成されている物質のもつ多

基礎2 計算機ナノマテリアルデザイン

様な物理的性質や機能が予測できるわけではなく，また，原子や分子から構成されている我々人間のもつ個性や人格，もしくは生命現象がこのような要素還元型の研究では予言説明できないことからも明らかである．したがって，基本要素還元型の研究が有効な領域は，対象の属しているごく一部の領域についての基本法則に限られている．

　一方，21世紀の研究の中心課題は，環境問題，エネルギー問題，高齢化(少子化)問題，安全保障・気象・自然災害などであり，多数の要素が絡み合った多様性(ダイバシティー)をもつ，極めて複雑なシステムであることは誰の目にも明らかである．21世紀は，量子力学(第一原理)をエンジニアリングやテクノロジーとして利用し，先に述べた20世紀の物理学の主流であった基本要素還元型研究によって得られた基本要素を逆に階層を超えて統合する基本要素統合型研究により，21世紀の中心課題を解決し，人類の未来や幸福のために奉仕する問題解決型の研究を主流とする世紀となると予測される．物質を構成する基本要素を物質の存在様式の理論や公準に従って統合し，新機能物質をデザイン，実証し，人類の未来の問題を解決するため研究は錬金術に似ている．すなわち，物質の全一性(ユニテ)を支配するヘルメス哲学の公準に従って卑金属を貴金属に金属変成する錬金術と相通じるものがある．このような意味で，計算機ナノマテリアルデザインはデカルト哲学の対極にあるヘルメス哲学の精神により近く，『21世紀の錬金術』とも呼ばれる．量子力学はエンジニアリングとして利用されることにより，科学技術の発展の結果生じた社会における諸課題である環境問題，エネルギー問題，高齢化(少子化)問題，安全保障問題などの解決を通して人類の遠い未来や幸福に奉仕するができる．第一原理計算に基づいたマテリアルデザインには，環境調和材料，高効率エネルギー変換材料，高齢化福祉医療材料，そして安全・安心のための高感度センサーや高次機能調和材料などのデザインを通して，古代や中世の錬金術の公準であったヘルメス哲学の代わりに，21世紀では量子力学を公準とした『21世紀の錬金術』としての大きな貢献と将来の発展が期待されている．

（3） 産業構造の転換と計算機ナノマテリアルデザイン

電子産業を例にとると，マテリアルの基礎の上にデバイスが作製され，それに立脚してシステム・ソフトウェアが構築されるという 3 段階(マテリアル→デバイス→システム・ソフトウェア)の階層性が存在する(図2.2)．現在の情報技術(IT)を支えるシリコン半導体技術をベースとしたエレクトロニクスを例にとれば，最初の段階では，欠陥だらけのシリコンやゲルマニュウムが研究され，次第に不純物や欠陥の少ないデバイスレベルのマテリアル作製

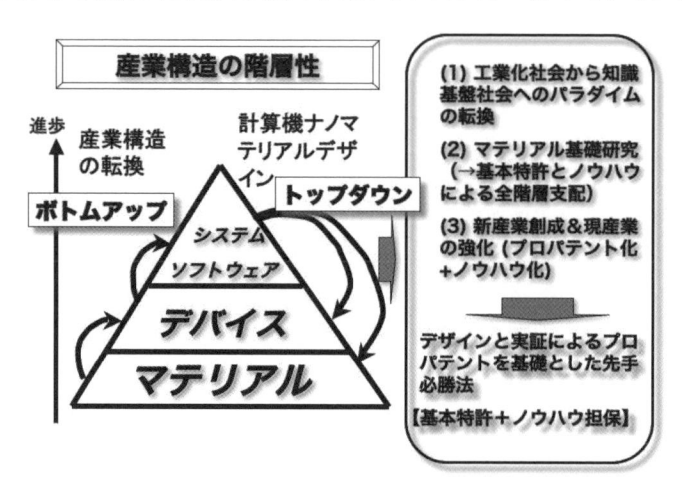

図 2.2　産業構造の階層性

マテリアル→デバイス→システム・ソフトウェアからなる 3 段階の階層性からなり，通常は下位の階層から上位の階層に向かって，マテリアル→デバイス→システム・ソフトウェアへとボトムアップで自然発生的に研究が進化してゆくが，自然発生的に階層間を乗り換えるのは難しく，死の谷(マテリアル開発研究とデバイス応用開発間に横たわるギャップ)やダーウィンの海(デバイス応用開発研究とシステム応用開発研究間に横たわるギャップ)と呼ばれる．計算機ナノマテリアルデザインでは，逆に，社会が必要とするシステム・ソフトウェアから出発し，これを実現するためのデバイスを考えこれを実現するためのマテリアルへと逆にトップダウンでデザインする．

基礎 2　計算機ナノマテリアルデザイン

をベースとした研究に移行する．次には，これらのデバイスレベルのシリコンにアクセプターやドナーをドープして，結晶シリコン中をホールが流れる p 型シリコンや電子の流れる n 型シリコンなどの価電子制御されたシリコンと欠陥の少ない優れた絶縁体である酸化シリコンとの界面制御や欠陥制御の行われたマテリアルを作製する階層がマテリアル階層である．これらの制御されたデバイスレベルのシリコンを基にして，1 個のトランジスタが作製される．これらのトランジスタを高集積することにより，デバイスが作製され，現在では 1 平方インチあたり 1 億個以上のトランジスターを高集積化することにより，デバイス機能が実現されている(デバイス階層)．

現代の半導体メモリの集積度は Gbite(ギガバイト)であり，次世代のユビキタス情報通信社会では Tbite(テラバイト)の超高集積度と不揮発性による超省エネルギーが求められている．現代の個々のトランジスタでは数原子層で欠陥制御された酸化シリコンによる絶縁体薄膜を挟んでゲート電圧をシリコンに加え一度のスイッチングで新幹線くらいのスピードで走る約 30 万個の電子やホールを制御して GHz(ギガヘルツ)でのスイッチングを可能にしている．そのためシリコンデバイスからは電気抵抗と高集積化による多量の発熱があり，このままムーアの法則(1.5 年で 2 倍の進歩)に基づいたロードマップに従ってシリコン半導体技術が進歩し，高性能化すると，IT 利用だけで，我が国では 5 機程度の原子力発電所が必要となる．そのため，社会からは，これらを乗り越えるための THz(テラヘルツ)，Tbite(テラバイト)，不揮発性(non-volatile)による超高速演算，超高集積，超省エネルギーのエレクトロニクスを可能にする新しいタイプのエレクトロニクスが求められている．具体的には，電子のもつ電荷という自由度に加えてスピン自由度を積極的に利用した新しいクラスの量子スピントロニクスや量子情報処理などの全く新しい次世代エレクトロニクスの開発が不可欠となってくる．

デバイス階層よりも上位の階層では，シリコン半導体デバイスをベースとしてこれをシステム・インテグレーションしてシステムを構成し，その上をソフトウェアが走るという階層になっている(システム・ソフトウェア階層)．このような 3 つの階層で構成されるエレクトロニクスの中で，電子産

業の発展は，通常は，マテリアルからデバイスへ，デバイスからシステム・ソフトウェアへと産業構造が順次進展してゆくことになる．マテリアルやデバイスによる製造業中心の社会を工業化社会と呼び，一方，システムやソフトウェアによる知識生産を中心とした社会を知識基盤社会という．このような視点に立つと，現代の我が国は工業化社会から知識基盤社会へと産業構造が大きく転換しつつあるということができる．我が国では，近い将来，マテリアルからデバイスへ，デバイスからシステム・ソフトウェアへと産業構造が大きく変化し，マテリアルやデバイスなどの製造業を中心とした工業化社会からシステム・ソフトウェアを中心とした知識を生産する知識基盤社会へとそのパラダイムが大きくシフトすると予想されている．

先に議論した3つの階層性からなるエレクトロニクスを例にとっても，マテリアル研究は最下層に属し，上位のデバイス階層やシステム・ソフトウェア階層を支える基盤階層であり，研究の階層性としては基礎研究に属するものである．一方，デバイス研究は応用開発研究に属し，システム・ソフトウェア研究は事業化の階層に属するということもできる．このように3つの階層を順次ボトムアップでたどって進展してゆくときには，異なる階層を超えなくてはならないが，階層間には大きなギャップがある．マテリアル開発とデバイス開発の間にあるギャップは死の谷（デスバレー）と呼ばれており，これをボトムアップで迅速に超えることが応用開発研究成功のための大きな秘訣である．現状では，マテリアル階層において物理的には極めて興味深い多くの物質が発見され，基礎研究は大いに活性化し「はなやぎ」のある状態にあるにもかかわらず，ほとんどの研究が基礎研究だけで消えてゆきデバイス階層まで到達しないために死の谷と呼ばれているのである．その原因は基礎研究の段階において，華やかな物理現象のおもしろさのみに目を奪われ，もう1つ上位の階層であるデバイスを睨んだ広い視野をもつ基礎研究者の欠如とデバイスを現実に実現するための欠陥制御や界面制御に関する基礎研究の欠如にあると考えられる．これらが階層を超えて死の谷を越えられない主要原因であるといわれている．死の谷を短期間で効率よく超えるためには，デバイス階層の視野からマテリアル階層を眺めるデザイン主導のマテリアル

研究が有効であり，また，2つの階層に横たわる大きなギャップを超えるために解決しなければならない技術的な問題を高い視野から見抜き，問題解決のための核心を突く研究を推進する能力と技量をもち，異なる階層を俯瞰する広い視野をもった基礎研究者を育成するためには高位の階層から低位の階層へとトップダウンで進めるデザインに基づいた基礎研究が不可欠である．

一方，応用開発階層に属するデバイス研究と事業化階層に属するシステム・ソフトウェア開発研究の間にはダーウィンの海と呼ばれる市場による自然淘汰の海が横たわり，これを泳ぎ切り，他の追随を許さない確固たる市場を確保するためには，市場における社会，経済，文化などの社会科学一般に関する深い見識と顧客である市民が何を求め，どのような理想をもって社会を築き上げたいと考えているかを予測し，これをリードするための人文社会学的な見地からの予測能力や判断能力をもつことが，市場による自然淘汰で生き残り，ダーウィンの海を成功裏に渡りきり，事業化で成功するために必要となってくる．

今まで議論してきたように，3つの階層からなる産業構造の転換とともに，工業化社会から知識基盤社会に移行するに従って，製造業では雇用が大きく減少し，失業率は急速に上昇する．知識基盤社会における製造業の高い失業率は，知識基盤社会に適応できる高度職業人やデザイナーへと再教育できれば，知識基盤社会にふさわしい新産業の創成や現産業の革新という立場からは大きなチャンスでもある．失業者を上位の階層へと適合するように公的資金により再教育することができれば，現産業の強化や新産業の創成のための多くの雇用が確保できる．このような状況は，知識基盤社会にふさわしい新産業の創製や現産業の改革・強化には千載一遇のよいチャンスでもあるのである．

産業構造の転換は経済発展の結果生じる歴史的な必然であり，1980年代の米国ではすでに経験している現象である．製造業における高い失業率は工業化社会から知識基盤社会へと移行する過渡期のわずかな摂動に起因する混乱や調整と読みとることができる．また，高い失業率は確実にこのような産業構造の転換が起きつつあるというバロメータでもあり，産業構造を転換す

るための再教育を含む公的助成は必要であるが，高い失業率はむしろ産業構造が転換している証左であり，何も心配する必要はない．必要なのはこれを促進するための迅速な社会システムや教育システムの改革であり，これを怠れば急速に国際競争力を失う可能性があり，社会の構造変化に合致する迅速な構造改革は不可欠である．産業構造の転換に伴う混乱は，少し歴史をさかのぼれば，第一次産業である農業から第二次産業である工業に人口が大きく移行した工業化社会形成期には常に起きてきた．米国では，第一次産業に従事し，農園で働いていた農業人口が第二次産業に従事するため工業化社会の中心である大都市に流入し，都市の治安が悪化し，また，住居不足や都市インフラ不足問題が生じたことはよく知られている．また，我が国でも，戦後の工業化社会の形成とともに，農村から都市に人口の流入があり農村の過疎化と大都市への人口集中による環境問題や住宅不足や過密化などの都市問題を引き起こしてきた．現在の中国では，今まさに第一次産業から第二次産業への産業構造の転換が起き，農村部から大都市への人口移動が起きていることを見れば，産業構造の転換は普遍的なものであり避けて通ることができないということがわかる．このような産業構造の転換期にはダイナミックな構造変化を経験することになるが，我が国における工業化社会から知識基盤社会への産業構造の転換でも，成功裏にこれを実現するためには，変化を先取りするダイナミックで積極的な構造改革と人材育成が不可欠である．

　新しい概念に基づいたシステム・ソフトウェアを構築しようとすれば，それを可能にする新しいデバイスが必要となり，また，新しいデバイスの実現のためには新機能をもつマテリアルの創製が不可欠となる．逆に，新機能をもつマテリアルが発見されたとき，マテリアル→デバイス→システム・ソフトウェアからなる3段階の階層性を通して，科学技術や経済社会文化全般に与えるインパクトは大きく，21世紀においても新機能をもつマテリアルの効率的な研究開発が人類の未来と幸福を大きく左右する．他の追随を許さない優れたマテリアルの発見やデバイス開発を効率よく行い，いち早く形式知をプロパテント化により知的財産として権利化し，また，ノウハウや秘伝・極意などの暗黙知を効率よく獲得するためにも，従来からの実験主体による

試行錯誤的なマテリアル開発に加えて，原子レベルやナノスケール・レベルでの物理学の基本法則である量子力学(第一原理)計算に基づいたマテリアルデザインが不可欠となってくる．このような理由により，第一原理計算による先手必勝とプロパテント化を狙うマテリアルデザインは，工業化社会から知識基盤社会へと産業構造が大きく変化する 21 世紀において，人類の幸福な未来のためには不可欠なものとなる．

　計算機ナノマテリアルデザインは工業化社会から知識基盤社会へと産業構造が転換するに従って，不可欠となってくるが，その理由は次のようなものである．まず，第一には，図 2.2 の階層性の中で，マテリアルは 3 階層の中でも基盤的であり，この階層を物質特許などの基本特許で支配されると，上位のすべての階層がマテリアルに依存しているため安全保障上や経営戦略上大きな制約を受けるため，他の追随を許さない迅速で戦略的な新機能マテリアルの開発のためには，デザインは不可欠である．第二には，新産業創成や現産業強化のためには，基盤となるマテリアルの形式知としての特許化や暗黙知としての創製のためのノウハウ化を迅速に行うためのマテリアルデザインが不可欠となる．マテリアルデザインと実証を基にしたプロパテント(特許重視主義)を可能にするためには，基本特許の確保とノウハウの迅速な取得を目的とした先手必勝法としてのマテリアルデザインが重要な役割を果たすことになる．

2.2　計算機ナノマテリアルデザインの方法論

(1)　総合デザインとしての計算機ナノマテリアルデザイン

　環境問題，エネルギー問題，高齢化(少子化)問題，安心安全保障問題，次世代人材育成，新産業創成問題などの 21 世紀型社会の抱える多様な問題を解決するためには，人文社会科学，物理科学，生命科学などの異なる分野間を貫く分野横断による問題解決型の教育研究が必要となってくる．このような教育研究には総合デザイン(Integrated Design)が必須である．総合デザイ

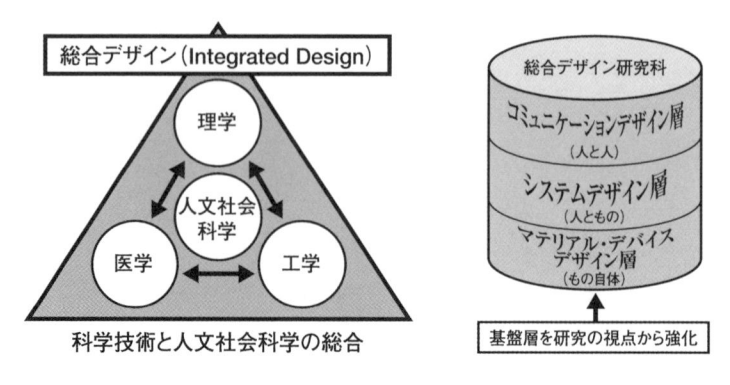

図 2.3　総合デザインとしての計算機ナノマテリアルデザイン

ンは図 2.3 のように，社会的問題解決指向型の方法論に関する教育研究を中心としたコミュニケーションデザイン層，それを社会において実現するためのシステムをデザインするシステムデザイン層，そのために必要な要素をデザインするマテリアルデバイスデザイン層からなるトップダウンによる 3 層連携を基盤とした問題解決と新概念創出のための新規なデザイン手法である．これは，通常の学問が，マテリアルデバイスデザイン層からシステムデザイン層へ，システムデザイン層からコミュニケーションデザイン層へとボトムアップで発展の段階をたどることとは逆方向の過程である．総合デザインを可能とするためには，文理融合と分野横断によるネットワーク型研究により，分野間の壁を超越する教育研究を行う必要がある．これは，計算機ナノマテリアルデザインの方法論開発（基礎研究）とシンクタンク機能を組み合わせた教育研究によって実現される．さらに，工業化社会から知識基盤社会へと移行する社会のパラダイムシフトにダイナミックに対応するために，教育研究・社会貢献を新規なネットワーク型連携による新しい学術経営システムに基づいてマネージメントを行う．計算機ナノマテリアルデザインを目的とした教育研究センターが必要となり，それを設立することによって，21 世紀型社会問題を解決し，人類の幸福な未来に貢献するための総合デザインにおけるコミュニケーションデザイン層，システムデザイン層，マテリアルデバイスデザイン層からなる 3 層構造にトップダウンの方向性を与え，これ

を支える基盤層について部局間・法人間・地域間・国際間を超えたネットワーク型連携により教育研究・人材育成を行うことが可能になる.

(2) 計算機ナノマテリアルデザインエンジン

　近年,コンピュータの計算能力と計算物理学的手法に大きな進歩があり,原子番号だけを入力パラメータにした第一原理計算により,多様な系についての物性を定量的に予測することが可能になってきた.自然を記述する簡単な模型(モデル)を演繹し,実験で決める経験的パラメータを含む従来のモデル(模型)計算と比較して,第一原理計算は,世の中にまだ存在しない仮想物質や新物質について,電子状態や物性を定量的に予言できる唯一の理論的枠組みといってもよく,「凝縮系物理学における標準模型(*Standard Model in Condensed Matter Physics*)」と呼ばれている.

　第一原理計算による物性予測に基礎をおいたマテリアルデザインの可能性や現実性が議論されており,第一原理計算による物性予測と考え抜いた独創的なアイデアを併用することにより,大阪大学の研究者を中心にグランドチャレンジともいえるマテリアルデザインの研究が進行している.このような研究は,世界の中でも「阪大オリジナル(*Handai Original*)」とよばれ,マテリアルデザイン手法だけでなく,公財政を投じて開発されたデザインのための計算物理学的手法である第一原理計算コードが一般に公開され,多くの研究者や技術者に公開され,無償で提供されている.計算手法の開発と公開は,錬金術にたとえれば,古代ギリシャのヘルメス哲学を公準とし,鉛などの卑金属を貴金属である金に金属変成する際に不可欠の『賢者の石(*The Philosopher's Stone*)』の創製に対応しており,量子力学を公準とする21世紀の錬金術師であるマテリアルデザイナーにとって,その本質的・中核的な部分である計算手法の開発と公開は錬金術の『大いなる秘法(*Ars Magna*)』に対応するものである.

　物質の原子レベルでの大まかな原子構造配置が決まれば,これを出発点として,第一原理から原子番号だけを入力パラメータとして安定な構造配置,電子状態,物性を予測することは日常的研究として行われている.基底状態

での物理量である安定構造配置，格子定数，体積弾性率などは実験と比較し，約1％以内の誤差で定量的に予測することができる．一方，第一原理計算の理論的フレームワークは局所密度近似(LDA)によっているため，励起状態については，バンドギャップなどの物理量の一致はよくないが，最近ではLDAを超えるための多くの新規計算手法が次々に開発されており，本書でもその取り組みが取り上げられている．計算機ナノマテリアルデザインのツールとしては，基本的な枠組みは完成しており，考え抜いたアイデアさえあれば，現在でも十分に実用に耐えうるものである．

しかし，マテリアルデザインの本質は，上記の原子構造配置が与えられたときにその物性を予測する問題の逆問題を解くことである．すなわち，目的とする機能が先に問題として与えられたときに，膨大な原子構造配置の自由度の中から目的とする機能を発現する最適なマテリアルの構成原子種と原子構造配置を見つけてデザインするという，いわば逆問題を解くところにデザインの本質がある．このような逆問題は，周期表の100程度の原子の組合せを考えても，ほぼ無限の自由度の中からの最適な構造配置を探すことであり，現実的には解くのが難しい．そこで，このような問題をストレートに解く代わりに，筆者らは次のような逐次遍歴的逆問題の解法を採用し，目的とする機能を満たす新機能マテリアルを効率よく発見し，デザインする手法を採用している．

すなわち，それは，新機能物質を量子力学に基づいてデザインするための計算機ナノマテリアルデザインエンジンという研究手法であり，大阪大学において理学研究科・工学研究科・基礎工学研究科・産業科学研究所による部局連携で開発されたものである．その手法においては，物質の原子レベルやナノスケールサイズの微視的世界の基本法則である量子力学に基づいて，物質の物理的機構を解明し，これらを統合して新機能物質を予測する．予測した仮想物質は量子シミュレーションに基づいてその機能の検証を行う．目的とする機能を満足しない場合は，その微視的原因・機構を解明し，これらをもとにさらに優れた機能をもつ新機能物質を予測する．これらを巡回することにより実験に頼らず，さらに優れた新機能物質を予言する．デザインした

基礎2　計算機ナノマテリアルデザイン

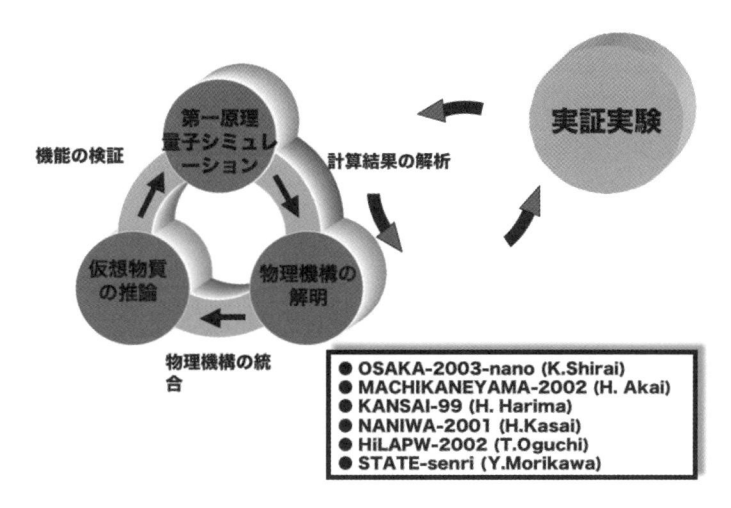

図2.4　計算機ナノマテリアルデザインエンジン

新機能物質は実験によりこれを実証し，デザイン機能を満足しない場合には実験データをもとにその原因を量子力学に基づいて解明する．解明されたデータをもとにさらに優れた新機能物質をデザインする．

　計算機ナノマテリアルデザインエンジンを利用することにより，環境調和材料，高効率エネルギー変換材料，生体調和材料，安心安全保障センサー材料を効率よくデザインするためのデザイン手法の開発，手法の共有，手法の公開，手法の普及，手法開発とマテリアルデザイナー育成のための教育・普及活動・社会貢献を行うことが可能になる．

　計算機ナノマテリアルデザインエンジンは，第一原理計算手法を用いて量子系を支配している微視的機構を解明する基本要素還元型研究と，解明された微視的機構をデータ・ベースとして知識情報処理によりこれらを統合して仮想物質を推論する基本要素統合型研究を両輪として構成されている（図2.4）．デザインした仮想物質は第一原理計算によりその機能や構造安定性を検証し，要求される条件を満足しない場合（大抵の場合は満足しない）はその微視的機構と原因を解明することにより，さらに優れた仮想物質を推論しデザインする．このような基本要素還元型研究と基本要素統合型研究の2つの

プロセスを巡回することにより目的とする機能を満足する新物質や新物質創製プロセスを効率よくデザインし，最後に実験グループによる実証実験を行い，これを検証するという方法論を選択している．これにより，現在では驚くほど多くの新機能物質をデザインすることが現実的になりつつある．そのような例を次に述べる．

2.3 計算機ナノマテリアルデザインの例

(1) 固体宇宙（*Solid State Universe*）における時空の制御と計算機ナノマテリアルデザイン

宇宙という漢字を漢和辞典で調べてみると時間・空間（＝時空）という意味であると書かれており【宇＝空間，宙＝時間，したがって，宇宙＝時空】，紀元前6世紀にはすでに使われており，古代中国人の直感的自然認識のレベルには驚かされるばかりである．立身出世の成功の証である「宇建（うだつ）が上がる」という言葉に出てくる「宇建」は，宇（空間）に建てるファイヤー・ウオール（防火壁）のことである．ハワイ島のマウナケア山に夜に登り，星座を見ていると，宇宙は時空そのものであることを強く感じる．人間のスケールからずっと遠くの宇宙（10^{23}-10^{26}m）をテレスコープで観測し，研究する学問が宇宙物理学であるが，逆に地に足をつけて，マイクロスコープで物質を拡大し原子レベルやナノスケールレベル（10^{-10}-10^{-9}m）で観察・研究すると，そこには，「固体宇宙（*Solid State Universe*）」という宇宙（＝時空）が存在する．

21世紀の錬金術師のみる「固体宇宙」では，スピン秩序に着目すると時間反転対称性の破れによって強磁性状態が発現し，一方，双極子秩序に着目すると空間反転対称性の破れによって強誘電性状態が発現し，また，自発的対象性の破れによって超伝導状態が発現している．そこには，宇宙の創世を意味する"ビッグ・バン"に相当する絶縁体・金属転移なども存在する．絶縁体・金属転移により，局在していた電子の波動関数は平面波となって結晶

基礎 2　計算機ナノマテリアルデザイン

全体に広がるナノ・ダイナミックスはまさに"ビッグ・バン"に相当し，その過程で上記の様々な対称性の破れが発現し，宇宙の生命現象にも匹敵する興味深い物理現象が次々に現れてくる．しかも重要なポイントは，宇宙物理学や高エネルギー物理学における宇宙とは大きく異なり，21 世紀の錬金術師の見る固体宇宙では時間反転対称性や空間反転対称性の破れを人工的に制御することができ，第一原理計算に基づいて自由にデザインし，制御し，しかも新機能を取り出すことができる．そのため，最終的には生活に役立つデバイス・システムとして産業応用でき，基礎研究のために税金を使うだけでなく，逆に富を得て納税し，社会に直接貢献する喜びを味わうこともできるのである．

極端な例では，時間反転対称性と空間反転対称性を同じ物質の中で破り，強磁性と強誘電性を同時に 2 相共存させ，量子揺らぎや位相制御を利用し，電場(ゲート電圧)により磁化(帯磁率)を大きく変化させ，また，磁場によって電荷分極(誘電率)を大きく変化させ，巨大物性応答が実現され，これを制御することができる．これを利用し，強磁性体と強磁性体を融合した新しい機能をもつフュージョン・フェロトニクスやマルチ・フェロイックデバイスへの応用が第一原理計算によるデザインに基づいて行われつつある．また，最近では，酸化物や半導体に遷移金属不純物や B, Si, C, N などの非磁性不純をドーピングして，電子相関の比較的強い狭い不純物バンドを制御する「深い不純物バンドエンジニアリング(*Deep-impurity Band Engineering*)」により，時間反転対称性を破り完全スピン分極した強磁性体を磁性不純物なしで実現し，電子のもつ電荷とスピンの自由度を両方制御する半導体スピントロニクスのためのマテリアルデザインなども行われている．このような計算機ナノマテリアルデザインの結果は，幸いなことにデザインの後に行われた実証実験により多くの新機能マテリアルが現実に合成され，現在，多くの特許出願にまでつながっている．

計算機ナノマテリアルデザインは，21 世紀の量子力学(第一原理)計算に基づいたエンジニアリングとして，環境調和材料，高効率エネルギー変換材料(太陽電池，燃料電池，熱電材料)，生体調和材料，環境調和材料，安全・

安心のための高感度センサー，生体調和材料などのマテリアルデザインに次々と応用されつつあり，その結果は思いのほかパワフルであり，基礎科学にも大きなフィードバックがあることから，21世紀の科学技術としてその大きな発展が期待されている．

(2) 内殻電子励起によるグラファイトからダイヤモンドを創製する方法のデザインと実証

基底状態では安定な物質においても，原子と原子を共有結合やイオン結合で結び付けている電子を光，電子線や放射線などにより励起し，結合状態にある電子をはぎ取れば，物質を凝集させるのりの役割を果たしている電子がなくなるのであるから，より安定な状態に向かって結晶構造を変え，また，別の準安定構造に移行することは自然なことである．図2.5は基底状態および励起状態におけるダイヤモンドとグラファイトの全エネルギーをグラファイト層間距離の関数としてプロットしたものである．基底状態において，圧力がかかっていない場合にはダイヤモンドとグラファイトはエネルギーがほぼ縮退しているが，高圧力下では，グラファイトよりもダイヤモンドの方が安定化する．一方，電子励起状態でホールが価電子帯にドープされると，常温常圧下でグラファイトよりもダイヤモンドの方が安定化する．電子励起下でのダイヤモンドの安定化エネルギーは価電子帯にドープされるホール量が多くなるに従って増大する．このことは，例えば，内殻電子励起によりグラファイトの内殻 1s 電子を励起すると，オージェ効果により価電子帯に2個ホールがドープされた状態が終状態となり，グラファイトがダイヤモンドに移行することが期待されるが，実際にグラファイトを 1keV 程度の電子線で励起するとダイヤモンド化する．また，自然界では，グラファイトでできている良質の石炭が放射線を放出するウラン鉱脈とクロスするポイントではブラックダイヤモンドというわずかにグラファイトを不純物相として含んだダイヤモンドが産出することが知られているが，その理由は放射線によって内殻電子励起が起き，引き続き起きるオージェ効果によりドープされたホールによりダイヤモンドが安定化するものと考えられる．このように，物質は電

基礎2　計算機ナノマテリアルデザイン

(a) 基底状態　　　　　　(b) 励起状態（ホールドーピング）

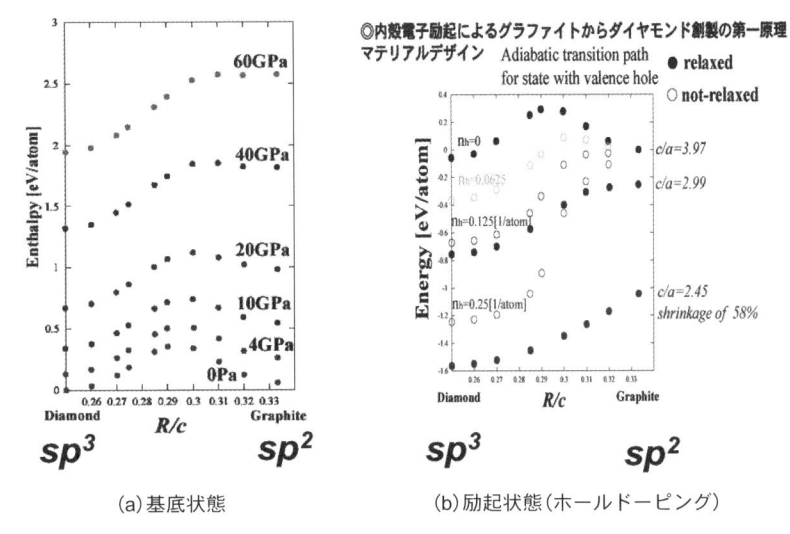

図2.5　基底状態(a)と励起状態(b)における全エネルギー図
(a)基底状態におけるダイヤモンドとグラファイトの全エネルギーをグラファイトの層間距離の関数としてプロットしたもの，および(b)電子励起状態において価電子帯にホールをドープした場合に，ダイヤモンドとグラファイトの全エネルギーをグラファイトの層間距離の関数としてプロットしたもの．

子励起下でたやすくその構造を変え，より安定な状態に移行することができるので，逆にこれを利用して，通常の状態では創製することのできない新物質をデザインし創製することができる．

(3) 同時ドーピング法によるワイドバンドギャップ半導体の価電子制御法

ワイドバンドギャップ半導体では誘電率が小さいため，価電子制御に必要なアクセプターやドナーの不純物準位が深い．そのため，アクセプターやドナーの活性化率が小さくなる．一方，アクセプターやドナーによるドーピングにより電子の化学ポテンシャルを変化させるとき，ワイドバンドギャップであるために，化学ポテンシャルが激しく変化するために，p型，もしくはn型の一方で形成エネルギーが大きくなり，自己補償効果が生じて，p型も

しくはn型の一方向にだけしかドーピングすることができないという単極性が生じる．これらを解決するためには，以下に述べる同時ドーピング法により低抵抗化を実現することができる．

① アクセプターとドナーを同時にドープすることにより，人工的に補償効果を起こすことにより形成エネルギーを小さくし，高濃度にアクセプターとドナーをドープし，あとでモバイルなドナーやアクセプターを熱処理により除去する．それにより，ドープするアクセプターやドナーの濃度を高濃度にして不純物バンドを形成させて，金属的な伝導を実現する．もしくは，

② アクセプターとドナーの分圧を制御して同時にドープして，アクセプターやドナーから形成される任意の不純物複合体を形成させて，アクセプター・ドナー・アクセプター不純物複合体や，ドナー・アクセプター・ドナー不純物複合体を形成し，アクセプター準位やドナー準位を浅くして，活性化率を上昇させる同時ドーピング方を実現する．

具体的な例としては，GaNでは単極性によりp型化が困難であるがMgアクセプターとOドナー，Siドナー，Hドナーを組み合わせることにより同時ドーピングを行い Mg-O-Mg, Mg-Si-Mg, および, Mg-H-Mg 不純物複合体の形成により低抵抗p型化が可能になる．一方，Diamondでは，単極性のより，n型化が今案であるが，Pドナー，Hアクセプターを組み合わせることにより，P-H-P 不純物複合体を形成することにより，低抵抗n型化が可能になる．さらに，ZnOでは低抵抗p型化が難しいが，N-Ga-N, N-H-N 不純物複合体の形成により低抵抗p型化が可能になる．

[2章　参考文献等]

錬金術に関する文献

[1] L'ALCHIMIE, Serge Hutan, (Collection QUE SAIS-JE? N^0 506).

計算機ナノマテリアルデザインに関する文献

[1] 吉田博，寺倉清之，電子状態計算と物質設計システム，固体物理　計算物理特集号 **24** (1989) 277.

[2] 吉田博，半導体の電子状態計算と物質設計への道，応用物理学会誌 **58**（1989）1309.
[3] 固体物理 計算機ナノマテリアルデザイン特集号（2004年11月号）.

デザインに関する実例
[1] K. Sato and H. Katayama-Yoshida: Jpn. J. Appl. Phys., 39, L555（2000）.
[2] H. Akinaga, T. Manago amd M. Shirai: Jpn. J. Appl. Phys., 39, L1118（2000）.
[3] K. Sato and H. Katayama-Yoshida: Semicond. Sci. Technol. 17, 367（2002）.
[4] K. Sato and H. Katayama-Yoshida: Jpn. J. Appl. Phys., 40, L485（2001）.
[5] K. Sato and H. Katayama-Yoshida: Jpn. J. Appl. Phys., 40, L651（2001）.
[6] K. Sato, and H. Katayama-Yoshida: Jpn. J. Appl. Phys., 40, L334（2001）.
[7] K. Sato, P.H. Dederichs, and H. Katayama-Yoshida: Europhysics. Lett. 61, 403（2003）.
[8] K. Sato, P.H. Dederichs, K. Araki, and H. Katayama-Yoshida: Phys. Stat. Solid. in press.
[9] An van Dinh, K.Sato, and H. Katayama-Yoshida: Jpn. J. Appl. Phys., 42, L888（2003）.
[10] M. Seike, A. Yanase, K. Sato, and H. Katayama-Yoshida: Jpn. J. Appl. Phys. 42, L1061（2003）.
[11] M. Seike, K. Kenmochi, K. Sato, A. Yanase, H. Katayama-Yoshida, Jpn J.of Appl. Phys.43,（2004）L579-L581.
[12] H. Nakayama and H. Katayama-Yoshida, Jpn. J. Appl. Phys. 41（2002）L817-L819.
[13] H. Nakayama and H. Katayama-Yoshida, J. Phys,:Condens. Matter 15（2003）R1077-R1091.

デザインを基にした特許出願の例
[1] 吉田博，佐藤和則（PCT特許出願：PCT/JP03/07447）：磁気抵抗ランダムアクセスメモリー装置.
[2] 吉田博，荒木和也，佐藤和則（特許出願：JP2002-166803）：強磁性Ⅵ族系半導体，強磁性Ⅲ-Ⅴ族系化合物半導体，または強磁性Ⅱ-Ⅵ族系化合物半導体とその強磁性特性の調整方法.
[3] 吉田博，佐藤和則（日本特許番号第3571034号）：磁気抵抗ランダムアクセスメモリー装置.
[4] 吉田博，中山博幸（特許出願：JP2002-156937および国際出願PCT/JP03/06426）：内殻励起によりグラファイトからダイヤモンドを製造する方法.
[5] 吉田博，佐藤和則（特許出願：JP2002-019409）：磁性半導体を用いた円偏光スピン半導体レーザーおよびレーザー光の発生方法.

[6] 吉田博（特許出願：JP2002-003896）シリコン結晶中の遷移金属不純物のゲッタリング法.

[7] 吉田博，佐藤和則（特許出願：JP2001-369900）：磁性半導体を用いた脳型メモリおよび脳型演算装置およびその使用方法.

[8] 吉田博，佐藤和則（特許出願：JP2001-059303）：遷移金属を含有するⅢ-Ⅴ属系窒化物（GaN，AlN，InN，BN）およびその強磁性特性の調整方法.

[9] 吉田博，佐藤和則（特許出願：JP2001-059195）：遷移金属を含有するⅢ-Ⅴ属系化合物（GaAs，InAs，GaP，InP）およびその強磁性特性の調整方法.

[10] 吉田博，佐藤和則（特許出願：JP2001-059164）：遷移金属を含有するⅡ-Ⅵ属化合物（ZnTe，ZnSe，ZnS，CdTe，CdSe，CdS）およびその強磁性特性の調整方法.

[11] 吉田博，佐藤和則（特許出願：JPH11-247959 および欧州連合特許番号 EP1219731 号）：強磁性 p 型単結晶酸化亜鉛およびその製造方法.

[12] 吉田博，佐藤和則（特許出願：JPH11-308911）：遷移金属を含有する強磁性 ZnO 系化合物およびその強磁性特性の調整方法.

[13] 吉田博（日本特許番号第 3410299 号）：高濃度にドーピングした ZnSe 結晶の製造方法.

[14] Hiroshi Yoshida（欧州連合特許番号：EPC 97113248.5-1270（EP 0 823 498 A1））：Process for producing a heavily nitrogen doped ZnSe crystal.

[15] Hiroshi Yoshida（ドイツ連邦特許番号：DE69703325T2）：Verfahren zur Herstellung eines mit Stickstoff hochdotierten ZnSe Kristalls.

[16] Hiroshi Yoshida（米国特許：USP 08/908, 307）：Production of Heavily Doped ZnSe Crystal.

[17] 吉田博（特許番号：特許第 322329 号）：低抵抗 p 型 GaN の結晶の製造方法.

[18] 吉田博，山本哲也，他（特許出願：JP H10-287966 および米国特許番号 US6527858 B1 号）：低抵抗 p 型 ZnO の製造方法.

[19] 吉田博（特許申請：JP H10-208612）：低抵抗 n 型および p-型 AlN：薄膜の合成法.

[20] 吉田博（日本特許番号第 3568394 号，特開 2000-26194）：低抵抗 n 型ダイヤモンドの合成法.

[21] Hiroshi Yoshida（国際特許公開番号 PCT 出願：WO00/01/01867）：METHOD FOR SYSTHESIZING N-TYPE DIAMOND HAVING LOW RESISTANCE.

[22] Hiroshi Yoshida（米国特許番号：United State Patent US6340393）：METHOD FOR SYSTHESIZING N-TYPE DIAMOND HAVING LOW RESISTANCE.

[23] Hiroshi Yoshida（欧州連合特許番号：EP1036863A1）：METHOD FOR SYSTHESIZING N-TYPE DIAMOND HAVING LOW RESISTANCE.

[24] 吉田博（日本特許番号第 3525141 号）：抵抗率が低い n 型又は p 型金属シリコンの

製造方法.

[25] Hiroshi Yoshida(米国特許番号：USP6013129)：PRODUCTION OF N-TYPE OR P-TYPE METALLIC SI HAVING LOW RESISTIVITY.

[26] Hiroshi Yoshida(欧州連合特許番号：EP0903429A2)：Process for producing heavily doped silicon.

[27] 吉田博(日本特許番号第 3439994 号(P2000-31059A))：低抵抗 n 型および低抵抗 p 型単結晶 AlN 薄膜の合成法.

[28] Hiroshi Yoshida(欧州連合特許番号：EP-1037268A1)：METHOD FOR SYNTHESIZING SINGLE CRYSTAL AlN THIN FILMS OF LOW RESISTANCT n-TYPE AND LOW RESISTANT p-TYPE.

[29] Hiroshi Yoshida(米国特許番号：USP6281099B1)：METHOD FOR SYNTHESIZING SINGLE CRYSTAL AlN THIN FILMS OF LOW RESISTANCT N-TYPE AND LOW RESISTANT P-TYPE.

[30] 吉田博，別役潔，他(特許出願：特願平 12-087069，特開 2001-274373A（P2001-274373A）および米国特許番号 US2003/0172869 A1 号)：低抵抗 p 型 $SrTiO_3$ の製造方法.

3　MACHIKANEYAMA2002

　MACHIKANEYAMA2002 は KKR-CPA-LDA 計算のパッケージである．KKR とは開発者の名前，Korringa-Kohn-Rostoker の略であり，別名グリーン関数法ともいう電子状態計算手法である．CPA とは Coherent Potential Approximation の略であり，不規則系の計算に威力を発揮する近似法である．ただし，CPA はその極限として規則系や不純物系も含んでいるために KKR-CPA だけで様々な状況に対応できるので便利である．少し工夫をするだけで，有限温度磁性や部分不規則のようなことも容易にできる．反面，グリーン関数を用いるのは，対角化によってエネルギー固有値と固有ベクトルを求めて…といった通常のバンド計算に慣れている人にはとっつきにくいかもしれない．ここでは KKR-CPA と MACHIKANEYAMA2002 の使用法について述べる．

3.1　KKR グリーン関数法

(1)　1体ポテンシャルによる散乱問題

　原点に置いた1つのポテンシャルによる散乱を考える．原子単位を用いると，定常的な系の状態を記述するシュレディンガー方程式は

$$[-\nabla^2 + V(\boldsymbol{r})]\psi(\boldsymbol{r}) = E\psi(\boldsymbol{r}). \tag{1}$$

と書くことができる．球対称なポテンシャルによる散乱を考えるならば，球座標を用いて次のように変数分離ができる．

$$\psi_{lm}(\boldsymbol{r}) = \frac{R_l(r)}{r} Y_{lm}(\theta, \phi), \tag{2}$$

$$\left[-\frac{d^2}{dr^2} + \frac{l(l+1)}{r^2} + V(r) - E\right] R_l(r) = 0 \tag{3}$$

$$\left[\frac{1}{r^2 \sin\theta}\frac{\partial}{\partial\theta}\sin\theta\frac{\partial}{\partial\theta} + \frac{1}{r^2\sin^2\theta}\frac{\partial^2}{\partial\phi^2} + \frac{l(l+1)}{r^2}\right] Y_{lm}(\theta,\phi) = 0 \tag{4}$$

角度部分の解は球面調和関数である．

ポテンシャルの外では動径波動関数の厳密解は次のように書ける．

$$R_l(r; E) = A_l(E) j_l(\sqrt{E}r) + B_l(E) n_l(\sqrt{E}r) \tag{5}$$

$j_l(z)$，$n_l(z)$は球ベッセル，ノイマン関数でそれぞれ原点で正則な解と非正則な解を表す．散乱を表す境界条件は，遠方で波動関数が次の漸近形をもつことである．

$$\psi(\boldsymbol{r}) \to e^{i\sqrt{E}z} + \frac{f(\theta)}{r} e^{i\sqrt{E}r} \tag{6}$$

このことから，$A_l(E)$と$B_l(E)$はパラメーター$\eta_l(E)$用いて表すことができるとわかる．

$$\begin{aligned} R_l(r; E) &= e^{i\eta_l}[\cos\eta_l j_l(\sqrt{E}r) + \sin\eta_l n_l(\sqrt{E}r)] \\ &\to e^{i\eta_l}\sin(\sqrt{E}r - \frac{l\pi}{2} + \eta_l) \end{aligned} \tag{7}$$

このように，η_lはポテンシャルによる遠方での波動関数の位相のずれを表す．また，次のように定義される第一種ハンケル関数を用いると，

$$h_l^{(1)} = j_l + i n_l \tag{8}$$

$$R_l(r; E) = j_l(\sqrt{E}r) - i\sqrt{E} t_l(E) h_l^{(1)}(\sqrt{E}r) \tag{9}$$

のように書けて，散乱問題は次のように定義される t 行列を求める問題に帰

着する.

$$t_l(E) = -\frac{1}{\sqrt{E}}e^{i\eta_l}\sin\eta_l \tag{10}$$

グリーン関数は次の方程式を満たす関数として定義される.

$$[\nabla^2 + E - V(\boldsymbol{r})]G(\boldsymbol{r},\boldsymbol{r}') = \delta(\boldsymbol{r}-\boldsymbol{r}') \tag{11}$$

電子の密度分布は次のように系のグリーン関数から直接求めることができる.

$$\rho(\boldsymbol{r},E) = -\frac{1}{\pi}\mathrm{Im}G(\boldsymbol{r},\boldsymbol{r}) \tag{12}$$

グリーン関数を演算子を使って書くと,多重散乱の過程を見通しよく扱うことができる.ポテンシャルの下でのグリーン関数 G,自由空間($V(\boldsymbol{r}) = 0$)でのグリーン関数 g は次のような演算子の形式解である.

$$G = \frac{1}{E + \nabla^2 - V} \tag{13}$$

$$g = \frac{1}{E + \nabla^2} \tag{14}$$

演算子に対する恒等式,

$$\frac{1}{A} - \frac{1}{B} = \frac{1}{A}(B-A)\frac{1}{B} \tag{15}$$

を用いると,次のような関係が成り立つことがわかる.

$$\begin{aligned}
G &= g + gVG \\
&= g + gVg + gVgVg + gVgVgVg + ... \\
&= g + g(V + VgV + VgVgV + ...)g \\
&= g + gtg
\end{aligned} \tag{16}$$

このように t 行列はポテンシャルによる多重散乱過程を記述している.

自由空間のグリーン関数はフーリエ変換によって求めることができる.

$$g(\boldsymbol{r},\boldsymbol{r}') = -\frac{e^{(i\sqrt{E}|\boldsymbol{r}-\boldsymbol{r}'|)}}{4\pi|\boldsymbol{r}-\boldsymbol{r}'|} \tag{17}$$

さらに部分波分解は次のように与えられることがわかっている．

$$g(\bm{r},\bm{r}') = -i\sqrt{E}\sum_L j_L(\bm{r}_<)h_L(\bm{r}_>) \tag{18}$$

ここで $j_L(\bm{r}) = j_l(\sqrt{E}r)Y_L(\bm{r})$、$h_L(\bm{r}) = h_l^1(\sqrt{E}r)Y_L(\bm{r})$ （$L = (l,m)$）である．

ポテンシャルがある場合のグリーン関数 $G(\bm{r},\bm{r}')$ も正則な解 $R_L(\bm{r}) = R_l(r)Y_L(\bm{r})$ と非正則な解 $H_L(\bm{r}) = H_l(r)Y_L(\bm{r})$ を用いて同じように書くことができる．

$$G(\bm{r},\bm{r}') = -i\sqrt{E}\sum_L R_L(\bm{r}_<)H_L(\bm{r}_>) \tag{19}$$

(2) 多重散乱

今度は，固体やクラスターなどのように散乱中心が複数あり，その中で多重散乱を受けている電子を考える．このような問題はマフィンティンポテンシャル模型を導入すると便利である．このモデルでは図 3.1 のようなお互いに重ならない球を定義し，ポテンシャルを球の内側では球対称，外側ではゼロであるとする．

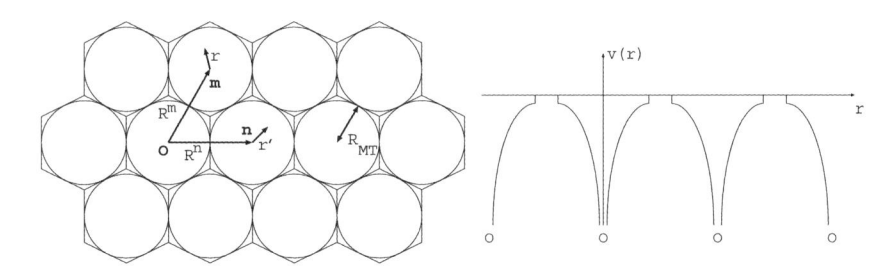

図 3.1 マフィンティンポテンシャル

球 m, n 間での自由空間のグリーン関数 $g(\bm{r}, \bm{R}^n - \bm{R}^m + \bm{r}')$ を部分波に分解してみる（$m \neq n$）．

$$\begin{aligned}
& g(\boldsymbol{r}, \boldsymbol{R}^n - \boldsymbol{R}^m + \boldsymbol{r}') \\
= & -i\sqrt{E} \sum_L j_L(\boldsymbol{r}) h_L(\boldsymbol{r}' + \boldsymbol{R}^n - \boldsymbol{R}^m) \\
= & -i\sqrt{E} \sum_L j_L(\boldsymbol{r}) 4\pi \sum_{L'L''} i^{l-l'+l''} C_{LL'L''} h_{L''}(\boldsymbol{R}^n - \boldsymbol{R}^m) j_{L'}(\boldsymbol{r}') \quad (20)\\
= & \sum_{LL'} R_L(\boldsymbol{r}) g_{LL'}^{mn} R_{L'}(\boldsymbol{r}')
\end{aligned}$$

$$g_{LL'}^{mn} = -4i\pi\sqrt{E} \sum_{L''} i^{l-l'+l''} C_{LL'L''} h_{L''}(\boldsymbol{R}^n - \boldsymbol{R}^m) \quad (21)$$

ここに現れた $g_{LL'}^{mn}$ を構造定数と呼ぶ．これは結晶格子による量であり，格子点にあるポテンシャルによらない．$m = n$ の場合の散乱も含めれば，グリーン関数は次のように書ける．

$$g(\boldsymbol{r} + \boldsymbol{R}^m, \boldsymbol{r}' + \boldsymbol{R}^n) = \delta_{mn} g(\boldsymbol{r}, \boldsymbol{r}') + \sum_{LL'} j_L(\boldsymbol{r}) g_{LL'}^{mn} j_{L'}(\boldsymbol{r}') \quad (22)$$

ポテンシャルがある場合にも同じように展開できる．

$$G(\boldsymbol{r} + \boldsymbol{R}^m, \boldsymbol{r}' + \boldsymbol{R}^n) = \delta_{mn} G_s^m(\boldsymbol{r}, \boldsymbol{r}') + \sum_{LL'} R_L(\boldsymbol{r}) G_{LL'}^{mn} R_{L'}(\boldsymbol{r}') \quad (23)$$

この場合でも系全体の t 行列が多数のポテンシャルによる多重散乱の様子を表していると考えることができ，係数 $G_{LL'}^{mn}$ は $g_{LL'}^{mn}$ と次のように関係づけられる．

$$G_{LL'}^{mn} = g_{LL'}^{mn} + \sum_{L''l} g_{LL''}^{ml} t_{L''}^l G_{L''L'}^{ln} \quad (24)$$

$G_{LL'}^{mn}$ は結晶のように散乱中心が周期的にならんでいる場合，フーリエ変換を用いて解くことができる．

$$G_{LL'}(\boldsymbol{k}) = \sum_{L''} [\delta_{L''L} - g_{L''L}(\boldsymbol{k}) t_L]^{-1} g_{L''L'}(\boldsymbol{k}) \quad (25)$$

このようにして得られたグリーン関数から密度分布を求めるにはグリーン関数をエネルギー積分しなければならないが，構造が複雑なため大変難しい．そこで，実軸上で定義されたグリーン関数を複素エネルギー平面に接続し，実軸から離れて眺めると，状態密度の構造はならされて精度のよいエネ

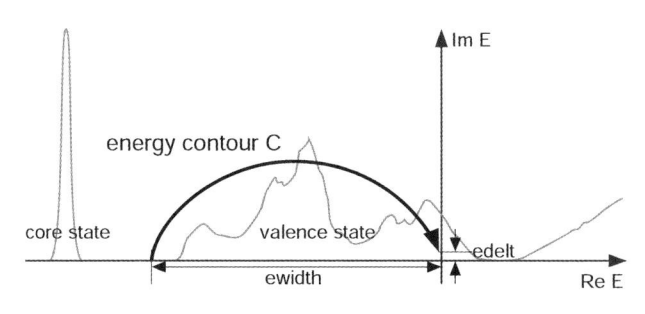

図 3.2 グリーン関数の経路積分

ここで ewidth と edelt は数値計算で使うパラメータである．

ルギー積分が実行できる．数値計算上では図 3.2 のような経路 C において積分を実行する．

(3) CPA

$A_1, A_2, \cdots, A_n$ という n 個の成分からなる不規則系を考えよう．それらの濃度を $x_1, x_2, \cdots, x_n$ とする．今，有効媒質中の原点に原子 A_i を置いたとする．このとき原点から出発して原点に戻るグリーン関数は

$$G^i_{LL'} = \sum_{L''} \tilde{G}_{LL''} \left[1 - (t_i - \tilde{t})\tilde{G} \right]^{-1}_{L''L'} \tag{26}$$

である．ここで $\tilde{G}_{LL'}$ は有効媒質のグリーン関数，$\tilde{t}$ は有効媒質を表す t 行列（コヒーレント t 行列）である．さて，CPA は $\tilde{t}$ を決めるための手続きであるが，そのためのセルフコンシステントな式として

$$\sum_{i=1}^{n} x_i G^i_{LL'} = \tilde{G}_{LL'} \tag{27}$$

を用いる．この式の意味するところは，媒質中で原点に構成原子を置いたときのグリーン関数を構成原子の濃度について平均をとれば媒質のグリーン関数が得られるということである（図 3.3）．

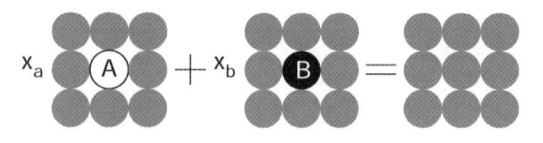

図 3.3　CPA の概念

グレーの部分は有効媒質であり，そのグリーン関数は A と B の平均になっている．

3.2　計算の実行

(1)　プログラムの入手，コンパイルと実行

　KKR プログラムは http://sham.phys.sci.osaka-u.ac.jp/~kkr/ からダウンロードできる．プログラムの全体はアーカイブ，圧縮してあるので，ダウンロード後に解凍とファイルの取り出しを行う．

　計算プログラムはディレクトリ cpa2002v***下にある．中には

```
data        makefile      source      ***_clock
in          readme        util
```

のようなファイルがある．ディレクトリ source の下にプログラムのソースファイルが置かれている．プログラムは，Fortran77 で書かれており，100 以上のサブルーチンからなっている．コンパイルには make コマンドを使う．コンパイルすると，実行ファイル specx が得られる．

　結晶格子や格子点に置く原子の種類などを書いたインプットファイルを入力することでバンド計算が開始される．計算結果は標準出力に書かれるのでファイルとして残しておくためには次のようにする．

```
~/cpa2002v****> specx < in/input_file > output_file &
```

　KKR コードは図 3.4 のような流れにそって計算を実行している．図 3.4 では主なサブルーチンの名前も載せている．

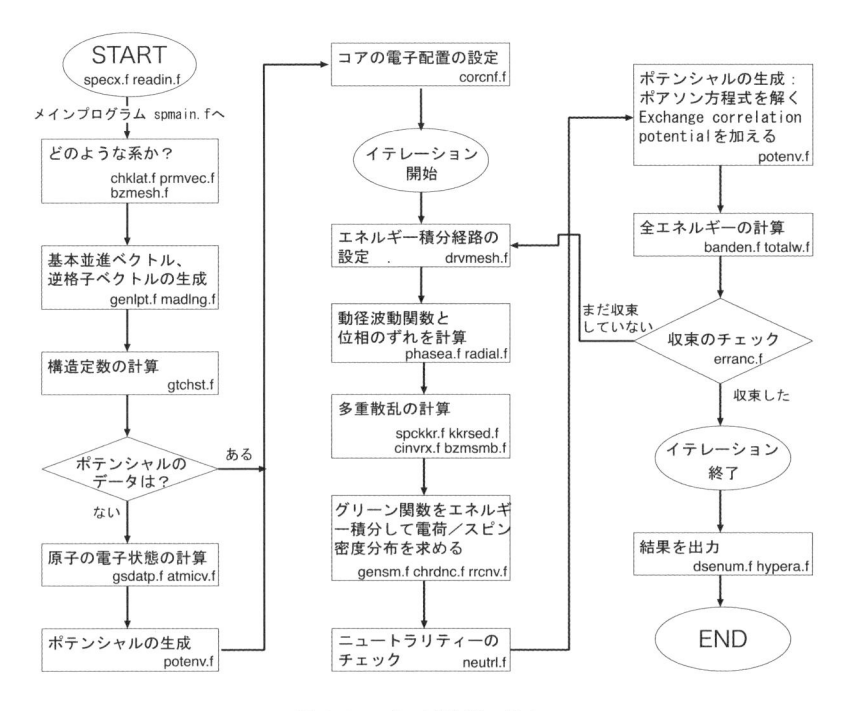

図 3.4 バンド計算の流れ

(2) インプットファイル

インプットファイルには主に結晶格子に関する情報が書かれる．ニッケルの例を次に挙げる．先頭が c で始まる行はコメント行である．区切りは空白またはカンマである．それぞれのフィールドの内容をコメント行に略号で示してある．いくつか省略可能なフィールドがあるが，省略した場合はカンマを忘れないようにしなければならない．また，1 つのファイルの中に複数のインプットファイルを続けて書いておくと計算は順番に進められる．

```
c------------------------ input data ------------------------
c   go      file
    go      data/ni
c   brvtyp  a       c/a    b/a   alpha  beta   gamma
    fcc     6.6,    ,      ,     ,      ,      ,
c   edelt   ewidth  reltyp  sdftyp  magtyp  record
    0.001   1.2     nrl     mjw     mag     init
c   outtyp  bzqlty  maxitr  pmix
    update  4       100     0.024
c   ntyp
    1
c   type    ncmp   rmt   field  l_max  anclr  conc
    Ni      1      0     0      2      28     100
c   natm
    1
c   atmicx                          atmtyp
    0       0      0                Ni
c------------------------------------------------------------
```

- **go** 計算の種類．MACHIKANEYAMA2002 では次のような計算ができる．**go**：バンド計算を行う．**dos**：状態密度の表示を行う．**spc**：Bloch spectral function（エネルギー分散（バンド図）に相当）の表示．dos, spc にすると record, outtyp, maxitr はそれぞれ自動的に 2nd, quit, 1 に設定される．

- **file** ポテンシャルデータを読み込む／記録するファイル名．

- **brvtyp** ブラベー格子．次の中から指定する．**sc**（単純立方）**fcc**（面心立方）**bcc**（体心立方）**st**（単純正方）**bct**（体心正方）**so**（単純直方（斜方））**bso**（底心直方）**fco**（面心直方）**bco**（体心直方）**hcp**（hex）（六方）**rhb**（trg）（三方）**sm**（単純単斜）**bsm**（底心単斜）**trc**（三斜）

- **a** 格子定数．原子単位で入力する．1 bohr = 0.529Å

- **c/a, b/a** c/a 比，b/a 比．brvtyp から明白なものは省略できる．

- **alpha, beta, gamma** α，β，γ．単位は度．明白なものは省略できる．

- **edelt** 数値計算上で与えるエネルギー虚数部分の大きさ．図 3.2 参照．単位は Ry．1 Ry = 13.6eV　0.001Ry 程度．

- **ewidth** グリーン関数を計算するエネルギー領域の広さ．図 3.2 参照．単位は Ry．ewidth の大きさは価電子帯を完全にカバーするものでなければならない．

- **reltyp** 相対論効果を考慮するかどうか．**nrl**：相対論を考慮しない．**sra**：相対論を考慮する．

- **sdftyp** 交換相関ポテンシャル．**mjw, vbh, vwn** など．

- **magtyp** スピン，磁性の取扱い．**mag**：スピンを考慮して磁性の計算を行う．**nmag**：非磁性の計算を行う．

- **record** イニシャルポテンシャル．データファイルには過去 2 回分のポテンシャルデータが記録されている．**init**：データは読み込まず原子の計算から始める．

2nd：最新のデータから計算を続ける．**1st**：2番目に新しいデータから計算を続ける．

outtyp 計算の結果得られたポテンシャルデータの処理．**update**：データファイルに書き込む．**quit**：書き込まない．

bzqlty 与えた数字に応じて第一ブリルアンゾーンの既約部分に k 点(逆格子空間でのサンプリングポイント)がとられる．数字が大きいほどメッシュは細かい．実際の k 点の数は場合による．

maxitr イテレーションの最大回数．≥ 1

pmix ポテンシャルの混合のパラメータ．$0.01 \sim 0.03$ 程度．

ntyp 単位格子中の独立なサイトの種類の数．≥ 1

type 個々のサイトの種類の名前．

ncmp そのサイトを構成する原子の種類の数．≥ 1

rmt マフィンティン球の半径(a を単位とする)．≥ 0 与えたマフィンティン半径では球どうしが重なってしまう場合，マフィンティン半径は与えた半径比で球が接するように設定し直される．0 を与えたときは半径比として原子半径比がとられる．

field 外部磁場．単位は Ry．

lmax 軌道角運動量は 0 から lmax まで考慮される．≥ 0

anclr 原子番号．≥ 0 0 は空格子点を置くことを意味する．

conc そのサイト中でその原子が占める割合．規格化されるので総和はいくらになってもよい．

natm 単位格子中の原子の個数．≥ 1

atmicx 原子の位置．a を単位とする．直交座標で指定するときは 0.5, 0.5, 0.5 などと書き，基本ベクトルで指定するときは 0.5a, 0.5b, 0.5c などと書く．

atmtyp その位置にあるサイトの種類．

(3) アウトプットファイル

先ほどのニッケルのインプットファイルを使って計算したときのアウトプットファイルを例として挙げる．

```
4-Apr-2005
  meshr mse   ng   mxl
   400   35   15    3

 data read in
```

```
go=go    file=data/ni
brvtyp=fcc   a=  6.60000   c/a=0.00000   b/a=0.00000
alpha=  0.0   beta=  0.0   gamma=  0.0
edelt= 0.0010  ewidth=  1.500  reltyp=nrl   sdftyp=mjw           magtyp=mag
record=init   outtyp=update   bzqlty=4   maxitr=100   pmix=0.02400
ntyp= 1   natm= 1   ncmpx= 1

complex energy mesh
 1( -1.5000, 0.0000)    2( -1.4998, 0.0035)    3( -1.4989, 0.0080)
 4( -1.4968, 0.0139)    5( -1.4921, 0.0216)    6( -1.4833, 0.0315)
 7( -1.4673, 0.0438)    8( -1.4401, 0.0588)    9( -1.3959, 0.0762)
10( -1.3285, 0.0955)   11( -1.2322, 0.1149)   12( -1.1045, 0.1322)
13( -0.9489, 0.1446)   14( -0.7761, 0.1499)   15( -0.6019, 0.1470)
16( -0.4424, 0.1368)   17( -0.3089, 0.1213)   18( -0.2061, 0.1033)
19( -0.1322, 0.0850)   20( -0.0821, 0.0682)   21( -0.0496, 0.0537)
22( -0.0294, 0.0416)   23( -0.0172, 0.0319)   24( -0.0099, 0.0243)
25( -0.0057, 0.0184)   26( -0.0032, 0.0139)   27( -0.0018, 0.0104)
28( -0.0010, 0.0078)   29( -0.0006, 0.0059)   30( -0.0003, 0.0044)
31( -0.0002, 0.0033)   32( -0.0001, 0.0025)   33( -0.0001, 0.0018)
34(  0.0000, 0.0014)   35(  0.0000, 0.0010)

file to be accessed=data/ni

lattice constant
bravais=fcc    a=  6.60000    c/a=1.0000   b/a=1.0000
alpha=  90.00   beta=  90.00   gamma=  90.00

primitive translation vectors
a=(  0.00000   0.50000   0.50000)
b=(  0.50000   0.00000   0.50000)
c=(  0.50000   0.50000   0.00000)

type of site
type=Ni        rmt=0.35355   field=  0.000   lmxtyp=  2
               component= 1   anclr=  28.   conc= 1.0000

atoms in the unit cell
position=   0.00000000    0.00000000    0.00000000   type=Ni

***msg in spmain...new ew, ez generated
  Fixed ew and ez are used
 ew=   0.00000   ez=   1.50000

preta= 0.44780   eta= 0.44780
isymop= 1 1 1 1 1 1 1 1 1 1 1 1 1 1 1 1 1 1 1 1 1 1 1 1

last= 243   np= 10   nt= 169   nrpt= 141   nk=  29   nd=  1

itr=  1         rms error = -1.724
itr=  2         rms error = -2.239
itr=  3         rms error = -2.657
itr=  4         rms error = -2.967
itr=  5         rms error = -3.645
itr=  6         rms error = -3.695
itr=  7         rms error = -4.268
itr=  8         rms error = -5.061
itr=  9         rms error = -5.356
itr= 10         rms error = -5.470
itr= 11         rms error = -6.321
```

基礎3　MACHIKANEYAMA2002

```
interval= 11    cpu time=     0.00 sec

     nl    cnf       energy
    ---------------------------------
     1s    2.000    -595.8142
     2s    2.000     -70.7050
     2p    6.000     -61.8163
     3s    2.000      -7.9863
     3p    6.000      -5.2730
     3d    8.000      -0.7806
     4s    2.000      -0.5252

record 1 will be overlaied by input and
record 2 will be replaced by new output.

core configuration for Z= 28
state 1s 2s 2p 3s 3p 3d 4s 4p 4d 5s 5p 4f 5d 6s 6p 5f 6d 7s
 up    1  1  3  1  3  0  0  0  0  0  0  0  0  0  0  0  0  0
 down  1  1  3  1  3  0  0  0  0  0  0  0  0  0  0  0  0  0

***** self-consistent iteration starts *****
   Ni
itr=  1 neu=  0.6772 moment=  0.0025 te= -3011.0047131 err=  0.096
itr=  2 neu=  0.6605 moment=  0.0166 te= -3011.1268236 err= -0.038
itr=  3 neu= -0.7970 moment=  0.2488 te= -3011.6209376 err= -0.405
itr=  4 neu= -1.4094 moment=  0.7541 te= -3011.6313003 err= -0.287
itr=  5 neu= -0.9735 moment=  0.8804 te= -3011.6103062 err= -0.252
itr=  6 neu= -0.2092 moment=  0.6751 te= -3011.6217582 err= -0.461
itr=  7 neu=  0.1459 moment=  0.6755 te= -3011.6305776 err= -0.639
itr=  8 neu=  0.4870 moment=  0.6782 te= -3011.6396335 err= -0.799
itr=  9 neu=  0.6185 moment=  0.3507 te= -3011.3739357 err= -0.186
itr= 10 neu=  0.3139 moment=  0.6733 te= -3011.6377357 err= -0.887
```

(中略)

```
itr= 37 neu= -0.0145 moment=  0.6698 te= -3011.6361725 err= -2.363
itr= 38 neu= -0.0209 moment=  0.6698 te= -3011.6361787 err= -2.556
itr= 39 neu= -0.0227 moment=  0.6698 te= -3011.6361825 err= -2.729
itr= 40 neu= -0.0200 moment=  0.6698 te= -3011.6361835 err= -2.705
itr= 41 neu= -0.0142 moment=  0.6698 te= -3011.6361819 err= -2.493
itr= 42 neu= -0.0070 moment=  0.6698 te= -3011.6361796 err= -2.509
itr= 43 neu= -0.0001 moment=  0.6697 te= -3011.6361782 err= -2.661
itr= 44 neu=  0.0054 moment=  0.6697 te= -3011.6361777 err= -2.794
itr= 45 neu=  0.0088 moment=  0.6697 te= -3011.6361776 err= -2.854
itr= 46 neu=  0.0098 moment=  0.6697 te= -3011.6361771 err= -2.983
itr= 47 neu=  0.0088 moment=  0.6697 te= -3011.6361763 err= -3.145
interval= 47    cpu time=     4.16 sec
sdftyp=mjw     reltyp=nrl    dmpc=0.024
   Ni
itr= 47  neu  0.0088  chr,spn 10.0000  0.6697  intc,ints  0.7345 -0.0134
rms err= -3.382 -3.145
ef=  0.6774384  0.6838426  def=  0.4046611  26.5322364
total energy= -3011.6361763


                     *** type-Ni     Ni (z= 28.0) ***
core charge in the muffin-tin sphere =17.9926257
valence charge in the cell (spin up  ) =    0.23371(s)   0.23060(p)   4.51364(d)
valence charge in the cell (spin down) =    0.23130(s)   0.23937(p)   3.82425(d)
```

```
  total charge=  27.26550    valence charge (up/down)=   4.97795    4.29493
  spin moment=    0.68303  orbital moment=    0.00000

  core level   (spin up  )
   -594.4155440 Ry(1s)        -69.3221716 Ry(2s)       -60.4301358 Ry(2p)
     -6.6310528 Ry(3s)         -3.9228041 Ry(3p)
  core level   (spin down)
   -594.4087317 Ry(1s)        -69.2816713 Ry(2s)       -60.3978586 Ry(2p)
     -6.5646597 Ry(3s)         -3.8581084 Ry(3p)

  hyperfine field of Ni
    -48.119 KG (core=   -71.986 KG  valence=    23.867 KG )
  core contribution
     -8.394 KG(1s)     -182.827 KG(2s)      119.234 KG(3s)

  charge density at the nucleus
    14827.7909 (core=   14821.8315  valence=       5.9594 )
  core contribution
    13396.9238(1s)      1243.1998(2s)       181.7079(3s)

 cpu used        4.29 sec
```

日付，meshr, mse, ng, mxl の表示の後読み込んだインプットファイルの内容が確認される．次に用いる複素平面上のエネルギーメッシュが表示される．実軸 0 がフェルミレベルである．その後結晶格子や原子の情報が表示される．インプットファイルに書かれた設定が不適当である場合，修正した値が印字される．ew, ez, k 点の数(nk)，独立な構造定数のブロック数(nd)などが計算されて表示される．specx.f で設定した値を越えるとエラーメッセージを出して終了するので specx.f のパラメーターを設定し直してやり直す．主な配列はプログラム specx.f で宣言され，必要な大きさの配列が確保できるようになっている(表 3.1)．

record = init のとき，または与えたポテンシャルファイルが存在しないときは原子の電子状態計算から初期ポテンシャルが構成される．

次に計算で採用されるコアの電子配置が示される．コアの電子についてはその原子核のまわりに十分よく局在していると考えてバンド計算には入れず，原子の問題として扱う．

イテレーションが始まると，ループの回数，チャージニュートラリティー，モーメント，全エネルギー，エラーの値がループ毎に表示され計算が収束していく様子がわかる．エラーが設定値より小さくなるとセルフコン

表 3.1 配列に関するパラメータ

パラメータ	意味
natmmx	原子の数の最大値.
ncnpmx	原子の種類の数の最大値.
msizemx	グリーン関数行列の最大サイズ. $\geq \sum_{i=1}^{natm}(l_{max,i}+1)^2$
mxlmx	mxl-1 の角運動量までで展開する. mxl の最大値.
nk1mx,nk3mx	nk1mx+nk3mx が k 点の最大数.
msex	エネルギーメッシュの最大値.
ngmx	チェビシェフ展開の次数.
nrpmx	実空間の格子点の最大数.
ngpmx	逆空間の格子点の最大数.
msr	動径座標のメッシュの点数.
mse0	go=dos 以外でのエネルギーメッシュ.
tol	ポテンシャルが tol まで収束したら終わる.

mse0 と tol は data 文に含まれている.

システントな解が求められたとして計算を終了する.maxitr 以上ループしても収束が得られない場合は計算を打ち切る.

フェルミレベル,フェルミレベルの状態密度などの出力の後,それぞれの原子について各軌道の占有率,コアの軌道のエネルギーレベルなど基本的な計算結果,そして得られた電子状態から計算した物理量が出力される.価電子帯の電子のエネルギーバンドが完全に積分されていることに注意しなくてはならない.

ここでは MACHIKANEYAMA2002 について簡単に説明した.KKR 法や CPA の詳細についてはウェブサイトのテキスト (H. Akai, Korringa-Kohn-Rostoker Method) や次の文献などを参考にするとよい.

・W. Kohn and N. Rostoker, Phys. Rev. 94 (1954) 1111.
・F.S. Ham and B. Segall, Phys. Rev. 124 (1961) 1786.
・H. Akai, J. Phys. Soc. Japan 51 (1982) 468.
・H. Akai, J. Phys.: Cond. Matter 1 (1989) 8045.

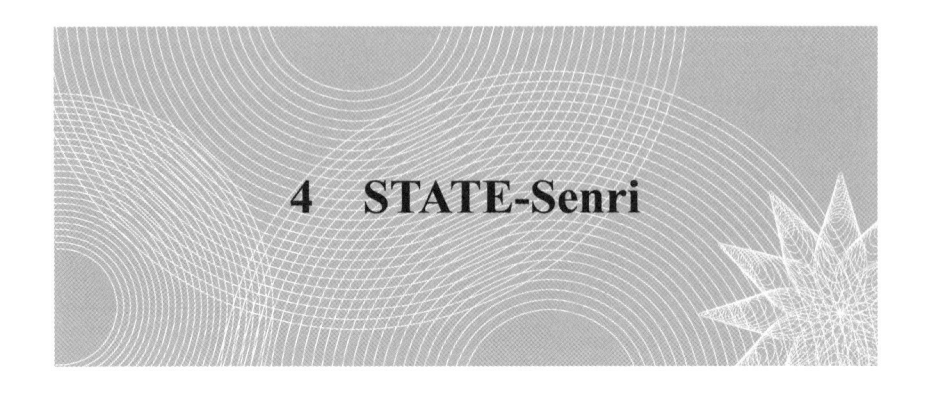

4 STATE-Senri

　STATE (Simulation Tool for Atom TEchnology)-Senri は大阪大学産業科学研究所および産業技術総合研究所で開発されてきている密度汎関数法，ウルトラソフト擬ポテンシャル法，平面波基底に基づく第一原理分子動力学法プログラムであり，これまでに金属，半導体，酸化物，有機物質にいたる幅広い物質の安定構造と電子状態，さらには反応過程などの研究に用いられてきている．本章では STATE-Senri を利用する際にキーワードとなる擬ポテンシャル法，平面波基底，および，ウルトラソフト擬ポテンシャル法などの概念について解説し，本プログラムを利用していく上で基礎となる知識を提供することを目的とする．

4.1 擬ポテンシャル法

(1) 擬ポテンシャル法の概念

　密度汎関数法の範囲内では，ポテンシャルの形状に対する近似なしで内殻電子まで含めた全電子の状態を計算する Full-potential Linearized Augmented Plane Wave (FLAPW) 法が原理的には最も精度のよい計算手法である．しかしながら，FLAPW 法は計算量が多く，対称性の低い複雑な物質への適用は

困難を極める．そのため，計算精度を落とさずにより効率的に物質の性質を予測できる手法が望まれる．原子内に強く結合している内殻電子は，ほとんど1つの原子核付近に局在していて，隣の原子位置にまで出てくることはない．そのため，隣にどのような原子が来ようとその状態はほとんど影響を受けないはずである[1]．隣に来る原子によって大きく影響を受けるのは，原子の最外殻にある価電子と呼ばれる電子である．価電子は主として原子と原子の間に分布しているので，物質の組成や構造によって大きく変化する．つまり，物質の構造や反応性，さらには電気的，磁気的，光学的特性といったほとんどの物理的・化学的性質は価電子の状態によって支配されるということである．このことより，内殻電子の状態をいちいち解かなくとも，価電子の状態さえ正しく再現できれば物質の性質は高い精度で予想可能なはずである．このことより，内殻の電子状態を孤立原子で一度求めておいて，物質の構造が変わっても同じ内殻の電子状態を用いるフローズンコア近似はたいていの場合よい近似となる．

擬ポテンシャル法はさらに価電子の波動関数についても近似を進めていく．価電子は内殻電子と直交する必要があるため，原子の内殻付近では波動関数の振幅の符号が激しく振動し，振幅がゼロとなる節をもっている．それに伴い，価電子は主として原子と原子の間に存在する．仮に，物質内の原子ポテンシャルを，原子核から半径 r_c の外側については正しい波動関数を再現するポテンシャルで置き換えたとする．ただし，隣り合う原子の距離はそれぞれの内殻半径 r_c の和より大きいとする．このような偽のポテンシャルを用いて電子状態計算をしても，原子間に分布する波動関数については正しく再現されるので，物質の安定構造などを正しく再現するはずである．このように，半径 r_c より外側から見たときに，真の原子ポテンシャルと同じ電子散乱の性質をもつようなポテンシャルを「擬ポテンシャル（あるいは偽ポ

---

[1] 内殻光電子分光という電子分光の手法で内殻電子の準位を測定すると，周りに存在する原子の種類によって結合エネルギーが変化することが知られている．いわゆる化学シフトと呼ばれる現象であるが，これは原子核付近の静電ポテンシャルが周りの原子に依存するマーデルングポテンシャルの変化によって一様にシフトする効果と，光電子が抜けた後の正孔が周りの電子によって遮蔽される効果に違いがあることが原因となっており，内殻電子の状態そのものが変わったためではない．

テンシャル)」と呼ぶ．r_c 内の波動関数は通常は簡単のため節のない滑らかな関数にする．この滑らかにした波動関数を「擬波動関数」と呼ぶ(図 4.1 参照)．そのような大胆な近似を行っても r_c より外側の波動関数が正しく再現されていればよいのである．

擬ポテンシャルを用いることによって，物質の重要な性質に対する精度は保ったまま，計算量を大きく簡略化することが可能となる．擬ポテンシャルを用いる電子状態計算法の利点としては以下の点が挙げられる．

① 価電子の状態に関する限り，精度はフルポテンシャルの全電子計算にほぼ匹敵する．擬ポテンシャルの精度は擬ポテンシャルの作成方法に大きく依存するが，精度を上げるための工夫がなされ，最近では物質の価電子の状態や安定構造などに関しては FLAPW に匹敵する精度をもつ擬ポテンシャルが開発されている．

② 内殻電子を取り扱わない分計算が軽く，より複雑な物質への適用が可能となる．

③ 価電子の結合エネルギーは数 eV からせいぜい数十 eV であるが，内殻電子は数百から十万 eV と非常に大きく，内殻電子を取り扱うとエネルギーの桁数が 2〜4 桁大きくなる．価電子のみを扱うと，取り扱うエネルギーの桁が小さくなるので，数値計算の必要な有効桁数が少なくてすむ．

④ 擬ポテンシャルおよび擬波動関数を充分滑らかにしておけば，平面波基底で容易に展開可能になる．平面波基底は後に述べるように，様々な利点

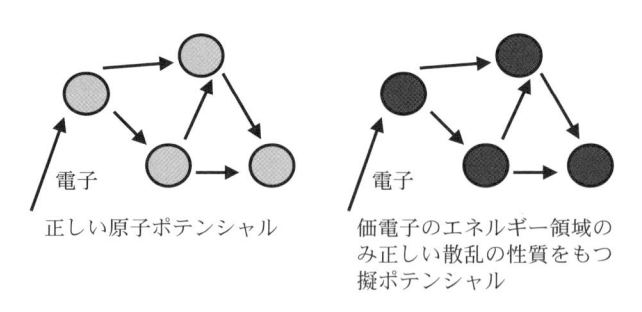

図 4.1 正しい原子ポテンシャルと擬ポテンシャルによる電子散乱の様子
球の外側から見たときは両者は等しく見える．

がある．

(2) ノルム保存擬ポテンシャル

擬ポテンシャルは，直交化された平面波（OPW）法やハイネ－アバレンコフらのモデル擬ポテンシャルが固体物理学の教科書で紹介されているが[2]，現在では第一原理電子状態計算で用いられる精度のよい擬ポテンシャル法が確立されている[3]．

擬ポテンシャルを作成する際には，通常，まず孤立した原子の全電子計算を行い，固有値 ϵ_l，固有波動関数 $\psi_l(r)$，およびセルフコンシステントな有効ポテンシャル $V^{\mathrm{AE}}(r)$ を求める．ここで，添え字 AE は全電子（All Electron）を意味する．$\psi_l(r)$ は以下の Kohn-Sham 方程式を満たす[4]．

$$\left(\hat{\mathcal{T}} + V^{\mathrm{AE}}(r)\right)\psi_l(r) = \epsilon_l \psi_l(r), \tag{1}$$

$$\hat{\mathcal{T}} = -\frac{1}{2r^2}\frac{d}{dr}r^2\frac{d}{dr} + \frac{l(l+1)}{2r^2}, \tag{2}$$

$$\langle \psi_l | \psi_l \rangle = \int_0^\infty |\psi_l(r)|^2 r^2 dr = 1. \tag{3}$$

次に，波動関数 $\psi_l(r)$ を r_{cl} より内側で滑らかにして擬波動関数 $\phi_l(r)$ を作る．滑らかにする方法はいろいろ考えられるが，多項式による展開係数を最適化する方法がよく使われている．

$$\phi_n(r) = \begin{cases} \psi_l(r) & \text{for } r > r_{cl} \\ \sum_{t=0}^{M} c_{l,2t} r^{2t+l} & \text{for } r \leq r_{cl} \end{cases} \tag{4}$$

ここで，$c_{l,2t}$ は r^{2t+l} の項の係数であり，角運動量 l をもつ波動関数は $r \sim 0$ で $\psi_l(r) \sim r^l$ の依存性をもつようにしてある．$\phi_l(r)$ の条件としては，$r < r_{cl}$ で滑らかで節をもたないこととともにノルム保存条件を課す．ここで，ノルムとは以下の式に示すように，波動関数の自乗を積分した量である．

---

[2] J.M. Ziman 著，山下次郎，長谷川彰訳『固体物性論の基礎 第 2 版』丸善 (1976)，金森順次郎，米沢富美子，川村清，寺倉清之著，現代物理学叢書『固体—構造と物性』岩波 (2001)．

[3] D.R. Hamann, M. Schlüter, and C. Chiang, Phys. Rev. Lett. **43**, 1494 (1979). G.B. Bachelet, D.R. Hamann, and M. Schlüter, Phys. Rev. B **26**, 4199 (1982).

[4] 本節ではハートリー原子単位系 ($\hbar = e^2/4\pi\epsilon_0 = m_e = 1$) を用いる．

$$\int_0^{r_{cl}} |\psi_l(r)|^2 r^2 dr = \int_0^{r_{cl}} |\phi_l(r)|^2 r^2 dr. \tag{5}$$

このノルム保存条件は後に述べるように，擬ポテンシャルの精度を保証する重要な条件である．節をもたないので Kohn-Sham 方程式を逆に解くことができて l 依存擬ポテンシャル $V_l(r)$ を得る．

$$V_l(r) = \frac{(\epsilon_l - \hat{T})\phi_l(r)}{\phi_l(r)}. \tag{6}$$

ポテンシャルはこのように角運動量 l ごとに異なる動径方向依存性をもち，非局所ポテンシャルとなる．現実的には，$l=2$ 程度までの非局所性をあらわに取り入れ，$l>2$ 以上の状態については共通のポテンシャル $V_{\mathrm{loc}}(r)$ を用いる．

$$\hat{V}^{\mathrm{ps}} = \sum_{l=0}^{l_{\mathrm{max}}} \sum_{m=-l}^{l} |Y_{lm}\rangle \Big(V_l(r) - V_{\mathrm{loc}}(r)\Big)\langle Y_{lm}| + V_{\mathrm{loc}}(r). \tag{7}$$

ここで，$|Y_{lm}\rangle$ は角運動量 lm の状態への射影演算子を表す．$V_{\mathrm{loc}}(r)$ としては，$l=0,\ 1,$ または 2 の擬ポテンシャル $V_l(r)$ をとるか，あるいは，$V^{\mathrm{AE}}(r)$ を以下のように滑らかな関数にしたものを用いる．

$$\begin{aligned} V_{\mathrm{loc}}(r) &= c_{\mathrm{loc}} f_{\mathrm{cut}}(r) + V^{\mathrm{AE}}(r)\Big(1 - f_{\mathrm{cut}}(r)\Big), & (8) \\ f_{\mathrm{cut}}(r) &= \exp\Big(-(r/r_{\mathrm{c,loc}})^\lambda\Big), & (9) \end{aligned}$$

ここで $r\sim 0$ で $V_{\mathrm{loc}}(r)\sim c_{\mathrm{loc}}$ のように一定値に近づき，$r>r_{\mathrm{c,loc}}$ で $V^{\mathrm{AE}}(r)$ に近づいていくよう作られている．V_{loc} を作る際のカットオフ半径 $r_{\mathrm{c,loc}}$ と各運動量 l の擬波動関数に対するカットオフ半径 r_{cl} とはそれぞれ独立にとってある．l が大きい波動関数は，遠心力ポテンシャル $l(l+1)/2r^2$ のためにあまり核付近には近づけず，このように適当な $V_{\mathrm{loc}}(r)$ で近似しても問題がない場合が多い．しかしながら，f ポテンシャルの影響が重要になってくる場合もあり，そのようなときは $l=3$ のポテンシャルを V_{loc} にするか，あるいは f 状態の非局所ポテンシャルをあらわに取り入れる必要がある．

ノルム保存条件 (5) は少し変形することにより，波動関数の対数微分のエネルギーに関する一次微分と関係があることがわかる．

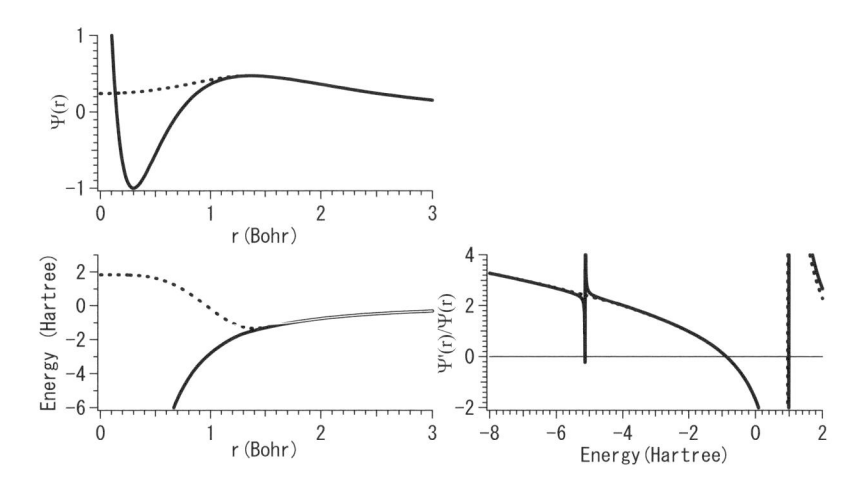

図 4.2 Si 3s 軌道の波動関数(左上),ポテンシャル(左下)および対数微分(右)
実線は真のポテンシャル,破線は擬ポテンシャルにそれぞれ対応している.

$$\int_0^{r_c} |\psi(r)|^2 r^2 dr = \int_0^{r_c} |\phi_l(r)|^2 r^2 dr = -\frac{1}{2}\left(r\phi_l(r)\right)^2 \frac{d}{d\epsilon}\frac{d}{dr}\ln\phi_l(r)\bigg|_{r=r_c}. \quad (10)$$

波動関数の対数微分は,よく知られているように球対称ポテンシャルの散乱の性質を決定する[5].式(4)より,ϕ_l は正しい固有エネルギー ϵ_l のところで r_c より外側では正しい散乱の性質をもつように作られているので,ノルム保存条件を課すことによりエネルギー依存性の一次まで正しいことが保証されることになる.このため,ノルム条件は擬ポテンシャルの精度を高める上で非常に重要であり,このようにして作られた擬ポテンシャルは「ノルム保存擬ポテンシャル」と呼ばれている.図 4.2 に例としてシリコン 3s の真の波動関数(実線),擬波動関数(破線),真のポテンシャル(実線),擬ポテンシャル(破線),そして,真の対数微分(実線)偽の対数微分(破線)について示す.擬波動関数,擬ポテンシャルともに真の波動関数,真のポテンシャルに比べて $r<r_c$ においてもはるかに滑らかな関数で表されていることがわかる.波動関数およびポテンシャルにこのような大胆な変更を加えたにもかかわらず,散乱の性質を示す対数微分は Si 3s の固有エネルギー(−0.397 hartree)の

---

[5] L.I. Schiff, *Quantum Mechanics,* McGRAW-HILL, Tokyo (1955), Sec. 19.

付近のみならず広いエネルギー範囲で真のポテンシャルによる結果とよく一致している(ほとんど重なっていて実線と破線の区別がつきにくい). このようにノルム保存擬ポテンシャルは非常に精度よく真の原子ポテンシャルの散乱の性質を再現しているといえる. なお,擬ポテンシャルでは内殻状態である $2s$ の状態による発散は再現していないことにも注意すべきである.

4.2　平面波基底

(1)　平面波展開とカットオフ

周期的に原子が並んだ固体中の電子の波動関数 $\psi_{i\mathbf{k}}(\mathbf{r})$ はブロッホの定理により

$$\begin{aligned}\psi_{i\mathbf{k}}(\mathbf{r}) &= \exp(i\mathbf{k}\cdot\mathbf{r})u_{i\mathbf{k}}(\mathbf{r}) \\ &= \sum_{\mathbf{G}} c_{i\mathbf{k}+\mathbf{G}}\frac{1}{\sqrt{\Omega_a}}\exp\Bigl(i(\mathbf{k}+\mathbf{G})\cdot\mathbf{r}\Bigr),\end{aligned} \quad (11)$$

と展開することができる. ここで, i はバンドインデックス, $\mathbf{k}$ はブリルアンゾーン内の $\mathbf{k}$ 点, $\mathbf{G}$ は逆格子ベクトルを示す. また, $u_{i\mathbf{k}}(\mathbf{r})$ は結晶の単位格子内で周期的な関数であるため,逆格子ベクトルによるフーリエ展開が可能であることを用いている. 平面波

$$\langle\mathbf{r}|\mathbf{k}+\mathbf{G}\rangle = \frac{1}{\sqrt{\Omega_a}}\exp\Bigl(i(\mathbf{k}+\mathbf{G})\cdot\mathbf{r}\Bigr) \quad (12)$$

による基底を平面波基底と呼ぶ. ここで Ω_a は単位格子の体積であり,

$$\langle\mathbf{k}+\mathbf{G}|\mathbf{k}+\mathbf{G}'\rangle = \frac{1}{\Omega_a}\int_{\Omega_a}\exp\Bigl(-i(\mathbf{G}-\mathbf{G}')\cdot\mathbf{r}\Bigr)d\mathbf{r} = \delta_{\mathbf{G}\mathbf{G}'} \quad (13)$$

と規格直交性を満たす.

式(11)で展開に用いる逆格子点 $\mathbf{G}$ の数は原理的には無限であるが,計算機で計算するにはある有限の数で打ち切らなければならない. 通常, $\mathbf{k}+\mathbf{G}$ の大きさがカットオフ波数 $G_{\max}$ より小さい波数ベクトルで展開する.

$$\psi_{i\mathbf{k}}(\mathbf{r}) = \sum_{\mathbf{G}}^{|\mathbf{k}+\mathbf{G}|\leq G_{\max}} c_{i\mathbf{k}+\mathbf{G}} \frac{1}{\sqrt{\Omega_a}} \exp\Bigl(i(\mathbf{k}+\mathbf{G})\cdot\mathbf{r}\Bigr). \tag{14}$$

式 (13) と (11) より，$c_{i\mathbf{k}+\mathbf{G}}$ は $\psi_{i\mathbf{k}}(\mathbf{r})$ のフーリエ変換であることがわかる．

$$c_{i\mathbf{k}+\mathbf{G}} = \frac{1}{\sqrt{\Omega_a}} \int_{\Omega_a} \exp\Bigl(-i(\mathbf{k}+\mathbf{G})\cdot\mathbf{r}\Bigr) \psi_{i\mathbf{k}}(\mathbf{r}) d\mathbf{r} \tag{15}$$

$2\pi/G_{\max}$ は空間の分解能に対応し，これより小さいスケールでの変化は記述できないことになる．どのくらいの $G_{\max}$ が必要であるかは，展開したい波動関数がどのくらい空間的に急峻に変化しているかに依存する．擬ポテンシャル法は価電子の波動関数がもつ核付近の振動構造を取り除き，滑らかな形にする．そのため，小さい $G_{\max}$ で精度よく展開することが可能になり，計算が容易になる．具体的に計算したい系に対してどのくらいの $G_{\max}$ が必要であるかを知るためには，$G_{\max}$ を少しずつ大きくしながら，全エネルギーなどの物理量を計算し，それら物理量が収束する値を求める．図 4.3 に，シリコンの全エネルギー，および，平衡格子定数の $G_{\max}$ 依存性を示す．$G_{\max} =$

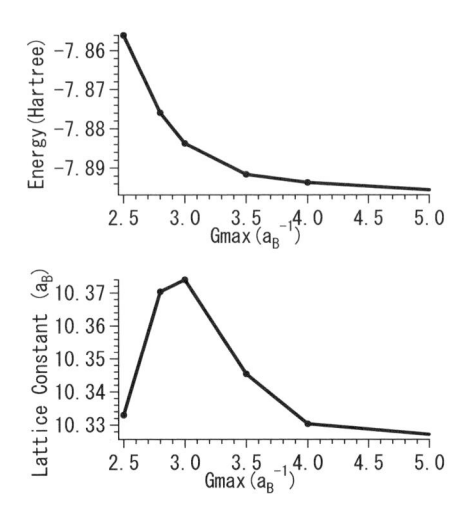

図 4.3 ダイヤモンド構造をもつ Si の全エネルギー（上）および平衡格子定数（下）の $G_{\max}$ 依存性

$3.5a_B^{-1}$ で[6]全エネルギーが 0.1eV,平衡格子定数が 0.01Å 程度の範囲で収束していることがわかる.一般に全エネルギーの絶対値よりも相対値の方が G_{max} に対する収束は早い.また,図で示されるように,全エネルギーは変分原理が成り立つため,G_{max} を大きくしていくと単調に減少していくことにも注意すべきである.このようにカットオフ波数 G_{max} さえ増やしていけばシステマティックに基底関数のサイズを拡大することができる.量子化学でよく用いられているガウシアン等の局在関数基底系では,基底関数のサイズを大きくしていくと基底関数のセットが線形従属性をもつようになり,ハミルトニアンの対角化が困難になってくる.これは過完全性の問題と呼ばれる.平面波基底では直交性が保証されており,過完全性の問題は生じない.

(2) Basis Set Superposition Error (BSSE)

平面波基底では全空間を同等の精度で展開するため,局在関数基底系がもつ Basis Set Superposition Error (BSSE) の問題がない.BSSE とは以下のような問題である.A,B がそれぞれ原子または分子であるとし,A と B がそれぞれ孤立しているときのエネルギー E_A,E_B と,結合しているときのエネルギー E_{AB} の差から A と B の結合エネルギー $E_b = E_A + E_B - E_{AB}$ を局在基底関数セットを用いて計算するとする.通常,孤立系 A,B の計算には A,B それぞれの位置に局在した基底関数セット $\{\chi_A\}$,$\{\chi_B\}$ を用い,結合系を計算する際には基底関数セット $\{\chi_A + \chi_B\}$ を用いて計算する.結合系の計算において,$\{\chi_A\}$ は B 側の波動関数の展開に寄与し,逆に $\{\chi_B\}$ は A 側の波動関数の展開にも寄与する.このため,結合系の計算で用いられる基底関数の方が孤立系で用いる基底関数よりもサイズが大きくなり,変分原理により結合系の方がややエネルギーを相対的に安定化してしまうことになる.これを BSSE と呼んでいる.BSSE を補正するには,孤立系 A を計算する際,原子のない B の位置にも基底関数セット $\{\chi_B\}$ を配置し,結合系と同じ基底関数セットを用いる.孤立系 B の計算も同様に,原子のない A の位置に $\{\chi_A\}$ を

---

6) 逆格子空間での長さ(波数に対応する)の単位は,実空間における長さの単位(ボーア半径 a_B)の逆数になっており,a_B^{-1} と書く.

配置して計算する．このような計算は大変厄介であり，また，孤立系 A, B は結合系 A＋B の部分系 A, B とそれぞれ同じ構造を用いなければならないなど，制限もある．平面波基底では，孤立系でも結合系でも G_{max} さえ同じにしておけば計算精度は同等になる．

(3) ヘルマン–ファインマン力

平面波基底関数は原子の位置に依存しないので，原子に働く力に対してはヘルマン–ファインマンの定理が成り立ち，計算が容易になる．量子力学ではエネルギー E はハミルトニアンの期待値 $E = \langle \Psi | \hat{\mathcal{H}} | \Psi \rangle$ であるが，原子 I に働く力 $\mathbf{F}_I$ はその原子位置に関する微分に負符号をつけたものである．

$$\begin{aligned} \mathbf{F}_I &= -\frac{d}{d\mathbf{R}_I} E \\ &= -\left\langle \Psi \left| \frac{d\hat{\mathcal{H}}}{d\mathbf{R}_I} \right| \Psi \right\rangle - \left\langle \frac{d\Psi}{d\mathbf{R}_I} \left| \hat{\mathcal{H}} \right| \Psi \right\rangle - \left\langle \Psi \left| \hat{\mathcal{H}} \right| \frac{d\Psi}{d\mathbf{R}_I} \right\rangle, \end{aligned} \tag{16}$$

となるが，波動関数 Ψ を基底関数 χ_n を用いて

$$|\Psi\rangle = \sum_n c_n |\chi_n\rangle, \tag{17}$$

と展開したとする．ここで，c_n，χ_n ともに，一般的には原子座標 $\{\mathbf{R}_I\}$ に依存する．Ψ は固有値方程式

$$\sum_m \langle \chi_n | H | \chi_m \rangle c_m = \epsilon c_n, \tag{18}$$

を満たすので，式(16)に代入すると，

$$\begin{aligned} \mathbf{F}_I &= -\left\langle \Psi \left| \frac{d\hat{\mathcal{H}}}{d\mathbf{R}_I} \right| \Psi \right\rangle - \sum_{nm} c_n^* c_m \left(\left\langle \frac{d\chi_n}{d\mathbf{R}_I} | H | \chi_m \right\rangle + \left\langle \chi_n | H | \frac{d\chi_m}{d\mathbf{R}_I} \right\rangle \right) \\ &\quad - \epsilon \frac{d}{d\mathbf{R}_I} \left(\sum_n c_n^* c_n \right). \end{aligned} \tag{19}$$

式(19)の第3項は $\sum_{nm} c_n^* c_m$ が常に1に規格化されているので消える．第2項には基底関数 χ_n の原子座標 $\mathbf{R}_I$ に関する微分が含まれており，複雑な計算となる．しかし，平面波基底は原子座標にはよらない関数であるため，第2項も消え，結局，力の表式として第1項のみが残る．この項はヘルマン–ファ

インマン力と呼ばれ，ポテンシャルの原子座標に関する一階微分の期待値なので，計算が比較的容易に行うことが可能である[7]．

4.3 ウルトラソフト擬ポテンシャル法

ノルム保存擬ポテンシャルは精度のよい第一原理擬ポテンシャル法として広く使われた．しかしながら，幅広い物質に適用していくためにはまだ克服されるべき問題があった．上に述べたように，擬ポテンシャル法は平面波基底と非常に相性のよい方法である．平面波基底は広がった周期的な波動関数を展開するために優れた基底である．その反面，局在化した波動関数の展開には多くの平面波が必要になり，計算が重くなるという問題があった．計算の効率を高めるには，なるべく小さい G_{max} で充分収束した結果が得られるように，できる限り擬波動関数や擬ポテンシャルを滑らかにする工夫が必要である．そのような改良が加えられた擬ポテンシャルはソフト擬ポテンシャルと呼ばれ，様々な方法が提案されていた．しかしながら，炭素や窒素，酸素，フッ素といった第二周期元素の $2p$ 軌道，鉄，コバルト，ニッケル，銅などが属する第一遷移系列金属の $3d$ 軌道はかなり大きな G_{max} が必要であり，大幅な改良が望まれた．これらの軌道は同じ角運動量をもつ内殻状態をもたず，よって波動関数に節をもたない．そのため，他の価電子の軌道に比較して原子核の近くに分布する．ノルム保存条件があるため，擬波動関数も核付近に局在した急峻な波動関数を再現する必要があり，滑らかな擬波動関数を作ることは難しい．擬波動関数を展開するための平面波の数はシリコンなどに比べて数十倍多く必要であった．このような問題を劇的に解決する方法が Vanderbilt[8] によって提案された．この方法では，擬波動関数を作る条件としてノルム保存条件をはずし，滑らかな擬波動関数を作ることを可能にし

---

7) 一般に，基底関数 χ_n が原子座標 $\mathbf{R}_I$ に依存する場合でも基底関数の原子座標に関する微分 $\partial \chi_n / \partial \mathbf{R}_I$ が基底関数に含まれている場合はヘルマン-ファインマンの定理が成り立つことが示されている H. Nakatsuji *et al*., Chem. Phys. Lett., **75** 340 (1980).

8) D. Vanderbilt, Phys. Rev. B **41**, 7892 (1990), K. Laasonen, *et al*., Phys. Rev. B **47**, 10142 (1993).

基礎4 STATE-Senri

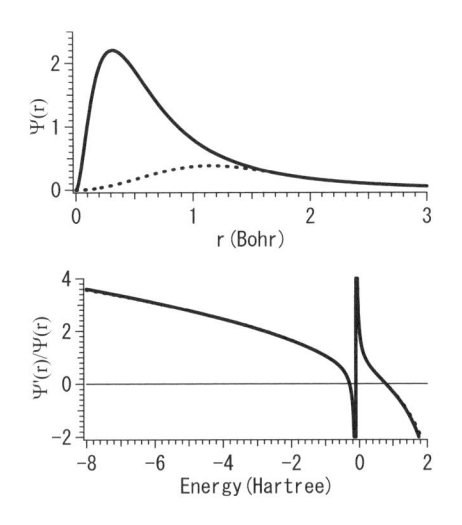

図4.4 Cu 3d軌道の波動関数(上)および対数微分(下)
実線は真のポテンシャル,破線は擬ポテンシャルによるものである.

た.図4.4に銅3dの真の波動関数および擬波動関数を示す.真の波動関数は$r=0.5$ Bohr付近に急峻なピークをもっている.一方,擬波動関数ははるかに滑らかになっていることがわかる.しかし,一見してわかるように,擬波動関数は半径r_c内のノルム保存条件を満たしていない.ノルム保存条件は上で述べたように擬ポテンシャルの精度を保証する重要な条件であった.ウルトラソフト擬ポテンシャル法では,非常に滑らかな擬波動関数を得るために,この重要な条件をはずしている.このため,擬ポテンシャルの精度はかなり悪くなってしまっているのではと思うかもしれない.しかし,以下のように一般化ノルム保存条件に拡張することにより,同等の精度を確保している.さらに,多参照エネルギーにより,従来のノルム保存擬ポテンシャルよりもさらに精度のよい擬ポテンシャルにすることが可能である.

擬ポテンシャルを次の手順で作成する.まず,各軌道角運動量lの状態に対して,いくつかの参照エネルギー$\epsilon_{\tau l}$($\tau=1, 2, ...$)で全電子波動関数$\psi_n(r)$(nは$\{\tau lm\}$のセットを示す)を求める.τの数については,原理的には$\psi_n(r)$が完全系を張るように無限個の参照エネルギーをとると擬ポテンシャルは全

電子ポテンシャルと等しくなる．現実には，価電子状態のみを精度よく再現すればよいので，1つあるいは2つとれば充分である．価電子領域に固有状態をもつ場合は，参照エネルギーの1つとして固有エネルギーをとるようにする．またこのとき，ϵ_n が原子軌道の固有エネルギーならば，$\psi_n(r)$ は束縛状態の波動関数として求めることができる．しかしながら，一般のエネルギーにとったならば，$\psi_n(r)$ は発散する．しかし，擬ポテンシャルを作成する際に必要なのは，核から r_{cl} 付近までの波動関数であり，$\psi_n(r)$ は $r=0$ から r_{cl} より少し外側の $r=R_c$ まで解けばよい．束縛状態の $0<r<R_c$ の範囲で波動関数のノルムを求めて規格化するようにしておく．

$$\langle\psi_n|\psi_n\rangle_{R_c} = \int_0^{R_c} |\psi_n(r)|^2 r^2 dr = 1. \tag{20}$$

次に，式(4)と同様に正しい波動関数 $\psi_n(r)$ の $r \leq r_{cl}$ をできるだけ滑らかな関数でつなげて，擬波動関数 ϕ_n を作成する．さらにノルム保存擬ポテンシャルの場合と同様に V^{AE} を $r \leq r_{cl}$ で滑らかにすることにより V_{loc} を作る．V_{loc} および ϕ_n を用いて以下のように局在化した関数 χ_n を定義する．

$$\chi_n(r) = \left(\epsilon_n - \hat{T} - V_{\text{loc}}(r)\right)\phi_n(r). \tag{21}$$

r_{cl} より外側では $V_{\text{loc}}(r)$ は $V^{AE}(r)$ と，$\phi_n(r)$ は $\psi_n(r)$ とそれぞれ等しくなるため $\chi_n(r)=0$ となる．さらに以下のように ϕ_n に双対な基底 β_n を作る．

$$\begin{aligned}B_{nm} &= \langle\phi_n|\chi_m\rangle, & (22)\\ \beta_n(r) &= \sum_m (B^{-1})_{mn}\chi_m(r). & (23)\end{aligned}$$

そうすると，

$$\begin{aligned}\langle\phi_n|\beta_m\rangle &= \sum_t (B^{-1})_{tm}\langle\phi_n|\chi_t\rangle \\ &= \sum_t (B^{-1})_{tm} B_{nt} = \delta_{mn}.\end{aligned} \tag{24}$$

また，

$$q_{nm} = \langle\psi_n|\psi_m\rangle_{R_c} - \langle\phi_n|\phi_m\rangle_{R_c}, \tag{25}$$

$$\hat{S} = 1 + \sum_{nm} D_{nm}|\beta_n\rangle\langle\beta_m|, \tag{26}$$

$$D_{nm} = B_{nm} + \epsilon_m q_{nm}, \tag{27}$$

$$\hat{V}_{\mathrm{NL}} = \sum_{nm} D_{nm}|\beta_n\rangle\langle\beta_m|, \tag{28}$$

とすると擬波動関数は以下の一般化ノルム保存式および一般化固有値方程式を満たすことがわかる．

$$\langle\phi_n|\hat{S}|\phi_m\rangle = \delta_{nm}, \tag{29}$$

$$\left(\hat{T} + \hat{V}_{\mathrm{loc}} + \hat{V}_{\mathrm{NL}}\right)|\phi_n\rangle = \epsilon_n \hat{S}|\phi_n\rangle. \tag{30}$$

一般化ノルム保存条件(29)より，

$$\langle\psi_n|\psi_n\rangle_{R_c} = \langle\phi_n|\hat{S}|\phi_n\rangle_{R_c} = -\frac{1}{2}\Big(r\phi_n(r)\Big)^2 \frac{d}{d\epsilon}\frac{d}{dr}\ln\phi_n(r)\Big|_{r=R_c}, \tag{31}$$

が成り立つことが示される．これはノルム保存擬ポテンシャルの場合と同様，擬ポテンシャルの散乱の性質がエネルギーの一次微分まで正しく表せることを示している．しかも，参照エネルギーを複数とることが可能なため，より広いエネルギー範囲で散乱の性質を合わせることが可能となる．

4.4 浅い内殻状態と非線形内殻補正

擬ポテンシャル法では，原則としては最外殻にある価電子のみを計算するが，実際にはしばしば浅い内殻状態もあらわに計算に取り入れる必要が出てくる．例えば，アルカリ金属，アルカリ土類金属は最外殻の ns 電子の下の比較的浅いところに $(n-1)p$ 状態があり，周りの原子の環境によって容易に分極を起こしたり，弱いながらも結合に影響を及ぼすことが知られている．そのような場合はあらわに $(n-1)p$ 状態についても価電子と同様に計算する必要が出てくる．浅い内殻状態は価電子に比較してかなり局在しているので，平面波基底で計算するのは困難になるが，上に述べたウルトラソフト擬ポテンシャル法を用いると比較的容易に取り扱うことが可能であり，また，

参照エネルギーも複数とることができるので，内殻準位付近と価電子付近の2つを参照エネルギーにとれば，浅い内殻電子と価電子の両方を精度よく計算することが可能である．

しかしながら，それでもなお内殻準位を計算するには負担が大きくなり，できればあらわに計算しなくて済ませる方法が望ましい．交換相関エネルギーを計算する際に内殻電子の影響を取り入れるだけでかなり精度のよい計算が可能になる場合も多い．これは非線形内殻補正(Non-linear core correction)と呼ばれる方法である．固体のアルカリ金属などは，浅い内殻準位を非線形内殻補正の範囲内で取り扱って充分な精度が出る．しかし，アルカリ金属酸化物のようにアルカリ金属から他の原子に大きな電子移動が起こる系では浅い内殻準位の緩和の影響が大きく，計算が重くなるがあらわに内殻準位を計算する必要がある．これらの選択は計算したい系について両者の取扱いで比較し，精度に違いがあるかチェックして判断する必要がある．

4.5　繰り返し対角化法

(1)　ダビッドソン法

ウルトラソフト擬ポテンシャル法ではハミルトニアン H の固有状態 $|a\rangle$ を求めるために，一般化固有値問題

$$H|a\rangle = \lambda S|a\rangle, \tag{32}$$

を解く必要がある．ここで，H は $N \times N$ のエルミート行列あるいは対称行列，S は $N \times N$ の重なり積分 $S_{ij} = \langle \phi_i | \phi_j \rangle$ で $\{|\phi_i\rangle\}$ は基底関数のセット，$|a\rangle$ は固有値，λ をもつ固有ベクトルである．ハウスホルダー法[9]による行列全体の対角化を行うと N^3 のオーダーの計算量が必要になり，N が数万以上の大規模行列になると計算が非常に困難になる．しかしながら，通常すべての固有状態が必要になることはなく，エネルギー固有値の低い方から電子数程

---

9)　森正武『FORTRAN77 数値計算プログラミング』岩波書店(1986).

度 N_b の固有状態のみ求めれば充分であることが多い．$N_b \ll N$ であれば，繰り返し対角化法を用いることによりハウスホルダー法による対角化よりも計算量をかなり減じることが可能になる．以下に STATE-Senri で使用しているダビッドソン法および Residual Minimization Method-Direct Inversion in the Iterative Subspace（RMM-DIIS）のアルゴリズムを示す[10]．最小の固有値をもつ固有ベクトル $|a\rangle$ を求めたいとする．繰り返し対角化法では，試行ベクトル $|a^0\rangle$ および近似的な固有値 $\lambda^0 = \langle a^0|H|a^0\rangle/\langle a^0|a^0\rangle$ から出発し，これらを繰り返し補正していくことにより最終的に正しい固有値・固有ベクトルに収束させていく．いかによい補正をするかが収束性を左右する．$|a^0\rangle$ に対する残差ベクトル（Residual vector）

$$|R(|a^0\rangle, \lambda^0)\rangle = (H - \lambda^0 S)|a^0\rangle, \tag{33}$$

を定義する．残差ベクトルのノルム $R = \langle R(|a^0\rangle, \lambda^0)|R(|a^0\rangle, \lambda^0)\rangle$ は収束を判定する指標となる．補正ベクトル $|\delta a^0\rangle$ を試行ベクトル $|a^0\rangle$ に加えることによって残差ベクトルができる限り小さくなるようにする．そのためには

$$|R(|a^0 + \delta a^0\rangle, \lambda^0)\rangle = |R(|a^0\rangle, \lambda^0)\rangle + (H - \lambda^0 S)|\delta a^0\rangle = 0, \tag{34}$$

となることを要請する．これを解くと

$$|\delta a^0\rangle = -(H - \lambda^0 S)^{-1}|R(|a^0\rangle, \lambda^0)\rangle, \tag{35}$$

となるが，逆行列を求めることは全行列を対角化することと同程度に困難である．そこで，式（34）を基底関数 $\{|\phi_i\rangle\}$ で展開して $(H - \lambda^0 S)$ の対角項のみを残して近似する．

$$\begin{aligned}
&|R(|a^0 + \delta a^0\rangle, \lambda^0)\rangle \\
&= \sum_i^N |\phi_i\rangle\langle\phi_i|R(|a^0\rangle, \lambda^0)\rangle + \sum_{ij}^N |\phi_i\rangle\langle\phi_i|(H - \lambda^0 S)|\phi_j\rangle\langle\phi_j|\delta a^0\rangle \\
&\approx \sum_i^N |\phi_i\rangle\langle\phi_i|R(|a^0\rangle, \lambda^0)\rangle + \sum_i^N |\phi_i\rangle\langle\phi_i|(H - \lambda^0 S)|\phi_i\rangle\langle\phi_i|\delta a^0\rangle = 0.
\end{aligned} \tag{36}$$

これを解いて

---

10) E.R. Davidson, *J. Comput. Phys.* **17**, 87 (1975), D.M. Wood and A. Zunger, *J. Phys. A: Math. Gen.* **18**, 1343 (1985).

$$|\delta a^0\rangle = -\sum_i^N \frac{\langle\phi_i|R\rangle|\phi_i\rangle}{\langle\phi_i|(H-\lambda^0 S)|\phi_i\rangle}. \tag{37}$$

この補正ベクトルの計算方法を用いて，ブロック化したダビッドソン法では以下のような手順で計算を進める．

A. $N \times N$ の行列 H の固有値の小さい方から N_b 個の固有値および固有ベクトルが必要であるとして，N_b 個の規格直交化した試行ベクトル $\{|b_i\rangle\}$，$i = 1, ..., N_b$ を準備する．ここで，試行ベクトルの張る空間は求めたい固有ベクトルの張る空間と直交していてはいけない．$N_b \times N_b$ の行列 $\tilde{A}_{ij} = \langle b_i|H|b_j\rangle$ を対角化し，その k 番目の固有値を λ_k^1，固有ベクトルを α_k^1 とする．

B. n イタレーション目の残差ベクトル $|R_k^n\rangle = \sum_{i=1}^{N_b \times n} \alpha_{i,k}^n (H - \lambda_k^n)|b_i\rangle$，$k = 1, ..., N_b$ を求める．

C. 残差ベクトルのノルム $R_k^n = \langle R_k^n|R_k^n\rangle$ を求め，ある閾値 ϵ より小さくなっていれば，k 番目の固有値および固有ベクトルの補正はこれ以降行わない．すべての固有値，固有ベクトルが収束すれば終了する．

D. 補正ベクトル (37) $|\delta a_k^n\rangle = -\sum_{i=1}^N \langle\phi_i|R\rangle|\phi_i\rangle/\langle\phi_i|(H-\lambda^0 S)|\phi_i\rangle$ を求める．

E. $|\delta a_k^n\rangle$ を $|b_i\rangle$，$i = 1, ..., N_b \times n$ および $|\delta a_{k'}^n\rangle$，$k' \neq k$ に直交化させる．

F. $|\delta a_k^n\rangle$ を規格化して試行ベクトル $|b_i\rangle$，$i = nN_b + 1, ..., (n+1)N_b$ として加える．

G. $H|b_i\rangle$，$i = nN_b + 1, ..., (n+1)N_b$ を計算する．

H. $\tilde{A}_{ij} = \langle b_i|H|b_j\rangle$，$i = 1, ..., (n+1)N_b$，$j = nN_b + 1, ..., (n+1)N_b$ を求める．

I. $\tilde{A}$ を対角化し，その固有値 λ_k^{n+1} 固有ベクトル α_k^{n+1} を求め，ステップ B. へ戻る．

ダビッドソン法は初期の試行波動関数が真の解に直交していなければ，たいていの場合正しい解に安定に収束する．そのため，自己無撞着計算の初期

のイタレーション[11]にはダビッドソン法を用いるとよい．しかし，ダビッドソン法では波動関数の直交化および部分空間での行列 $\tilde{A}_{ij}$ の対角化はイタレーションごとに実行する必要がある．直交化および対角化のステップは系の大きさが大きくなってくると系のサイズの3乗で計算量が増えるため，負担が大きくなってくる．

(2) RMM-DIIS 法

以下に述べる Residual Minimization Method-Direct Inversion in the Iterative Subspace (RMM-DIIS) 法[12]は，系のサイズが大きくなってくると相対的な負担が大きくなってくる波動関数の直交化および部分空間での行列 $\tilde{A}_{ij}$ の対角化を原理的には省略可能であるため，より効率的な計算方法である．

計算は以下のようにして進める．まず，あるバンド k の状態に対して，試行波動関数のセット $\{|\phi_k^0\rangle, |\phi_k^1\rangle, ..., |\phi_k^n\rangle\}$ があるとし，対応する残差ベクトルのセットを $\{|R_k^0\rangle, |R_k^1\rangle, ..., |R_k^n\rangle\}$ とする．次に，これら，試行関数の線形結合

$$|\bar{\phi}_k^n\rangle = \sum_{i=0}^n \alpha_i |\phi_k^i\rangle, \tag{38}$$

を作り，係数 α_i は $|\bar{\phi}_k^n\rangle$ の残差ベクトルを最小にするように選ぶ．ただし，残差ベクトルは以下のように各試行関数 $|\phi_k^i\rangle$ の残差ベクトルの線形結合で近似的に書くことができるとする．

$$|R(\bar{\phi}_k^n)\rangle = \sum_{i=0}^n \alpha_i |R_k^i\rangle. \tag{39}$$

そうすると，α_i は次のエルミート固有方程式を解くことによって求められる．

$$\sum_{j=0}^n \langle R_k^i | R_k^j \rangle \alpha_j = \epsilon \sum_{j=0}^n \langle \phi_k^i | S | \phi_k^j \rangle \alpha_j. \tag{40}$$

$n+1$ 番目の試行関数として

$$|\phi_k^{n+1}\rangle = |\bar{\phi}_k^n\rangle + x|\delta a_k^n\rangle, \tag{41}$$

---

11) 繰り返し計算で解を収束させていく方法では，一回のサイクルをイタレーションと呼ぶ．
12) P. Pulay, Chem. Phys. Lett., **73**, 393 (1980).

を加えて一連の計算を繰り返す．ただし，$|\delta a_k^n\rangle$は$|\bar{R}_k^n\rangle$に式(35)を適用して得た補正ベクトルである．補正ベクトルの係数 x の値は収束が速くなるように注意して選ぶ必要がある．

RMM-DIIS 法は，原理的には波動関数の直交化および部分空間での行列 $\bar{A}_{ij}$ の対角化を行わずとも，試行関数 $|\phi_k^i\rangle$ を最適化していくことにより残差ベクトルがゼロの真の固有ベクトル $|\phi_k\rangle$ に収束していくはずであり，大きな系に対して計算量はかなり減らすことが可能である．しかしながら，試行関数は最も近い固有ベクトルに収束していく性質があり，初期に用意する試行関数は真の固有ベクトルに近い状態である必要がある．そのため，RMM-DIIS 法を自己無撞着計算の最初から適用するとうまく収束せず，初期の計算は上に述べたダビッドソン法を用いる必要がある．

5 第一原理分子動力学法「Osaka2002」

物理の多くの実験では，粒子や時間で平均した量だけが測定され，ミクロに原子に何が起きているのか直接見ることは稀である．したがって，ミクロに原子がどのように変化するのかを見たいという要求は非常に強い．その要求に応えるものが分子動力学(MD)法シミュレーションである．

例えば，シリコン結晶中では銅不純物は非常に高速で拡散することが実験

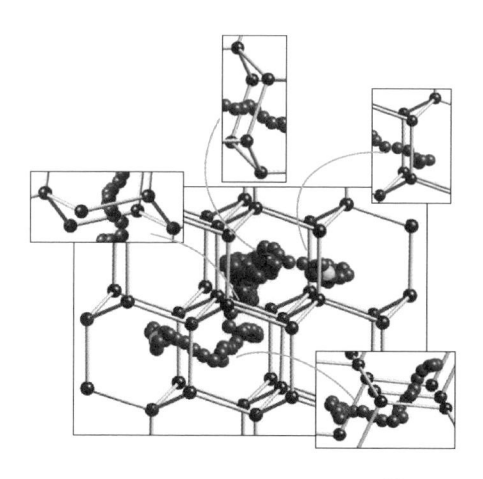

図 5.1　シリコン中の銅の拡散[1]
時間ステップ 4.83 fs，全シミュレーション時間 9.7 ps，温度 1120 K．

的に知られている．しかし水素ならいざ知らず，銅のように比較的重い原子がシリコン結晶中で動き回る有り様はちょっと想像し難いものがある．筆者など，図 5.1 のように，実際に MD シミュレーションで動き回る有り様を目の当たりにして初めて本当にそういうことが起きていることを確信できたものである．

今日，第一原理分子動力学法というと，とりわけ擬ポテンシャル法と親密に結びついていることが多い．擬ポテンシャル法の基礎理論については，基礎編第 4 章で説明されるので，本章ではこの方法の中で，特に「分子動力学法」に特定して説明する．タイトルに「Osaka2002」と特定のプログラム名が使われているが，ここでは計算手法の概念一般について議論しているので，特定のプログラムには依らない．

5.1 分子動力学法以前に

第一原理分子動力学シミュレーションを議論するとき，それ以前に理解しておくべき基本的概念がいくつかある．それらについて簡単に整理しておく．

(1) 一般的事項

断熱近似

分子動力学法は原子の動きを量子力学から計算する方法である．原子は，重い原子核(質量 M)と軽い電子(m)で構成されているので全系の波動関数は原子核と電子の両方の座標で表される．この章では，複数ある電子座標を $\mathbf{r}_i$ と，原子核座標を $\mathbf{R}_l$ と記す．すると全系の波動関数 Ψ は $\Psi(\{\mathbf{R}_l\}, \{\mathbf{r}_i\})$ と表される．対応するハミルトニアン $\mathcal{H}_{\text{tot}}$ も両方の座標を含んだものとなる．その構成は

$$\mathcal{H}_{\text{tot}} = \mathcal{T}_i + \mathcal{T}_e + V_{ii} + V_{ie} + V_{ee} \tag{1}$$

である．右辺は左から，原子核の運動エネルギー，電子の運動エネルギー，

核同士の相互作用，核—電子，電子—電子相互作用を表す．その内の，

$$\mathcal{H}_e = \mathcal{T}_e + V_{ie} + V_{ee} \tag{2}$$

の部分が核を固定したときの，電子系のハミルトニアンとみなせる．

このまま全系に対するシュレーディンガー方程式 $\mathcal{H}_{tot}\Psi = E\Psi$ を解くことは非常に難しい．幸い，ほとんどの場合その必要はない．電子と原子核とで質量差に大きな差があり，電子系はその時その時の原子核の運動に即座に追従できると考えるのが自然である．これを断熱近似という．提案者の名前を冠しボルン・オッペンハイマー近似とも呼ばれている．この近似では全系の波動関数 $\Psi(\{\mathbf{R}_l\},\{\mathbf{r}_i\})$ は，核と電子の座標で変数分離できる．すなわち $\Psi(\{\mathbf{R}_l\},\{\mathbf{r}_i\}) = \chi(\{\mathbf{R}_l\})\psi(\{\mathbf{r}_i\})$ である．こうすることで，全系のハミルトニアン $\mathcal{H}_{tot}$ の波動関数への作用を，電子系に属する部分 $\mathcal{H}_e\psi(\{\mathbf{r}_i\})$，原子核に属する部分との和に分解できる．

電子に関する波動関数 $\psi(\{\mathbf{r}_i\})$ には核の座標 $\{\mathbf{R}_l\}$ が外部パラメータとして陰に入ってくるだけで，その部分は

$$\mathcal{H}_e\psi(\{\mathbf{r}_i\}) = E_e\psi(\{\mathbf{r}_i\}) \tag{3}$$

と核の運動とは完全に切り離して解くことができる．電子系のエネルギー E_e は核の座標の関数 $E_e(\{\mathbf{R}_l\})$ である．全系のエネルギー E は，この E_e に式(1)の V_{ii} と運動エネルギー T_c を加えたものである．したがって核の運動から見ると，E_e と V_{ii} の和，

$$\Phi(\{\mathbf{R}_l\}) = E_e(\{\mathbf{R}_l\}) + V_{ii}(\{\mathbf{R}_l\}) \tag{4}$$

は，原子核に対するポテンシャルエネルギーに相当する．こうして古典力学でなじみ深い，全原子のエネルギー

$$E = \sum_l \frac{P_l^2}{2M_l} + \Phi(\{\mathbf{R}_l\}) \tag{5}$$

の表式にたどり着く．

なお電子状態計算では，$\Phi(\{\mathbf{R}_l\})$ がいわゆる全エネルギー E_{tot} と呼ばれるものである．しかしここではそれに核の運動エネルギーを加えたものを全エ

ネルギーと呼ぶ．これが，例えば通常の熱力学で出てくる式 $F = U - TS$ の中の内部エネルギー U に相当するものである．こちらの方が有限温度を扱うとき自然な定義となっている．絶対零度では両者は同一である（零点振動の寄与を除けば）．このように全エネルギーといっても定義が状況によって変わってきて，首尾一貫した使い方がなかなか難しい．本章では混乱の起きそうな場合は，その度に注意を喚起することとする．

断熱近似の適応限界

断熱近似の適応範囲は，原子位置に対する電子の波動関数の変化の割合 $\nabla_R \psi(\mathbf{r})/\psi(\mathbf{r})$ が，同じく原子核の波動関数の変化の割合 $\nabla_R \chi(\mathbf{R})/\chi(\mathbf{R})$ より十分小さいということである．これはもちろん考えている系，状況によるわけであるが，多くの場合，

$$\frac{\nabla_R \psi(\mathbf{r})}{\psi(\mathbf{r})} \frac{\chi(\mathbf{R})}{\nabla_R \chi(\mathbf{R})} \approx \sqrt[4]{\frac{m}{M}} \tag{6}$$

くらいのオーダーである．それゆえ多くの場合はこの断熱近似は成り立つ．

密度汎関数法

式(3)は典型的なシュレーディンガー方程式であるが，固体の問題では現代ではほとんど密度汎関数理論により解かれている．実際的な解き方としては9割方，局所密度近似(LDA)のコーン・シャム(KS)方程式を解くことに帰着される．それによると密度を変数としたエネルギー汎関数は，N 個の波動関数の組 $\{\psi_n\}$ で再構築され，基底状態エネルギー E_e は，エネルギー汎関数 $E_{\mathrm{KS}}[\{\psi_n\}]$ を最小化することで求められる．エネルギー汎関数の具体的表式は

$$\begin{aligned} E_{\mathrm{KS}}[\{\psi_n\}] = &-\frac{1}{2m}\sum_n (\psi_n, \nabla^2 \psi_n) + \int \rho(\mathbf{r}) V_{ie}(\mathbf{r}) d\mathbf{r} + \frac{1}{2}\int \rho(\mathbf{r}) V_{\mathrm{H}}(\mathbf{r}) d\mathbf{r} \\ &+ \int \rho(\mathbf{r}) \epsilon_{\mathrm{xc}}(\mathbf{r}) d\mathbf{r} \end{aligned} \tag{7}$$

である．電子密度 ρ は

$$\rho(\mathbf{r}) = \sum_n |\psi_n(\mathbf{r})|^2 \tag{8}$$

を通じて波動関数の組$\{\psi_n\}$で与えられる．式(7)右辺の第3，4項は電子間相互作用を表すが，通常，このように古典的なクーロン相互作用の部分V_H(ハートリーポテンシャル)と量子力学的な項 ϵ_xc(交換相関エネルギー)に分けるのが習わしである．

外部ポテンシャルV_{ie}が与えられると，それに対応した基底状態は式(7)を

$$E_e = \min_{\{\psi_n\}} E_\mathrm{KS}[\{\psi_n\}] \tag{9}$$

と最小化することで得られる．またこのエネルギーを最小化することにより得られた最適解$\{\psi_n\}$は次の方程式を満たす．

$$\left[-\frac{1}{2m}\nabla^2 + V_{ie}(\mathbf{r}) + V_\mathrm{H}(\mathbf{r}) + V_\mathrm{xc}(\mathbf{r})\right]\psi_n(\mathbf{r}) = \epsilon_n \psi_n(\mathbf{r}) \tag{10}$$

これがいわゆるコーン・シャム方程式と呼ばれるものである．

擬ポテンシャル法

固体の多くの物理的，化学的性質は広がった価電子状態により決まり，内殻にはほとんど影響されない．この事実に立脚し，これらの興味ない内殻電子を計算せず，価電子だけで何とか原子の振る舞いをシミュレーションしようとするものが，擬ポテンシャル法のアイデアである．擬ポテンシャル法はとりわけ波動関数の平面波展開

$$\psi(\mathbf{r}) = \sum_\mathbf{K} c_{\mathbf{k}+\mathbf{K}} e^{i(\mathbf{k}+\mathbf{K})\cdot\mathbf{r}} \tag{11}$$

と親密に結びつく．価電子の受ける実効的なポテンシャルは元の急激に変化するポテンシャルに比べて緩やかに変化する．緩やかなポテンシャルに対しては，平面波展開は収束がよいからである．

平面波を基底として使う利点は，理論的取扱いが簡単であること，またそのためヘルマン・ファイマン定理を利用した原子間力，ストレス評価が容易にできるということであり，そのため擬ポテンシャル法はフォノンや分子動

力学シミュレーションに取り分け有効的に応用されている．そこで次に原子間力・ストレスについて述べる．

(2) 原子間力・ストレス

ヘルマン・ファイマン力

結晶における，ある原子における力は，原子位置 $\mathbf{R}_i$ に関する全エネルギーの微分で与えられる．

$$\mathbf{F}_i = -\frac{d\Phi(\{\mathbf{R}_l\})}{d\mathbf{R}_i} = -\frac{d}{d\mathbf{R}_i}\langle\Psi|\hat{H}|\Psi\rangle \tag{12}$$

ここでのハミルトニアンは，式(3)の電子系のハミルトニアンに式(1)の V_{cc} を加えたものである．この定義に従って数値的に原子間力を求めようとすると，全エネルギーを原子位置に関して複数点(最低2点)で評価しなければならないことになる．

ところが，ヘルマン・ファイマンの定理によると，式(12)は，

$$\mathbf{F}_i = -\langle\Psi|\frac{\partial V(\{\mathbf{R}_l\})}{\partial \mathbf{R}_i}|\Psi\rangle \tag{13}$$

と変形できる[2]．一見，式(12)と式(13)はちょっとした違いにしか見えないかもしれないが，実は大変な違いがある．式(12)の中で，波動関数Ψは原子位置に陰に依存する．原子位置が変わると，Ψは改めて評価し直さなければならない．それに対し，式(13)の中では，波動関数Ψは平衡位置のものである．したがって平衡位置でのシュレーディンガー方程式を一回解けば十分である．一般にはポテンシャルの位置微分をとり空間積分する方が，別の位置におけるシュレーディンガー方程式を改めて解くよりはるかに簡単である．

式(13)の平面波展開での具体的表式は文献[3]に与えられている．基底関数が空間に固定されているので，式(13)が評価しやすい．この点が平面波展開の利点である．

式(13)が成り立つ条件として，波動関数Ψが正しい基底状態の固有関数であることである．その真の基底状態波動関数からのずれはすべて力の誤差となって現れる．この誤差という場合，2種類ある．1つは，セルフコンシス

テント計算で十分な収束が達成されていない状況による誤差である．これはセルフコンシステント計算をさらに続ければ原理上なくせるものである．もう 1 つの誤差は不可避的な性格をもつ．真の波動関数は，展開式 (11) で無限の基底関数を用いて表されるべきものであるが，実際の計算では有限個のもので代用されている．これによる誤差は基底関数の取り方により，最終的な表式への現れ方が異なる．基底関数を原子軌道にとると，この分が Pulay 補正と呼ばれるのものになって現れる[4]．平面波基底の場合にはそのような余計な項は現れない．この点が平面波展開での利点である．

第一点目の誤差について定量的評価の仕方について述べておく．「エネルギー汎関数において密度は変分変数である」とよくいわれる．このことの意味は試行密度 ρ' が真の密度 ρ から $\delta\rho$ だけずれていた場合，エネルギーの真の値からのずれには $(\delta\rho)^2$ でしか効いてこないということである．つまり相対誤差は

$$\frac{\Delta E}{E} \sim \left(\frac{\Delta \rho}{\rho}\right)^2 \tag{14}$$

である．ところが力の方はこれとは違い，式 (13) から，$\delta\rho$ にリニアに効いてくる．つまり

$$\frac{\Delta F}{F} \sim \frac{\Delta \rho}{\rho} \tag{15}$$

である．この関係式はヘルマン・ファイマン力の誤差を評価する際，有用である．

ストレス

原子に働く力は直感的に理解しやすい．しかしストレスの方は固体中で計算しようとすると一体何を計算したらよいかわからなくなる量である[5]．究極的には原子に働いている力であるが，だからといって原子間力とは同じではない．むやみに格子中の原子に働く力を平均してもストレスにはならない．この状況は図 5.2 の例ではっきりする．図 5.2(a) では，ばねの自然長で張られた一連の剛体球がある．この場合，どの剛体球にも実効的には力はか

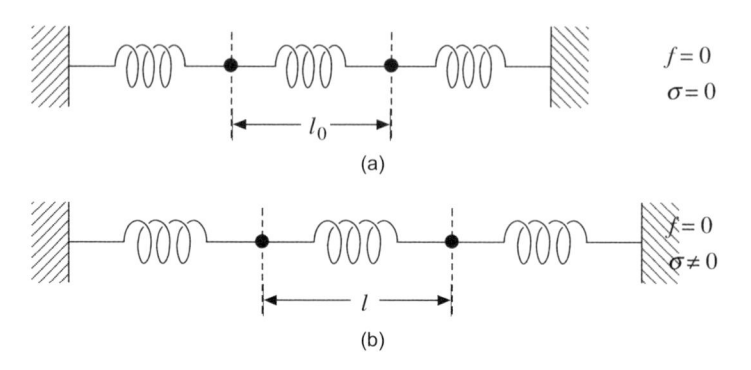

図 5.2 ばねでつながれた剛体球
(a)ばねが自然長の平衡位置では，球に働く力も，境界に働く力も 0.
(b)端を引っ張った状態ではばねに復元力が働くが，球に働く力は依然として 0.

かっていない．当然静止したままとなる．一方，図 5.2(b)では，この系全体が少し引っ張られており，したがって系は縮もうとする．それにもかかわらず各剛体球に働く合力は相変わらず 0 のままである．原子に働く力がすべて 0 であっても系は安定とはいえないのである．この例からわかるようにストレスとは本質的に境界条件に関係する自由度で，各構成原子に働く力とは独立したものである．

ストレスの計算も形式的にはヘルマン・ファイマン力の場合と同じように式(13)で評価できる．ポテンシャルの位置に対する微分のところを歪みに対する微分に置き換えればよい．つまり歪み ϵ に対して，

$$\sigma = \frac{1}{\Omega}\frac{\partial \Phi}{\partial \epsilon} \tag{16}$$

として求まる．しかしながらストレスの場合，格子が変形するので積分空間が問題となる．波動関数の規格化因子も含めてスケールしなければならない点が厄介である．ともかくも，それは平面波を用いた擬ポテンシャル法の枠内で効果的に評価できる．やはり基底関数が空間に固定されているからである．その平面波展開の具体的表式は，文献[6]に与えられている．

5.2 第一原理分子動力学シミュレーション

(1) カー・パリネロ法の革新性

従来法

分子動力学法は,原子の運動を量子力学から計算するシミュレーションである.「分子」という名が使われているが,扱うものは分子であろうと固体であろうと同じである.ほとんどの場合は,扱う原子(正確には原子核)は古典的粒子として扱われる.したがって原子位置 $\{\mathbf{R}_i\}$ ($i=1,…,N$) はニュートンの運動方程式に従って時間発展する.つまり

$$M_i \frac{d^2 \mathbf{R}_i}{dt^2} = \mathbf{F}_i \tag{17}$$

である.ここまでは高校までの物理を一歩も出るものではない.問題は原子に働く力 $\mathbf{F}_i$ をどう決めるかである.モデル計算では,式(5)に現れる原子間のポテンシャル $\Phi(\mathbf{R})$ をいろいろなモデルで近似し,そこから求めるというものである.この方法では力を求めるのに計算負荷はほとんどない.しかし残念ながらどのような状況にも適応できるモデルポテンシャルというものは存在しない.同じ炭素という原子の作るポテンシャルでもダイヤモンド結晶のものとグラファイト結晶のものとは全く違う.たとえ結晶構造を固定したとしても,圧力を変えるとまた異なったものとなる.それぞれの状況に応じて,モデルパラメータをフィッティングしていたのではとてもおぼつかない.また実験データのないもの予測するということは不可能となる.いかなる状況でも原子核の位置座標 $\{\mathbf{R}_i\}$ だけでポテンシャル Φ が求まることが求められる.それを行うものが第一原理分子動力学法である.

その基本的解法は 5.1 節(1)で述べられた断熱近似の下,原子核の位置 $\{\mathbf{R}_i\}$ を与え,全系のエネルギーを量子力学的に解きポテンシャル $\Phi(\{\mathbf{R}_i\})$ を決定し,それからその微分により原子間力を求めるというものである.

従来の正攻法において,ここの過程をもう少し詳しく見る(図 5.3).大枠は,①まずある瞬間 t の原子配置 $\{\mathbf{R}_i\}$ に関してシュレーディンガー方程式を

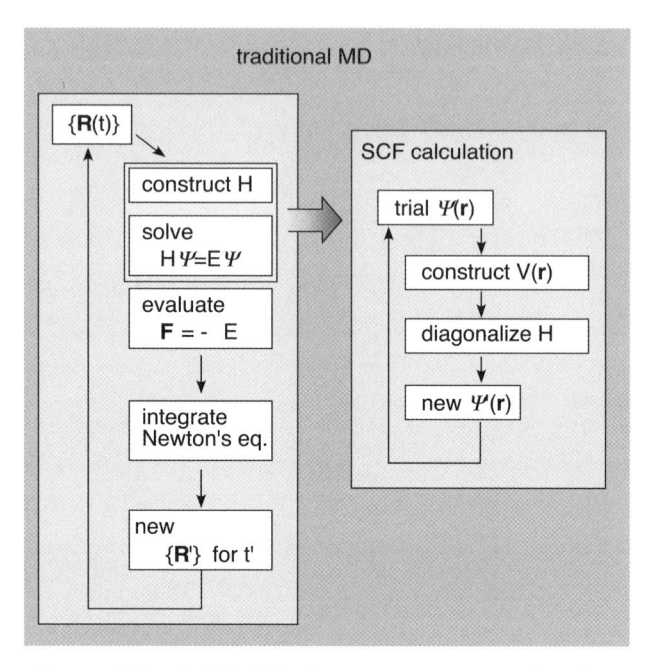

図 5.3 従来の分子動力学シミュレーションのアルゴリズム

セルフコンシステントに解く．これによりいわゆる「全エネルギー」で表されるところのポテンシャル $\Phi(\{R_i\})$ が求まる．②そのセルフコンシステント解 $\psi(\mathbf{r})$ を用いて，原子に働く力を求める．③それからニュートンの運動方程式により原子の位置発展を決める．その新しい座標を次の時間ステップの入力として上の①～③を繰り返すというものである．実際のところ②の過程はヘルマン・ファイマン定理により①の過程でほとんど同時に求まる．過程③の計算は全く問題とならない．ということで計算の大部分は①の過程である．①の過程をさらに詳しく見ると，与えられた原子配置 $\{R_i\}$ に対し，シュレーディンガー方程式（密度汎関数理論では KS 方程式）をセルフコンシステントに解く必要がある．そこでは試行関数 $\psi(\mathbf{r})$ を仮定し，それからポテンシャルを構築し，その構築された電子系のハミルトニアン $\mathcal{H}_e$ を対角化し，解 $\psi'(\mathbf{r})$ を求める．得られた解 $\psi'(\mathbf{r})$ を入力 $\psi(\mathbf{r})$ と比較し，同じでなければ

$\psi'(\mathbf{r})$を今度は新たな入力として計算を繰り返す．出力が入力と同じになるまで続ける．

以上見てきたように，従来法ではこれらの過程を順番にこなす．これには膨大な時間が要される．平面波基底を使う標準的な解法では，ポテンシャルの構築，およびハミルトニアンの対角化に非常に時間がかかる．基底の数をN_{pw}とすると，標準的対角化の方法では計算時間はN_{pw}^3でスケールし，系のサイズが大きくなると途端に計算負荷が大きくなり，実用上計算できないことになる．

カー・パリネロ法

このように第一原理分子動力学法は非常に計算コストの高い計算で，実際に計算できる系は非常に限られたものであった．このような状況の中で，Car-Parrinelloは劇的な進歩をもたらした[7]．その大きな特徴は，これまで大前提であった断熱近似を破棄したことである．彼らのアイデアを述べると以下のようになる．

波動関数$\psi(\mathbf{r})$を原子位置$\mathbf{R}_i$，さらにあれば付加的な自由度αを同じレベルで独立変数とみなし，いずれも時間発展の方程式に従うとして求めるものである．具体的には，多少天下り的になるが，系のラグランジアンとして

$$\mathcal{L}_{\mathrm{CP}} = \sum_n \frac{1}{2}\mu \dot{\psi}_n{}^2 + \sum_i \frac{1}{2}M_i \dot{\mathbf{R}}_i{}^2 + \frac{1}{2}\mu_\alpha \dot{\alpha}^2 - E(\{\psi_n\},\{\mathbf{R}_i\},\alpha)$$
$$+ \sum_{m,n} \Lambda_{m,n}\left((\psi_n,\psi_m) - \delta_{m,n}\right) \tag{18}$$

というものを考えた．ここにμやμ_αはそれぞれ，$\psi(\mathbf{r})$，αに付随した仮想的質量である．Λ_{nm}は波動関数の直交規格化に関係するラグランジュアンの未定乗数である．Eは全系のエネルギーで，式(5)の中の全ポテンシャルエネルギー$\varPhi$に相当する．いきなりこのような式を見せられても，いったいこの式にどんな物理的意味があるのであろうか？そもそも物理的な系の記述として許されるのだろうか？という疑問が出るだろう．それに対しては「そのままでは物理現象と対応するものではない」とだけ述べておいて次に進む．

しばらくは数学的に正しければこの仮想的な系を追い求めることは論理上許されると割り切った方がよい．この仮想的な変数を増やした系で，形式的には運動方程式を導き出すことができ，かつその時間発展を追うことができるのでそうしてみる．

ラグランジアンから運動方程式を導き出す標準的な手続きに従うと，

$$\mu\ddot{\psi}_n(\mathbf{r}) = -\mathcal{H}_e\psi_n(\mathbf{r}) + \sum_m \Lambda_{nm}\psi_m(\mathbf{r}) \tag{19a}$$

$$M_i\frac{d^2\mathbf{R}_i}{dt^2} = \mathbf{F}_i \tag{19b}$$

$$\mu_\alpha\frac{d^2\alpha}{dt^2} = -\frac{\partial E}{\partial \alpha} \tag{19c}$$

という連立方程式が得られる．原子位置に関する方程式は見慣れたニュートンの運動方程式に他ならないので，これに関しては誰も異存がないだろう．問題は波動関数に関するもので，その時間発展の方程式は，よく知られている時間発展を含んだシュレーディンガー方程式とは違ったものである．通常のシュレーディンガー方程式の時間発展は，時間に関して1次の微分方程式であるが，式(19a)では時間に関して2次のものである．ということでこの方程式の時間発展は現実の物理現象を表していない．時間発展がなくなった状態，すなわち次の標準的な固有方程式の定常解だけが物理的意味をもつ．

$$\mathcal{H}_e\psi_n(\mathbf{r}) = \Lambda_n\psi_n(\mathbf{r}) \tag{20}$$

式(19a)の時間発展は，実は変分原理，式(9)における逐次的な最小化過程を，単に時間変数の形に書き直したものにすぎない．ということで，この時間発展の様子についてあれやこれや悩むべきではない．行き着く先だけに注意を払えばよい．

カー・パリネロ法の特徴

カー・パリネロ法の大きな特徴は，それまで絶対守らねばならないと考えられてきた断熱条件を大胆にも破棄したことである．こうすることで何が得られるかというと，計算効率の飛躍的な発展である．従来の解法では，原子

基礎5 第一原理分子動力学法「Osaka2002」

を動かす前に波動関数をセルフコンシステントに解かなければいけない．すべてが一つ一つ逐次的に行われていた．いわばシーケンシャルな進め方である．新しい方法では，波動関数も原子位置もどちらが従属という関係ではなく，どちらも同等な扱いを受け，どちらに対しても時間発展を同時に計算する．いわば並列的処理とでも呼べるものである．各時間ステップでは波動関数はセルフコンシステントになっていない．それゆえ計算時間は早くなるのである．

問題は，このようなことをしても，原子の運動は物理的に正しいものになるのかということであろう．この問いに対する回答は，波動関数の時間発展が「断熱条件からあまり離れていない限り」，原子の運動に対し近似的に正しい解を与えるということになる．

このことを見るため，従来法でもし断熱近似が破れていたらどうなるかを考える．セルフコンシステント性が足りないと，力の誤差となって現れる．5.1節(2)で見た通り，力に対する収束条件はエネルギーに対するものより厳しい．図5.4はこのとき起きることを模式的に示したものである．セルフコンシステント計算が足りないと，波動関数は前のステップのものを引きずり，原子の動きに追従できないでいる．波動関数がこのようになっている状態で，原子に働く力を求めると，原子を後ろに引っ張る方に働く．こうして力の誤差は原子の運動を常に妨げる方向に働く．この場合の力の誤差は「系統的なもの」であり，セルフコンシステント性を高めない限り回復できない．

一方，カー・パリネロ法ではこの状況はどう変わるか．波動関数はセルフコンシステント性を無視し，ただ式(19a)に従ってのみ時間変化する．ハミルトニアンの波動関数への作用 $\xi = (\mathcal{H}_e - \Lambda_n)\psi_n(\mathbf{r})$ で 0 にならない成分は，すべてその波動関数に対する「力」として作用する．この場合，重要な点は，波動関数に関する時間発展が，通常のシュレーディンガー方程式のように時間に関して1次ではなく，ニュートンの運動方程式のように2次であることである．その結果，ξはその波動関数の時間発展に関して「復元力」として働く．波動関数の真の値からの誤差ξが大きい場合，その時間発展はそ

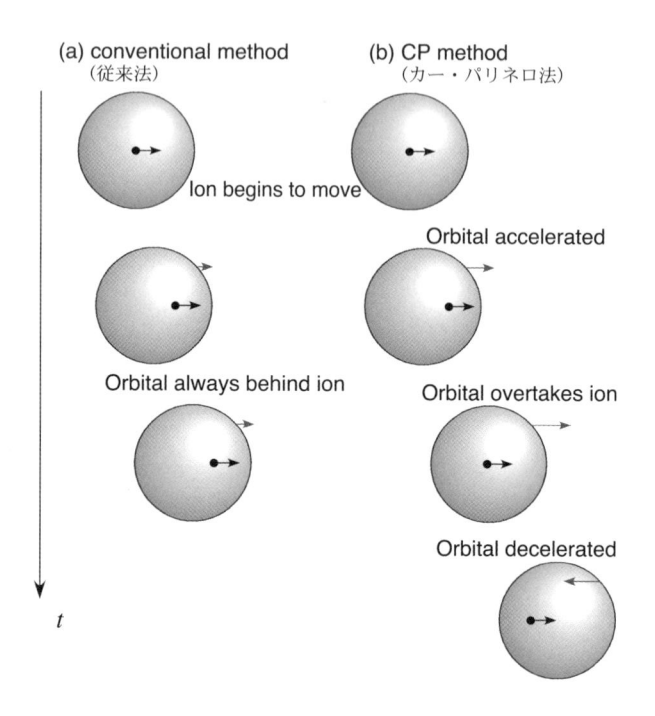

図 5.4 ヘルマン・ファイマン力の系統誤差の影響

れを解消する方向に作用する．このおかげで，波動関数の真の値からの誤差 ε は常に断熱線の周りを振動し，「系統的誤差」は時間平均するとキャンセルすることになる．このような巧妙なからくりのため，カー・パリネロ法はうまく機能するのである．

実際のところ，カー・パリネロ法では，波動関数の直交規格化条件の課し方など詳細で違いが生じて，上で述べたメリットはいつでも成り立つわけではない．そのあたりの詳細は文献[8]を参照していただく．カー・パリネロ法がうまく動作する条件として「断熱条件からあまり離れていない」ことを述べた．このとき波動関数は断熱条件にはなっていないが，その周りをふらつきながら平均的には断熱曲線を追従することになる．図 5.5 はその様子を模式的に示している．この条件を定量的な形で表そう．図 5.5 における断熱

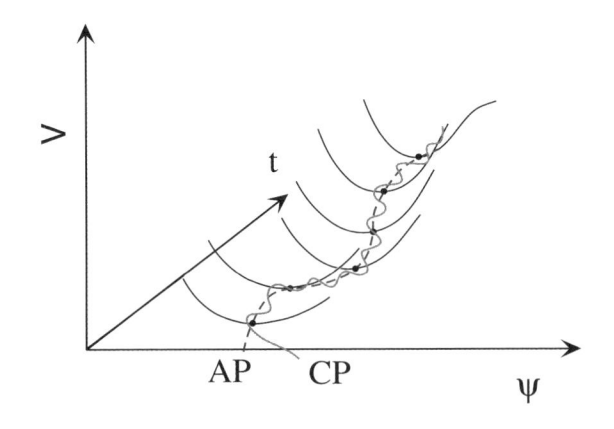

基礎 5　第一原理分子動力学法「Osaka2002」

図 5.5　カー・パリネロ法の経路
真の断熱経路(AP)は破線，カー・パリネロ法による経路(CP)は実線で示される．

曲線からのずれは，だいたい電子の仮想的運動エネルギー K_e くらいで与えられる．したがってこのエネルギーがイオンの実際の運動エネルギー K_i に比べて小さい

$$K_e \ll K_i \tag{21}$$

ということがその条件になる[86]．

(2)　共役勾配分子動力学法

カー・パリネロ法の出現は，第一原理計算に様々な点で影響を与えた．そのうちの1つとしてシュレーディンガー方程式の解き方がある．従来の伝統的なやり方はハミルトニアンを直接対角化することがなされていたが，それは前に述べたように計算負荷の点で足かせになっていたが，これを計算効率のよい逐次的に行うやり方に変えた．

平面波基底のハミルトニアン行列は大きなサイズになりがちになるが，それを直接的に対角化することは非常に非能率的である．そこでコーン・シャム方程式を対角化するかわりに，その元となる式(7)で与えられる全エネルギー表式を密度に関して最小化する．これは対角化でなく，繰り返し法によ

る多次元関数の最小化問題であり，そのような問題に対する非常に有効な数学的アルゴリズムが確立されている[9]．共役勾配法（CG 分子動力学法）が代表的なものである．

　この方法では，従来の分子動力学法とほとんど同じである．式(17)の原子位置の時間発展以外には，時間依存の部分はもたない．電子の波動関数はその時間刻みの一点，一点の原子配置 $\mathbf{R}_i(t)$ でセルフコンシステントに求められる．したがって，ヘルマン・ファイマン力を正しく求めるため波動関数はきっちりとセルフコンシステントに解かなければならない．しかしながら，従来の行列の対角化過程に比べて，繰り返し法によるエネルギーの最小化過程の方がはるかに効率的である．

（3）　分子動力学シミュレーションの要素

　分子動力学シミュレーションにおいては，これまでの静的な電子状態計算で現れる物理量とは違うクラスの量が登場するので，波動関数の時間発展以外に重要なものの概念をここで列挙しておく．

運動方程式の解法

　ニュートンの運動方程式(17)は数値計算では，時間に関する 2 次の差分方程式として解かれるが，その際効果的な方法として，Verlet のアルゴリズム[10]が採用されている．それは，原子位置の発展を

$$x(t+\Delta t) = 2x(t) - x(t-\Delta t) + \frac{F(t)}{M}\Delta t^2 \tag{22}$$

で与えている．そして速度は

$$v(t) = \frac{x(t+\Delta t) - x(t-\Delta t)}{2\Delta t} \tag{23}$$

として計算するものである．

　読者のなかには，式(22)のどこが Verlet という固有名詞を冠するに足るのかといぶかる人もいるだろう．実際，式(23)を式(22)に入れてみればわかる通り，

$$x(t+\Delta t) = x(t) + v(t)\Delta t + \frac{F(t)}{2M}\Delta t^2 \tag{24}$$

全くのニュートンの運動方程式の離散化版に他ならない.

Verlet 法の核心は,速度を式(23)で評価する点にある.そうでなく,例えば簡便的な

$$v(t) = \frac{x(t) - x(t-\Delta t)}{\Delta t} \tag{25}$$

で評価した場合,時間発展での誤差の蓄積に大きな差が現れる.式(25)は,時間に関して 1 次誤差 $O(\Delta t)$ であるが,式(23)は 2 次の誤差 $O(\Delta t^2)$ である.しかしメリットはそれだけに留まらない.もう 1 つ重要な点は,式が時間反転に関して対称的であることである.短時間周期での精度を求めるのであれば,さらなる高次の表式がある.しかし高次の式は時間反転対称性を破る.その結果,長時間での MD シミュレーションに大きなドリフトを生じ,ひいては MD シミュレーションの安定性を損なう[11].これに関しては後で議論する.

Verlet 法のアルゴリズムは簡単でありながら,高次の精度を保ち,かつ時間発展に対する安定性も良好という点で,これ以上のものはない.

温度

一般に MD シミュレーションは有限温度での原子の運動を模倣するといわれるが,このときの温度 T とは何を意味するか?

式(5)の中での原子の運動エネルギー $\mathcal{T}_i$ の項は,

$$\mathcal{T}_i = \sum_i \frac{1}{2} M_i v_i^2(t) \tag{26}$$

と時間とともに激しく変化する量である.これをそのときの時間において全粒子にわたり平均をとった量,

$$\frac{3}{2}kT_p(t) = \left\langle \frac{1}{2}M_i v_i^2(t) \right\rangle_N \tag{27}$$

で与えられる量 $T_p(t)$ を「即時温度」(あるいは「運動量温度」)と称する.

いうまでもなく，それが熱エネルギー $(3/2)kT$ に相当する量だからである．しかしこの即時温度は定義からしてやはり時間に関して激しく変化する量である．つまり即時温度は常に揺らいでいる．熱力学的に定義されている通常の温度 T は，この即時温度のさらに長時間にわたる平均である[1]．すなわち

$$T = \langle T_p(t) \rangle_t \tag{28}$$

で与えられるものである．このように時間平均して初めて平衡温度 T が定義できる．

「温度揺らぎ」というものを $\Delta T = T_p(t) - T$ で定義したとすると，N 粒子系では

$$\sigma \equiv \frac{\sqrt{\langle \Delta T^2 \rangle}}{T} = \sqrt{\frac{2}{3N}} \tag{29}$$

となる．もちろん熱力学的極限 ($N \to \infty$) では 0 となる．現実の第一原理 MD シミュレーションでは当然扱う原子数 N に限りがある．式(29)で与えられる揺らぎが許容できるものであるかどうか吟味すべきであろう．

例えば，第一原理 MD 法で熱膨張をシミュレーションする試みがある[13]．原理上はどのような熱膨張の大きさであろうと計量可能であるが，しかし人為的な N 粒子系の揺らぎ(熱膨張の問題の場合，格子の揺らぎ)が得られる数値精度を厳しく制限する．実際の物質では，熱膨張係数 α は 10^{-6} K^{-1} くらいのオーダーの量であるので，100 K の温度差に対しても格子定数 a の変化量は相対値で $\Delta a/a \sim 10^{-4}$ くらいのオーダーである．一方で，後で述べる格子定数可変の MD シミュレーションでは，100 個くらいの原子数の格子に対し，$\Delta a/a \sim 10^{-2}$ くらいの大きさになるので，このシミュレーションで熱膨張の大きさを求めるのは至難の業である．

時間の単位

ここで単位について触れておく必要がある．原子単位では通常

---

1) Kittel は「温度の揺らぎ」という言葉が安易に使われていることを批判して，その使い方は物理用語としては自己撞着であると指摘している[12]．つまり温度とは揺らぎの平均で与えられるものであるから．

$$\frac{\hbar}{E_h} = \frac{ma_B^2}{\hbar} = 2.42 \times 10^{-17} \quad (\text{sec}) \tag{30}$$

で定義される時間を時間単位ととる．

(4) 時間ステップ

第一原理 MD シミュレーションの中には様々な計算制御パラメータがある．その中でも最も重要なものは原子移動の時間ステップ Δt_a であろう．

カー・パリネロ法の場合は波動関数も時間発展の方程式の解として求める．その時間ステップを Δt_w とする．カー・パリネロ MD 法ではその精神

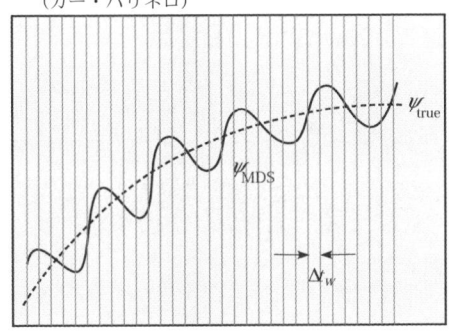

(a) Car-Parrinello MDS
（カー・パリネロ）

(b) Conjugate-gradient MDS
（共役勾配 MD シミュレーション）

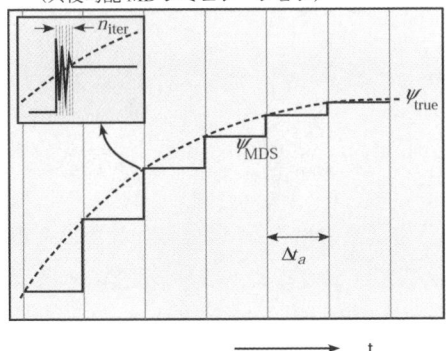

図 5.6　波動関数の時間発展

からして $\Delta t_w = \Delta t_a$ である．共役勾配 MD 法では Δt_w というものは存在しないが，その代わり各時間ステップごとに波動関数の収束をきっちり行うためのセルフコンシステント計算の繰り返し数 n_{iter} が要求される．

両者の概念的な違いを図 5.6 に示す．カー・パリネロ MD 法の場合は，波動関数は各時間ステップで真の波動関数とは違ったものであるが，それでも真の波動関数の近傍をふらつき，時間平均するとだいたい真のものになる．それにより原子に働く力もまた真の値ではないが，その周りをふらつき時間平均するとだいたい真のものになる．一方，共役勾配 MD 法ではカー・パリネロ法の場合のように時間ステップを短くする必要はないが，各時間ステップでは逐次セルフコンシステント計算を経て力を求める．各時間ステップの力は正確である．おおまかにいえば，全体としてみたときどちらの方法でもセルフコンシステント計算の回数は同じである．

それでは次にこれらの制御パラメータをどう決めたらよいか？ 時間発展の方程式での時間刻み Δt は，基本は考えている系のレスポンス時間より短くということである．言い換えれば系の固有振動数の最大値で決まる時間間隔よりも短くということになる．具体的には原子運動に関してはそのフォノンスペクトルの最大値 $\omega_{\text{ph}}^{\max}$ により

$$\Delta t_a \ll 1/\omega_{\text{ph}}^{\max} \tag{31}$$

と与えられる．

カー・パリネロ法の場合の波動関数の時間発展に関しては

$$\Delta t_w \ll 2 \left(\frac{\mu}{\epsilon_{\max} - \epsilon_0} \right)^{1/2} \tag{32}$$

で与えられる[9]．ここに $\epsilon_{\max}, \epsilon_0$ は系のハミルトニアンの固有値の最大値と最小値である．

式(32)は与えられた電子系の慣性 μ に対して許容できる時間ステップの上限を与える．μ を大きくすればそれだけ波動関数の動きは遅くなるので，時間ステップは大きくとれる．したがって長時間シミュレーションという点では有利になる．では本当に μ は大きくしてよいだろうか？ ここに「断

熱条件からあまり離れていない」という微妙な条件が効いてくる．式(21)は電子系とイオン系とは違う温度をもつことをいっており，したがって双方の系で熱的に非結合していることが必要である．これと，電子は即時にイオンの動きに追従できるという断熱近似を考慮すると，電子系の応答時間はイオン系のそれに対して非常に小さいと考えねばならない．すなわち電子系の振動数ω_eは

$$\omega_e \gg \omega_{\mathrm{ph}} \tag{33}$$

であることが求められる[8,14]．ギャップ E_g をもつ絶縁体の場合，電子系の振動で一番遅いものは，$\omega_e \sim (E_g/\mu)^{1/2}$ で与えられ，それは十分に条件(33)を満たすように設定できる．ところがギャップのない金属の場合にはこの条件が破れ，電子系とイオン系の間に熱交換が生じ，イオンの運動が乱される．このようなカー・パリネロ法の破綻する興味深い例が文献[15]で示されている．

5.3　第一原理分子動力学シミュレーションの拡張・発展

　これまでのところ，考えている系はマイクロカノニカル系で，全系のエネルギー，粒子数が保存されていた．式(1)のハミルトニアンは保存される．各原子の運動もきっちり追跡される．しかし本当にこのことが必要であろうか？　実際のところ興味ある物理量はほとんど統計的量である．この点で，固体中の原子のシミュレーションは，将来のある時点での位置を正確に予測することを求められる惑星の軌道シミュレーションと本質的に異なる．

　実験的には，温度，圧力といった巨視的・統計量が重要となるが，これをマイクロカノニカル系に導入するのはちょっとした困難点がある．これらの統計量を導入するため，元のハミルトニアン，あるいはラグランジアンに拡張がなされてきた．

(1) 温度制御

5.2節(3)で，温度の概念を導入し，それをどう計量するかを述べた．そこでは系の温度はシミュレーションの初期条件で決められるもので，それ以上に制御できるものではなかった．ここではもう少し積極的に温度を制御することを考える．そのため熱浴の概念を導入する．

熱力学の問題として考えると，圧倒的に熱容量の大きい周囲環境(すなわち熱浴)とエネルギーの交換を許すことで，系の温度を熱浴の温度 T_{bath} と同一にすることができる．したがって熱浴は圧倒的多数の粒子からなるが，もちろんこれをまともにシミュレーションに取り込んだのでは実行できない．何とか熱浴の働きに似せたものを導入する必要がある．実際の MD シミュレーションにおいてはいろいろな方法が考えられているが，その中で①速度スケーリング，②能勢の温度制御を取り上げる．

速度スケーリング

温度制御法の中で最も簡単かつ安易なものは速度スケーリング法である．これは式(26)で定義される原子の即時温度 T_{p} と，制御温度 T_{bath} により，各原子の速度を一様に

$$\sqrt{\frac{T_{\text{bath}}}{T_{\text{p}}(t)}} \times \mathbf{v}_i \longrightarrow \mathbf{v}'_i \tag{34}$$

と加減することで行う．この方法では，定義により各瞬時瞬時の即時温度は目標とする熱浴温度 T_{bath} と完全に一致する．

これにより温度制御は達成できたが，しかしながらミクロの運動の決定論的軌跡が台無しにされるという犠牲を払う．極端な例では，2 原子分子を考え，これが振動している有り様を思い浮かべよう．このときの系の運動エネルギーは単一振動数をもつ調和振動をしているが，これに速度スケールを適応すると，途端に調和振動ではなくなる．これは非常にいびつな動きである．またミクロな動きでは揺らぎそのものが重要となることが多い．相転移など揺らぎがなかったらそもそも起きない．こういう場合，この方法ではシ

ミュレーションとならない．また速度スケーリングを持ち込むと式(5)は保存量ではなくなる．

能勢の温度制御

能勢はミクロアンサンブルに温度を導入する方法として，巧妙な方法を提案した．それは時間をスケールすることによる余分の自由度をラグランジュアンに持ち込んだ．

ここではラグランジュアンは

$$\mathcal{L}_{\text{Nose}} = \frac{p^2}{2Ms^2} - u(q) + \frac{p_s^2}{2Q} - gkT \ln s \tag{35}$$

と表される．ここに変数は一般座標 q，および時間スケールパラメータ s である．対応する一般化運動量は添え字付きの p で表されている．Q が s に付随する仮想慣性である．g は系の自由度である[16]．

ここで $dt' = dt/s$ と実時間から，仮時間に変換する．同時に時間スケールの変数 s を $\eta = \ln s$ に変換した後，このラグランジュアンから導かれる運動方程式は(以下プライムを省略して)以下のようになる．一般座標に関して

$$M\ddot{q} = F - \dot{\eta}p \tag{36}$$

と一般化力に摩擦項をもった形となる．能勢・フーバーの温度制御パラメータ η については

$$Q\ddot{\eta} = \frac{p^2}{M} - gkT \tag{37}$$

となる．

そして拡張ハミルトニアンは，

$$\mathcal{H}_{\text{Nose}} = \sum_i \frac{p_i^2}{2m_i} + u(q_i) + \frac{p_\eta^2}{2Q} + gkT\eta \tag{38}$$

で時間に関して保存量となる．この式の中の温度 T が熱浴温度 T_{bath} の役割を果たす．

式(36)の運動方程式の特徴を見よう．原子の運動に摩擦力が入る．その摩

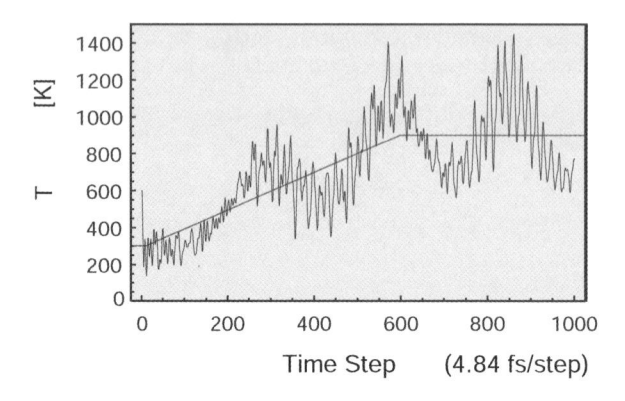

図 5.7　能勢の温度制御の例
Si_{64} を用いて，T_{bath} を図中の赤線のように制御したときの系の温度変化．$Q = 100$ (amu/atom)

擦係数 η は式(37)で決められる．その式は即時温度と熱浴温度 kT との差が η に関する復元力となる．つまりそれらの温度に差があるときは，式(36)にある摩擦項がその差を縮めるように働く．これは望ましいことである．このおかげで，系の温度が熱浴の温度と差があるときは，その差を縮める方向に原子の運動が制御される．しかし通常の摩擦力と違う点は，この場合の摩擦係数 p_η は正だけでなく，負にもなりうるということである．つまり加速する場合もあるということである．

式(38)が時間に関して保存量であることの意味することは，1 つに，系の即時温度 $T_p(t)$ は，設定熱浴温度 T_{bath} に近づく過程があれば，一方で反対に遠ざかる過程もあることである．能勢・フーバーの温度制御パラメータ η そして系の即時温度 $T_p(t)$ はしたがってある周期で振動を繰り返すのである．その例を図 5.7 に示す．決して，通常実験で期待する，ある設定温度に収束するものではない．設定温度への緩和は特性周期の中だけで起きるものである．

したがって，能勢の温度制御では，その熱浴の特性緩和時間を知っておく必要がある．式(37)は $k_\eta = (p^2/M - gkT)/a_B^2$ を kT からのエネルギー変位に関するバネ定数と見立てると，質量は $Q = Q_u (M_u/m)/a_B^2$（M_u は原子質量）と

原子質量で書き直した Q_u を用いて，振動数

$$\omega^2 = \frac{k_\eta}{911 Q_u} \tag{39}$$

を与える．

能勢のラグランジュアンを導入する過程は，凡人には思いもよらぬ発想である．それゆえ，この熱浴というものの物理的実態をあまり深く考えすぎたりするが，しかしカー・パリネロ法のときと同じく，ここではそのような仮想的な量を導入しそれが数学的に矛盾のないものであること，そしてそれが実際の熱浴を模倣していると理解すれば十分である．なぜなら，結局のところ，能勢の温度制御とは温度変化を穏やかに行わせる方策の1つにすぎないからである．

(2) 圧力制御

能勢のラグランジュアンの使い方がわかると，さらに系に圧力を導入することもできる．能勢のラグランジュアン(35)に

$$\frac{p_v^2}{2ws^2} - P_{\mathrm{ex}} V \tag{40}$$

を付け加えればよい．あるいは，カー・パリネロ法(5.2節(1))で付加的な変数 α を体積 V ととってやればよい．そうすることで V は時間発展する．能勢の温度制御のときと同じくそれは振動を引き起こすが，原子の運動における周期がフォノンの振動という物理的実態のあるものに対応するのに対し，V の時間発展に関しては何の物理的実体もない．

結晶が等方的でない場合は，変数として V ではなく，6つの格子定数(a, b, c, α, β, γ)，あるいは歪みテンソル ϵ_{ij} をとることも可能である．どれをとろうが基本的には変数変換すれば等価である．にもかかわらず，格子定数を基本変数ととったときと歪みテンソルをとったときでの微妙な違いが起きる[17]．歪みテンソルをとる方を勧める．あるいはあるいは計量テンソル g_{ij} にも注目すべき点がある[18]．

(3) 時間発展

以上のように元のハミルトニアンに温度や圧力などの外部パラメータを取り込み，ハミルトニアンを拡張してくると，その時間発展が次第に複雑なものとなり，同時に数値的な安定性も悪くなる．MD シミュレーションは長時間行いたいのが通常であるので，長時間にわたる安定性が損なわれるのは非常に問題である．

5.2節(3)で述べたように運動方程式の積分を長時間にわたり行うと，本来一定である全エネルギーにドリフトが現れる．そしてそれはやがて MD シミュレーションを破壊することとなる．この長周期でのドリフトをいかに抑えるかが，長時間シミュレーションの課題である．

その長時間安定性の1つの鍵は，運動方程式の積分が時間反転に関して対称であることである．Verlet 法はこの条件を満たす．しかし能勢などの方法を取り入れてなおかつこの対称性を満たすことは次第に難しくなる．いろいろな量の時間積分の順番とかが重要となり，ある部分をいじれば他が影響を受けたりでアルゴリズムの袋小路に陥るのである．

このような状況の中で，ハミルトニアンを拡張しても，この時間反転対称性を保つアルゴリズムが編み出された．Tuckerman らによる可逆時間リウビル演算子の方法である[19]．それは次のようなものである．系の変数 (p, q) の時間発展をリウビル演算子 $\mathcal{L}$

$$i\mathcal{L} = \dot{q}\frac{\partial}{\partial q} + \dot{p}\frac{\partial}{\partial p} \tag{41}$$

で表す．この指数関数化したものが系の状態を表す関数に作用し，その時間発展を記述する．その指数関数化した演算子を

$$e^{i\mathcal{L}} = e^{i\mathcal{L}_p \Delta t/2} e^{i\mathcal{L}_q \Delta t} e^{i\mathcal{L}_p \Delta t/2} \tag{42}$$

のように分解し，時間が反転しても同じ作用になるようにする．この方針に従うと通常の位置，運動量以外に変数が増えても時間反転不変性を保ちながら運動の積分を実行するアルゴリズムが系統的に書けることになる．

(4) 分子動力学シミュレーションの発展方向

以上，分子動力学シミュレーションの基礎について説明してきた．今日，分子動力学シミュレーションの研究はさらに多方面にわたって発展している．その発展方向を列挙すると，

① 熱力学的拡張と稀少現象シミュレーション：第一原理シミュレーションが実行できるのはせいぜい 10 ps くらい止まりである．これは多くの化学反応を扱おうとすると極めて限定的となる．これに対して，系に熱力学的変数を導入し，想定した状態に早く到達する方法が多数考案されている．本章ではそれらについてついに一言も触れることができなかった．

② 原子核も量子力学的に扱う：原子の量子性はこれまでは入っていなかった．しかしトンネル現象，零点振動などは原子を古典的に扱っていたのでは記述できない．

③ 励起状態のシミュレーション：標準的密度汎関数に基づいた MD シミュレーションは電子に関しては常に基底状態を扱っているが，それを励起状態に拡張すること．

④ 時間依存密度汎関数シミュレーション：励起状態を扱うと必然的に波動関数の時間発展が必要となる．これはカー・パリネロ法の時間発展ではなく，真の波動関数の時間発展である．

などがある．どれも発展途上のテーマである．読者がいずれかの方向に興味をもつならば最新の論文を見ながら，自ら突き進まねばならない．文献[20]がその一助になる．

[5章 参考文献]

[1] K. Shirai, T. Michikita, and H. Katayama-Yoshida, Proc. 27th Int. Conf. Phys. Semicond., Flagstaff, USA, 2004, P5-106; Jpn. J. Appl. Phys (in printed).

[2] R. P. Feynman, Phys. Rev. **56**, 340 (1939); J. C. Slater, Chem. Phys. **57**, 2389 (1972).

[3] J. Ihm, A. Zunger, and M. L. Cohen, J. Phys. C: Solid State Phys. **12**, 4409 (1979).

[4] M. Scheffler, J. P. Vigneron, G. B. Bachelet, Phys. Rev. B **31**, 6541 (1985).
[5] スケーリングという観点からストレスが計算できる．T. Hedin, Arkiv för Fysik, **18**, 369 (1960). 次も有用である．P.-O. Löwdin, J. Mol. Spec. **3**, 46 (1959); M. Lax, in *Lattice Dynamics*, R. F. Wallis ed., (Pergamon, 1963, Oxford), p. 583.
[6] O. H. Nielsen and R. M. Martin, Phys. Rev. B **32**, 3780 (1985); O. H. Nielsen and R. M. Martin, Phys. Rev. B **32**, 3792 (1985).
[7] R. Car and M. Parrinello, Phys. Rev. Lett. **55**, 2471 (1985).
[8] (a) M. Payne, J. Phys.: Condens. Matter **1** 2199 (1989); (b) R. Car, M. Parrinello, and M. Payne, J. Phys.: Condens. Matter **3** 9539 (1991).
[9] M. C. Payne, M. P. Teter, D. C. Allan, T. A. Arias, and J. D. Joannopoulos, Rev. Mod. Phys. **64**, 1045 (1992).
[10] L. Verlet, Phys. Rev. **159**, 98 (1967).
[11] D. Frenkel and B. Smit, *Understanding Molecular Simulation*, (Academic, San Diego, 1996).
[12] C. Kittel, Phys. Today (1988 May) p. 93.
[13] F. Buda, R. Car and M. Parrinello, Phys. Rev. Lett. **41**, 1680 (1990).
[14] G. Pastore, E. Smargiassi, and F. Buda, Phys. Rev. A **44**, 6334 (1991).
[15] T. Oguchi and T. Sasaki, in *Molecular Dynamics Simulations*, F. Yonezawa Ed., (Springer, Berlin, 1992), p. 157.
[16] S. Nosé, J. Chem. Phys. **81** 511 (1984); W. G. Hoover, Phys. Rev. A **31** 1695 (1985).
[17] R. M. Wentzcovitch, Phys. Rev. B. **44** 2358 (1991).
[18] I. Souza and J. L. Martins, Phys. Rev. **55** 8733 (1997).
[19] M. Tuckerman, B. J. Berne, G. J. Martyna, J. Chem. Phys. **97** 1990 (1992); G. J. Martyna, D. J. Tobias, and M. L. Klein, J. Chem. Phys. **101** 4177 (1994).
[20] 「計算機ナノマテリアルデザイン」，「固体物理」特集号，**39**，アグネ，東京 (2004).

6 結晶の対称性と電子状態

　この章では結晶の対称性の群である空間群の理論の紹介をする．非常に限られた紙数での記述になる上に，入門書というカテゴリーに合わせることを考えて，ここでは基本的な事項を網羅的ではなく，例示的に述べることにする．この方面の入門書は筆者により出版されているので詳しい記述が必要な読者の方はそちらを見ていただきたい．この章の1つの目的として，群論が使う言葉に慣れていただくことを置く．随所に群論の用語を用いるがその都度その意味を述べることにする．

6.1　結晶の対称性

　結晶のもつ対称性は周期性と回転の対称性である．ここではこの2つの対称性を表現する形式を与える．結晶点群の例，14種類のブラベー格子の例の紹介とか，らせん，映進という結晶独特の対称性の説明が主な内容になる．結晶中では原子は三次元的に周期をもって配列する．一周期に含まれる原子の数は，金属ナトリウム，金属アルミニウムの結晶の1個，シリコン，ゲルマニウムの結晶の2個と簡単なものから数十個，数百個の複雑なものまで様々である．このような原子の周期的な並びは結晶のもつ重要な対称性の1つで，周期性と呼ばれる．

(1) 回転の対称性

一般に回転の対称操作は，原子位置の直交座標 x, y, z に対する変換行列

$$\alpha = \begin{bmatrix} a_{11} & a_{12} & a_{13} \\ a_{21} & a_{22} & a_{23} \\ a_{31} & a_{23} & a_{33} \end{bmatrix} \tag{1}$$

で表すと実直交行列になる．したがって α の転置行列 α' は逆行列 α^{-1} に等しくなる．また，その行列式の値 $\det \alpha$ は 1 か -1 でなければならない．

$\vec{r}_1$ の位置は β の操作で

$$\vec{r}_2 = \beta \vec{r}_1$$

に移り，さらに α の操作で

$$\vec{r}_3 = \alpha \vec{r}_2 = \alpha \beta \vec{r}_1$$

となる．つまり

$$\gamma = \alpha \beta$$

は β の操作に続いて α の操作をする操作で，もし結晶が α, β の対称性をもてば，γ の操作の対称性をもつことになる(積の存在)．また α の対称性を結晶がもつということは，結晶中のすべての原子がその操作で同種の原子位置に移されることを意味するのだから，結晶は当然 α の逆操作 α^{-1} (逆元)をもっていることになる．また

$$\epsilon = \alpha \alpha^{-1} = \alpha^{-1} \alpha$$

は何もしない操作(恒等操作)であるが，これを結晶のもつ対称操作とすることは当然許される(単位元)．さらに対称操作であることから

$$\alpha(\beta\gamma) = (\alpha\beta)\gamma$$

の結合則も当然成り立つ．以上の(積の存在)(結合則)(単位元の存在)(逆元の存在) 4 条件で，結晶の対称操作が群を形成する公理を満たしていることになり，群論として確立されている理論やそこで展開されている様々な定理を使って結晶の性質を議論できることになる．

基礎 6　結晶の対称性と電子状態

　群を形成する操作の数を群の位数と呼ぶ．回転操作の集まりが作る群を点群と呼ぶ．回転操作はその $\det\alpha$ の値で次のように分類する．$\det\alpha = 1$ の回転はある軸のまわりの角度 θ の回転操作を，$\det\alpha = -1$ のものは軸のまわりに θ だけ回転したのち，軸に垂直な面を鏡の面にして移しかえる操作になっている．この両者を区別する必要があるときは，前者を狭義の回転，後者を回映と呼ぶ．θ の値としては，結晶の周期性との関係で $0, \pm\pi/3, \pm\pi/2, \pm 2\pi/3, \pi$ だけが許される．θ をこの 5 種類に限った点群を，結晶点群という．結晶点群には恒等操作だけのものを含めて 32 種類あることが知られている．回映で $\theta = \pi$ のときは

$$\alpha = \begin{pmatrix} -1 & 0 & 0 \\ 0 & -1 & 0 \\ 0 & 0 & -1 \end{pmatrix} \tag{2}$$

となる．これを反転と呼ぶ．反転はこの形から，空間に特定の軸をもっていない．またある回転操作の前に反転をしても，後にしても結果が変わらないことも結論できる．このことを反転は他のいかなる回転操作とも可換であるという．なにもしない操作(恒等操作)はもちろん狭義の回転である．この恒等操作ももちろん空間の特別な方向にとらわれない操作である．回映は回転と反転の組合せと見ることができる．このように見た場合に回反と呼ぶ．回映という呼び名は，鏡映面という空間の特別な方向を想起させる．しかし上に述べたように，π 回映では結果的にこのような面は存在しない．この意味で，狭義でない回転を表す呼び名としては，回反の方が適当かもしれない．$\det\alpha = 1$ か $\det\alpha = -1$ で狭義の回転と回反(回映)を区別したのだから，狭義の回転と狭義の回転の積は狭義の回転であり，狭義の回転と回反の積は回反，回反と回反の積は狭義の回転になる．

　回転の対称性の例として立方対称を取り上げる．図 6.1 の立方体の対称性を立方対称と呼ぶ．恒等操作を含めて 24 個の狭義の回転をもっている．また回反操作は反転含めて 24 個あり，都合 48 個の対称操作をもっている．この操作の集まりを O_h 群と呼ぶ．

　図 6.1 には，立方体と正四面体との関係がわかる図が描いてある．この

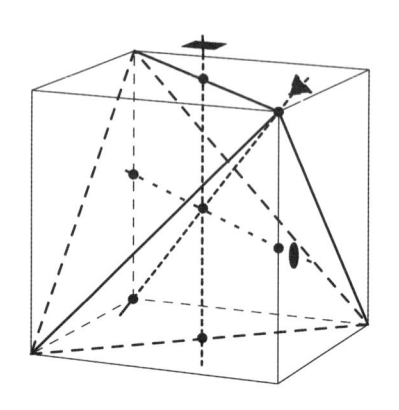

図 6.1 立方体と正四面体の対称性の関係
軸の端につけた四角形は 4 回軸（この軸の回りの $\pi/2$ 回転で 4 回の操作で元に戻る），三角形は 3 回軸（この軸の回りの $2\pi/3$ 回転で 3 回の操作で元に戻る）を，楕円は 2 回軸（この軸の回りの π 回転で 2 回の操作で元に戻る）を表す．立方体にはそれぞれ 3 本，4 本，6 本あるが，正四面体では最初の 4 回軸が 2 回軸になり，最後の 2 回軸がなくなっている．

図から正四面体は完全ではないが，立方対称の一部をもっていることがわかる．48 個の立方対称操作のうち，24 個の操作をもっている．この 24 個の操作の群は T_d と呼ばれている．この T_d は O_h の一部の対称操作だけで，群を形成している．このことを T_d は O_h の部分群であるという．

T_d と O_h のそれぞれで，狭義の回転だけの集まりも群になる．これらはそれぞれ 12 個の狭義の回転操作の群 T と，24 個の狭義の回転操作の群 O である．さらに T に反転を加えると T_h ができる．もちろん反転だけを加えたのでは群にならないので，T の操作に続いて反転を行う操作を全部加える．T_h の操作の数は T の 2 倍，24 個になる．T_d は正四面体の対称性であったが，T, O, T_h のそれぞれの対称性をもつが O_h の他の対称性はもたない多面体は少し複雑な形のものになる．しかし結晶の対称性としては実際に存在する．MnSi は 2 回軸が後に述べるらせんになっているが T の点群をもつ結晶である．

　正四角柱は立方体の一辺が伸びるか，縮んだものとみることができる．し

たがって対称操作の数も減少して 16 個となる．この正四角柱の点群は D_{4h} と呼ばれる．以上の T_d, T_h, O, T, D_{4h} はいづれも，O_h の一部の操作の集まりでできている群であり，O_h の部分群である．これらの位数はそれぞれ 24, 24, 24, 12, 16 であった．これらの位数はすべて O_h の位数 48 の約数になっている．このことは一般的に成り立つ群論の重要な定理の表れである．T は T_d, T_h, O の部分群である．48 個の O_h の対称操作は，T，および T_d にあって T にないもの，T_h にあって T にないもの，O にあって T にないものの 4 組の 12 個ずつのグループに分けることができる．これらのグループを群論では剰余類と呼ぶ．O_h の T による剰余類分解は上記のように一義的である．O_h は D_{4h} でも剰余類に分解できる．この場合は 16 個の 3 組に分かれ，D_{4h} に含まれないものの組が 2 組できることになるが，この 2 組の中身は一義的には決まらない．部分群による剰余類分解は結晶中の電子状態を考えるときに重要になる．ある群が部分群によって同じ数の要素をもつ剰余類に重なりなく分割できることを群論では剰余類定理という．

(2) ブラベー格子

結晶格子は基本格子ベクトル $\vec{t}_1, \vec{t}_2, \vec{t}_3$ を用いて与えられる．格子ベクトル $\vec{t}_n$ は

$$\vec{t}_n = n_1 \vec{t}_1 + n_2 \vec{t}_2 + n_3 \vec{t}_3 \tag{3}$$

と表される．ここで n_1, n_2, n_3 は整数である．この格子ベクトルで与えられる点を格子点と呼び，格子点の集まりを格子と呼ぶ．また $\vec{t}_1, \vec{t}_2, \vec{t}_3$ が定める平行六面体を単位胞と呼ぶ．格子のもつ回転の対称性は基本格子ベクトルの相対的な大きさと，間の角で決まる．三次元空間に作れる格子の回転の対称性と，周期の在り方は古くから調べられ，14 種類のブラベー格子が提唱されている．ここではこの 14 種類を一応数えあげるが，その詳しい説明は避けて，面心立方格子などの例で説明する．

結晶格子はそれのもつ回転の対称性で，立方，正方，直方，六方，三方，単斜，三斜の 7 個の晶系に分けられる．立方・正方・直方晶系では互いに直

交する結晶軸をもっている．この結晶軸方向での最小の周期を表すベクトルを $\vec{a}, \vec{b}, \vec{c}$ とし，この方向の結晶軸を a, b, c 軸と呼ぶ．立方晶系では $|a|=|b|=|c|$, 正方晶系では $|a|=|b| \neq |c|$, 直方晶系では $|a| \neq |b| \neq |c|$ である．また単斜晶系では直方晶系のように a, b, c の大きさがすべて異なる上に，a 軸と c 軸のなす角が直角でない．さらに三斜晶系では3軸のなす角がすべて直角でなくなっている．

図 6.2 の三角格子は，格子点を通り面に垂直な軸のまわりの，60 度回転の対称性をもっている．c 軸をこの垂直な軸の方向にもつ格子を六方格子と呼ぶ．この格子をもつ晶系が六方晶系である．つまり六方晶系の格子は六方格子だけである．六方格子の a, b 軸は慣習的に図に示したように，互いに 120 度の角をなすようにとられる．$\vec{a}$ と $\vec{b}$ が大きさが等しく互いに 120 度の角をなし，$\vec{c}$ がそれらに垂直な格子が六方格子である．三方格子では $\vec{a}, \vec{b}, \vec{c}$ の大きさが互いに等しく，互いに等しい角度をなしている．三方晶系の格子は三方格子だけである．三方格子の $\vec{a}, \vec{b}, \vec{c}$ をこのようにとると，結晶軸の方向が対称軸にならないため不便である．より便利な方法として六方格子に複格子を付け加える方法があるが，説明が複雑になるのでこの項では省略する．

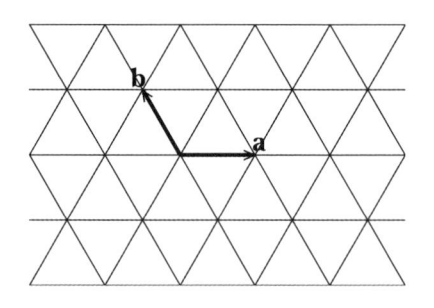

図 6.2 　平面三角格子

格子点を通る垂直な軸が 6 回軸で，2 種類 6 枚の対称面が格子点を通っている．正三角形の中心を通る軸は 3 回軸，中心を通る対称面は 1 種類 3 枚である．

基礎 6 結晶の対称性と電子状態

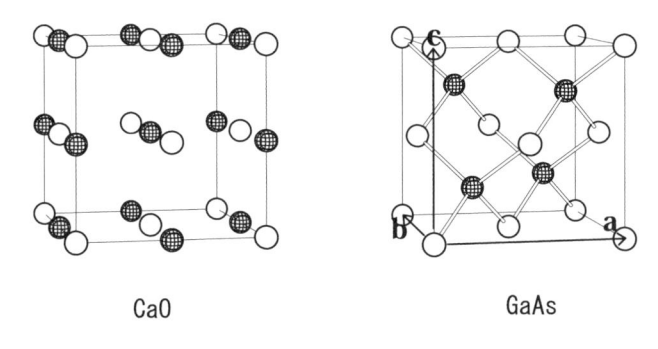

図 6.3　面心立方格子をもつ二種の結晶構造

図 6.3 の CaO と GaAs は面心立方格子をもつ結晶である．どちらの図でも白球が角と正方形の中心にある．角から正方形の中心を結ぶ方向と大きさがこの格子の周期を与えている．どの白球から見ても，かならずこの方向と距離に白球があることを確かめることができる．またどちらの図の黒球も同じ周期をもっている．GaAs の図で白球と黒球を区別しないで，例えばどちらも Si だとするとダイヤモンド構造になる．この場合最近接の白球と黒球を結ぶベクトルは同じ原子を結んではいるが，格子の並進ベクトルではない．格子の並進ベクトルになるためにはそれが周期性を与えなければならない．つまりその任意の整数倍の位置に同じ原子がいなければならない．ダイヤモンド構造の格子はやはり面心立方格子である．面心格子の基本格子ベクトルは，座標系として $\vec{a}, \vec{b}, \vec{c}$ を単位として

$$
\begin{aligned}
\vec{t}_1 &= \frac{1}{2}(\vec{b} + \vec{c}) \\
\vec{t}_2 &= \frac{1}{2}(\vec{a} + \vec{c}) \\
\vec{t}_3 &= \frac{1}{2}(\vec{a} + \vec{b})
\end{aligned}
\tag{4}
$$

と表す．もちろん面心立方格子では，$\vec{a}, \vec{b}, \vec{c}$ は互いに大きさが等しく，直交している．体心立方格子の基本格子ベクトルは

$$\begin{aligned}\vec{t}_1 &= \frac{1}{2}(-\vec{a}+\vec{b}+\vec{c}) \\ \vec{t}_2 &= \frac{1}{2}(\vec{a}-\vec{b}+\vec{c}) \\ \vec{t}_3 &= \frac{1}{2}(\vec{a}+\vec{b}-\vec{c})\end{aligned} \quad (5)$$

のようにとる．

　正方晶系には，単純正方格子と体心正方格子があり，直方晶系には，単純直方格子，体心直方格子，面心直方格子，底心直方格子がある．新しく現れた底心格子の基本格子ベクトルは

$$\begin{aligned}\vec{t}_1 &= \frac{1}{2}(\vec{a}+\vec{b}) \\ \vec{t}_2 &= \frac{1}{2}(-\vec{a}+\vec{b}) \\ \vec{t}_3 &= \vec{c}\end{aligned} \quad (6)$$

である．単斜晶系には単純単斜格子と底心単斜格子を考える．三斜晶系には単純格子だけを考える．

　以上で14種類のブラベー格子が全部登場した．ブラベー格子が14種類になったのは，結果的に同じ格子を与えるものを重複しないようにしたためである．したがって上にあげられていない体心単斜格子などは，文献の中にも登場している．多様な物質を扱うようになった現在では，かたくなに過去の習慣に固執することは不便なこと多い．特に人工的に作った新しい結晶を考えるときとか，計算機の中で仮想的に作った結晶を考えるときには，面心正方格子などを取り入れた方が便利なことがある．ただしこのような場合の研究報告には，慣習を破っていることを明記しておく必要がある．慣習は知っているが，議論をわかりやすくするために，あえて慣習を破っている旨の記述がある方が読者に親切である．また人工結晶や仮想結晶を扱うときに体心，面心，底心の周期性を見落とさないように注意しなければならない．

　結晶内の原子位置とか，方向を示すときには，基本格子ベクトルではなく，$\vec{a},\vec{b},\vec{c}$を基準にして表す．例えば

$$(1/2)\vec{a}+(1/4)\vec{b}+(1/4)\vec{c}$$

は(1/2, 1/4, 1/4)のように表す．また原点とこの点を結ぶ方向は(2, 1, 1)のように整数にして表す．格子を定量的に示す格子定数は$\vec{a}, \vec{b}, \vec{c}$の大きさと，これらの間の角のcosで与える．

(3) らせん，映進

図6.3のGaAsは，立方対称ではなく，正四面体のもつ対称性しかもっていない．Gaの位置に回転の中心を置いて，反転操作をすると，Ga原子は別のGa原子の位置に移されるが，As原子は何もないところに移されてしまう．c軸のまわりの90度回転では(1/4, 1/4, 1/4)にあるAs原子が(-1/4, 1/4, 1/4)に移される．このときの差は(1/2, 0, 0)でやはりこの対称性がないことがわかる．同じようにして，2回軸のまわりの180度回転，4回軸に垂直な面の鏡映，3回軸のまわりの回反がないことが確かめられる．

図6.3のGaAsの図で白球も黒球もSiだと見るとダイヤモンド構造のSiの結晶構造になる．この構造には反転の対称性がある．原点は反転の中心ではないが，(1/8, 1/8, 1/8)の点が反転の中心になる．ここを中心に反転操作を行うと(0, 0, 0)の点は(1/4, 1/4, 1/4)に移される．また(1/2, 1/2, 0)の白球の点は(-1/4, -1/4, 1/4)に移される．この点を格子の並進ベクトルの(1/2, 1/2, 0)だけ移動すると(1/4, 1/4, 1/4)となりその位置には黒球がいることがわかる．さて(1/8, 1/8, 1/8)を中心にして反転操作をすることは，原点を中心にした反転操作をした後(1/4, 1/4, 1/4)だけ並進操作をすることと全く同じ操作である．

次にGaAsの構造にはなかったc軸のまわりの90度回転の対称操作がダイヤモンド構造ではどうなっているかを調べてみよう．(1/4, 1/4, 1/4)の点が(-1/4, 1/4, 1/4)に移された．ここから(1/4, 1/4, 1/4)だけ並進させると(0, 1/2, 1/2)に移る．ここには白球がある．ダイヤモンド構造のすべての点が同じ一組の操作で，黒球が白球の位置に，白球が黒球の位置に移される．c軸に垂直な鏡映では(1/4, 1/4, 1/4)の点が(1/4, 1/4, -1/4)に移される．この場合も(1/4, 1/4, 1/4)だけ並進させると(1/2, 1/2, 0)に移る．やはりここにも白球がある．同じように他の対称操作についても(1/4, 1/4, 1/4)の並進と組み合わせるとダイヤモンド構造の対称操作になっていることを確かめることができる．

このことは立方体の対称性にはあって，正四面体の対称性にはない操作が，正四面体の対称操作に続いて反転操作をすることで作りだせることからも証明される．

　反転では回転の中心を移動することで(1/4, 1/4, 1/4)のような格子の周期でないベクトル$\bar{v}$を0にできた．$\bar{v}$が0でなければ，その半分だけ原点を移動させればよい．格子は周期を与えているので，結晶の何処に格子点をとるかは，目的に合わせて自由にとってよい．図6.3のように結晶構造を図示する場合は，構造がわかりやすいとり方がよいが，電子状態を計算するときなどは反転の中心に格子点をとることも行われる．

　回転が狭義の回転の場合に$\bar{v}$が回転軸方向の成分をもっていると，回転の中心の移動ではそれを0にすることはできない．回転の中心を移動して$\bar{v}$の回転軸に垂直な成分を消すと，その操作は回転とその軸方向の並進となる．この操作をらせんと呼ぶ．回転が鏡映の場合に$\bar{v}$が鏡映面に平行な成分をもっていると，回転の中心の移動ではそれを0にすることはできない．回転の中心を移動して$\bar{v}$の鏡映面に垂直な成分を消すと，その操作は鏡映したあと，面のある方向にすべる操作になる．この操作は映進と呼ばれる．

　ブラベー格子とらせん，映進を含めた回転の対称性組み合わせて230個の空間群ができる．格子の周期でないベクトル$\bar{v}$を0にできる共型なものが73個，そうでない非共型なものが157個である．

6.2　ブロッホの定理と逆格子

　結晶の対称性は，ブラベー格子で記述される周期性と，らせん，映進を含めた回転の対称性である．このうち周期性が結晶内の電子状態にどのように反映されるかを考える．周期性はブロッホの定理と呼ばれる特徴的な形を電子状態に与える．ブロッホの定理の記述に現われるk空間は，やはり周期的な構造，すなわち逆格子と呼ばれる格子構造をもっている．

　もちろんこの逆格子は，与えられた結晶格子と密接な関係をもっているが，この節の後半でこの関係が詳しく議論される．

(1) ブロッホ状態

結晶内の電子状態を考える 1 つの出発点として，次のような単純化を行う．電子は結晶の対称性と同じ対称性をもつポテンシャル $V(\vec{r})$ を受けて運動すると考え，結晶内の電子に対するシュレーディンガー方程式を

$$\left[-\frac{\hbar^2 \vec{\nabla}^2}{2m} + V(\vec{r})\right]\psi(\vec{r}) = E\psi(\vec{r}) \tag{7}$$

と与える．結晶ポテンシャルの周期性が式(7)の解にどう反映されるかを考える．

電子の波動関数が対称操作でどのように変えられるかを考える場合，2 つの操作を続けて行った結果と，その合成操作を行った結果が同じになるようにした方が便利である．このことを満たすためには対称操作を ξ として，それに対する演算子 O_ξ を

$$O_\xi \psi(\vec{r}) = \psi(\xi^{-1}\vec{r}) \tag{8}$$

と定義する．このようにすると

$$O_\xi O_\eta \psi(\vec{r}) = O_\xi \psi(\eta^{-1}\vec{r}) = \psi(\eta^{-1}\xi^{-1}\vec{r})$$
$$= \psi((\xi\eta)^{-1}\vec{r}) = O_{\xi\eta}\psi(\vec{r})$$

となり

$$O_\xi O_\eta = O_{\xi\eta}$$

が保証される．

式(7)の両辺に結晶周期 $\vec{t}_n$ の並進操作の演算子 $O_{(\epsilon|\vec{t}_n)}$ をほどこしてみる．$V(\vec{r})$ は不変であるとしたのだから，

$$\left[-\frac{\hbar^2 \vec{\nabla}^2}{2m} + V(\vec{r})\right]\psi(\vec{r}-\vec{t}_n) = E\psi(\vec{r}-\vec{t}_n)$$

を得る．$\psi(\vec{r})$ が固有エネルギー E をもつ式(7)の固有状態とすると，$\psi(\vec{r}-\vec{t}_n)$ も同じ固有エネルギーをもつ式(7)の固有状態である．式(7)の E の固有エ

ネルギーをもつ状態が p 重に縮退しているとすると，$\psi(\vec{r}-\vec{t}_n)$ は p 個の固有状態の線形結合で表せる．

$$O_{(\epsilon|\vec{t}_n)}\psi(\vec{r}) = \psi(\vec{r}-\vec{t}_n) = \sum_{i=1}^{p} T_{i,j}(\vec{t}_n)\psi_i(\vec{r})$$

同じことが別の $\vec{t}_m$ でも成り立つ．

$$O_{(\epsilon|\vec{t}_m)}\psi(\vec{r}) = \psi(\vec{r}-\vec{t}_m) = \sum_{i=1}^{p} T_{i,j}(\vec{t}_m)\psi_i(\vec{r})$$

並進操作は互いに可換であるから，$T(\vec{t}_n)$ と $T(\vec{t}_m)$ は互いに可換である．

$$T(\vec{t}_n)T(\vec{t}_m) = T(\vec{t}_m)T(\vec{t}_n) = T(\vec{t}_n+\vec{t}_m) \tag{9}$$

互いに可換な行列は適当な共通の変換行列で，同時に対角化できるという代数学の定理を使って T を対角化して

$$S^{-1}T(\vec{t}_n)S = \begin{bmatrix} e^{-i\vec{k}_1\cdot\vec{t}_n} & 0 & \cdots & 0 \\ 0 & e^{-i\vec{k}_2\cdot\vec{t}_n} & \cdots & 0 \\ \vdots & \vdots & \ddots & \vdots \\ 0 & 0 & \cdots & e^{-i\vec{k}_p\cdot\vec{t}_n} \end{bmatrix} \tag{10}$$

となる．T はユニタリー行列であることから，その固有値の絶対値は 1 であることと，式(9)の性質をあからさまに示すために，行列要素を指数関数で与えている．

並進の演算子の固有状態で式(7)の固有状態を表すことにすると，

$$O_{(\epsilon|\vec{t}_n)}\psi_{\vec{k}}(\vec{r}) = e^{-i\vec{k}\cdot\vec{t}_n}\psi_{\vec{k}}(\vec{r}) \tag{11}$$

といつでも表せる．この性質を $\psi(\vec{r})$ のかたちで具体的に表すのには，

$$\psi(\vec{r}) = e^{i\vec{k}\cdot\vec{r}}u_{\vec{k}}(\vec{r}) \tag{12}$$

と書き，$u_{\vec{k}}(\vec{r})$ を結晶の周期性をもつ周期関数とすればよい．結晶内の電子状態を式(12)のかたちの並進操作の固有状態で表したものをブロッホ関数，それの表す状態をブロッホ状態という．また式(11)をブロッホ条件と呼ぶ．

(2) 逆格子

結晶内の電子状態はブロッホ関数で表せることを前節で示した．ブロッホ状態では，$\vec{t}_n$ の並進に対して $\exp(-i\vec{k}\cdot\vec{t}_n)$ だけの位相因子を与える．つまりブロッホ状態はベクトル $\vec{k}$ で特徴づけられている．このベクトル $\vec{k}$ は長さの次元をもつ格子の並進ベクトル $\vec{t}_n$ とスカラー積を作って無次元のスカラー量を与えている．したがって $\vec{k}$ は長さの逆の次元をもっている．この $\vec{k}$ のある三次元空間を k 空間，または逆格子空間と呼ぶ．k 空間は式(11)の中で現われたので，なにか仮想的なもののように見える．しかしこれは，シュレーディンガー方程式の表す電子の波動性を具体的に表している量である．周期性をもつ結晶内では電子は波として存在しているのだから，結晶内の電子はむしろこの k 空間にいると考えた方がよい．k 空間にいる電子に，直接電場や磁場が働き，電子は k 空間で運動する．

結晶の周期性で基本格子ベクトル $\vec{t}_1, \vec{t}_2, \vec{t}_3$ を用いて格子の並進ベクトルを

$$\vec{t}_n = n_1\vec{t}_1 + n_2\vec{t}_2 + n_3\vec{t}_3 \tag{13}$$

と与えて定義した．k 空間でこれと同様な役割をもたせる基本逆格子ベクトルを

$$\begin{aligned}
\vec{g}_1 &= \frac{2\pi(\vec{t}_2 \times \vec{t}_3)}{\vec{t}_1(\vec{t}_2 \times \vec{t}_3)} \\
\vec{g}_2 &= \frac{2\pi(\vec{t}_3 \times \vec{t}_1)}{\vec{t}_1(\vec{t}_2 \times \vec{t}_3)} \\
\vec{g}_3 &= \frac{2\pi(\vec{t}_1 \times \vec{t}_2)}{\vec{t}_1(\vec{t}_2 \times \vec{t}_3)}
\end{aligned} \tag{14}$$

と定義する．この $\vec{t}_j$ と $\vec{g}_i$ の関係から，

$$\vec{g}_i \cdot \vec{t}_j = 2\pi\delta_{i,j} \tag{15}$$

が導ける．この基本逆格子ベクトルを用いて逆格子を作る．

$$\vec{g}_l = l_1\vec{g}_1 + l_2\vec{g}_2 + l_3\vec{g}_3 \tag{16}$$

基本格子ベクトルと基本逆格子ベクトルが式(15)の関係をもっているので，

任意の $\vec{t}_n$ と任意の $\vec{g}_l$ の間で

$$e^{i\vec{g}_l \cdot \vec{t}_n} = e^{2\pi n i} = 1 \ (n \text{ は整数}) \tag{17}$$

となる．したがって任意の $\vec{t}_n$ と任意の $\vec{g}_l$ で

$$e^{-i(\vec{k}+\vec{g}_l)\cdot \vec{t}_n} = e^{-i\vec{k}\cdot \vec{t}_n}$$

となる．$\vec{g}_l$ だけ異なる $\vec{k}$ はブロッホ状態を特徴づけるものとしては同等であることになる．つまり k 空間は基本逆格子ベクトルで作られる単位胞が，繰り返しのユニットになっている．ブロッホ状態を考えるときの $\vec{k}$ としては，逆格子の 1 つの単位胞の中だけに制限しておけば，同等なものを 1 回だけ考えることになり便利である．逆格子の単位胞の体積 Ω は

$$\Omega = \vec{g}_1(\vec{g}_2 \times \vec{g}_3)$$

に式(14)を代入して

$$\Omega = \frac{(2\pi)^3}{\vec{t}_1(\vec{t}_2 \times \vec{t}_3)} \tag{18}$$

となる．$\vec{t}_1(\vec{t}_2 \times \vec{t}_3)$ は単位胞の体積であるから，逆格子の単位胞の体積は，単位胞の体積の逆数の $(2\pi)^3$ 倍になる．固体物理学ではこの逆格子の単位胞を $\vec{g}_1, \vec{g}_2, \vec{g}_3$ で作られる平行 6 面体にはとらないで，次の節で述べるブリルアンゾーンを用いる．

ここまでの $\vec{g}_l$ だけ異なる $\vec{k}$ の同等性の話には，次の注意点がある．この同等性は結晶格子の並進ベクトル $\vec{t}_n$ だけの並進に対するものとして同等であるのであって，一般の並進に対して同等であるわけではない．あたりまえのことであるが，一般に $\exp(-i\vec{k}\cdot \vec{r})$ の表式の中での $\vec{k}$ と $\vec{k}+\vec{g}_l$ が同等であるわけではない．この表式の中では $\vec{r}$ は必ずしも格子の並進ベクトル $\vec{t}_n$ に等しくないからである．

(3) 逆格子の座標系

6.1 節では面心，体心，底心格子を考える場合座標軸を結晶軸 $\vec{a}, \vec{b}, \vec{c}$ にとって，面心の格子点などは，$(1/2)\vec{a}+(1/2)\vec{b}$ のように与えた．$\vec{a}, \vec{b}, \vec{c}$ が

作る平行 6 面体は例えば立方晶では，立方体になってわかりやすくなるからである．逆格子空間の座標系として，この $\vec{a}, \vec{b}, \vec{c}$ を元にして次のように逆格子の基底ベクトル $\vec{a}^*, \vec{b}^*, \vec{c}^*$ を作る．

$$
\begin{aligned}
\vec{a}^* &= \frac{(\vec{b} \times \vec{c})}{\vec{a} \cdot (\vec{b} \times \vec{c})} \\
\vec{b}^* &= \frac{(\vec{c} \times \vec{a})}{\vec{a} \cdot (\vec{b} \times \vec{c})} \\
\vec{c}^* &= \frac{(\vec{a} \times \vec{b})}{\vec{a} \cdot (\vec{b} \times \vec{c})}
\end{aligned}
\tag{19}
$$

この定義で

$$
\begin{aligned}
&\vec{a}\vec{a}^* = \vec{b}\vec{b}^* = \vec{c}\vec{c}^* = 1 \\
&\vec{a}\vec{b}^* = \vec{a}^*\vec{b} = \vec{b}\vec{c}^* = \vec{b}^*\vec{c} = \vec{c}\vec{a}^* = \vec{c}^*\vec{a} = 0
\end{aligned}
$$

となる．

$\vec{a}, \vec{b}, \vec{c}$ が互いに直交しておれば $\vec{a}^*, \vec{b}^*, \vec{c}^*$ はそれぞれ $\vec{a}, \vec{b}, \vec{c}$ の方向を向き，その大きさはそれぞれ $1/|a|, 1/|b|, 1/|c|$ となるが，直交していなければこのようにはならない．$\vec{a}^*, \vec{b}^*, \vec{c}^*$ の方向は，結晶に磁場や電場をかけたときの電子の運動を k 空間で考えるときに重要になるので注意が必要である．

単純格子の基本逆格子ベクトルは簡単に a^*, b^*, c^* の 2π 倍になるが，面心格子のそれは

$$
\begin{aligned}
\vec{g_1} &= 2\pi(-\vec{a}^* + \vec{b}^* + \vec{c}^*) \\
\vec{g_2} &= 2\pi(\vec{a}^* - \vec{b}^* + \vec{c}^*) \\
\vec{g_3} &= 2\pi(\vec{a}^* + \vec{b}^* - \vec{c}^*)
\end{aligned}
\tag{20}
$$

体心格子のそれは

$$
\begin{aligned}
\vec{g_1} &= 2\pi(\vec{b}^* + \vec{c}^*) \\
\vec{g_2} &= 2\pi(\vec{a}^* + \vec{c}^*) \\
\vec{g_3} &= 2\pi(\vec{a}^* + \vec{b}^*)
\end{aligned}
\tag{21}
$$

となる．

以上の議論から

$$
g_l = 2\pi(ha^* + kb^* + lc*) \tag{22}
$$

としたとき，単純格子ではすべての整数の h, k, l で逆格子ベクトルになるが，面心格子ではすべて偶数かすべて奇数のときだけ逆格子ベクトルになり，体心格子では $h+k+l$ が偶数のときだけ逆格子ベクトルになる．

6.3 ブリルアンゾーン

(1) ブリルアンゾーンの定義

　逆格子の基本格子ベクトル g_1, g_2, g_3 でできる平行六面体は逆格子の単位胞ではあるが，逆格子の対称性を十分反映していない．そこで原点とその近くにある逆格子点との二等分面で囲まれた領域を作ると，体積が逆格子の単位胞の体積で，逆格子の対称性を反映したものになる．この領域をブリルアンゾーンと呼ぶ．ブリルアンゾーンの内部の点で与えられる $\vec{k}$ が互いに逆格子だけの違いをもつことはない．しかしブリルアンゾーンの面の上の $\vec{k}$ は向かう合う面の上にその面を作っている逆格子だけの差をもつ点をもっているので片側だけをとることにする．このようにブリルアンゾーン内部とブリルアンゾーンの境界面に $\vec{k}$ をとれば互いに同値でないものを全部指定できる．今後ブリルアンゾーン内に $\vec{k}$ をとるといえばこのことを意味することにする．つまり内と内部をこのように使い分ける．

　ブリルアンゾーンの対称性のよい点や軸には，図 6.4 の面心立方格子の例のように名前がつけられている．$(0, 0, 0)$ の点はすべての格子のブリルアンゾーンに共通に Γ と名づけられる．ブリルアンゾーン内部の軸には Δ, Λ, Σ のギリシャ文字の大文字が，境界の点や軸にはアルファベットの大文字があてられる．格子のもつ回転の対称操作で移される点や軸は同じ名前で呼ばれる．この名前づけには今述べた以外の共通の規則はないが，それぞれの格子のブリルアンゾーンに対して，慣用的につけられた名前があり，できるだけこれらを踏襲することが望ましい．文献や教科書である物質，例えば面心立方格子のような格子をもつ物質の議論で，名前だけを使った記述がよく使われる．

(2) ブリルアンゾーンの例

ブラベー格子は 14 種類あり，もちろんそれぞれが独特な形のブリルアンゾーンをもっている．さらに同じブラベー格子でも，その格子定数により形を変えるものがある．ここでは代表的な例として面心立方格子のものを以下に説明する．

このブリルアンゾーンでの境界面上の対称点は X 点 $(1, 0, 0)$ と L 点 $(1/2, 1/2, 1/2)$ でそれぞれブリルアンゾーンに 3 個と 4 個ある．境界面上で逆格子ベクトルだけ異なる点は同等とするからである．また W 点はブリルアンゾーンに 6 個ある．

図 6.4 で Γ 点から $(1\ 1\ 0)$ 方向に伸びる Σ 軸は図 6.4 で K と名づけられた $(3/4\ 3/4\ 0)$ の点からブリルアンゾーンの外に出る．この点は図 6.5 に示すように $(1\ 1\ -1)$ の逆格子点から見れば $(-1/4\ -1/4\ 1)$ となる．これはブリルアンゾーンの上の正方形の辺の中点で図 6.4 では U と名づけられている．つまり

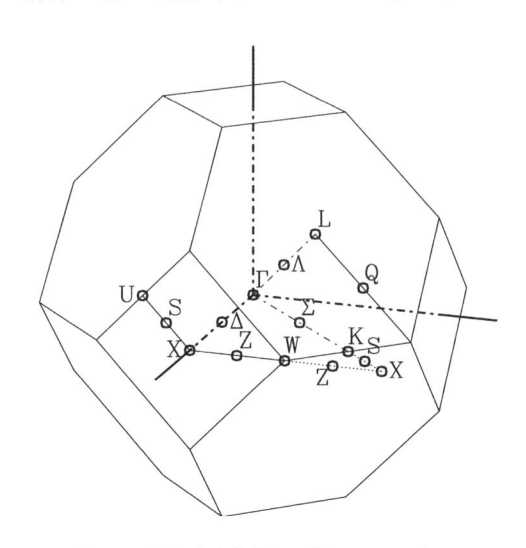

図 6.4　面心立方格子のブリルアンゾーン

中心の Γ 点から，手前に伸びている軸を a^* 軸，右に伸びているのを b^* 軸，上に伸びているのを c^* 軸とする．座標の単位はそれぞれ $2\pi a^*, 2\pi b^*, 2\pi c^*$ とする．

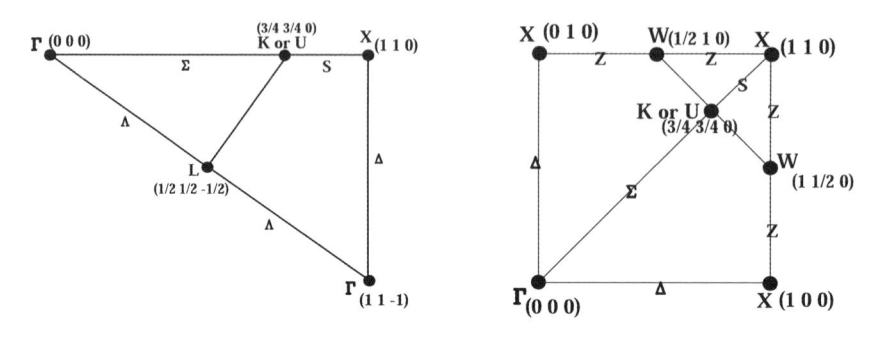

図6.5 面心立方格子のブリルアンゾーンの断面図

この点は慣習的に2つの名前をつけられている．さらにこのブリルアンゾーンの正六角形の面は対称面ではないので，Σ軸がブリルアンゾーンの境界に達しても対称性がよくなるわけではない．つまりこの点は対称点として特別な名前をもらう資格のない点であった．少し不合理ではあるが本書でもこの慣習に従っている．図に示すようにΣ軸はとなりのゾーンのS軸につながる．このつながりは図6.5にも示されている．この図にはZ軸がW点を通ってとなりのゾーンのZ軸につながる様子も示されている．ここでも境界のW点で，90度の回転が起きている．

一般にブリルアンゾーンはそれぞれ特徴的な形をもって隣のゾーンとつながっている．面心立方格子のΣ軸で示したように，k_x, k_y 面内を動いて隣のゾーンに入ったときに k_z 方向に $2\pi/c$ だけ移動した点になっていた．立方対称では x, y, z が同等であるから大した問題ではない．しかし正方体心格子や，面心直方格子等でも同じことが起きる．これらの場合に起きることの正しい理解には上の例で示した隣同士ブリルアンゾーンの不思議なつながりを考慮にいれなければならない．

6.4　回転の対称性と電子状態，k 点群と k の星

6.2 節で結晶が周期性をもつことから電子の波動関数が式(12)のブロッホ関数のかたちになることを導いた．結晶の回転の対称性が電子状態にどのよ

うに反映されるかを考えるのがこの節の主題であるが,ここでは結論だけを並べることとする.まず結晶内電子の固有エネルギーを$\vec{k}$の関数と見たとき,それが結晶の回転の対称性をもつことが結論される.結晶内で電子の感じるポテンシャルは,結晶の回転対称性をもっている.結晶の対称性には,らせん,映進のように結晶の周期に一致しない並進操作を伴うものがあることを第3章で述べた.いま$(\alpha|\vec{v})$の操作で表される対称性があるとする.このとき

$$E(\vec{k}) = E(\alpha \vec{k}) \tag{23}$$

が成り立つ.このときその対称性が,らせんや,映進で$\vec{v} \neq 0$のときも同じように成立する.与えられた$\vec{k}$に結晶のもつすべての回転の対称性αを作用させると,$\alpha\vec{k}$として回転の対称性の数だけのものができる.このとき$\vec{k}$の選び方によっては互いに同等なものが含まれることがある.

ブラベー格子が面心立方格子で結晶の回転対称性がO_hのCaOの結晶で$\vec{k}$をΓ点にとれば,48個の$\alpha\vec{k}$がすべて$(0\ 0\ 0)$になる.$\vec{k}$をΣ軸の上$(\xi\ \xi\ 0)$に選ぶと,恒等操作ϵとΣ軸のまわりの180度回転u_2,$k_z = 0$の面の鏡映σ_z,$k_x = k_y$の面の鏡映σ_{xy}の4個の対称操作がこの$\vec{k}$を変えない.Σ軸の$\vec{k}$を変えない操作4個は点群C_{2v}を形成し,O_hの部分群になっている.このように選ばれた$\vec{k}$に対してそれを変えないか,逆格子ベクトルだけ異なる$\vec{k}$に移す操作の集まりの群をk点群と呼ぶ.他の44個の操作は他の11本のΣ軸の上の$\vec{k}$に移す.この44個の操作は同じ$\vec{k}$に移す4個ずつの11組の操作に分かれる.一般にk点群は結晶の空間群の点群の部分群である.したがってその位数N_kは空間群の点群の位数N_Gの約数である.k点群に属していない空間群の回転操作は,$\vec{k}$と同等でない$\vec{k}$に移す.これらの回転操作は同じ$\vec{k}$に移すN_k個ずつの組に分かれる.つまり最初にとった$\vec{k}$を含めてN_G/N_k個の,$\vec{k}$の間で空間群の回転操作により移り変わることになる.このような$\vec{k}$の集まりをkの星と呼ぶ.kの星を作る$\vec{k}$の数をN_sとすると,

$$N_s = \frac{N_G}{N_k} \tag{24}$$

図 6.6　CaO のバンド構造

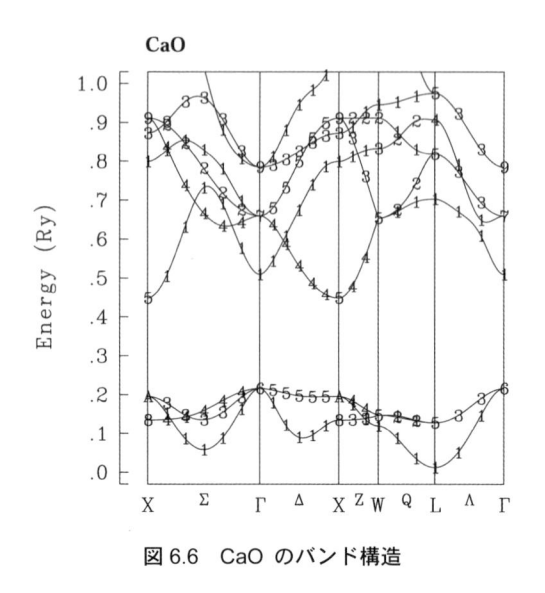

である．

　$N_k = 1$ の場合は回転の対称性の効果は E_k の回転対称がすべてである．しかし $N_k \neq 1$ の場合は波動関数が特定の対称性をもつことになる．図 6.6 のΣ軸の上のカーブには 1～4 の番号が付けてある．この番号が C_{2v} の操作に対する波動関数の変化の違いを表している．

7 ABCAP

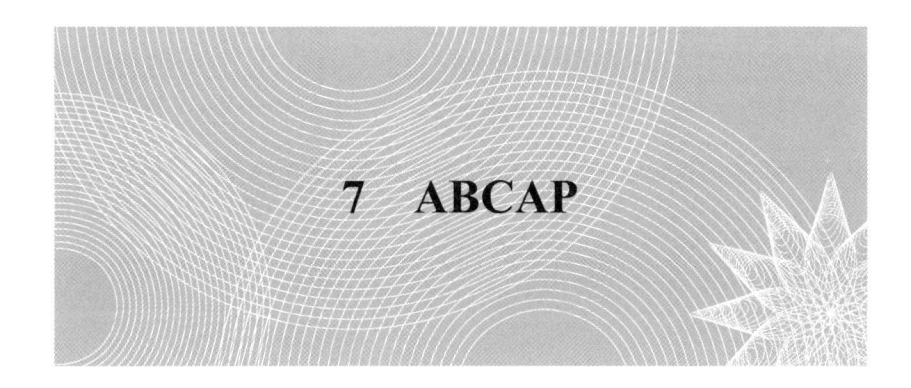

　全電子状態計算プログラム「ABCAP : All electron Band structure CAlculaion Package」は，柳瀬章氏の空間群プログラム TSPACE[1]をベースにした Full-potential Linearized Augmented Plane Wave(FLAPW)法バンド計算プログラムである．密度汎関数理論の局所密度近似(LDA)によって第一原理バンド計算を行うが，経験的 LDA+U 法による計算もできるようになっている．このプログラムのルーツは1970年代に東北大学理学部で柳瀬氏が開発した APW 法バンド計算プログラムにあり，それを 1980 年代に東京大学物性研究所において寺倉清之氏と筆者が線形化，さらに Full-potential 化したものが原型である．その後，日本電気(株)基礎研究所，通産省工業技術院 JRCAT，東京理科大学理工学部において筆者が改良を加えたものが現在の ABCAP である．その間ずっと柳瀬氏から多大な支援を受け，また，多くの方々から直接的／間接的援助を受けて今日に至っている．ABCAP は，文部科学省 IT プログラム「戦略的基盤ソフトウエアの開発」の「ナノシミュレーション(物質・材料研究機構：大野隆央リーダー)」プロジェクト[2]において公開されている．

　この章では，ABCAP で用いられている考え方を述べ，入力データの意味を明らかにする．

［単位について］Hartree 原子単位

$$m = \hbar = \frac{e^2}{4\pi\varepsilon_0} = 1$$

を用いる方向でプログラムを作っているが，多くのルーチンでまだ Rydberg が使われている．また，入出力では適宜 Å と eV も用いる．長さの原子単位を Bohr と呼び，Bohr = 0.52917725Å，エネルギーの単位は Hr = 27.211396eV である．

7.1 結晶

結晶は格子(lattice)の各格子点に一組の原子の集団(単位構造，basis)を置くことにより構成される．ABCAP では格子と位置座標を記述するために，3種類の座標系を用いている．

(1) ブラベー格子とA座標系

結晶格子は 14 個のブラベー格子に分類される．これは，結晶面が作る角度，すなわち 90°や 120°に重き置く分類法(晶系)に基づいている．ブラベー格子の慣用単位胞(conventional unit cell)の 3 辺を表す慣用単位ベクトルを a, b, c とし，これらのベクトルで表示される座標系を A 座標系と呼ぶことにする．A 座標系の軸の長さを a, b, c で，軸の間の角を α, β, γ とし，ブラベー格子の特徴をまとめると表 7.1 のようになる．角度に重きを置いた分類のため，単位胞は必ずしも最小のものにはならず，慣用単位胞内に格子点を付け加えることによりブラベー格子を作る．単純格子(P)だけでなく，底心格子(A, B, C)，体心格子(I)，面心格子(F)，菱面体格子(R)という格子型が存在する．六方格子は単純格子であり，菱面体格子(三方格子)は六方格子に (2/3, 1/3, 1/3) と (1/3, 2/3, 2/3) の格子点を追加することにより得られると考える．なお，六方格子は六方晶系と三方晶系に属するものがあり，菱面体格子はすべて三方晶系に属する．

晶系による分類は見慣れたものであるが，結晶の対称性(空間群)の国際記

号は第一文字で格子型を区別している．これに倣って，空間群プログラム TSPACE，したがって ABCAP においては，格子型を第一に指定する方式を採用している．表 7.2 に格子型と TSPACE コードの関係をまとめた．TSPACE では A 底心と B 底心は扱えないので，底心格子はすべて C 底心として取り扱わねばならない．格子ベクトルを

$$\boldsymbol{T} = p\boldsymbol{a} + q\boldsymbol{b} + r\boldsymbol{c}$$

と書くと，p, q, r は整数だけでなく，表 7.2 のような分数値もとる．

X 線や中性子線を用いて構造解析を行ったとき，原子の位置などは A 座

表7.1　ブラベー格子

晶系	結晶軸の特徴	格子型
三斜		単純
単斜	$\alpha = \beta = 90°$	単純　底心
斜方	$\alpha = \beta = \gamma = 90°$	単純　底心　体心　面心
正方	$a = b$	単純　　　　体心
立方	$a = b = c$	単純　　　　体心　面心
六方・三方	$a = b,\ \gamma = 120°$	六方　菱面体

表7.2　格子型

TSPACE コード	国際記号	格子型	付け加える格子点
-1	R	菱面体	六方格子に (2/3, 1/3, 1/3), (1/3, 2/3, 2/3)
0	P6, P3	六方	
1	P	単純	
2	F	面心	単純格子に (0, 1/2, 1/2), (1/2, 0, 1/2), (1/2, 1/2, 0)
3	I	体心	(1/2, 1/2, 1/2)
4	C	底心	(1/2, 1/2, 0)
	A	底心	(0, 1/2, 1/2)
	B	底心	(1/2, 0, 1/2)

表7.3 格子に関する入力パラメータ

il	格子型(TSPACE コード)
a, b, c	格子定数[Å]
α, β, γ	軸間の角度[度]

標系によって表示される．ABCAP も入出力は A 座標系を用いるように努めている．ABCAP における格子に関する入力を表 7.3 に示した．格子を理論的に，また，計算プログラムで扱うときには，次に述べる基本並進ベクトルによる座標系(B 座標系)やデカルト座標系(C 座標系)を用いると便利である．

(2) 基本単位胞と B 座標系

最小の単位胞を基本単位胞(primitive cell)と呼ぶ．基本単位胞の 3 辺を表す 3 個のベクトルを $\boldsymbol{b}_1, \boldsymbol{b}_2, \boldsymbol{b}_3$ とし，これらのベクトルで表示される座標系を B 座標系と呼ぶことにする．A 座標系と B 座標系を結びつける変換行列を T_{ab} とする：

$$(\boldsymbol{b}_1, \boldsymbol{b}_2, \boldsymbol{b}_3) = (\boldsymbol{a}, \boldsymbol{b}, \boldsymbol{c}) T_{ab} \tag{1}$$

単純格子(P)については

$$T_{ab}^P = \begin{pmatrix} 1 & 0 & 0 \\ 0 & 1 & 0 \\ 0 & 0 & 1 \end{pmatrix} \tag{2}$$

であるが，その他の格子については T_{ab} は次のようにとる：

$$R : \begin{pmatrix} 2/3 & -1/3 & -1/3 \\ 1/3 & 1/3 & -2/3 \\ 1/3 & 1/3 & 1/3 \end{pmatrix} \quad C : \begin{pmatrix} 1/2 & 1/2 & 0 \\ -1/2 & 1/2 & 0 \\ 0 & 0 & 1 \end{pmatrix}$$

$$F : \begin{pmatrix} 0 & 1/2 & 1/2 \\ 1/2 & 0 & 1/2 \\ 1/2 & 1/2 & 0 \end{pmatrix} \quad A : \begin{pmatrix} 1 & 0 & 0 \\ 0 & 1/2 & 1/2 \\ 0 & -1/2 & 1/2 \end{pmatrix}$$

$$I : \begin{pmatrix} -1/2 & 1/2 & 1/2 \\ 1/2 & -1/2 & 1/2 \\ 1/2 & 1/2 & -1/2 \end{pmatrix} \quad B : \begin{pmatrix} 1/2 & 0 & -1/2 \\ 0 & 1 & 0 \\ 1/2 & 0 & 1/2 \end{pmatrix}$$

(3) デカルト座標系

デカルト座標系（C座標系と呼ぶ）の基底ベクトルを c_1, c_2, c_3 とする．c_1 と a は同じ方向にとり，c_2 は (a, b) 面内にとるものとする．それぞれの長さは 1［無次元］とする．

A座標系とC座標系の変換行列 T_{ca} を

$$(a, b, c) = (c_1, c_2, c_3) T_{ca} \tag{3}$$

で定義すると，T_{ca} の縦ベクトルはA座標系の基底ベクトルをデカルト座標で表したものになる．

(4) 並進対称性

整数の組 (n_1, n_2, n_3) に対して，格子ベクトル

$$T = n_1 b_1 + n_2 b_2 + n_3 b_3 \tag{4}$$

による並進操作を考え，この操作を T と書くことにする．結晶は，任意の並進操作 T に対して不変である．

並進操作の集合 $\{T\}$ は群をなし，これを並進群と呼ぶ．並進群の任意の二つの要素は交換可能である（アーベル群）．すなわち，任意の T, T_1 に対して $T T_1 T^{-1} = T_1$ であるので，

・各要素はそれ自身で類を作る．
・既約表現はすべて一次元であり，既約表現の数は操作の数に等しい．

(5) 空間群

原点の回りの回転 R の後，並進 t を施す操作を

$$\{R|t\} \quad (\text{Seitz の記号}) \tag{5}$$

と表す．結晶を不変に保つ対称操作 $\{R|t\}$ の集まりは群を成し，これを空間群と呼ぶ．t を回転 R に付随する並進ベクトルという．回転軸を適切に平行移動すると t を格子ベクトルのみにすることができるような空間群を

symmorphic な空間群と呼び，その他の空間群を nonsymmorphic な空間群と呼ぶ．

回転軸の選び方によっては，いくらでも格子ベクトルでない t が現れる．TSPACE では，回転 R は原点の回りに行うことになっているので，原点を対称性の高い位置に選ぶと便利である．しかし，原点の選び方は任意であり，同じ空間群でも原点の選び方によって t は違ってくるので注意を要する．

(6) 回転操作

TSPACE は回転操作にコード番号を付けて用いている．六方晶系の場合 (il = 0, -1) と立方晶系の場合 (il = 1, 2, 3, 4) とで別のコード体系をなすが，そのコード表を表 7.4 と表 7.5 に示す．詳しい操作の内容は TSPACE の章か，プログラムの出力を見てほしい．

表 7.4 回転の TSPACE コード（六方晶系 $il \leq 0$）

(1)	E	(7)	C211	(13)	I	(19)	IC211
(2)	C6+	(8)	C221	(14)	IC6+	(20)	IC221
(3)	C3+	(9)	C231	(15)	IC3+	(21)	IC231
(4)	C2	(10)	C212	(16)	IC2	(22)	IC212
(5)	C3-	(11)	C222	(17)	IC3-	(23)	IC222
(6)	C6-	(12)	C232	(18)	IC6-	(24)	IC232

表 7.5 回転の TSPACE コード（立方晶系 $il > 0$）

(1)	E	(13)	C2a	(25)	I	(37)	IC2a
(2)	C2x	(14)	C2b	(26)	IC2x	(38)	IC2b
(3)	C2y	(15)	C2c	(27)	IC2y	(39)	IC2c
(4)	C2z	(16)	C2d	(28)	IC2z	(40)	IC2d
(5)	C31+	(17)	C2e	(29)	IC31+	(41)	IC2e
(6)	C32+	(18)	C2f	(30)	IC32+	(42)	IC2f
(7)	C33+	(19)	C4x+	(31)	IC33+	(43)	IC4x+
(8)	C34+	(20)	C4y+	(32)	IC34+	(44)	IC4y+
(9)	C31-	(21)	C4z+	(33)	IC31-	(45)	IC4z+
(10)	C32-	(22)	C4x-	(34)	IC32-	(46)	IC4x-
(11)	C33-	(23)	C4y-	(35)	IC33-	(47)	IC4y-
(12)	C34-	(24)	C4z-	(36)	IC34-	(48)	IC4z-

(7) 空間群の生成元

群のすべての元は少数の生成元より作られる．空間群の場合，生成元の数は 3 個以下である．生成元の例を表 7.6 に示した．また，表 7.7 に ABCAP の関連する入力を示した．

表 7.6　空間群の生成元の例

Rhombohedral lattice				Cubic lattice		
146	C_3^4	$R3$		221	O_h^1	$Pm\bar{3}m$(sc)
	3	(0, 0, 0)			5	(0, 0, 0)
167	D_{3d}^6	$R\bar{3}c$			19	(0, 0, 0)
	3	(0, 0, 0)			25	(0, 0, 0)
	10	(0, 0, 1/2)		227	O_h^7	$Fd\bar{3}m$(diamond)
	13	(0, 0, 0)			5	(0, 0, 0)
					19	(1/4, 1/2, 3/4)
Hexagonal lattice					25	(0, 0, 0)
194	D_{6h}^4	$P6_3/mmc$(hcp)		227	O_h^7	$Fd\bar{3}m$(diamond)
	2	(0, 0, 1/2)			5	(0, 0, 0)
	7	(0, 0, 1/2)			19	(1/4, 3/4, 3/4)
	13	(0, 0, 0)			25	(1/4, 1/4, 1/4)

表 7.7　生成元と原子位置の入力パラメータ

$ngen$	生成元の数	$nkat$	原子の種類の数
$igen$	回転操作	xat	原子の代表位置
$jgen(2,3)$	付随する並進(1/2, 3/4, 5/6)	$aname$	原子の名前

7.2　Bloch 関数と波数ベクトル

(1) 逆格子

慣用逆格子単位ベクトル $\{\boldsymbol{a}^*, \boldsymbol{b}^*, \boldsymbol{c}^*\}$ を

$$a^* \cdot a = 2\pi, \quad a^* \cdot b = 0, \quad a^* \cdot c = 0,$$
$$b^* \cdot a = 0, \quad b^* \cdot b = 2\pi, \quad b^* \cdot c = 0,$$
$$c^* \cdot a = 0, \quad c^* \cdot b = 0, \quad c^* \cdot c = 2\pi$$

で定義し，逆格子ベクトルを

$$G = ha^* + kb^* + lc^* \tag{6}$$

と表すと，(h, k, l) には表 7.8 の制限が付く．格子ベクトル T に対して，

$$G \cdot T = 2\pi n \quad (n: \text{integer}) \tag{7}$$

が成り立つ．

表 7.8 慣用逆格子ベクトル (h, k, l) に対する制限

菱面体格子 ($il = -1$)	$-h + k + l = 3$ の倍数
六方格子 ($il = 0$)	すべての整数
単純格子 ($il = 1$)	すべての整数
面心格子 ($il = 2$)	すべて奇数 また はすべて偶数
体心格子 ($il = 3$)	$h + k + l =$ 偶数
C 底心格子 ($il = 4$)	$h + k =$ 偶数

(2) Bloch 関数

周期的境界条件を満たし，任意の並進操作 T に対して

$$T |\psi_k\rangle = e^{-i k \cdot T} |\psi_k\rangle \tag{8}$$

が成り立つ波動関数 $|\psi_k\rangle$ は Bloch 関数と呼ばれる．これは，Bloch 関数 $|\psi_k\rangle$ が並進群の既約表現

$$\left(e^{-i k \cdot T} \right)$$

の基底関数であることを示している．式 (7) より逆格子ベクトル G だけ異なる k は同じ既約表現を与え，これらを等価な k といい，

$$k + G \doteq k \tag{9}$$

と書く．

慣用単位胞を $N = N_1 N_2 N_3$ 個並べた結晶を考えると，とりうる波数ベクトルは

$$\boldsymbol{k} = k_1 \boldsymbol{a}^* + k_2 \boldsymbol{b}^* + k_3 \boldsymbol{c}^* \tag{10}$$

$$k_1 = \frac{j_1}{N_1}, \quad k_2 = \frac{j_2}{N_2}, \quad k_3 = \frac{j_3}{N_3} \quad (j_1, j_2, j_3: \text{integer})$$

であり，既約表現のラベルとしての $\boldsymbol{k}$ は $N = nN_1 N_2 N_3$ 個だけが独立なものとなる．ただし，$n = 1$(単純)，$n = 3$(菱面体)，$n = 2$(体心，底心)，$n = 4$(面心)である．こうして，独立な $\boldsymbol{k}$ は，第一 Brillouin 域，または，

$$0 \leq k_1 < 1, \quad 0 \leq k_2 < 1, \quad 0 \leq k_3 < 3 \quad (\text{菱面体格子})$$
$$0 \leq k_1 < 1, \quad 0 \leq k_2 < 1, \quad 0 \leq k_3 < 1 \quad (\text{単純格子})$$
$$0 \leq k_1 < 1, \quad 0 \leq k_2 < 2, \quad 0 \leq k_3 < 2 \quad (\text{面心格子})$$
$$0 \leq k_1 < 1, \quad 0 \leq k_2 < 1, \quad 0 \leq k_3 < 2 \quad (\text{体心格子})$$
$$0 \leq k_1 < 1, \quad 0 \leq k_2 < 2, \quad 0 \leq k_3 < 1 \quad (C \text{ 底心格子})$$

の範囲に限られる．Brillouin 域は一般に複雑な形をしているので，k 空間での積分などはこの範囲で行っている．

ABCAP では，$\boldsymbol{a}^*$, $\boldsymbol{b}^*$, $\boldsymbol{c}^*$ をそれぞれ等分割して格子状のサンプル点でバンド計算を行う．分割数は変数 nx, ny, nz に収納される．

(3) 結晶点群と既約 Brillouin 域

空間群の対称操作から回転部分のみを取り出すと，この回転操作 R の集まりは群を成す．これを点群(結晶点群)と呼ぶ．32 種類の点群がある．1 つの空間群 G に対して 1 つの点群 P_0 が定義される．

ある $\boldsymbol{k}$ 点に P_0 のすべての回転操作 R を施して得られる等価でない $\boldsymbol{k}$ 点の組を $\boldsymbol{k}$ の星という．

・$\boldsymbol{k}$ 点を 1 つ選び，それが回転操作 R によって $\boldsymbol{k}'$ に移ったとすると，$\{R|\boldsymbol{t}\}$ を $\boldsymbol{k}$ に属するエネルギー固有状態に施して $\boldsymbol{k}'$ に属する固有状態が得られる．

・1 つの $\boldsymbol{k}$ の星に属する $\boldsymbol{k}$ 点は同じエネルギー固有値をもつ．

したがって，バンド計算は k の星については 1 点を選んで行えば十分である．ABCAP では，bnkpgn というプログラムを走らせ，計算すべき k 点をファイル a_kp2.dta に書いている．

(4) 既約表現とエネルギー固有値

群をなす g 個の対称操作 R_a ($a = 1, 2, ..., g$) を考え，これらの対称操作によって互いに移り変わる d 個の（基底）関数（$|\varphi_1\rangle, |\varphi_2\rangle, \cdots, |\varphi_d\rangle$）を用意すると，対称操作 R_a は

$$R_a(|\varphi_1\rangle, |\varphi_2\rangle, \cdots, |\varphi_n\rangle) = (|\varphi_1\rangle, |\varphi_2\rangle, \cdots, |\varphi_d\rangle) D(R_a)$$

のように $d \times d$ の行列 $D(R_a)$ を用いて表示できる．この行列の集合 $\{D(R_a); a = 1, 2, \therefore, g\}$ を群の表現という．ユニタリー行列 U を用いて

$$(|\varphi'_1\rangle, |\varphi'_2\rangle, \cdots, |\varphi'_d\rangle) = (|\varphi_1\rangle, |\varphi_2\rangle, \cdots, |\varphi_d\rangle) U$$

のように基底を変換すると，これに応じて表現も変わるが，適当な U を選んですべての R_a について

$$U^\dagger D(R_a) U = \begin{pmatrix} D^{(1)}(R_a) & 0 \\ 0 & D^{(2)}(R_a) \end{pmatrix}$$

のようにブロック対角化ができるとき，表現は可約であるという．可約でない表現を既約表現という．群を決めると既約表現が決定される．

ハミルトニアンを不変に保つ対称操作群に対して，エネルギーの等しい固有関数の組は群の表現の基底となり，さらにどれかの既約表現に所属させることができる．式(8)で見たように，並進群では既約表現を，したがって，エネルギー固有値を波数ベクトル k でラベル付けする（ϵ_{kn}）ことができる．さらに k を不変に保つ回転操作群の既約表現でエネルギー固有値を分類することができる．

7.3　マフィンティン球

原子核を中心とした球を考え，これを muffin-tin 球 (MT 球) と呼ぶ．原子

種 v の MT 球の半径を S_ν で表し，原子種 v に属する α 番目の原子の位置を $\bm{R}_{\nu\alpha}$ とする．

原子 $\nu\alpha$ の MT 球を表すマスク関数を次式で定義する．

$$\Theta_{\nu\alpha}(\bm{r}) = \begin{cases} 1 & \text{if } |\bm{r} - \bm{R}_{\nu\alpha}| \leq S_\nu \\ 0 & \text{otherwise} \end{cases} \tag{12}$$

すべての MT 球を表すマスク関数は

$$\Theta(\bm{r}) = \sum_{\nu\alpha} \Theta_{\nu\alpha}(\bm{r}) \tag{13}$$

と表される．

マスク関数のフーリエ展開は次のようになる．

$$\Theta_{\nu\alpha}(\bm{r}) = \sum_{\bm{G}} e^{i\bm{G}\cdot\bm{r}} \Theta_{\nu\alpha}^{\bm{G}} \tag{14}$$

$$\begin{aligned}
\Theta_{\nu\alpha}^{\bm{G}} &= \frac{1}{\Omega} \int_\Omega d^3r\, e^{-i\bm{G}\cdot\bm{r}} \Theta_{\nu\alpha}(\bm{r}) \\
&= \frac{1}{\Omega} \int_{\nu\alpha} d^3r\, e^{-i\bm{G}\cdot\bm{r}} \\
&= \frac{1}{\Omega} \int_{\nu\alpha} d^3r_{\nu\alpha}\, e^{-i\bm{G}\cdot\bm{r}_{\nu\alpha}} e^{-i\bm{G}\cdot\bm{R}_{\nu\alpha}} \\
&= \frac{\Omega_\nu}{\Omega} \frac{3j_1(GS_\nu)}{GS_\nu} e^{-i\bm{G}\cdot\bm{R}_{\nu\alpha}}
\end{aligned} \tag{15}$$

ここで，Ω は基本単位胞の体積，Ω_ν は $\nu\alpha$ 球の体積である．また，

$$\Theta^{\bm{G}} = \sum_{\nu\alpha} \Theta_{\nu\alpha}^{\bm{G}}$$

$$\Theta(\bm{r}) = \sum_{\bm{G}} e^{i\bm{G}\cdot\bm{r}} \Theta^{\bm{G}}$$

と書ける．こうして，マスク関数のフーリエ成分は簡単に得られ，原子間領域の積分に用いている．

実際の計算では，$\bm{G}$ はあまり多くはとれないので全エネルギーの計算などではかなりの誤差を生じる．このため，全エネルギーを 2 つの計算で比較する場合，①MT 球の半径を同じにする，②平面波の運動エネルギーの最大値を同じにする，などの工夫が必要である．

(1) ポテンシャル

ポテンシャルと電子密度分布は

$$v(\boldsymbol{r}) = \Theta(\boldsymbol{r})\sum_s \int \mathrm{d}\rho F_s(\rho;\boldsymbol{r})v_s(\rho) + [1-\Theta(\boldsymbol{r})]\sum_p G_p(\boldsymbol{r})v_p \tag{16}$$

のように展開される．

ここで，$F_s(\rho;\boldsymbol{r})$ は MT 球内の全対称基底関数(SSW)で，$\boldsymbol{r}_{\nu\alpha} = \boldsymbol{r} - \boldsymbol{R}_{\nu\alpha}$ として

$$F_s(\rho;\boldsymbol{r}) = \sum_\alpha \Theta_{\nu\alpha}(\boldsymbol{r})\delta(\rho - r_{\nu\alpha})\sum_m Y_{lm}(\hat{\boldsymbol{r}}_{\nu\alpha})d_{\alpha m s} \tag{17}$$

の形をしており，原子の種類 ν と角運動量 l 毎にいくつかの基底関数が決まる．s は基底関数に付けられた通し番号である．

$G_p(\boldsymbol{r})$ は平面波から作られた全対称基底関数(SPW)で，

$$G_p(\boldsymbol{r}) = \sum_{\boldsymbol{G}} e^{i\boldsymbol{G}\cdot\boldsymbol{r}} c_{\boldsymbol{G}p} \tag{18}$$

と書くことができる．N_p を p 番目の基底関数を構成する平面波の数とすると，$c_{\boldsymbol{G}p} \sim 1/N_p$ であり，全空間(体積 Ω)の積分に対しては

$$\int_\Omega \mathrm{d}^3 r G_p^*(\boldsymbol{r})G_{p'}(\boldsymbol{r}) = \Omega\sum_{\boldsymbol{G}} c_{\boldsymbol{G}p}^* c_{\boldsymbol{G}p'} = \frac{\Omega}{N_p}\delta_{pp'} \tag{19}$$

のような直交関係が成り立つ．ここでは，MT 球外の領域だけで用いているので基底関数は互いに直交していない．重なり積分

$$O_{pp'}^{\mathrm{SPW}} = \int_\Omega \mathrm{d}^3 r G_p^*(\boldsymbol{r})G_{p'}(\boldsymbol{r})[1-\Theta(\boldsymbol{r})] \tag{20}$$

はプログラム ab_ospw を用いて初めに計算し，ファイル f_ospw.dtb に保存する．

(2) 波動関数

波数ベクトル $\boldsymbol{K} = \boldsymbol{k} + \boldsymbol{G}$ に対して補強された平面波

$$\chi^{\boldsymbol{K}}(\boldsymbol{r}) = \sum_{\nu\alpha}\Theta_{\nu\alpha}(\boldsymbol{r})\chi_{\nu\alpha}^{\boldsymbol{K}}(\boldsymbol{r}) + [1-\Theta(\boldsymbol{r})]e^{i\boldsymbol{K}\cdot\boldsymbol{r}} \tag{21}$$

を作り，基底関数とする．ここで，$\chi_{\nu\alpha}^{\boldsymbol{K}}(\boldsymbol{r})$は，MT球$(\nu, \alpha)$内で

$$\chi_{\nu\alpha}^{\boldsymbol{K}}(\boldsymbol{r}) = 4\pi e^{i\boldsymbol{K}\cdot\boldsymbol{R}_{\nu\alpha}} \sum_L i^l Y_L^*(\hat{\boldsymbol{K}}) Y_L(\hat{\boldsymbol{r}}_{\nu\alpha}) \Phi_{\nu l}^K(r_{\nu\alpha})$$

の形をしており，$\Phi_{\nu l}^K(r_{\nu\alpha})$は2つの動径波動関数$\phi_{\nu l\beta}(r)$の重ね合わせ

$$\Phi_{\nu l}^K(r) = \sum_\beta \phi_{\nu l\beta}(r) a_{\nu l\beta}^K$$

であり，$a_{\nu l\beta}^K$は$\Phi_{\nu l}^K(r)$が平面波と滑らかにつながるように決められる．$\phi_{\nu l\beta}(r)$は球対称ポテンシャルに対して2つのエネルギーϵ_1, ϵ_2で解かれたものであり[3]，互いに直交していない．

$$\int r^2 dr \phi_{\nu l1}(r) \phi_{\nu l2}(r) \neq 0 \tag{22}$$

$l \geq 4$に対して，$\epsilon_{\nu l1} = \epsilon_F - 0.4\mathrm{Hr}$，$\epsilon_{\nu l2} = \epsilon_F + 0.25\mathrm{Hr}$ととる．$\epsilon_F$はフェルミ準位である．$l \leq 3$に対して，$\epsilon_{\nu l\beta}$は，条件パラメータ$p$の値によって表7.9のようにとられる．

表7.9　$\epsilon_{\nu l\beta}$の設定（ϵ_Fはフェルミ準位）

$p = 4$	$\epsilon_{\nu l1}$：	$\phi_{\nu l}$の傾きがMT球表面でゼロとなるエネルギー
	$\epsilon_{\nu l2}$：	$\phi_{\nu l2}$がMT球表面でゼロとなるエネルギー
$p = 5$	$\epsilon_{\nu l1}$：	ϵ_Fより下の部分状態密度の重心
	$\epsilon_{\nu l2}$：	$\epsilon_F + 0.15\mathrm{Hr}$
$p = 6$	$\epsilon_{\nu l1}$：	$\epsilon_F + 0.25\mathrm{Hr}$
	$\epsilon_{\nu l2}$：	$\epsilon_F + 0.75\mathrm{Hr}$

基底関数に関する入力パラメータを表7.10に示す．

表7.10　基底関数のための入力パラメータ

ポテンシャルと電子密度	
*lmax*0	球面調和関数のlの最大値（標準値：6）
*egmax*0	平面波の運動エネルギーの最大値（標準値：24Hr）
波動関数	
*lmax*1	球面調和関数のlの最大値（標準値：7）
*ekmax*1	平面波の運動エネルギーの最大値（標準値：*egmax*0/4）

7.4 状態密度

状態密度は線形補間テトラヘドロン法[4]を用いて計算される．a^*, b^*, c^* をそれぞれ n_x, n_y, n_z 個に分割するように逆格子の単位胞を $n_x n_y n_z$ 個の平行六面体に分け，各頂点においてバンド計算を行う．各平行六面体をさらに 6 個の四面体に分け，この四面体の中で $\varepsilon_{\boldsymbol{k}n}$ を(n 毎に) $\boldsymbol{k}$ について線形補間することにより，$\boldsymbol{k}$ 空間の等エネルギー面上での積分を行う．この方法では，各エネルギー ε 毎に，状態密度および電子数への各 $\boldsymbol{k}$ 点の寄与が求まり，それらをそれぞれ $d_{\boldsymbol{k}n}(\varepsilon)$ と $n_{\boldsymbol{k}n}(\varepsilon)$ のように表すと，状態密度と積分状態密度（ε 以下の状態数）は

$$D(\varepsilon) = \sum_{\boldsymbol{k}n} d_{\boldsymbol{k}n}(\varepsilon) \tag{23}$$

$$N(\varepsilon) = \sum_{\boldsymbol{k}n} n_{\boldsymbol{k}n}(\varepsilon) \tag{24}$$

と計算される．これらの式は計算された固有状態に対するウエイトの和として表現されている．$d_{\boldsymbol{k}n}(\varepsilon)$ は等エネルギー面上で物理量(例えば速度の 2 乗)の平均値を計算するのに利用できる．

[7 章　参考文献]

[1] 柳瀬章『空間群のプログラム *TSPACE*』裳華房（1995）．
[2] http://www.fsis.iis.u-tokyo.ac.jp/result/software/index.html
[3] T. Takeda and J. Kübler, J. Phys. F **9**, 661（1979）．
[4] P. Lambin and J. P. Vigneron, Phys. Rev. B **29**, 3430（1984）．

8　HiLAPW

　バンド計算は最近になって，第一原理計算(first-principles, ab initio calculation)と呼ばれることが多くなった．これは，バンド計算をその主たる手法とする研究が，ある意味で，これまでのいわゆるバンド構造を計算するだけの研究から，種々の物理量を第一原理から直接的に計算する研究に移り変わったことを物語っている．ここに至るバンド計算の発展には，3つの重要な要因があったと考えられる．1つは，密度汎関数理論に代表される基礎理論の確立である．この理論の枠組により，一電子近似の物理的意味がより明確となっただけでなく，その近似を超える研究への展開を促している．2番目としては，バンド計算手法の高度化による計算の高効率化・高精度化が挙げられる．計算には，基礎となる物理的な理論の中での近似に加えて，計算を実行するために必要とされる近似や仮定がある．日頃の計算の中でややもすれば両者が区別されずに結果の解析がなされたり，ある場合には両者を混同して議論が進められることがある．しかしながら，前者を正しく評価し物理の議論を行うためには，後者における曖昧さをでき得る限り小さくし，それによる誤差や限界を知っておく必要がある．また，物質科学の発展により，対象とする物質系がますます大規模化し，議論する物理現象も複雑化している現在，大規模な数値計算を利用可能な計算機資源で有効的に実行するための手法・アルゴリズムの改良等も重要となってきた．3番目の要因は，言わずも

がな，計算機能力の飛躍的向上である．10年前にスーパーコンピュータと呼ばれていた計算機と同等以上の性能を有する計算機が，現在ではどの研究者のデスクにも例外なく置かれている(1, 2番目の要因として挙げた密度汎関数理論とバンド計算手法の基礎に関しては，バンド理論の教科書[1]を併読されることを薦める)．

このような経緯の中で，第一原理計算のためのプログラムは関連する手法の高度化・高精度化から巨大なパッケージとなり，またその利用のためには多くのノウハウが必要となってきている．その一方で，第一原理計算の有用性や適用範囲の広さが高く認知され，多くの物性物理，物質科学の研究で必須の研究手段となってきているものの，量子化学分野のように広く利用が可能なアプリケーションソフトがほとんど存在しない状況であった．この状況を打破するために，この10年ほど，世界の多くの研究グループにより第一原理計算コードのパッケージ化が行われ，そのいくつかが商用化となり，またインターネットを介して世界中のユーザーに利用可能なようにオープンソース化が進められている．

ここで紹介するHiLAPWコードは，そのような流れの中で，広島大学の第一原理計算グループにより開発されたオリジナルの計算コードである．8.1節ではHiLAPWの基本仕様を概説する．HiLAPWは複数の実行ファイルからなり，それをいろいろと組み合わせることで第一原理計算を実行することが可能となる．実行ファイルを結びつけるデータファイルに関しては8.2節で説明する．8.3節でインストール方法を解説した後，8.4節においてパッケージに添付されている簡単な応用例を紹介する．

8.1 基本仕様

HiLAPW（Hiroshima Linear-Augmented-Plane-Wave）コードは，密度汎関数理論に基づく第一原理電子状態計算を実行するために開発され，その特徴は以下の通りである．

(1) 線形補強平面波基底関数

線形補強平面波(LAPW : Linear Augmented Plane Wave)関数は，擬ポテンシャルを用いない第一原理計算手法の中で精度よく，また効率のよい基底関数を与える．線形化されない元々の APW 法は，平面波基底関数の収束性を補うため原子の周りに仮定された原子球(マフィンティン球)内でエネルギー依存の原子軌道様関数で補強する手法である[2]．

本コードでは，Andersen[3]や Koelling-Arbman[4]によるオリジナルの LAPW の定式化とは詳細で異なる Soler-Williams の定式化[5, 6]を用いている．

(2) スカラー相対論的扱い

原子番号が大きくなると相対論的な効果が無視できなくなる．相対論的なバンド計算は Dirac 方程式を直接的に解くことで可能となるが，本コードではスピン軌道相互作用を除く効果をセルフコンシステントに含めるスカラー相対論的な手法[7]を採用する．

(3) 自己無撞着法

Kohn-Sham 方程式は本質的に自己無撞着(SCF)に決定されるべき式であるので，通常は繰り返し法により解かれる．この場合，ある繰り返しでの入力電子密度をそれまでの繰り返しの情報をどのように使って与えるのかが計算の高速化に大きく関わる．本コードでは，単純なミキシング法と Anderson 法[8]を併用し，物質系により異なる収束の振る舞いに対応している．

(4) フルポテンシャル法

APW 法や LAPW 法が仮定するマフィンティンポテンシャル近似は対称性の低い系や表面・界面系では精度が低くなるばかりでなく，計算結果が仮定されるマフィンティン球の半径に大きく依存してしまう．この困難を乗り越え，ポテンシャルの形状に仮定を置かない方法が Weinert のフルポテンシャル法[9]である．

(5) 原子に働く力

擬ポテンシャル法では単純に Hellman-Feynman 力を計算することで原子に働く力を求めることが可能で，これが Car-Parrinello 法の発展に寄与した訳であるが，FLAPW 基底の中で原子に働く力の定式化を行ったのが Soler-Williams[5,6]である．これにより，FLAPW 法でも構造の最適化や格子振動モード等の議論が可能となった．

(6) 補正付四面体積分法

電子密度や状態密度をはじめ種々の物理量の計算にはブリルアンゾーン内での積分が必要である．本コードでは Blöchl による二次補正付四面体法[10]を採用し，高精度化を図っている．オプションの設定により，誤差関数やフェルミ分布関数を用いた占有数による積分も可能としている．

(7) 群論に基づく固有状態からの既約表現の抽出

一電子状態の理解のためには，その対称性を調べることが有効である．例えば，光励起によるバンド状態間の遷移の場合には，電気双極子の行列要素に含まれる始状態と終状態の対称性が選択則を与え，光スペクトルの決定に重要となる．一電子波動関数に対してその対称性を調べる汎用コードとしては「空間群のプログラム」[11]が有名であるが，HiLAPW では対称性に関する同等のコードがバンドルされている．

8.2 実行ファイル

この HiLAPW は，計算コードの核となる実行ファイル xsets および xlapw を中心に，オプショナルな複数の実行ファイルから構成されており，そのすべては，付属する makefile を用いてコンパイルおよびインストールが可能である．実行ファイルと関連データファイルの一覧を表 8.1 に示す．

表 8.1　HiLAPW パッケージの実行ファイルおよび関連入出力データファイル一覧

ファイル名	計算内容	入力ファイル	出力ファイル
xsets	初期ファイルの生成	atomdata	wavout
		atomdens	sets.out
		spgrdata	
		sets.in	
xlapw	全電子自己無撞着フルポテンシャル計算の実行	wavin	wavout
		lapw.in	ekn
			dis
			foa
			tau
			ten
			lapw.out
xdoss	状態密度計算の実行	wavin	pdos
		doss.in	pdos.index
			doss.out
xnewa	k 点データの変更	wavin	wavout
			newa.out
xwbox	3D メッシュ上での電子密度計算	wavin	wbox.list
		wbox.in	wbox.out
xpbox	3D メッシュ上でのポテンシャル計算	wavin	pbox.list
		pbox.in	pbox.out
xspin	スピン分極の付与	wavin	wavout
			spin.out
xwcon	wav ファイルの書式変更	wavin	wavout
		wavin.frm	wavout.frm
		wcon.in	wcon.out
xsymm	既約表現の計算	wavin	ekl
			cml
			symm.out
xrept	既約表現に従いバンド固有値の再配置	ekl	eig1
		cml	eig2
			rept.out

8.3 インストール

まず hilapw.tar.gz をダウンロードしてホームディレクトリに置き，次のようにタイプしてパッケージを展開する．

```
# cd ~
# gunzip hilapw.tar
# tar xvf hilapw.tar
```

(記号#は UNIX におけるプロンプトを表し，入力の必要はない) これによりホームディレクトリ下に次のディレクトリ構造が構築される．

```
hilapw/
      bin/
      bz/
      data/
      lib/
      ps/
      sources/
```

bin/には各種ツールコマンドの他，インストール後の実行ファイルが置かれる．bz/は代表的な結晶構造に対するブリルアンゾーンのデータを格納している．バンド構造を描く場合にこのデータが参照される．data/には，元素データベース(atomdata)，原子電子密度データベース(atomdens)，空間群データベース(spgrdata)のファイルとともに，fcc 構造の Cu(Cu.tar)，ダイアモンド構造の Si(Si.tar)，bcc 構造の強磁性 Fe(Fe.tar)に対するアーカイブデータが置かれている．

　コンパイルを行う前に，マシンで使用可能な FORTRAN90 のコンパイラ名やオプションを確認し，3 つのディレクトリ(/hilapw/sources, /hilapw/lib, /hilapw/ps)にある makefile を適宜修正する．提供されるままのコードで HiLAPW の実行が確認されているのは，Tru64 F90 コンパイラを搭載した Alpha マシン，Compaq Alpha Linux F90 コンパイラを有する Alpha マシン，Absoft Pro Fortran F90 コンパイラもしくは IBM XLF コンパイラの PowerMac 機(Mac OS X)，Intel ifc コンパイラを有するインテル系 PC 等であり，これらのコンパイラの場合には makefile に指定

基礎 8　HiLAPW

例の記載がある．他の機種においても，FORTRAN90 コンパイラのオプションを適宜記述することでコンパイルは可能であろう．なお，HiLAPW コードでは線形計算ライブラリ LAPACK および BLAS (http://www.netlib.org/ で公開) を利用している．

makefile の設定後，make を用いてコンパイルしよう (実行ファイルは /hilapw/bin にインストールされる)．

```
# cd hilapw/sources
# make clean
# make all
# make install
```

さらに，ディレクトリ ps と lib でも make しておく．

```
# cd ~/hilapw/ps
# make clean
# make all
# make install
# cd ~/hilapw/lib
# make clean
# make all
# make install
```

/hilapw/bin にある実行ファイルを使うために，/hilapw/bin にパスを通しておこう．例えば，シェルとして csh もしくは tcsh を使っている場合には，.cshrc ファイルの set path の最後の行の後に

```
set path = ( . $home/hilapw/bin $path)
```

を加える．

いくつかの例題を実行するために，ホームディレクトリの下に新たなディレクトリ (hilapw1 とする) を作成しておこう．

```
# cd ~
# mkdir hilapw1
```

8.4 fcc 構造の Cu

(1) SCF 計算の実行

hilapw1 の下にディレクトリ Cu を作成し,そこで getdata と入力するとデータベースである 3 つのファイル(atomdata, atomdens, spgrdata)がコピーされる.これらのファイルの元々の所在場所は ~/hilapw/data である.

```
# cd hilapw1
# mkdir Cu
# cd Cu
# getdata
```

例題を実行するのに必要な 11 個のファイルを ~/hilapw/data よりコピーしてこよう.

```
# tar xvf ~/hilapw/data/Cu.tar
```

SCF 計算を実行するのは

```
# JOB-SCF
```

とシェル・スクリプトを実行するだけでよい.ファイル JOB-SCF の中身をよく見てどのような手順で実行されているのかを確認すること.

各計算後,出力されたファイル群にまとめて修飾子(A1 や A2)をつけて区別している.この目的のために,コマンド LAcopy が用意されている.例えば,outA1 は JOB-SCF 内での最初の SCF 計算の xlapw の出力 lapw.out を名称変更したものである.

(2) 状態密度

全状態密度を計算するには

```
# xdoss
# mv pdos pdosA2
# getfermi outA2 > fermiA2
# PSP < psp_tdos > tdos.ps
```

とタイプすると，ポストスクリプト(ps)ファイル(tdos.ps)が得られる(図8.1)．ここで，getfermi はフェルミ準位を抽出する．PSP は psp_tdos の指示に従って ps 形式で図を描くツールである．PSP のプログラムは ~/hilapw/ps/PSplot.f である．

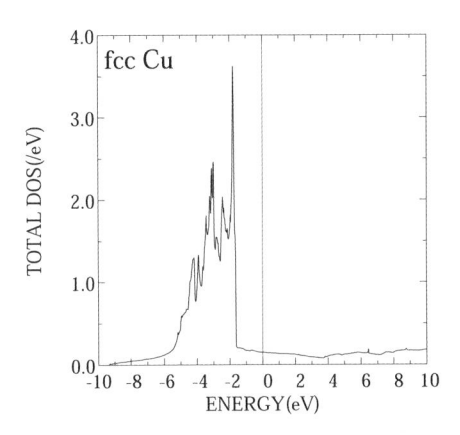

図 8.1 fcc Cu の全状態密度
エネルギーの原点はフェルミ準位に選んである．

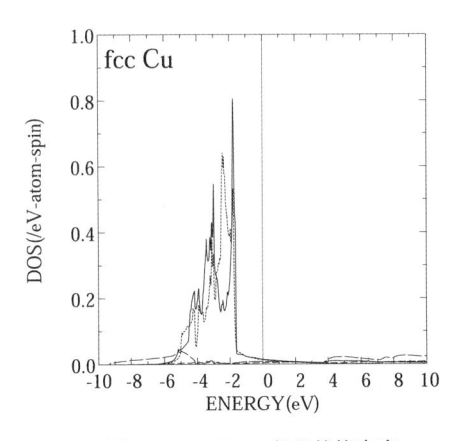

図 8.2 fcc Cu の部分状態密度
長破線，破線，点線，実線はそれぞれ，s, p, e_g, t_{2g} の成分を表す．
エネルギーの原点はフェルミ準位に選んである．

部分状態密度をプロットするには，すでに xdoss で状態密度は計算してあるので（ファイル pdosA2 に格納されている）

```
# PSP < psp_pdos > pdos.ps
```

で s, p, e_g, t_{2g} に分解された状態密度が得られる（図 8.2）．

(3) バンド構造

次に，バンド構造を描いてみよう．

```
# JOB-EK
# JOB-SYM
```

スクリプト JOB-EK で，図 8.3 に示す fcc 構造のブリルアンゾーンの対称性のよい k 点に沿ってエネルギー固有値が計算される．また，スクリプト JOB-SYM でそれぞれの既約表現が求められる．バンド構造を ps 出力するには

```
# PSP < psp_ek > ek.ps
```

とタイプすればよい（図 8.4）．

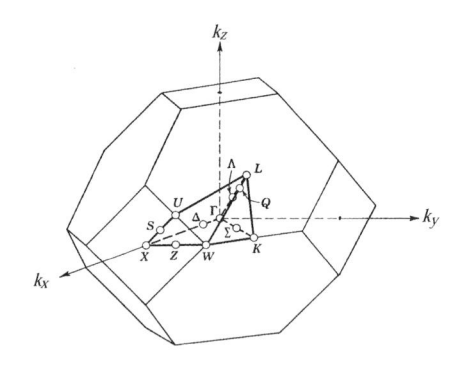

図 8.3 fcc 構造のブリルアンゾーン

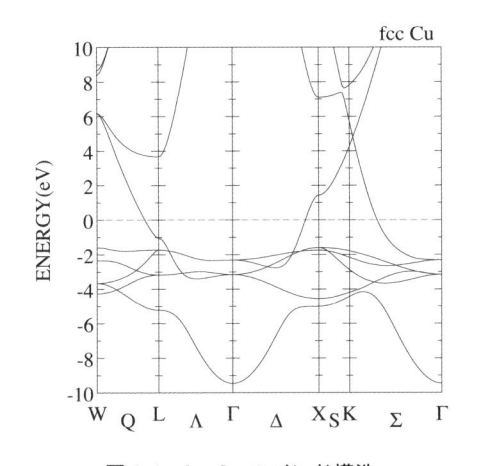

図 8.4 fcc Cu のバンド構造
エネルギーの原点はフェルミ準位に選んである．

8.5　ダイアモンド構造の Si

(1)　SCF 計算の実行

fcc Cu と同様にまず準備を行う．

```
# cd ~/hilapw1
# mkdir Si
# cd Si
# getdata
# tar xvf ~/hilapw/data/Si.tar
```

ここでは，格子定数を変化させて全エネルギーを計算する例が用意されている．

```
# JOB-TEN
```

$a = 5.20$Å 〜 $a = 5.60$Å までの 11 点での SCF 計算が実行される．この計算結果から GET-TEN を用いて全エネルギーと単位胞の体積を抜き出し，Murnaghan の状態方程式にフィットしてみよう．

```
# GET-TEN > TEN
# xefitm < TEN > fit_TEN
```

xefitm は Murnaghan の状態方程式に最小自乗フィットするもので，プログラムは`~/hilapw/lib/efitm.f`である．結果のファイル`fit_TEN`の中身を見てみると

```
Coefficients for Murnaghan fitting
c1   =    0.3072618807D+07
c2   =    0.1652098587D-02
E'   = -1156.7411297535
V0   =   266.2218508318
E0   = -1156.1556676775
B'   =     4.0200000000
B0   =     0.0066414363        97.6955282824 GPa
```

なる部分がある．これより単位胞(ダイアモンド構造なので2原子あたり)の平衡体積が 266.22a.u.であり，体積弾性率 B_0 およびその体積依存性 B' がそれぞれ 98GPa，4.02 であることがわかる．

全エネルギーの体積依存性をプロットするには

```
# tail -103 fit_TEN > TEN2
# PSP < psp_TEN > TEN.ps
```

とすると，実際の計算データが黒点で，フィットされたデータが実線で描かれる(図 8.5)．

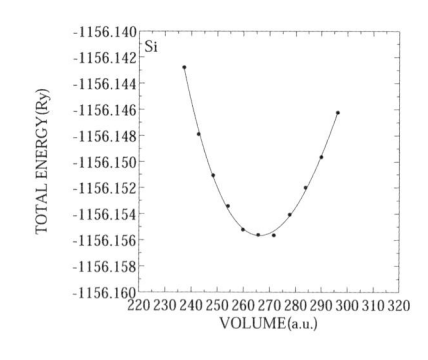

図 8.5 ダイアモンド構造 Si の全エネルギー計算
ドットは単位胞体積の関数として計算された全エネルギーの結果を表し，実線は Murnaghan の状態方程式[12]へのフッティングの結果を示す．

8.6 bcc 構造の強磁性 Fe

(1) SCF 計算の実行

前例にならって，新たなディレクトリをつくりデータをとってこよう．

```
# cd ~/hilapw1
# mkdir Fe
# cd Fe
# getdata
# tar xvf ~/hilapw/data/Fe.tar
```

ここでは，fcc Cu に類似して，SCF 計算を実行した後，状態密度とバンド構造を描いてみよう．まず，SCF 計算を実行するのは

```
# JOB-SCF
```

とシェル・スクリプトを実行するだけでよい．ここでも，JOB-SCF の中身をよく見てどのような手順で実行されているのかを確認すること．

(2) 状態密度

全状態密度を計算するには

```
# xdoss
# mv pdos pdosA2
# getfermi outA2 > fermiA2
# PSP < psp_tdos > tdos.ps
```

とタイプすると，ポストスクリプト(ps)ファイル(tdos.ps)が得られる(図 8.6)．

部分状態密度をプロットするには

```
# PSP < psp_pdos > pdos.ps
```

で s, p, e_g, t_{2g} に分解された状態密度が得られる(図 8.7)．

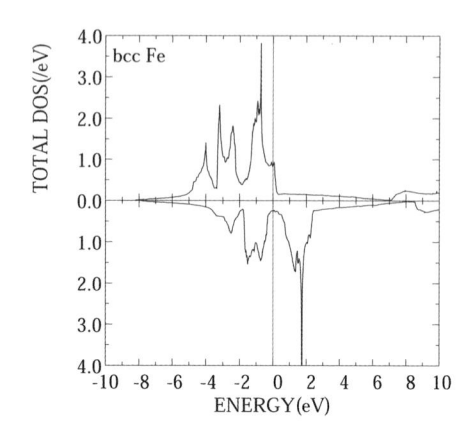

図 8.6　bcc Fe の全状態密度

上半分が多数スピンバンドを，下半分が少数スピンバンドを表す．エネルギーの原点はフェルミ準位に選んである．

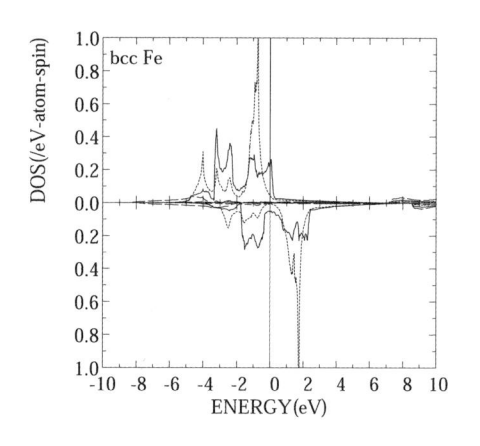

図 8.7　bcc Fe の部分状態密度

長破線，破線，点線，実線はそれぞれ，s, p, e_g, t_{2g} の成分を表す．上半分が多数スピンバンドを，下半分が少数スピンバンドを表す．エネルギーの原点はフェルミ準位に選んである．

(3) スピン磁気モーメント

xlapw の計算結果はファイル lapw.out に出力される(準備されているスクリプトでは outA1 や outA2 のようにファイル名が変更されている). その出力の中に以下のようなデータがある.

```
===== ELECPR
NUMBER OF ELECTRONS WITHIN MUFFIN-TIN
TYPE SPIN    TOTAL        S          P          D          F
  1   UP    4.02803    0.09164    0.07447    3.86191
  1   DOWN  1.84418    0.09370    0.08735    1.66313
      U+D   5.87221    0.18534    0.16182    5.52504
      U-D   2.18385   -0.00206   -0.01287    2.19878
```

ここでは，仮定されたマフィンティン球内の各球面波成分に射影されたフェルミ準位までの積分状態密度，すなわち電子数の情報が与えられている．これを見ると，(スピンの g 因子を 2 と仮定して) 球内の全スピン磁気モーメントが $2.18\mu_B$ でその大半が d 電子によるものであり，s や p 電子はわずかに負にスピン偏極していることがわかる．

このスピン磁気モーメントはあくまでも球内でのスピン密度の積分値なので仮定した球の半径に依存することに注意すべきである (ここでは 1Å に仮定)．強磁性体の場合，球外を含めた全スピン磁気モーメントは各バンドの占有数から得られる．lapw.out 中の次の出力データが各バンドの占有数とバンドの範囲を示す．

```
----- BAND OCCUPATION
            UP-SPIN                          DOWN-SPIN
BAND   E-MIN     E-MAX    WEIGHT       E-MIN     E-MAX    WEIGHT
   1  0.06570   0.44910   1.00000     0.09416   0.55769   1.00000
   2  0.34063   0.52660   1.00000     0.46359   0.66445   1.00000
   3  0.44597   0.68832   0.99998     0.55620   0.84957   0.88590
   4  0.51715   0.68832   0.99983     0.65867   0.84957   0.00781
   5  0.56364   0.70814   0.89049     0.71533   0.86892   0.00000
   6  0.60697   1.38338   0.21600     0.78281   1.41846   0.00000
   7  1.17953   2.48901   0.00000     1.26695   2.49821   0.00000
   8  1.30182   2.48901   0.00000     1.38167   2.49821   0.00000
   9  1.43833   2.50566   0.00000     1.49335   2.51826   0.00000
  10  1.83505   3.37425   0.00000     1.92887   3.20781   0.00000
-----------------------------------------------------------------
  SUM                     5.10629                          2.89371
  U-D                     2.21257
```

これより，多数スピンバンドの占有数が 5.10，小数スピンのそれが 2.90 とわかり，結果として全スピン磁気モーメントは $2.21\mu_B$ であることが読みとれる．すなわち，Fe の場合，スピン磁気モーメントの大多数はマフィンティン球内に局在していると理解される．より詳細にはスピン密度分布を実空間で描くことが助けとなろう．

(4) バンド構造

バンド構造も Cu と同様に，SCF 計算の結果を用いて bcc 構造のブリルアンゾーン(図 8.8)に沿った k 点に対してエネルギー固有値と固有関数を求め，その既約表現に従ってバンドを描くことにする．

```
# JOB-EK
# JOB-SYM
```

バンド構造を ps 出力するには

```
# PSP < psp_ek > ek.ps
```

とタイプすればよい(図 8.9)．

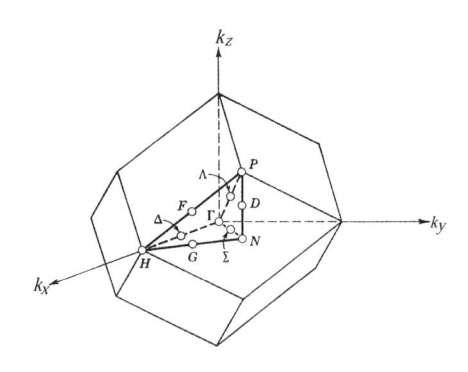

図 8.8 bcc 構造のブリルアンゾーン

基礎 8　HiLAPW

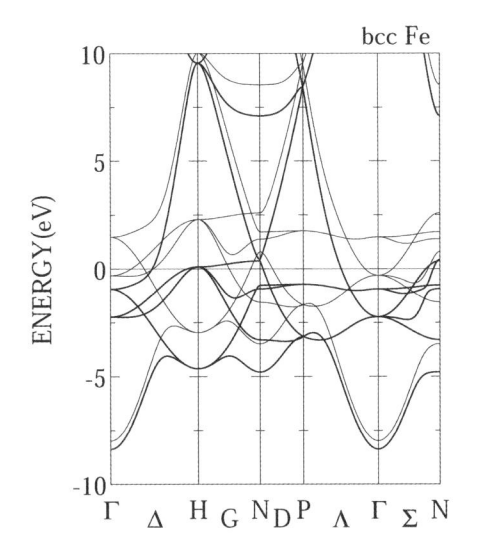

図 8.9　bcc Fe のバンド構造

多数スピンバンドを太線で，少数スピンバンドを細線で描いてある．
エネルギーの原点はフェルミ準位に選んである．

8.7　入力データの概要

この節では，fcc Cu の計算を例にとり，3 つの入力データ sets.in, lapw.in, doss.in の概要を説明する．

(1)　入力データ：sets.in

sets.in は結晶構造等の準備計算 xsets の入力データで計算の対象とする系を指定する．ここでは fcc Cu の場合の入力データ sets.in を取り上げる (01: 等はファイル中での行番号を示すもので，実際のデータには含まれていない)．

```
01:fcc Cu
02:-----nspin
03:1
04:-----space group
```

```
05:Fm-3m
06: 3.61 3.61 3.61
07: 90.0 90.0 90.0
08:-----atoms
09:1
10:Cu 1
11:0.0 0.0 0.0
12:-----k points
13:0
14:8 8 8
```

01行目は80英数字以内のコメント行である．計算結果が出力されるファイルのヘッダーとして用いられる．02行目はコメント行であり，データのセパレータとして用いている．03行目は変数 NSPIN として入力され，2の場合スピン分極計算を，1の場合スピン非分極計算を表す．04行目はコメント行であり，データのセパレータとして用いている．05行目は空間群を入力する．spgrdata に許されている空間群の名前と晶系および群の生成元が示されている．06行目は格子定数 a, b, c を Å 単位で入れる．07行目は格子主軸間の角度 α, β, γ を度単位で入れる．a, b, c や α, β, γ を空間群で与えられる晶系と矛盾するデータとして入力した場合には，空間群の晶系が優先される．例えば，立方晶系であるのに $a \neq b$ としてデータを入力した場合には b に a の値が代入される．表8.2に格子定数と結晶系および格子の型の関係を示す．08行目はコメント行であり，データのセパレータとして用いている．09行目は結晶学的な意味での原子の種類の数を表し，変数 NTTP として入力される．つまり，同じ元素であっても，対称性で結ばれない場合は別の種類として数える．10行目は元素名とその種類が単位胞内に有する原子位置の数．11行目は，原子位置を a, b, c 単位で与える．12行目はコメント行であり，データのセパレータとして用いている．13行目は k 点メッシュの取り方で原点を含む等間隔の場合は 0，原点を含まない等間隔の場合は-1，具体的な k 点リストを以下に与える場合は，その k 点数を与える．14行目は k 点メッシュの場合の三次元メッシュ数．k 点リストの場合は各行に，k 点座標（$2\pi/a, 2\pi/b, 2\pi/c$ 単位）および k 積分の重みを与える．

表 8.2　格子定数 $a, b, c, \alpha, \beta, \gamma$，結晶系，格子の型の関係

結晶系	a	b	c	α	β	γ	格子の型
立方晶	a	a	a	90	90	90	P, I, F
正方晶	a	a	c	90	90	90	P, I
斜方晶	a	b	c	90	90	90	P, I, F, C
六方晶	a	a	c	90	90	120	P
三方晶	a	a	a	α	α	α	P(R)
単斜晶	a	b	c	90	90	γ	P, B
三斜晶	a	b	c	α	β	γ	P

単斜晶でのユニーク軸を c 軸に選んでいる．

(2)　入力データ：lapw.in

lapw.in は LAPW 計算 xlapw の入力データで計算を制御するパラメータ指定する．ここでは，fcc Cu に対する SCF 計算用入力データ lapw.inSCF を示す(01:等はファイル中での行番号を示すもので，実際のデータには含まれていない)．

```
01:HiLAPW 1.0
02:      20.0                    emax
03:      80.0                    egmax
04:        -1                    lbroad
05:     0.005                    deltae
06:        10                    ne
07: c 0.0 c 0.0 c 0.0            ezr
08:        -1                    atomic_loop_mode
09:     loop  dta  scf cmix smix field
10:       10 0.00    5 0.20 0.00 0.00 0.00
```

01 行目は 80 英数字以内のコメント行である．02 行目および 03 行目にはそれぞれ基底関数および電子密度展開に用いられる平面波のカットオフエネルギーを Ry 単位で与える．04 行目はブリルアンゾーン積分の方法を指定する．-1 のとき補正付の四面体法，0 のとき通常の四面体法，1 のときフェルミ分布関数法，2 のとき誤差関数法となる．05 行目は，フェルミ分布関数法および誤差関数法のときのぼかし幅を Ry 単位で与える．06 行目

は考慮する価電子状態数を与える．全価電子数の半分より大きい値を与える必要がある．その必要最小値およびある適切な値が xsets の実行後 sets.out 中に次の様に (fcc Cu の例) に与えられているので参考にするとよい．

```
NUMBER OF VALENCE STATES
        MINIMUM     =    6
        APPROPRIATE =    9
```

07 行目は各原子種毎，各軌道角運動量毎にエネルギーパラメータをどのように設定するかを指示する．通常は，この例のように s, p, d ともに c 0.0 とし，各球面波に射影した状態密度の占有部分の重心にとる．同じ軌道角運動量をもつ浅い内殻準位の存在する場合にはゴーストバンドの発生を抑えるためにエネルギーパラメータをフェルミ準位よりも上に設定する必要がある．例えば，フェルミ準位より 1Ry 上に設定する場合には，その軌道角運動量に対する球面波に対して f 1.0 とする．08 行目は原子に働く力の計算を制御する．-1 のとき原子に働く力は計算されない．0 のとき原子に働く力が計算される．1 以上の場合には原子に働く力に従って構造最適化をさせることが可能であるが，多少のノウハウが必要なので通常は指定しないこと．09 行目はコメント行であるが，ここではそれ以下のデータ行の説明に用いている．10 行目は SCF 計算のループを制御する．この指定の場合，5 次の拡張アンダーソンミキシング法により 0.2 の電子密度混合比を用いて 10 回のループを実行することを意味している (以下の強磁性 Fe の場合にあるように，スピン密度が有限に存在する場合にはスピン密度の混合比および磁場をこの行で別途指定することができる)．

(3) 入力データ：doss.in

doss.in は状態密度計算 xdoss の入力データで計算を制御するパラメータ指定する．ここでは，fcc Cu に対する入力データ doss.in を示す (01: 等はファイル中での行番号を示すもので，実際のデータには含まれていない)．

```
01:doss.in
02:-0.2 1.8 2000
03:1
04:0 0 0
```

01 行目は 80 英数字以内のコメント行である．02 行目は状態密度を計算するエネルギー範囲(Ry 単位)とその刻み数を与える．どのエネルギー範囲を計算するかは `lapw.out` ファイル(もしくはファイル名が変更されて例えば `outA2`)の中の BAND OCCUPATION の結果を見るとそれぞれのバンドのエネルギー位置がわかる．03 行目は部分状態密度を射影する調和関数を指定する．0 の場合は球面関数，1 の場合は立方関数，2 の場合は六方関数である．04 行目は調和関数における主軸を回転させるためにオイラー角(α，β，γ)を度単位で与える．

状態密度の計算結果はファイル `pdos` に出力されるが，どの数値がどの成分であるかを示す表がファイル `pdos.index` に表となって出力されるので，状態密度の図を描くときに参照するとよい．

[8章　参考文献]

[1] 小口多美夫『バンド理論』内田老鶴圃(1999)．
[2] J.C. Slater, *Phys. Rev.* **51**, 392 (1937)．
[3] O.K. Andersen, *Phys. Rev. B* **12**, 3060 (1975)．
[4] D.D. Koelling and G. Arbman, *J. Phys. F: Metal Phys.* **5**, 2041 (1975)．
[5] J.M. Soler and A.R. Williams, *Phys. Rev. B* **40**, 1560 (1989)．
[6] J.M. Soler and A.R. Williams, *Phys. Rev. B* **42**, 9728 (1990)．
[7] D.D. Koelling and B.N. Harmon, *J. Phys. C: Solid State Phys.* **10**, 3107 (1977)．
[8] V. Eyert, *J. Comp. Phys.* **124**, 271 (1996)．
[9] M. Weinert, *J. Math. Phys.* **22**, 2433 (1981)．
[10] P.E. Blöchl, O. Jepsen and O.K. Andersen, *Phys. Rev. B* **49**, 16223 (1994)．
[11] 柳瀬章『空間群のプログラム』裳華房(1995)．
[12] F.D. Murnaghan, *Proc. Natl. Acad. Sci. U.S.A.* **30**, 244 (1944)．

9　NANIWA2001

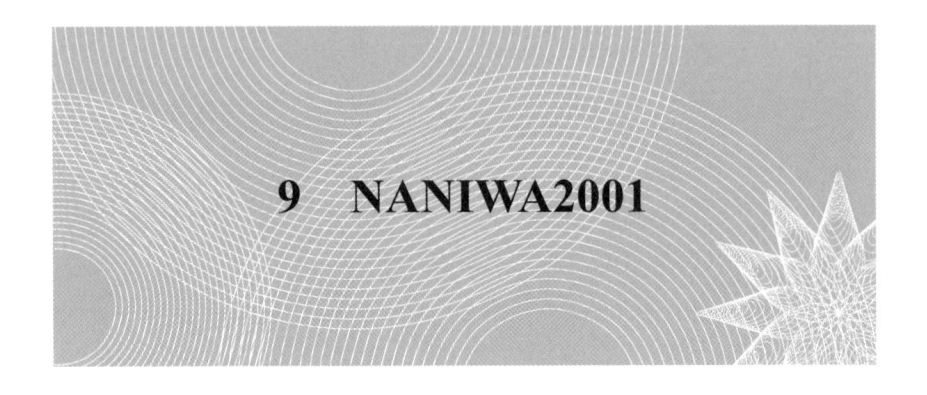

　原子・分子と固体表面との結合に関与している電子系のわずかな状態変化は，原子・分子の位置にわずかな変化をもたらす．さらに，この原子・分子のわずかな位置変化は電子系に大きな状態変化をもたらし，この電子系の大きな状態変化が原子・分子の運動を誘起する．このようにして原子・分子の固体表面での動的過程が進行する．これが表面動的過程の起源であり，生命現象をはじめとする地球上の我々を取り巻く複雑系において進行している，すべての動的過程の背後にある本質的なメカニズムであると捉えることができる．したがって，複雑系における動的現象の理解を深めるためにも，固体表面で進行する動的過程のメカニズムを解明することが肝要であり，今後の物性物理学の最も重要な研究課題の1つとなる[1]．

9.1　表面動的過程と第一原理計算

　固体表面では，飛来する原子や分子によって様々な動的過程が誘起されてゆく．これらの「表面動的過程」は原子や分子の散乱，吸着，解離，拡散，組み替え，結合の形成，脱離などの素過程によって構成されており，多様な時間・空間・エネルギースケールで，電子系の状態変化と原子・分子の運動

---

1) 大阪大学創立50周年記念シンポジウム【固体表面動的量子過程】会議録の序文[1]．

状態の変化が絡み合いながら進行している．また化学反応に関与する場合，その様態は，決して単純なものでないため，時間的，空間的に微小なスケールで起こるこの事象に対して，必ずしも十全な観測結果が得られないことがほとんどである．このような状況は，計算機による微視的なNANIWA2001[2]を用いたCMD/CPD[3]シミュレーション手法の活躍の場となる．

さて，従来，盛んに行われ成功を収めてきた原子・分子のダイナミクスを取り扱うシミュレーション手法として，第一原理分子動力学法がある．この手法では，ある時刻のイオン・コア位置を確定し，その電子状態を密度汎関数法で計算し，それに基づいてイオン・コア位置の時間発展を古典力学に従って逐次的に追跡する．これに対しNANIWA2001では，量子力学に基づいて電子系もイオン・コアの運動も取り扱う第一原理量子ダイナミクス計算を行う．これにより，反応過程に現れるトンネル効果，回折効果，量子波動の干渉効果などの量子論的効果を正確に取り扱うことができる．第一原理量子ダイナミクス計算手法(すなわち，NANIWA2001)は，軽元素，特に水素の関与する反応過程の研究において威力を発揮する．この手法を用いて，表面における様々な動的過程が研究され，前述の量子論的効果が見出されてきた[2]．現在，そのほとんどは実験で確認されている．本章は，ダイナミックな現象の予言を可能にしたこの第一原理量子ダイナミクス計算手法(NANIWA2001)を紹介する．

9.2　水素―表面反応とNANIWA2001

本節では，水素―表面反応(水素分子の解離吸着・会合脱離過程)を例として，断熱近似(Born-Oppenheimer近似)の枠内で，第一原理の立場から理論的に解析するシミュレーション手法：カップルド・チャンネル法[3-8]を用いた第一原理量子ダイナミクス計算を紹介する．前述したように従来の第一原理計算とは，イオン・コアの位置を固定し，電子系の状態を密度汎関数法で

---

2) www.dyn.ap.eng.osaka-u.ac.jp
3) CMD : Computational Materials Design; CPD : Computational Processes Design

計算すること，もしくは第一原理分子動力学として，ある時刻のイオン・コア位置を確定し，その電子状態を密度汎関数法で計算し，それに基づいてイオン・コア位置の時間発展を古典力学に従って逐次的に追跡することを指す．これに対し，第一原理量子ダイナミクス計算では電子系もイオン・コアの運動も量子力学に基づく計算を行う．

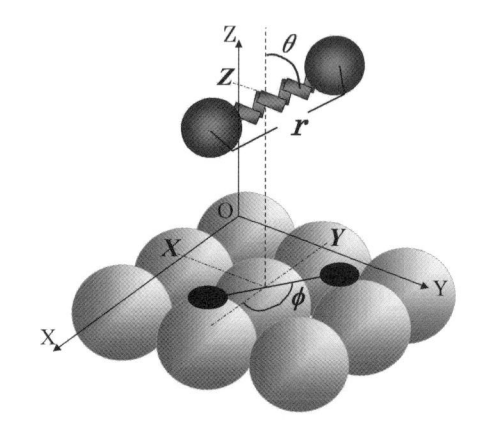

図 9.1　Cu(001)上の水素分子の全自由度(6つ)
X軸は[100]方向，Y軸は[010]方向にとる．また原点はオントップ・サイトにとる．

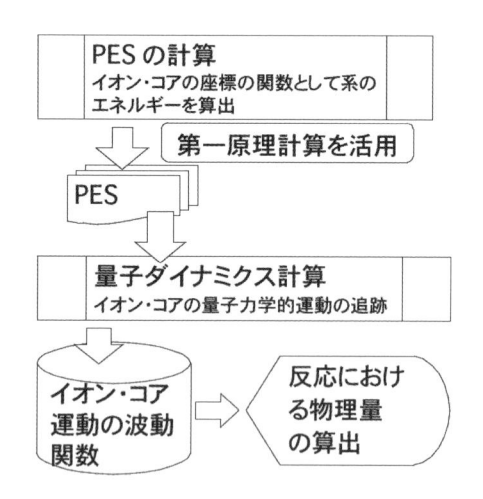

図 9.2　第一原理量子ダイナミクス計算手法 NANIWA2001 の流れ[9]

図 9.1 に水素分子 (H_2) の運動の 6 つの自由度を表す．ここで，Z は H_2 の質量中心位置の表面垂直距離，r は H_2 を構成する 2 原子の核間距離，X と Y は H_2 の質量中心の表面平行位置を表し，Cu(001) では [100] 方向を X 軸，[010] 方向を Y 軸，そしてオントップ・サイトを原点として定義する．θ は H_2 の配向で表面垂直方向と H_2 軸の成す角を表し，ϕ は H_2 の方位角で H_2 軸の表面射影方向と X 軸とのなす角を表す．

現在そして近い将来の計算機の演算能力において射程範囲にあり，現実問題として実行可能な計算手法である次の手順 (図 9.2) を紹介する．

まず H_2 のこれら 6 つの座標の関数として，電子系の基底状態の全エネルギーを電子状態の第一原理計算によって求める．計算は密度汎関数理論 (DFT : Density Functional Theory)[10,11] に基づいて行う．求められた電子系の

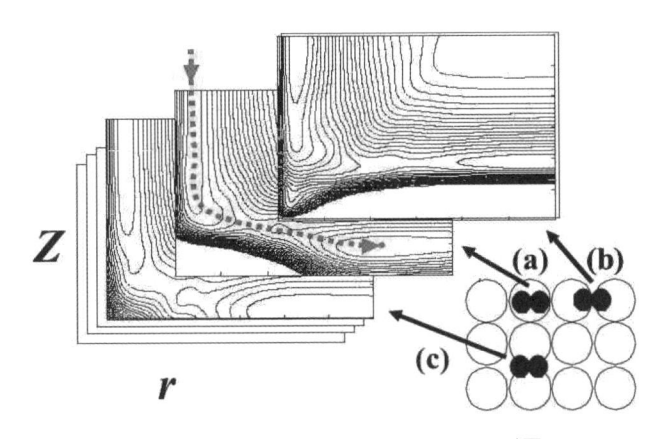

図 9.3　H_2/Cu(001) 系の PES のイメージ図

各断面での等エネルギー線を示す (上図)．H_2 の表面に投影した質量中心の位置 (下図：○Cu 原子，●水素原子) が (a) オントップ・サイトと (b) (c) ブリッジ・サイトにあるときを表す．PES は (r, Z, X, Y) の他に，(θ, ϕ) にも依存するが，ここでは $\theta = \frac{\pi}{2}$，$\phi = 0$ の場合を示した．点線矢印は，特定の (r, Z, X, Y, θ, ϕ) の解離吸着プロセスにおける反応経路の例である．

基底状態のエネルギーから 6 次元の断熱ポテンシャル・エネルギー(超)曲面 (PES)[4] が得られる (図 9.3). そして次に, 得られた PES 上での水素分子の運動を, 多自由度系の量子ダイナミクス計算によって解析する.

固体表面に飛来する原子・分子の動的過程は, 主として PES の形状や, 原子・分子と表面自由度 (表面構成物質の電子系や格子系) 間のエネルギー交換の詳細によって決定づけられている. さらに, 振動・回転等の内部自由度をもつ分子は, 動的過程においてその内部自由度が変化している. 例えば分子のもつ並進エネルギーの振動・回転自由度への移行も動的過程を決定づける要因となる場合もある. これらの要因の詳細を電子論に基づくミクロな立場から理解するために, H_2 の 6 つの自由度を正確に記述した以下の Hamiltonian を出発点とする.

$$H = -\frac{\hbar^2}{2M}\left[\partial_X^2 + \partial_Y^2 + \partial_Z^2\right] - \frac{\hbar^2}{2\mu}\partial_r^2 - \frac{2\hbar^2}{\mu r}\partial_r + \frac{1}{2\mu r^2}L^2 \\ + V(r, Z, X, Y, \theta, \phi) \quad (1)$$

ここで, M, μ はそれぞれ H_2 の全質量と換算質量である. L は H_2 の回転運動を表す角運動量演算子である. また最後の項 $V(r, X, Y, Z, \theta, \phi)$ は, 電子状態の第一原理計算より求めた 6 次元 PES である (図 9.3) (表面原子の自由度を含めると 7, 8 … 次元 PES となる). ∂_X 等の省略記号は演算子 $\partial/\partial X$ 等を表し, 以下しばしばこの記号を用いる.

9.3 多次元ポテンシャル・エネルギー曲面 — Potential Energy (Hyper-) Surface

解離吸着過程で 2 つの水素原子の核間距離がどのように変化してゆくのか, この問題を考えるためには, 少なくとも 2 つの水素原子の質量中心と表面間の距離 Z と, 2 つの水素原子の核間距離 r を変数とする PES を求める必要がある. 現在では, LEPS (London-Eyring-Polanyi-Sato) 法などの経験的手法に加えて, 密度汎関数法, 分子軌道法などの第一原理計算手法に基づく, こ

---

[4] PES: Potential Energy (Hyper-) Surface

のような多次元(ここでは 2 次元) PES の計算が行われる.

　水素分子の分子軸を表面平行に固定した場合の PES を図 9.4 に示す[15,16].
ポテンシャル・エネルギーが極小値をとる図中の太実線矢印 ABC に沿って
PES を見ると, 次のような特徴のあることに気づく. すなわち, 無限遠方
A ($Z \to +\infty$) の気相では, 2 つの水素原子の核間距離が水素分子の結合距離と
なる位置で PES が極小値をとっている(つまり, 分子状態にある). また,
分子が表面に接近するにつれてその核間距離が増大し, 表面近傍 C では解
離して原子状態で吸着することになっている.

　反応経路(reaction path)は PES の極小値をたどって引かれている曲線(図中
の点線 ABC)で, 主としてこれに沿って反応すなわち解離吸着が進行する.
ポテンシャル・エネルギーの高くなっている領域 B(活性化障壁:水素分
子・銅表面系ではその高さはおよそ 0.7eV 程度である)のあることと, 大き
く湾曲している部分のあることが, この反応経路の特徴である[5]. 水素分子
の分子軸が表面から傾いている場合の PES を図 9.5 に示す. 図 9.4 と図 9.5
を比べて明らかなように, PES は分子軸の配向に大きく依存しており, 分子
軸が表面垂直方向に傾くにつれて, ポテンシャル・エネルギーは高くなり解
離吸着が起こりにくくなっていることがわかる[6].

---

5) このような PES 上での解離吸着, 会合脱離過程に関しては 1980 年代後半になって理論的に調べられるようになった. その結果, 本書応用編第 8 章で説明するように, 分子を構成する 2 つの水素原子の核間距離と分子の質量中心の表面からの距離とを変数とする 2 次元 PES の形状の特徴が, 解離吸着に対する分子振動の影響や会合脱離分子の振動エネルギー分布に顕著に反映されることが明らかとなり, 水素分子の振動自由度の役割が認識されるようになった[3-5,12-14].
6) このような PES の分子配向依存性という特徴が, 応用編で説明するように, 解離吸着に対する分子回転の影響や会合脱離分子の回転エネルギー分布に顕著に反映されることが明らかとなり, 水素分子の回転自由度の役割が認識されるようになった[3-5,12-14,18,20-28].

H₂ on Cu(100)

(a) ポテンシャル・エネルギー曲面(2個の水素原子の相対座標 r と質量中心座標 Z)[16].

(b) 反応経路 s((a)太実線)に沿ったポテンシャル・エネルギー変化.

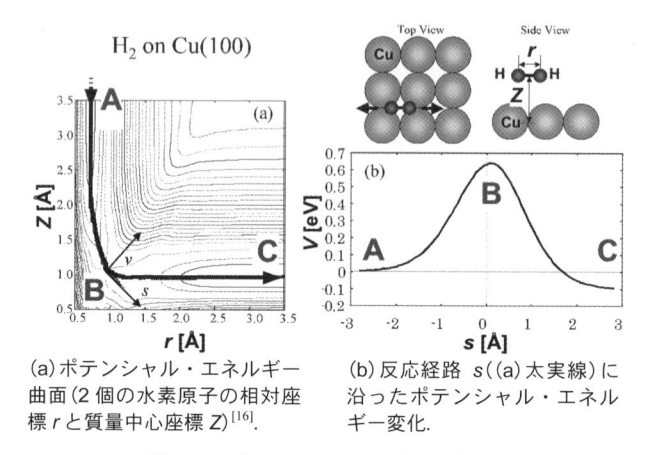

図 9.4　ポテンシャル・エネルギー(1)

(a)は，2個の水素原子と Cu(100)の系についての計算結果である．太実線矢印は，この特定した表面に対する分子軸の配置(分子軸は表面垂直方向から $\theta = 90°$ 傾いている．面内では，表面原子が[100]方向に平行，$\phi = 0°$，になっている)の解離吸着過程における反応経路の例である．

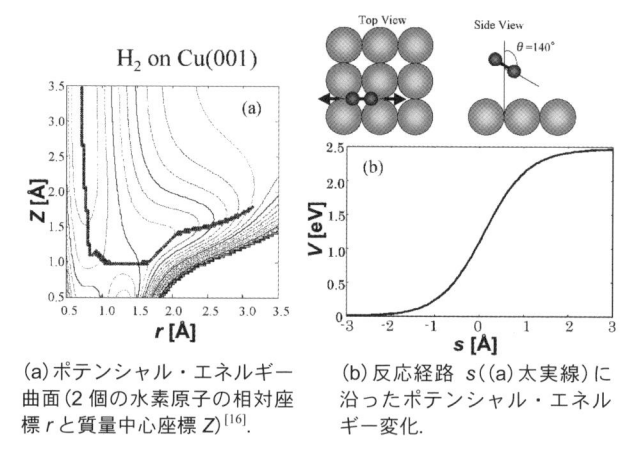

H₂ on Cu(001)

(a) ポテンシャル・エネルギー曲面(2個の水素原子の相対座標 r と質量中心座標 Z)[16].

(b) 反応経路 s((a)太実線)に沿ったポテンシャル・エネルギー変化.

図 9.5　ポテンシャル・エネルギー(2)

(a)は，2個の水素原子と Cu(100)の系についての計算結果である．太実線は，この特定した表面に対する分子軸の配置(分子軸は表面垂直方向から $\theta = 140°$ 傾いている．面内では，表面原子が[100]方向に平行，$\phi = 0°$，になっている)の解離吸着過程における反応経路の例である．

9.4 反応座標系

上述のように，本節では水素—表面反応を反応経路座標を導入して解析する．反応経路は，図 9.4 や図 9.5 で示したような，特定した表面に対する分子軸の配置から得られる Z と r の 2 次元の PES から構築される．このような 2 次元 PES 上の系の運動は，式(1)の Z と r の 2 つの運動エネルギーの項の係数を等しくすることにより，PES 上を滑る一個の粒子の運動とみなすことができる．そこで，次のような質量の重みを付加した座標 z を導入する．

$$z = Z\sqrt{M/\mu} \tag{2}$$

すると，式(1)の Hamiltonian H は以下のように変換される．

$$\begin{aligned} H &= -\frac{\hbar^2}{2M}\left[\partial_X^2 + \partial_Y^2\right] - \frac{\hbar^2}{2\mu}\left[\partial_z^2 + \partial_r^2 + \frac{2}{r}\partial_r\right] + \frac{1}{2\mu r^2}L^2 \\ &\quad + U(r, z, X, Y, \theta, \phi). \end{aligned} \tag{3}$$

水素分子の場合 $z = 2Z$ になるので，$U(r, z, X, Y, \theta, \phi)$ は $V(r, Z, X, Y, \theta, \phi)$ と比べて z 方向にのみ 2 倍引き伸ばされた形になる（すなわち，図 9.4 と図 9.5 の PES は縦軸方向が 2 倍に引き伸ばされる）．次に，r, z の直交座標系から反応経路に沿う湾曲座標 s とそれに垂直な一般化振動座標 v の系（図 9.6）に変換する[3-8]．

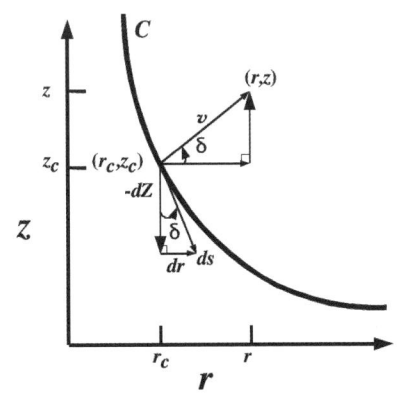

図 9.6 反応経路曲線 C 上の反応座標系 (s, v) の導入[4,17]

図9.6にあるように，反応経路曲線 C は反応の始まりと終わりではゼロの曲率を，反応の途中ではゼロでない曲率をもつ．(r, z)座標系における反応経路曲線 C 上の点を，(r_c, z_c) と書く．v をある点(r, z)から曲線 C への最短距離(曲線 C に垂直な軸の座標)とし，s は曲線 C に沿った弧長(ただし原点は都合のよいようにとる)とする．これらの座標には次の関係が成り立っている．

$$r = r_c + v\cos\delta, \quad z = z_c + v\sin\delta \tag{4}$$

$$ds = vd\delta, \quad (ds)^2 = (dr_c)^2 + (dz_c)^2 \tag{5}$$

曲線 C の曲率 $\kappa(s)$，そして変数変換のヤコビアン $\eta(s, v)$ は次のように書かれる．

$$\kappa(s) = \partial_s^2 z_c / \sqrt{1-(\partial_s z_c)^2} \quad \eta(s,v) = 1 - \kappa(s)v \tag{6}$$

このとき，式(3)は次のように書き直される[3-8]．

$$\begin{aligned}H &= -\frac{\hbar^2}{2M}\left[\partial_X^2 + \partial_Y^2\right] - \frac{\hbar^2}{2\mu}\left[\eta^{-1}\partial_s\eta^{-1}\partial_s + \eta^{-1}\partial_v\eta\partial_v\right] \\ &\quad + \frac{\hbar^2}{2\mu}\frac{1}{r}L\frac{1}{r}L + U(s,v,X,Y,\theta,\phi)。\end{aligned} \tag{7}$$

ここでは質量の重みを付加した座標(s, v)を導入している．$U(s, v, X, Y, \theta, \phi)$は反応経路座標系における 6 次元 PES である．η は変数変換のヤコビアンである．始状態の分子の並進エネルギー，振動エネルギー，回転エネルギーについては，実験で使われている分子ビームのそれぞれに対応する値を与えて，式(7)を Hamiltonian とする Schrödinger 方程式を解く．

内部状態を表す波動関数 $\varphi_{\nu,m,n}^{j,m_j}(s; v, X, Y, \theta, \phi)$ を用いると，全波動関数 $\Psi(s, v, X, Y, \theta, \phi)$ は式(8)のように展開される．

$$\Psi(s,v,X,Y,\theta,\phi) = \sum \Psi_{\nu,m,n}^{j,m_j}(s)\varphi_{\nu,m,n}^{j,m_j}(s; v, X, Y, \theta, \phi) \tag{8}$$

この $\Psi_{\nu,m,n}^{j,m_j}(s)$ に対する coupled-channel type Schrödinger 方程式を導き(9.5節参照)，物理的に適切な境界条件下でこれを数値的に解くことで，吸着確率 $S(E_t, E_v, E_j, \Theta_i)$，脱離確率 $D(E_t, E_v, E_j, \Theta_f)$ を求めることができる[3-8]．ここ

で，$E_t, E_v, E_j, \Theta_i, \Theta_f$ はそれぞれ分子の並進エネルギー，振動エネルギー，回転エネルギーと表面に対する入射角度，脱離(散乱)角度である．量子数 v, j, m_j, m, n はそれぞれ分子の振動状態，回転状態，角運動量ベクトル **j** の表面垂直成分，表面平行方向の運動状態を表す量子数であり，チャンネルと呼ぶ．

9.5 カップルド・チャンネル方程式

N 次元系では，反応座標 s に直交している $N-1$ 座標を Q とする．水素分子―表面反応では，s が水素分子の質量中心の表面垂直方向の座標となり，その他の座標(水素分子質量中心の表面平行方向の座標，水素分子の内部自由度を表す座標，表面原子の座標等)すべてを Q に繰り込んである．全エネルギーを E とおくと，質量の重みを付加した座標 Q を用いて，定常状態の Schrödinger 方程式は $H\Phi(Q, s) = -\frac{\hbar^2}{2\mu}\partial_s^2\Phi + \tilde{H}(Q) = E\Phi$ となる．波動関数 $\Phi(Q, s)$ を，内部状態を表す波動関数 $\phi_n(Q)$ を使って，$\Phi(Q, s) = \sum_n \Phi_n(s)\phi_n(Q)$ と展開し，$\Phi_n(s)$ ($n = 1,2,3\cdots, N$: 量子数 n をチャンネルと呼ぶ)に対する coupled-channel type Schrödinger 方程式を導く．

$$\partial_s^2 \Phi_m(s) = \sum_n \langle m|\tilde{H}(Q) - E|n\rangle \phi_n(Q) = -\sum_n \langle m|q^2|n\rangle \phi_n(Q) \quad (9)$$

行列表示では，

$$\partial_s^2 \Phi = -q^2 \Phi \;\to\; \Phi'' = -q^2 \Phi \;\to\; \Phi = e^{-iqs}, \quad q^2 = E - \tilde{H}(Q) \quad (10)$$

ただし，q は波数行列 (wave number matrix) である．

9.6 カップルド・チャンネル方程式の解法

ここでは，波動関数そのものを求める替わりに，局所反射行列(LORE：Local Reflection Matrix)[6]，局所透過行列(LOTRA：Local Transmission Matrix)[7]とその逆行列(INTRA：Inverse Transmission Matrix)[7]という 3 つの未知行列を

導入して，coupled-channel type Schrödinger 方程式(式(9)，式(10))を解く．これは数値的に安定な方法である．その前にその導入の意義について述べておきたい．

数値計算を実際に行うとき，反応経路 s を幅 Δs の区間 $I_k(s = s_k + 0$ から $s = s_{k+1} - 0$ までの区間)に細かく等分し，ポテンシャル・エネルギーや曲率等は離散的な点($\cdots, s_{k-1}, s_k, s_{k+1}, \cdots$)に対してそれぞれ与える．そして，それぞれの区間 I_k 内では，ポテンシャルの値が一定であるとして取り扱う(PCPA：piecewise constant potential approximation：区間内一定ポテンシャル近似)．もちろん，区間の幅 $\Delta s (= s_{k+1} - s_k)$ はそれ以上小さくしても結果が変わらないぐらいまで小さくとる．水素—表面反応の場合は $\Delta s \sim 0.05\text{Å}$ 以下になるように反応経路を分割すれば，十分収束した結果が得られる．このような場合，反応経路に沿って波動関数を決定するという問題は，それぞれの区間での局所的なポテンシャルのもとでの散乱，透過問題を繰り返し解くという問題に置き換わる．さらに，局所的なポテンシャルはそれぞれの区間では反応経路に沿って一定であり，境界面でのみ変化する．

したがって，図 9.7 において波動関数を右から左に向かって伝播させ決定していく場合，区間 I_k の右端 $s = s_k + 0$ における波動関数 Φ_k^R が与えられているとすると，区間 $I_k : [s_k + 0, s = s_{k+1} - 0]$ ではポテンシャルは一定なので

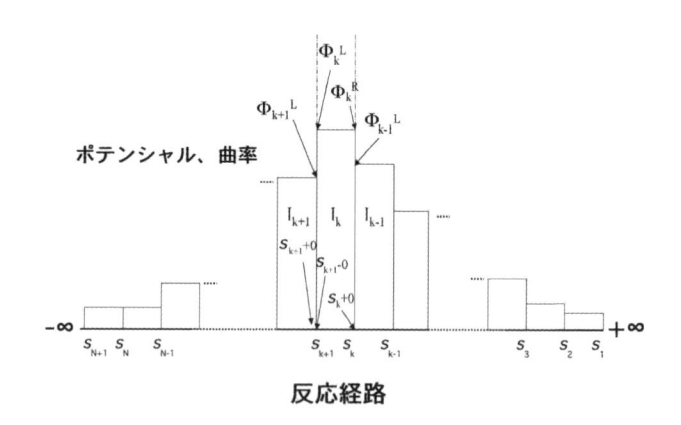

図 9.7　ポテンシャル・エネルギー，反応経路曲率の分割

$s = s_{k+1} - 0$ における波動関数 Φ_k^L は式(10)から容易に求めることができる.
そして，適切な境界条件を課すことで Φ_k^L から次のステップである区間 I_{k+1} の右端 $s = s_{k+1} + 0$ における波動関数 Φ_{k+1}^R を求めることができる．以上の操作を繰り返すことにより，全反応経路にわたる波動関数を決定できる．

これらの手順は式(10)の一般的な解法であるが，数値的に不安定である場合が多い．例えば，ステップの領域では，局所波数行列(local wave number matrix) q (式(10))は，全エネルギー E やポテンシャル・エネルギーの値によって実数となったり純虚数となったりする．全エネルギー E が小さく，ポテンシャルや状態 Q の量子数: v, j, m, n が大きいときは，q は純虚数となる．この場合，式(10)の波動関数は指数関数的な振る舞いを示し，$s = +\infty$ の領域で発散する．そしてこの発散が桁落ちなど，数値計算上の問題を生じさせる．$q^2 > 0$ である状態を開いたチャンネル(open channels)，$q^2 < 0$ である状態を閉じたチャンネル(closed channels)と呼んでいるが，計算では閉じたチャンネルも多く含まれるため，カップルド・チャンネル方程式において波動関数そのものを取り扱うことは好ましくない．そこで，波動関数そのものを取り扱わないで式(10)を解く方法が提案されている．

9.7 局所反射行列・透過行列・逆行列の導入

まず，局所反射行列(LORE : Local Reflection Matrix): $\rho(s)$，局所透過行列(LOTRA : Local Transmission Matrix): $\tau(s)$ とその逆行列 (INTRA : Inverse Transmission Matrix): $\bar{\tau}(s)$，それぞれの定義とその物理的意味について述べる．今，反応経路が直線(反応経路の曲率が 0)であると仮定し，図 9.8 に示すように右向きに進む入射波を $\exp(iqs)$，反射確率振幅を与える反射係数行列を r とすると領域 $s = -\infty$ における波動関数は，

$$\Phi(s) = e^{iqs} - e^{-iqs} r \tag{11}$$

で与えられる．また，透過確率振幅を与える透過行列を t とすると領域 $s = +\infty$ における波動関数は，

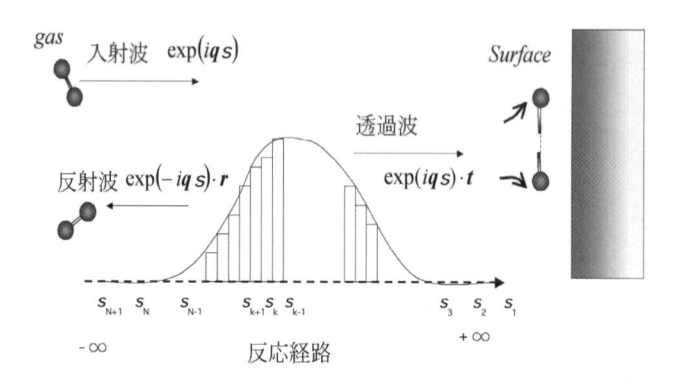

図 9.8　固体表面近傍における水素分子（入射波，散乱波，透過波）の解離吸着過程の概念図

$$\Phi(s) = e^{iqs}t \tag{12}$$

で与えられる．さらに，反応経路全領域に渡る波動関数をまとめて定義すると，以下のように書ける．

$$\Phi(s) = \left[e^{iqs} - e^{-iqs}r\right]t \tag{13}$$

実際，領域 $s = -\infty$ では，すべての波が透過しているので透過係数行列は $t = 1$ となり式(13)は式(11)を与える．また領域 $s = +\infty$ では，反射波は存在せず反射係数行列は $r = 0$ となり式(13)は式(12)を与える．次に，入射波を**1**(すなわち単位行列)に規格化するために，式(13)を次のように変形する．

$$\Phi(s) = \left[1 - e^{-iqs}re^{-iqs}\right]e^{iqs}t \tag{14}$$

そして局所反射行列(LORE)：$\rho(s)$，局所透過行列(LOTRA)：$\tau(s)$ とその逆行列(INTRA)：$\tilde{\tau}(s)$ を以下のように定義する．

$$\rho(s) \equiv e^{-iqs}re^{-iqs}, \quad \tau(s) \equiv e^{iqs}t, \quad \tilde{\tau}(s) \equiv \frac{1}{\tau(s)}t \tag{15}$$

すなわち，物理的には LORE，LOTRA(INTRA)は，局所的ポテンシャルにおける反射行列，透過行列(逆行列)を意味している．このとき波動関数とその s に対する微分は，$\rho(s)$ と $\tau(s)$ を用いて以下のように書かれる．

$$\Phi = \left[1 - \rho(s)\right]\tau(s), \quad \Phi' = -iq(s)\left[1 + \rho(s)\right]\tau(s) \tag{16}$$

あるいは

$$\Phi = \left[1 - \rho(s)\right]\frac{1}{\tilde{\tau}(s)}t, \quad \Phi' = -iq(s)\left[1 + \rho(s)\right]\frac{1}{\tilde{\tau}(s)}t \tag{17}$$

式(16)と式(17)から ρ, τ と $\tilde{\tau}$ は以下の様に求められる.

$$\rho(s) = [iq^{-1}(s)\Phi'(s) - \Phi(s)][iq^{-1}(s)\Phi'(s) + \Phi(s)]^{-1}$$
$$\tau(s) = [iq^{-1}(s)\Phi'(s) + \Phi(s)]/2 \tag{18}$$

次に, 式(18)の両辺を s で微分する.

$$\rho'(s) = i[q(s)\rho(s) + \rho(s)q(s)] - \frac{1}{2}[1 - \rho(s)]q^{-1}(s)q'(s)[1 + \rho(s)]$$
$$\tau'(s) = -iq(s)\tau(s) - \frac{1}{2}q^{-1}(s)q'(s)[1 + \rho(s)]\tau(s) \tag{19}$$
$$\tilde{\tau}'(s) = i\tilde{\tau}(s)q(s) + \frac{1}{2}\tilde{\tau}(s)q^{-1}(s)q'(s)[1 + \rho(s)]$$

ただし,

$$\begin{aligned}\rho(-\infty) &= 0; & \rho(\infty) &= r; \\ \tau(-\infty) &= t; & \tau(\infty) &= 1; \\ \tilde{\tau}(-\infty) &= 1; & \tilde{\tau}(\infty) &= t\end{aligned} \tag{20}$$

式(20)の境界条件下で, 式(19)を解き, $\rho(s)$ と $\tilde{\tau}(s)$ を求める. 式(19)を解くにあたっては, PCPA(区間内一定ポテンシャル近似)を用いて, ポテンシャルのプラトー(区間内部)とステップ(区間と区間の境界)の2つに分けて考える. まず, プラトーでは局所波数行列(local wave number matrix) q は一定なので, その微分項はすべてゼロである. また図9.8における区間 I_k 内では行列 q は一定値 q_k をとるので, 式(19)は次のように簡単になる.

$$\rho'(s) = i[\boldsymbol{q}_k\rho(s) + \rho(s)\boldsymbol{q}_k]$$
$$\tilde{\tau}'(s) = i\tilde{\tau}(s)\boldsymbol{q}_k \tag{21}$$

したがって, プラトーでの解は次のようになる.

$$\rho(s) = e^{i\boldsymbol{q}s}\rho_0 e^{i\boldsymbol{q}s}; \quad \tilde{\tau}(s) = \tilde{\tau}_0 e^{i\boldsymbol{q}s} \tag{22}$$

次に, 区間 I_k と区間 I_{k+1} との境界 $s = s_{k+1}$ にあるポテンシャルのステップ

（ポテンシャルのプラトー間の境界）での解に対する境界条件を考えてみる．この場合，$s = s_{k+1}$ で波動関数とその一回微分が連続的であることから次の境界条件が導かれる．

$$[1 - \rho_{k+1}]\tau_{k+1} = [1 - \rho_k]\tau_k$$
$$q_{k+1}[1 + \rho_{k+1}]\tau_{k+1} = q_k[1 + \rho_k]\tau_k \qquad (23)$$

また，ステップでの解は次のようになる．

$$\rho_{k+1} = [(1+n) + \rho_k(1-n)]^{-1}[(1-n) + \rho_k(1+n)]$$
$$\tilde{\tau}_{k+1} = \tilde{\tau}_k[(n+1) + (n-1)\rho_{k+1}]/2 \qquad (24)$$

ここで，

$$n = q_k^{-1} q_{k+1} \qquad (25)$$

は波動関数がステップの左から右へ通過するときの(相対)屈折率である．

以上で $\rho(s)$ と $\tilde{\tau}(s)$ を伝播させるために必要な条件式がすべて求まった．式(24)から明らかなように，次のステップの $\tilde{\tau}(s)$ を求めるには，次のステップでの $\rho(s)$ が求まっている必要がある．以下に，反応経路全領域における $\rho(s)$ と $\tilde{\tau}(s)$ の求め方をまとめて示す．

① 区間幅が 0.05Å 程度になるように反応経路を $s_1, s_2, \cdots, s_N, s_{N+1}$ の N 等分する．
② s_1 における局所波数行列 q_1 を求める．
③ 初期条件 $\rho_1^R = 0$, $\tilde{\tau}_1^R = 1$ から，プラトーの右端の LORE と INTRA を設定する．
④ 式(22)を用いて ρ_1^R, $\tilde{\tau}_1^R$ をプラトーの左端まで伝播させ，ρ_1^L, $\tilde{\tau}_1^L$ を求める．
⑤ q_2 を求め，q_1^{-1} とあわせて，n を求める．
⑥ 式(24)を用いて ρ_1^L, n から，次のプラトーの右端の LORE：ρ_2^R を求める．
⑦ 式(24)を用いて $\tilde{\tau}_1^L$, n, ρ_2^R から，次のステップの右端の INTRA：$\tilde{\tau}_2^R$ を求める．
⑧ 手順④から⑦までを繰り返し，s_{N+1} における LORE：ρ_{N+1}^R と INTRA：

$\tilde{\tau}^R_{N+1}$ を求める.

以上の操作により漸近領域 $s = s_{N+1}$ での散乱係数行列 $\boldsymbol{r} = \rho^R_{N+1}$ と透過係数行列 $\boldsymbol{t} = \tilde{\tau}^R_{N+1}$ が求まる. これら $\boldsymbol{r}$ と $\boldsymbol{t}$ はユニタリー性を満たしていないので, 実際の散乱確率, 透過確率を与えない. これは, 式(13)で表される波動関数が規格化されていないことが原因である. そこで, 確率の流れの保存則を用いて波動関数を規格化し, 実際の反射確率, 透過確率を与える反射行列 $\boldsymbol{R}$ と透過行列 $\boldsymbol{T}$ 求める必要がある. 一般に, Schrödinger 方程式から, 反応経路 s に沿った確率の流れの密度 j は以下のように与えられる.

$$j = \frac{i\hbar}{2\mu} \left\{ \partial_s \boldsymbol{\Phi}^* \boldsymbol{\Phi} - \boldsymbol{\Phi}^* \partial_s \boldsymbol{\Phi} \right\} \tag{26}$$

今, 反応経路の両端のプラトー(I_1 区間:$[s_1 + 0, s_2 - 0]$ と I_N 区間:$[s_{N+1} - 0, s_N + 0]$)における式(26)の保存則を考える. 図 9.8 に示すように, 入射波が反応経路の左端から右向きに入射すると考えると, 区間 I_{N+1} における波動関数は, 入射波と反射波を用いて $\boldsymbol{\Phi}_{N+1} = \exp(i\boldsymbol{q}_{N+1}s) - \exp(-i\boldsymbol{q}_{N+1}s)\boldsymbol{r}$ で与えられる. また, 反応経路の右端, 区間 I_1 における波動関数は, 透過波を用いて $\boldsymbol{\Phi}_1 = \tilde{\tau}\exp(i\boldsymbol{q}_1 s)$ で与えられる. 反応経路の両端で確率の流れの密度は保存されるので以下の式が成り立つ.

$$\frac{i\hbar}{2\mu} \left\{ \partial_s \boldsymbol{\Phi}^*_{N+1} \boldsymbol{\Phi}_{N+1} - \boldsymbol{\Phi}^*_{N+1} \partial_s \boldsymbol{\Phi}_{N+1} \right\} = \frac{i\hbar}{2\mu} \left\{ \partial_s \boldsymbol{\Phi}^*_1 \boldsymbol{\Phi}_1 - \boldsymbol{\Phi}^*_1 \partial_s \boldsymbol{\Phi}_1 \right\} \tag{27}$$

式(27)の両辺に波動関数を代入すると以下の式が得られる.

$$\boldsymbol{q}_{N+1} - \boldsymbol{r}^* \boldsymbol{q}_{N+1} \boldsymbol{r} = \tilde{\boldsymbol{\tau}}^* \boldsymbol{q}_1 \tilde{\boldsymbol{\tau}} \tag{28}$$

式(28)の両辺に両側から $1/\sqrt{q_{N+1}}$ を掛け, 整理すると次のようになる.

$$1 = \frac{1}{\sqrt{q_{N+1}}} \boldsymbol{r}^* \sqrt{q_{N+1}} \cdot \sqrt{q_{N+1}} \boldsymbol{r} \frac{1}{\sqrt{q_{N+1}}} + \frac{1}{\sqrt{q_{N+1}}} \tilde{\boldsymbol{\tau}}^* \sqrt{q_1} \cdot \sqrt{q_1} \tilde{\boldsymbol{\tau}} \frac{1}{\sqrt{q_{N+1}}} \tag{29}$$

ここで, 反射行列 $\boldsymbol{R}$ と透過行列 $\boldsymbol{T}$ を,

$$\boldsymbol{R} = \sqrt{q_{N+1}} \boldsymbol{r} \frac{1}{\sqrt{q_{N+1}}}, \qquad \boldsymbol{T} = \sqrt{q_1} \tilde{\boldsymbol{\tau}} \frac{1}{\sqrt{q_{N+1}}} \tag{30}$$

とすると, これらの式が規格化条件式であり, さらにユニタリー性を表す式,

$$R^*R + T^*T = 1, \quad |R|^2 + |T|^2 = 1, \quad \sum_f |R_{f,i}|^2 + \sum_f |T_{f,i}|^2 = 1 \quad (31)$$

が得られる．したがって最終的に始状態 $i = (v', j', m'_j, m', n')$ から終状態 $f = (v, j, m_j, m, n)$ への遷移過程を特徴づける散乱確率 $P_R^{i \to f}$ ならびに透過確率 $P_T^{i \to f}$ は，以下の式で与えられる．

$$P_R^{i \to f} = |R_{f,i}|^2 \quad (32)$$

$$P_T^{i \to f} = |T_{f,i}|^2 \quad (33)$$

9.8 波動関数の計算

全領域に渡る全波動関数の展開係数行列 $\Phi(s)$ は，各反応経路における LORE：$\rho(s)$ や INTRA：$t(s)$ を用いて計算することができる．

$$\Phi(s) = (1 - \rho(s))\frac{1}{\tilde{\tau}(s)}t \quad (34)$$

ここで $\tilde{\tau}(s)$ の逆行列を計算する必要があるが，$\tilde{\tau}(s)$ の逆行列は数値的に不安定で直接計算することができない．したがって，$\tilde{\tau}(s)$ を定義する前の LOTRA：$\tau(s)$ を用いて展開係数行列 $\Phi(s)$ を計算する．すなわち，

$$\Phi(s) = (1 - \rho(s))\tau(s) \quad (35)$$

を用いる．このとき，前述の通り $\rho(s)$ と $\tau(s)$ は同時には求めることができないので，まず $\rho(s)$ を求めて次に $\tau(s)$ を求めるという手順をとる．つまり，まず $s = +\infty$ から $s = -\infty$ に向かって初期条件 $\rho = 0$ で $\rho(s)$ を伝播させる．このとき各反応経路における $\rho(s)$ を数値データとしてメモリーに残しておく．そして次に $s = -\infty$ から $s = +\infty$ に向かって初期条件 $\tau = 1$ で $\tau(s)$ を伝播させていく．このとき，$\tau(s)$ の伝播条件は以下のように与えられる．

$$\tau_{k-1}^R = \frac{1}{2}\exp(iq_{k-1}\Delta s)\left[(n_{k-1} + 1) + (n_{k-1} - 1)\rho_k^R\right]\tau_k^R \quad (36)$$

ここで $\tau(s)$ も同様に数値データとしてメモリーに残しておく．そして，メモリーに残した各反応経路における $\rho(s)$ と $\tau(s)$ を式(35)に代入し展開係数

行列 $\Phi(s)$ を得る．ここで，展開係数行列 $\Phi(s)$ の行列要素を $\varphi_{f,i}(s)$ とおくと，全波動関数 $\tilde{\Psi}(s,v,\theta,\phi,X,Y)$ は，水素分子の各自由度の固有関数の積により，以下のように与えられる．

$$\tilde{\Psi}(s,v,X,Y,\theta,\phi) = \sum_f \varphi_{f,i}(s)\beta_\nu(s,v)Y_j^{m_j}(\theta,\phi)\exp[-iG(mX+nY)] \quad (37)$$

9.9　むすび

　PES の計算，反応経路座標への変換，カップルド・チャンネル方程式の導出，数値的に安定な解を得るための手法，そして波動関数の計算など，NANIWA2001 で用いた計算上の方法論を詳細に説明した．水素—表面反応の解析は，PES の正確性と量子ダイナミクス計算の正確性の両方が要求されるため，大規模な数値計算となる．量子ダイナミクス計算では，その計算の正確性が式(31)にあるようなユニタリー性を用いてチェックできる．通常の場合では，ユニタリー性は 4 桁程度の精度が得られている．これ以上の精度を得るためには数値計算における桁落ち等の影響を除く必要があるが，ダイナミクスを議論する上では十分な精度が得られていると考えている．

　また，水素分子の並進，回転，振動の運動状態を表す量子数の最大値をそれぞれ，$m_{\max}$，$n_{\max}$，$j_{\max}$，$v_{\max}$ とおく．このとき，計算を実行するうえでの量子状態の総数(全チャンネル数) N_{ch} は，

$$N_{\mathrm{ch}} \approx \frac{1}{4}(2m_{\max}+1)(2n_{\max}+1)j_{\max}(2j_{\max}+1)\nu_{\max} \quad (38)$$

で与えられる．ここで $\frac{1}{4}$ 倍しているのは，水素分子は同種核分子で，回転対称性があり j と m_j の奇数と偶数の状態は互いにカップルしない(ここでは，水素原子の核スピンの変化は考えていない)ためである．よって，j 偶数と m_j 偶数，j 偶数と m_j 奇数，j 奇数と m_j 偶数，j 奇数と m_j 奇数，の 4 つの場合に分けて計算を行うことができる．例えば，H_2/Cu(100) 系の全エネルギーが 0.4eV 程度までの計算を行うとき，計算の収束性を満たすために，各量子数の最大値は，$m_{\max} = 5$，$n_{\max} = 5$，$j_{\max} = 6$，$v_{\max} = 2$ にする．したがっ

て，1 回の計算で考慮する全チャンネル数は $N_{ch} = 4719$ となり，4719 行 4719 列の行列微分方程式を取り扱うことになる．この計算の収束性は各量子数の最大値が $m_{max} = 7$, $n_{max} = 7$, $j_{max} = 8$, $v_{max} = 4$ での計算を行い，計算結果が変化しないことで確認する．これ以上の高エネルギーの場合について計算しようとすると，さらに多くのチャンネル数を考慮する必要がある．現在のところ，7000 チャンネル以上の計算は普通のスーパーコンピュータの能力の限界を超えているため行うことができない．しかしながら，最近，カップルド・チャンネル計算でチャンネル数を減らす工夫，例えば，表面の対称性と水素分子の回転対称性を組み合わせることでさらに計算を分割する方法[31]や，波動関数を展開するときに用いる基底関数を量子軌道に沿ってシフトすることによりチャンネル数を減らす方法[32,33]，等が提案されている．今後，これらの手法を取り入れることにより，より多くの自由度を考慮することが可能になり，より高エネルギー状態の水素─表面反応が扱われるようになると思われる．

[9章　参考文献]

[1] A. Okiji, Y. Murata, K. Makoshi, H. Kasai, ed.: *Proc. Int. Symp. Dynamical Quantum Processes on Solid Surfaces*, *Surf. Sci.* **363**（1996）．
[2] 本書（応用編）第 9 章：NANIWA2001．
[3] 笠井秀明，Wilson Agerico Diño，興地斐男：日本物理学会誌 **52**（1997）824．
[4] W. Brenig, H. Kasai: *Surf. Sci.* **213**（1989）170．
[5] H. Kasai, A. Okiji: *Prog. Surf. Sci.* **44**（1993）101．
[6] W. Brenig, T Brunner, A. Groß, R. Russ: *Z. Phys.* **B93**（1993）91．
[7] W. Brenig, R. Russ: *Surf. Sci.* **315**（1994）195．
[8] W. Brenig, A. Gross, R. Russ: *Z. Phys.* **B97**（1995）311．
[9] 中西寛，笠井秀明，Wilson Agerico Diño：「計算機ナノマテリアルデザイン特集号」固体物理 **39**（2004）135．
[10] P. Hohenberg, W. Kohn: *Phys. Rev.* **136**（1964）B 864．
[11] W. Kohn, L.J. Sham: *Phys. Rev.* **140**（1965）A 1133．
[12] M.R. Hand, S. Holloway: *J. Chem. Phys.* **91**（1989）7209．

[13] J. Harris: *Surf. Sci.* **221** (1989) 335.
[14] D. Halstead, S. Holloway: *J. Chem. Phys.* **93** (1990) 2859.
[15] K. Tanada: Master's Thesis, Osaka University (1993).
[16] G. Wiesenekker, G.J. Kroes, E.J. Baerends: *J. Chem. Phys.* **104** (1996) 7344.
[17] C.C. Rankin, J.C. Light: *J. Chem. Phys.* **51** (1969) 1701.
[18] W.A. Diño, H. Kasai, A. Okiji: *Prog. Surf. Sci.* **63** (2000) 63.
[19] H. Kasai, W.A. Diño, R. Muhida: *Prog. Surf. Sci.* **72** (2003) 53.
[20] W.A. Diño, H. Kasai, A. Okiji: *Phys. Rev. Lett.* **78** (1997) 286.
[21] W.A. Diño, H. Kasai, A. Okiji: *J. Phys. Soc. Jpn.* **67** (1998) 1517.
[22] W.A. Diño, H. Kasai, A. Okiji: *Surf. Sci.* **418** (1998) L39.
[23] W.A. Diño, H. Kasai, A. Okiji: *Surf. Sci.* **427-428** (1999) 358.
[24] W.A. Diño, H. Kasai, A. Okiji: *J. Phys. Soc. Jpn.* **69** (2000) 993.
[25] W.A. Diño, H. Kasai, A. Okiji: *Surf. Sci.* **493** (2001) 278.
[26] R. Muhida, W.A. Diño, Y. Miura, H. Kasai, H. Nakanishi, K. Fukutani, T. Okano, A. Okiji: *J. Vac. Soc. Jpn.* **45** (2002) 448.
[27] Y. Miura, H. Kasai, W.A. Diño: *J. Phys.: Condens. Matter* **14** (2002) L479.
[28] D. Farías, R. Miranda, K.-H. Rieder, W.A. Diño, K. Fukutani, T. Okano, H. Kasai, A. Okiji: *Chem. Phys. Lett.* **359** (2002) 127.
[29] K. Nobuhara, H. Kasai, H. Nakanishi, A. Okiji: *Surf. Sci.* **82** (2002) 507.
[30] Y. Miura, H. Kasai, W.A. Diño, H. Nakanishi: *J. Vac. Soc. Jpn.* **46** (2003) 402.
[31] G.J. Kroes, J.G. Snijder, R.C. Mowrey: *J. Chem. Phys.* **103** (1995) 5121.
[32] W. Brenig, R. Brako, M.F. Hilf: *Z. Phys. Chem.* **197** (1996) 237.
[33] W. Brenig, M.F. Hilf, R. Brako: *Surf. Sci.* **469** (2000) 105.

10 RSPACE-04
― ナノ構造体の電気伝導特性 ―

　電子デバイスの微細化と高機能化が進むにつれ，ナノスケールの構造体（ナノ構造体）の電気伝導に対する興味が高まってきている．通常の金属や半導体などのマクロスケールにおける固体中の電気伝導では，電子は，固体中の不純物・欠陥やフォノンとの衝突などによるエネルギーの散逸を伴う非弾性散乱を繰り返しながら伝導するために，電場の大きさに比例する速度（ドリフト速度）に落ち着く．その結果，オームの法則が成立し，コンダクタンス（電気抵抗の逆数）は導線の断面積に比例し長さに反比例する．一方，平均自由行程（電子が散乱されないで進む平均距離，金属では室温で数十 nm）より短い導線を電極で結んだようなナノ構造体では，電子の大部分は散乱されずに構造体を通り抜けることになる．こういう伝導はバリスティック（弾道）伝導と呼ばれる．このとき，巨視的な系では隠されていた伝導現象の量子効果が顕著になり，コンダクタンスの量子化，非線形な電流-電圧特性，クーロン・ブロッケード効果など，様々な特異な物性が現れてくる[1,2]．このような伝導特性は，ナノデバイスの新しい動作原理として利用できるものと期待されている．

　ナノ構造体のバリスティック伝導現象についての実験的証拠は，走査型トンネル顕微鏡やブレークジャンクション，リソグラフィーといった技術を用いて電極間にナノスケールの間隙を作成し，その間に挟まれた原子鎖や分子

を流れる電流を測定することによって得られている[1]．金属原子鎖系では，電極同志の接触点を引き伸ばしていくと電極間に数原子からなる原子鎖が形成される．この原子鎖を流れる電流は量子効果を受け，コンダクタンスが$G_0 (= 2e^2/h：e$ は電気素量，h はプランク定数)の整数倍に量子化されることが金の原子鎖について最初に報告された．その後，多くの金属でこのようなコンダクタンスの量子化が確認された．また，分子系に関しても，ベンゼンチオールや DNA 分子，自己組織化単分子膜 1 層のコンダクタンスの測定結果なども報告されている．分子系については，結果にはまだ検討の余地があると思われるが，新たな機能をもつ材料の可能性として興味深い．

理論研究においても，近年の計算機および計算手法の発展により，このようなナノスケールでの電気伝導現象を密度汎関数理論[3]に基づく第一原理計算で予測することが可能になってきた．特に，これまで行われてきた実験の理論的裏づけや未知のナノ構造体のもつ電気伝導特性の予測が精力的に行われている[1]．本章および応用編の第 9 章では，ナノ構造体の電気伝導についての計算手法を解説するとともに，この手法を原子鎖やフラーレン鎖に適用した例を紹介し，原子構造や電子状態がどのようにバリスティック伝導に影響するのかを見ていきたい．

10.1 ナノ構造体における電気伝導の基礎理論 —— ランダウアー公式

金属や半導体のナノ細線における電気伝導の基礎理論は，久保亮吾[4]およびランダウアー[5]によってほぼ同時期(1957年)に発表された．前者の方は，数学的な技巧を駆使した難解な理論であるが，幅広い対象に適用可能である．これに対し，後者の方は単純明快であるが，応用できる範囲は限られている．ナノスケールの電気伝導特性解析に限れば，ランダウアーの公式の方が使い勝手がよい．

ランダウアーの公式を導くために，図10.1のような理想化された一次元導体のモデルを考えよう[2]．図の中央にある散乱体が測定されるべき試料であ

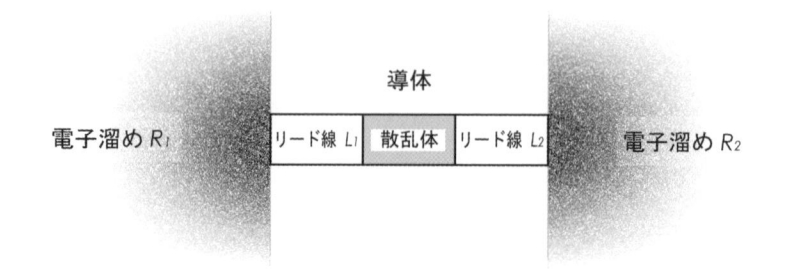

```
        導体
電子溜め R₁  │リード線 L₁│散乱体│リード線 L₂│  電子溜め R₂
```

図 10.1 ランダウアーの公式を導くためのモデル

り，リード線 L_1, L_2 によって左右の電子溜め（電極）R_1, R_2 につながっている．電流を駆動するのはこれら電子溜めのフェルミ準位（化学ポテンシャル）E_1^F, E_2^F の差であって，この差を電子の電荷 $-e$ で割ったものが電極の電位差 V であるとみなす．ここでは $E_1^F > E_2^F$ とする．E_1^F と E_2^F の間のエネルギーをもつ電子が左の電子溜め R_1 からリード線 L_1 を通じて散乱体に流れ込む．流れ込んだ電子は散乱体で弾性散乱を受け，確率 R で反射し，確率 $T(= 1-R)$ で透過する．反射した電子は電子溜め R_1 に，透過した電子は電子溜め R_2 にそれぞれ達してそこで吸収される．電子溜めは十分に大きく，その内部ではすみやかに非弾性散乱が起こり常に熱平衡が保たれると仮定する．よって，フェルミ準位 E_1^F, E_2^F の値はリード線を通じての電子の出入りによって変わることはない．また，リード線は理想的なものであり，その中では電子の散乱は起こらず，電子をただそのまま通すだけの役割をすると考える．

リード線 L_1 中の波数が k の状態のエネルギーを $E(k)$ とすると，その状態の運ぶ電流の大きさは

$$I_1(k) = -e\frac{dE(k)}{\hbar dk} \tag{1}$$

である．ここで，$dE(k)/\hbar dk$ はこの状態の群速度である．この電流のうち T だけが散乱体を透過して電子溜め R_2 に達するのであるから，正味の電流は

$$I_2(k) = -eT\frac{dE(k)}{\hbar dk} \tag{2}$$

で与えられる．そこで，E_1^F, E_2^F に等しいエネルギーをもつ状態の波数をそれぞれ k_1, k_2 とすると，散乱体を透過する全電流は

$$\begin{aligned} I_{total} &= 2\int_{k_2}^{k_1} I_2(k)\frac{dk}{2\pi} \\ &= -\frac{2e}{h}T\int_{E_2^F}^{E_1^F} dE(k) \\ &= -\frac{2e}{h}T\left(E_1^F - E_2^F\right) \end{aligned} \quad (3)$$

となる．ここで，右辺の因子 2 はスピンの縮重度である．また，透過確率 T は k に依存しないと仮定した．左右の電子溜めの間の電位差は $V = (E_1^F - E_2^F)/(-e)$ なので，結局，コンダクタンスは

$$G = \frac{I_{total}}{V} = \frac{2e^2}{h}T \quad (4)$$

となる．これがランダウアーの公式と呼ばれる式の最も簡単な形である．式(4)は，導体中に全く散乱がなくて完全透過($T=1$)の場合に，系がコンダクタンスの量子化[$G = 1.0G_0$, ここに $G_0 = 2e^2/h \simeq 1/(12.9\mathrm{k}\Omega)$]を示すことを意味している．透過確率 $T(0 \leq T \leq 1)$ の値は散乱体としてどのようなナノ構造体をとってくるかによる．次節で第一原理計算に基づいて T を求める計算方法を述べる．なお，$E_1^F - E_2^F$ が十分に小さいとき，T はフェルミ準位における値と考えてよい．

式(4)は散乱体がただ 1 つのチャンネルをもつ場合の公式であるが，この公式は複数のチャンネルをもつ一般の場合に容易に拡張できる．散乱体において電子がモード j からモード i へと透過する確率振幅を t_{ij} とすると，モード j の全透過確率は $T_j = \sum_i |t_{ij}|^2$ となるから，コンダクタンスは T_j の総和をとることにより，

$$G = G_0 \sum_j T_j = G_0 \sum_{i,j} |t_{ij}|^2 \quad (5)$$

によって与えられる．この式はランダウアー・ビュッティカーの公式[5]とも呼ばれている．

10.2 Overbridging boundary-matching 法

　透過確率を求める方法は，大きく分けて2つに分けられ，1つは散乱波動関数を直接計算する方法である．この方法には，Lippmann-Schwinger 方程式を解く方法(LS 法)[6,7]や Recursion-transfer-matrix (RTM) 法[8]，また，最近我々の研究グループによって開発された Overbridging boundary-matching (OBM)法[9-15]などがある．OBM 法は，半無限の結晶電極に挟まれたナノ構造体のバリスティック伝導現象を高精度にかつ能率的に計算できる第一原理計算手法である．もう1つは，散乱波動関数を求めずに無限系の非平衡グリーン関数を用いて透過確率を計算する方法[16-20]である．以下に OBM 法を解説する．他の計算方法については参考文献を参照されたい．なお，応用編第10章の例は，OBM 法を組み込んだ第一原理計算プログラム(RSPACE-04)を用いて行った．

　OBM 法は実空間差分法[9,21,22]を用いると定式化が容易になる．まず実空間差分法を概説しよう．密度汎関数理論[3]に基づく既存の第一原理分子動力学シミュレーションプログラムのほとんどは，原子軌道展開法(tight-binding 法)や平面波展開法など波動関数やポテンシャルを何らかの基底関数を用いて展開し，その展開係数を求める方法によっている．しかし，これらの方法は，用いる基底関数によって計算精度が左右されたり，計算モデルに制約が課せられるといった欠点がある．一方，実空間差分法による計算方法では，基底関数を用いる代わりに，実空間に張られたグリッド上で波動関数やポテンシャルの値を直接求める(図10.2参照)．この方法はコーン・シャム方程式中の二階微分演算子に差分近似を用いるため実空間差分法と呼ばれている．基底関数を用いないので，基底関数の選び方による精度落ちの問題や適用可能な境界条件の制約がない．従来の実空間差分法にはグリッドと原子核の相対的な位置関係により全エネルギーが非物理的に振動するという深刻な欠点があることが指摘されていたが，この問題は double grid を導入することで解決できることがわかった[9,22]．

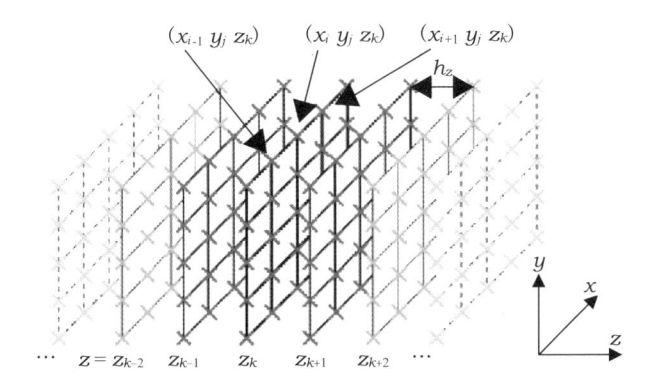

図 10.2　実空間差分法におけるグリッド
波動関数やポテンシャルはグリッド上で定義される.

簡単のために，二階微分演算子に中心差分を採用すると，例えば運動エネルギー項の z 成分は

$$-\frac{1}{2}\frac{\partial^2}{\partial z^2}\psi(x_i,y_j,z)\bigg|_{z=z_k} \simeq -\frac{\psi(x_i,y_j,z_{k-1})-2\psi(x_i,y_j,z_k)+\psi(x_i,y_j,z_{k+1})}{2h_z^2} \tag{6}$$

となるので，コーン・シャム方程式は

$$B\Psi(z_{k-1})+A_k\Psi(z_k)+B\Psi(z_{k+1})=E\Psi(z_k)$$
$$(k=\ldots,-1,0,1,\ldots) \tag{7}$$

のように表される．ここに，$\psi(x_i, y_j, z_k)$ はグリッド点 (x_i, y_j, z_k) における波動関数の値，$\Psi(z_k)$ は $z=z_k$ での x-y 平面内の $\{\psi(x_i, y_j, z_k)\}$ から構成された列ベクトル，すなわち，

$$\Psi(z_k)=\Big[\psi(x_1,y_1,z_k),\psi(x_2,y_1,z_k),\ldots$$
$$\ldots,\psi(x_{N_x},y_1,z_k),\psi(x_1,y_2,z_k),\ldots,\psi(x_{N_x},y_{N_y},z_k)\Big]^t, \tag{8}$$

そして，h_z は z 方向に等間隔グリッドをとるとしてそのグリッド間隔，N_x, N_y はそれぞれ x, y 方向のグリッドの数である．また，式(7)において，$B=-\frac{1}{2h_z^2}I$ [I は $N(=N_x\times N_y)$ 次の単位行列]，A_k は差分化に関係する係数と有効

ポテンシャル $v_{eff}(\boldsymbol{r})$ のグリッド上での値の和から構成される行列, E はコーン・シャムの 1 粒子エネルギーである. ここで注意すべきことは, 式(7)が波動関数ベクトル $\{\Psi(z_k)\}$ 間の隣接 3 項の関係式であるところである. したがって, 式(7)を行列で表示すると [例えば, 以下の式(14), 式(15)], その行列はブロック 3 重対角行列という極めて疎な行列になる. このおかげで, 部分対角化法(最急降下法や共役勾配法など)に基づいてコーン・シャム方程式を解いたり行列の逆行列を求めるとき演算量が少なくて済む. これも実空間差分法の実用上の大きな利点である.

次に, 電気伝導の第一原理計算を実行するための OBM 法について述べる. ナノ構造体における電子のバリスティック伝導現象を正しく予測するには, 図 10.3 に示すように, 半無限に続く 2 つの対向したバルク電極間にナノ構造体を挟んだ計算モデルを採用し, その系における散乱問題を解かねばならない. 当然のことであるが, z 方向(電極が半無限に続く方向)には系は非周期的である. したがって, 必然的に周期的な系しか扱えない既存の平面波展開法プログラムでは, 系の両端に印加した電圧によって駆動される定常的な電子の流れを見積もることは困難であるため, このプログラムを電気伝導計算に使用することはできない.

無限の系全体に拡がる散乱解 $\{\Psi(z_k)\}$, $k = -\infty, \cdots, -1, 0, 1, \cdots, \infty$, を得るには, 散乱の境界条件を満たすコーン・シャム方程式(7)の解を求めればよい. 電子が左側電極から j 番目のチャンネルを通って入射する場合の境界条件は

$$\Psi_j(z_k) = \begin{cases} \Phi_j^{in}(z_k) + \sum_{i=1}^{N} r_{ij} \Phi_i^{ref}(z_k) & \cdots \quad k \leq 0 \\ \sum_{i=1}^{N} t_{ij} \Phi_i^{tra}(z_k) & \cdots \quad k \geq m+1 \end{cases} \tag{9}$$

である. ここに, $\Phi_j^{in}(z_k)$, $\Phi_i^{ref}(z_k)$, $\Phi_i^{tra}(z_k)$ は, 図10.3 に示すように, それぞれバルク電極内の入射波(incident wave), 反射波(reflected wave), 透過波(transmitted wave)を表す. また, r_{ij} は反射確率振幅, t_{ij} は透過確率振幅であ

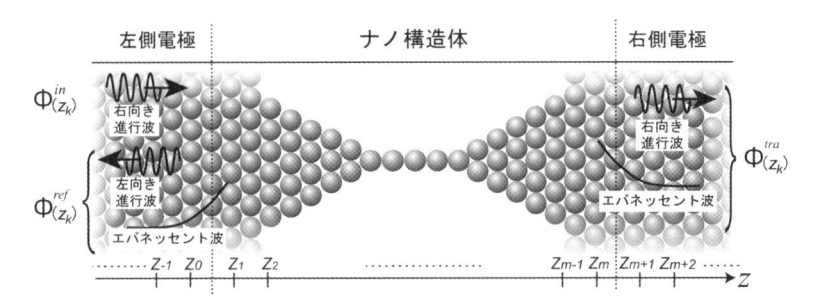

図10.3 半無限に続く2つのバルク電極に挟まれたナノ構造体モデル
$\Phi^{in}(z_k)$, $\Phi^{ref}(z_k)$, $\Phi^{tra}(z_k)$ はそれぞれバルク電極内の入射波, 反射波, 透過波を表す.

る. 入射波としては進行波を考えれば十分であるが, 正しい散乱解を得るには, 反射波と透過波として進行波だけでなく指数関数的に激しく増減するエバネッセント波も考慮する必要がある[9,10](この節の最後の段落参照). これらバルク電極内に存在する進行波とエバネッセント波(これらの波をまとめて, 一般化ブロッホ状態と呼ぶ)の求め方については後に述べる. 後の使い勝手を考えて, 散乱の境界条件式(9)を以下のように少し書き換える. 反射波を構成する N 個の一般化ブロッホ状態のすべてをひとまとめにして N 次行列

$$Q^{ref}(z_k) = \left[\Phi_1^{ref}(z_k), \Phi_2^{ref}(z_k), ..., \Phi_N^{ref}(z_k) \right] \quad (k \leq 0) \tag{10}$$

として取り扱い, また, 透過波に対しても同様の N 次行列

$$Q^{tra}(z_k) = \left[\Phi_1^{tra}(z_k), \Phi_2^{tra}(z_k), ..., \Phi_N^{tra}(z_k) \right] \quad (k \geq m+1) \tag{11}$$

を定義すると, 式(9)は

$$\Psi_j(z_k) = \begin{cases} \Phi_j^{in}(z_k) + Q^{ref}(z_k)\tilde{R}_j & \cdots \quad k \leq 0 \\ Q^{tra}(z_k)\tilde{T}_j & \cdots \quad k \geq m+1 \end{cases} \tag{12}$$

のように表せる. ここに, $\tilde{R}_j$, $\tilde{T}_j$ はそれぞれ r_{ij}, t_{ij} からなる N 次元の列ベクトル

$$\tilde{R}_j = [r_{1j}, r_{2j}, ..., r_{Nj}]^t$$
$$\tilde{T}_j = [t_{1j}, t_{2j}, ..., t_{Nj}]^t \tag{13}$$

である．

さて，ナノ構造体を包含する z が $z_0 \leq z \leq z_{m+1}$ の領域(図10.3参照)におけるコーン・シャム方程式に注目しよう．$k = 0, 1, \cdots, m, m+1$ とおいた式(7)のすべてを，行列を使って1つの式で表すと，

$$[E - \hat{H}_T] \begin{bmatrix} \Psi_j(z_0) \\ \Psi_j(z_1) \\ \vdots \\ \Psi_j(z_m) \\ \Psi_j(z_{m+1}) \end{bmatrix} = \begin{bmatrix} B\Psi_j(z_{-1}) \\ 0 \\ \vdots \\ 0 \\ B\Psi_j(z_{m+2}) \end{bmatrix} \tag{14}$$

となる．ここに，$\hat{H}_T$ はこの領域(無限系から一部を truncate した有限孤立系)に対するハミルトニアンの行列表示で，

$$\hat{H}_T = \begin{bmatrix} A_0 & B & & & 0 \\ B & A_1 & B & & \\ & \ddots & \ddots & \ddots & \\ & & B & A_m & B \\ 0 & & & B & A_{m+1} \end{bmatrix} \tag{15}$$

である．そこで，式(14)を左辺の $\{\Psi_j\}$ に関する連立方程式とみなし，行列 $\hat{H}_T$ のグリーン関数行列 $\hat{G}_T(E) = [E - \hat{H}_T]^{-1}$ を導入すると，その解は

$$\begin{bmatrix} \Psi_j(z_0) \\ \Psi_j(z_1) \\ \vdots \\ \Psi_j(z_m) \\ \Psi_j(z_{m+1}) \end{bmatrix} = \hat{G}_T(E) \begin{bmatrix} B\Psi_j(z_{-1}) \\ 0 \\ \vdots \\ 0 \\ B\Psi_j(z_{m+2}) \end{bmatrix} \tag{16}$$

と表される．以下の議論では，特に，式(16)中の最上行と最下行の式

$$\begin{bmatrix} \Psi_j(z_0) \\ \Psi_j(z_{m+1}) \end{bmatrix} = \begin{bmatrix} G_T(z_0, z_0) & G_T(z_0, z_{m+1}) \\ G_T(z_{m+1}, z_0) & G_T(z_{m+1}, z_{m+1}) \end{bmatrix} \begin{bmatrix} B\Psi_j(z_{-1}) \\ B\Psi_j(z_{m+2}) \end{bmatrix} \quad (17)$$

が重要である.ここに,$G_T(z_k, z_l)$ は行列 $\hat{G}_T(E)$ の第 k 行第 l 列ブロック行列要素である.式(17)は,ナノ構造体を跨いで(overbridge して)波動関数の左側電極での境界値 $\Psi(z_0), \Psi(z_{-1})$ と右側電極での境界値 $\Psi(z_{m+1}), \Psi(z_{m+2})$ を関係づける一種の接続(matching)公式とみなされる.このことから,式(17)を overbridging boundary-matching(OBM)公式と呼ぶ.

散乱の境界条件式(12)を式(17)に代入すると,直ちに反射確率振幅ベクトル $\tilde{R}_j$ と透過確率振幅ベクトル $\tilde{T}_j$ [式(13)]に関する次の $2N$ 元連立方程式が得られる.

$$\begin{bmatrix} W_{0,0}Q^{ref}(z_{-1}) - Q^{ref}(z_0) & W_{0,m+1}Q^{tra}(z_{m+2}) \\ W_{m+1,0}Q^{ref}(z_{-1}) & W_{m+1,m+1}Q^{tra}(z_{m+2}) - Q^{tra}(z_{m+1}) \end{bmatrix} \begin{bmatrix} \tilde{R}_j \\ \tilde{T}_j \end{bmatrix}$$
$$= - \begin{bmatrix} W_{0,0}\Phi_j^{in}(z_{-1}) - \Phi_j^{in}(z_0) \\ W_{m+1,0}\Phi_j^{in}(z_{-1}) \end{bmatrix}. \quad (18)$$

ここに,

$$\begin{aligned} W_{0,0} &= G_T(z_0, z_0)B \\ W_{0,m+1} &= G_T(z_0, z_{m+1})B \\ W_{m+1,0} &= G_T(z_{m+1}, z_0)B \\ W_{m+1,m+1} &= G_T(z_{m+1}, z_{m+1})B. \end{aligned} \quad (19)$$

以上により,グリーン関数行列のブロック行列要素 G_T とバルク電極内の一般化ブロッホ状態の行列 Q^{ref}, Q^{tra} [式(10),式(11)]が既知のとき,式(18)を解くことにより,入射波 Φ_j^{in} ごとに $\tilde{R}_j, \tilde{T}_j$ が求まる.それらが求まると,式(12)と式(16)を用いることにより,ナノ構造体領域での散乱波動関数の値 $\{\Psi_j(z_k)\}$ がすべて決まる.さらに,可能なすべての入射波に対して $\tilde{T}_j$ を計算し,ランダウアー・ビュッティカーの公式(5)を適用すると,系のコンダクタンスがわかるということになる.

最後に,バルク電極内の一般化ブロッホ状態 $\Phi(z)$ の計算方法を述べる.金属が示す静電遮へい効果により,ごく表面層を除く内部で,バルク電極は

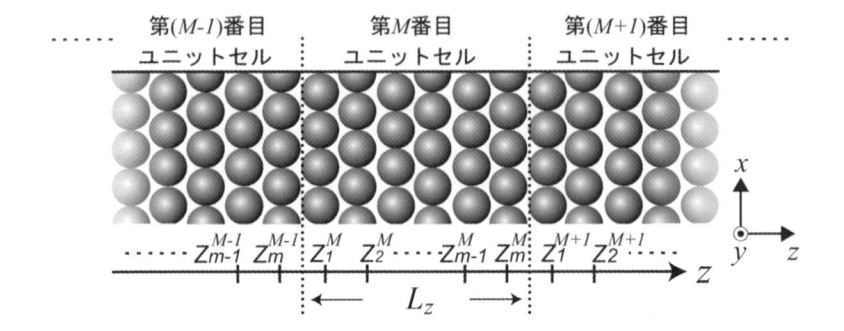

図 10.4 周期的ポテンシャルをもつ結晶のモデル
z_k^M は第 M 番目ユニットセル中の第 k 番目グリッドの z 座標を表す.

ポテンシャルが周期的な結晶であるとみなされる．図10.4に，結晶のモデルを示す．第 M 番目のユニットセル (z が $z_1^M \leq z \leq z_m^M$ の領域) におけるコーン・シャム方程式

$$
\begin{aligned}
&B\Phi(z_m^{M-1}) + A_1^M \Phi(z_1^M) + B\Phi(z_2^M) = E\Phi(z_1^M) \\
&B\Phi(z_{k-1}^M) + A_k^M \Phi(z_k^M) + B\Phi(z_{k+1}^M) = E\Phi(z_k^M) \\
&\qquad\qquad\qquad (k = 2, 3, \ldots, m-1) \\
&B\Phi(z_{m-1}^M) + A_m^M \Phi(z_m^M) + B\Phi(z_1^{M+1}) = E\Phi(z_m^M)
\end{aligned}
\tag{20}
$$

を考えよう．このユニットセルを全体の系から一部を truncate した有限孤立系であるとみなしたときのハミルトニアン行列

$$
\hat{H}_T^M = \begin{bmatrix}
A_1^M & B & & & 0 \\
B & A_2^M & B & & \\
& \ddots & \ddots & \ddots & \\
& & B & A_{m-1}^M & B \\
0 & & & B & A_m^M
\end{bmatrix}
\tag{21}
$$

を用いると，式 (20) は

$$\left[E - \hat{H}_T^M\right] \begin{bmatrix} \Phi(z_1^M) \\ \Phi(z_2^M) \\ \vdots \\ \Phi(z_{m-1}^M) \\ \Phi(z_m^M) \end{bmatrix} = \begin{bmatrix} B\Phi(z_m^{M-1}) \\ 0 \\ \vdots \\ 0 \\ B\Phi(z_1^{M+1}) \end{bmatrix} \quad (22)$$

と表せる．そこで，行列 $\hat{H}_T^M$ のグリーン関数行列 $\hat{G}_T^M(E) = [E - \hat{H}_T^M]^{-1}$ を定義すると，式(22)は

$$\begin{bmatrix} \Phi(z_1^M) \\ \Phi(z_2^M) \\ \vdots \\ \Phi(z_{m-1}^M) \\ \Phi(z_m^M) \end{bmatrix} = \hat{G}_T^M(E) \begin{bmatrix} B\Phi(z_m^{M-1}) \\ 0 \\ \vdots \\ 0 \\ B\Phi(z_1^{M+1}) \end{bmatrix} \quad (23)$$

となる．ナノ構造体に対する OBM 公式(17)を導いたときと同様に，式(23)の最上行と最下行の式に注目すると，今度は第 M 番目のユニットセルに対する OBM 公式

$$\begin{bmatrix} \Phi(z_1^M) \\ \Phi(z_m^M) \end{bmatrix} = \begin{bmatrix} G_T^M(z_1^M, z_1^M) & G_T^M(z_1^M, z_m^M) \\ G_T^M(z_m^M, z_1^M) & G_T^M(z_m^M, z_m^M) \end{bmatrix} \begin{bmatrix} B\Phi(z_m^{M-1}) \\ B\Phi(z_1^{M+1}) \end{bmatrix} \quad (24)$$

を得る．$G_T^M(z_k^M, z_l^M)$ は行列 $\hat{G}_T^M(E)$ の対応するブロック行列要素である．

周期系のコーン・シャム方程式の解 $\Phi(z)$ に課されるもう 1 つの重要な制限はブロッホ条件

$$\Phi(z + L_z) = \lambda \Phi(z) \quad (25)$$

である．ここに，λ はブロッホ因子 $e^{ik_z L_z}$，L_z は z 方向のユニットセルの長さ，k_z はブロッホ波数の z 成分である．通常のバンド計算の場合には k_z は実数であるが，ここでは一般に k_z が複素数であってもよいことにする．次に示すように，こうすることにより，進行波だけでなくエバネッセント波も含めた一般化ブロッホ状態を計算することが可能になる．

結局，ブロッホ条件

$$\begin{aligned}\Phi(z_m^M) &= \lambda \Phi(z_m^{M-1}) \\ \Phi(z_1^{M+1}) &= \lambda \Phi(z_1^M)\end{aligned} \quad (26)$$

を用いて式(24)から$\Phi(z_1^M)$と$\Phi(z_m^M)$を消去すると，次の一般化固有値方程式が導かれる．

$$\begin{bmatrix} W_{m,1}^M & W_{m,m}^M \\ 0 & I \end{bmatrix} \begin{bmatrix} \Phi(z_m^{M-1}) \\ \Phi(z_1^{M+1}) \end{bmatrix} = \lambda \begin{bmatrix} I & 0 \\ W_{1,1}^M & W_{1,m}^M \end{bmatrix} \begin{bmatrix} \Phi(z_m^{M-1}) \\ \Phi(z_1^{M+1}) \end{bmatrix} . \quad (27)$$

ここに，

$$\begin{aligned} W_{1,1}^M &= G_T^M(z_1^M, z_1^M) B \\ W_{1,m}^M &= G_T^M(z_1^M, z_m^M) B \\ W_{m,1}^M &= G_T^M(z_m^M, z_1^M) B \\ W_{m,m}^M &= G_T^M(z_m^M, z_m^M) B. \end{aligned} \quad (28)$$

式(27)を解くと，ブロッホ因子 $\lambda = e^{ik_z L_z}$ は固有値として，一般化ブロッホ状態 $\Phi(z)$ の $z = z_m^{M-1}, z_1^{M+1}$ での値は固有ベクトルとして求まる．式(27)の固有ベクトルは $|\lambda|=1$ か $|\lambda| \neq 1$ かによって 2 つの異なる型に分類される．$|\lambda|=1$ の場合のブロッホ波数 k_z は実数であり，固有ベクトルは通常の進行波に対応する．一方，$|\lambda| \neq 1$ の場合には，k_z は複素数値をとり，固有ベクトルはエバネッセント波に対応する；もう少し正確にいうと，式(25)の λ の定義からわかるように，$|\lambda|>1(|\lambda|<1)$ の λ に属する固有ベクトルは右(左)に行くほど増加するエバネッセント波にあたる．これら右増加のエバネッセント波の数と左増加のそれの数は等しい[9]．ポテンシャルが周期的な無限系では，進行波はコーン・シャム方程式の物理的な解であるが，エバネッセント波は指数関数的に増加し規格化できないので非物理的な解にすぎない．しかし，半無限の左側(右側)電極の内部では，左(右)に行くほど減少するエバネッセント波は規格化できるから明らかに物理的な解である．したがって，図10.3に示したような両電極に挟まれたナノ構造体に対する散乱問題を扱う場合には，散乱波動関数を構成する要素としてこれらエバネッセント波を考慮しなければならない．

10.3 むすび

ナノ構造体における電子のバリスティック伝導についての最近の第一原理計算手法の1つであるOBM法を紹介した．ナノ構造体は，ナノデバイスを構成する素子として注目を集めている．理論計算の分野では，計算モデルに原子構造を考慮した第一原理電気伝導計算がようやく可能になり，これまで実験のみではなかなか見えてこないナノ構造体中の電流経路や電子輸送を支配している要因が明らかになりつつある．今日，シリコンを用いたデバイスもナノスケールまで微細化されつつある．このようなデバイス用の素子の電気伝導特性も第一原理計算を通じて明らかになるものと期待される．

[10章　参考文献]

[1] 例えば，解説として，岡本政邦，高柳邦夫，日本物理学会誌 **55**（2000）917, N. Agraït, A. Levy Yeyati and J.M. van Ruitenbeek, Phys. Rep. **377**（2003）81.

[2] 川畑有郷，日本物理学会誌 **55**（2000）256. 川畑有郷，新物理学シリーズ31『メゾスコピック系の物理学』培風館（1997）．家泰弘，岩波講座 物理の世界『量子輸送現象』岩波書店（2002）．

[3] P. Hohenberg and W. Kohn, Phys. Rev. **136**（1964）B864. W. Kohn and L.J. Sham, Phys. Rev. **140**（1965）A1133.

[4] R. Kubo, J. Phys. Soc. Jpn. **12**（1957）570.

[5] R. Landauer, IBM J. Res. Dev. **1**（1957）223. M. Büttiker, Y. Imry, R. Landauer and S. Pinhas, Phys. Rev. B **31**（1985）6207.

[6] N.D. Lang, Phys. Rev. B **52**（1995）5335.

[7] S. Tsukamoto and K. Hirose, Phys. Rev. B **66**（2002）161402.

[8] K. Hirose and M. Tsukada, Phys. Rev. Lett. **73**（1994）150. K. Hirose and M. Tsukada, Phys. Rev. B **51**（1995）5278.

[9] K. Hirose, T. Ono, Y. Fujimoto and S. Tsukamoto, *First-Principles Calculations in Real-Space Formalism —Electronic Configurations and Transport Properties of Nanostructures—* Imperial College Press（2005）．OBM法の詳細が解説されている．また，OBM法と他の計算手法（LS法，RTM法，およびグリーン関数法）との関連も述べられている．

[10] Y. Fujimoto and K. Hirose, Nanotechnology **14** (2003) 147. Y. Fujimoto and K. Hirose, Phys. Rev. B **67** (2003) 195315. N.D. Lang and M.Di Ventra, Phys. Rev. B **68** (2003) 157301. Y. Fujimoto and K. Hirose, Phys. Rev. B **69** (2004) 119901.
[11] T. Ono and K. Hirose, Phys. Rev. B **70** (2004) 033403.
[12] M. Otani, T. Ono and K. Hirose, Phys. Rev. B **69** (2004) 121408.
[13] T. Sasaki, Y. Egami, T. Ono and K. Hirose, Nanotechnology **15** (2004) 188
[14] Y. Egami, T. Sasaki, T. Ono and K. Hirose, Nanotechnology **16** (2005) 161.
[15] 堀江伸哉，小野倫也，広瀬喜久治，遠藤勝義，表面科学 **26** (2005) 36.
[16] L.V. Keldysh, Zh. Eksp. Teor. Fiz. **47** (1964) 1515. L.V. Keldysh, Sov. Phys. JETP **20** (1965) 1018.
[17] Y. Meir and N.S. Wingreen, Phys. Rev. Lett. **68** (1992) 2512.
[18] A. - P. Jauho, N.S. Wingreen and Y. Meir, Phys. Rev. B **50** (1994) 5528.
[19] S. Datta, *Electronic Transport in Mesoscopic Systems* Cambridge University Press (1995).
[20] J. Taylor, H. Guo and J. Wang, Phys. Rev. B **63** (2001) 245407.
[21] J.R. Chelikowsky, N. Troullier and Y. Saad, Phys. Rev. Lett. **72** (1994) 1240. J.R. Chelikowsky, N. Troullier, K. Wu and Y. Saad, Phys. Rev. B **50** (1994) 11355.
[22] T. Ono and K. Hirose, Phys. Rev. Lett. **82** (1999) 5016. K. Hirose and T. Ono, Phys. Rev. B **64** (2001) 085105.

11　新しい密度汎関数法の基礎

　次の世代に実現される可能性がある「もの」を予想し，デザインし，書物に残してきたのは，空想家だと思われているかもしれない．例えば物を空中に浮かせる能力がある空飛ぶ石を作り出したり，全く離れた場所に物を形作り直すことで物質情報のテレポーテーションを実現したり，仕事を肩代わりしてくれる全く自分と同じ分身を作り出したりという記述をどこかで目にしたことはないだろうか？　しかし，実際には，それらは，科学者が予想し，人々に現実的な可能性として流布してきた情報であり，想像力豊かな人を媒介して，人類の希望と夢として，メディアに流されてきたものなのである．そして，科学者は，「その予想されるもの」を実現してきたのである．
　さて，そうした科学者の仕事には，まだ誰も手にしたことのない便利な物質をデザインすることが含まれるだろう．19世紀末から20世紀初頭にかけて，西欧だけでなく多くの国々で，その国を表現するロマンチックなデザインが実現された．その頃には，日常の生活サイズの物質を組み合わせ，形を変え，また素材を合成する技術も開発され，文明生活の中でデザインは生き生きと息づいていたのである．装飾品や家具，建築など，絵画や彫刻といった美術の分野を凌駕する生活に根ざしたあらゆるデザインが対象とされていた．それらの決して単純な模倣ではない技能の集積として個々人の才能の中から生み出されるデザインは，デモクラティック・デザインと呼ばれ，その

成果は，現在では，デザイン史という学問として博物館に収められる段階まできている．

さて，現在の科学技術を駆使すると，かつて錬金術師が夢に見ていた任意の機能を実現する物質系をデザインし見つけ出すことができるだろうか？今，人々は原子スケールから物質構造を組み立て，その結果として様々な機能を引き出す「もの」を生み出し，21世紀の生活を支えるデザインを開始している．デザインの領域は広がり，欲しい機能をもたせたナノメータスケールの物質を原子の組合せからデザインし，予想される機能が実際にできているのか否かを計算機という仮想空間の中でテストするようになっている．このデザインの領域の広がりは，これまでの物性物理学，量子化学と呼ばれる分野で非経験的あるいは経験的に使われていた物質を模倣するモデル自体をデザインし直す，という段階に至っている．その結果見えてくるものは何だろうか？

11.1 　密度汎関数法の与える有効電子模型

　物質の機能を司るのは多くの場合電子の集団であり，この電子の振る舞いを精密に記述する理論が電子論と呼ばれる理論体系である．電子論の基礎的な考え方の1つに，原子核の作る背景電荷の中にある多数の電子からなる系を量子力学の与える基礎方程式に基づいて理解することが，物質の特性のうち物理的・化学的性質を決定するためには必須であるとする考えがある．この基礎方程式として，N個の粒子からなる多電子系に対する非相対論的Schrödinger方程式を採用してうまくいく場合が多くある．相対論効果が本質的に系の性質を決める問題や，原子核自身の運動が不可分である問題，さらには原子核内部の量子力学的運動が物質の性質を左右する問題もあり，その場合には理論の枠組み，あるいはモデルの枠組みを代えないといけないこともある．しかし，比較的多くの系において基底状態または低温での性質を議論する範囲ではこの取扱い方で本質的な性質が見出されることが多い．本章では，この多電子系の取扱い方に関する現在の考え方に着目する．

基礎 11　新しい密度汎関数法の基礎

　以下では，動的に変化する系の取扱いに議論を広げずに，定常状態にある系を考え，特に絶対零度で実現する基底状態を議論することとする．この状態がわかることが，有限温度での性質を理解する上での基本となる．原子核の与えるポテンシャル中にある N-電子系の波動関数 $\Phi(\{\mathbf{r}_i, \sigma_i\})$ を決定する時間を含まない Schrödinger 方程式は，次の $3N$-次元空間における二階の偏微分方程式で与えられる（ただし $i=1,\cdots,N$ とする）．

$$H\Phi = E\Phi \tag{1}$$

E は電子系のエネルギーであり，それを決定するハミルトニアン H は，

$$H = T + V + V_{\text{ext}} . \tag{2}$$

と，運動エネルギー T，電子間斥力 V と原子核の与える外場ポテンシャル V_{ext} の和で与えられる．ここで，それらは

$$T \equiv -\frac{\hbar^2}{2m}\sum_{i=1}^{N}\Delta_i , \tag{3}$$

$$V \equiv \sum_{i<j}\frac{e^2}{|\mathbf{r}_i - \mathbf{r}_j|} , \tag{4}$$

$$V_{\text{ext}} \equiv \sum_{i=1}^{N} v_{\text{ext}}(\mathbf{r}_i) , \tag{5}$$

と与えられる．m, e は電子の質量と電荷，$\hbar$ はプランク定数 h を $1/2\pi$ 倍した量，$\mathbf{r}_i, \sigma_i$ は i-番目の電子の座標とスピン座標とする．ここで，すでに非相対論近似と Born-Oppenheimer 近似を用いていることに注意しよう．

　この Schrödinger 方程式を解いた結果として得られる物質中の電子系が，不思議なことに実に多様な様態をとり，色，臭い，音，味，堅さなどの人間が知覚できる性質だけに限っても多種多様な性質を表すことがわかっている．しかも，適当なミクロな物質の組合せを変化させる方法を用いると，このマクロな物の性質をある程度まではコントロールできる．単一の方程式から，これほどに多様な現象が現れることは神秘的ですらある．この多様さの起源は，あくまで多様な物質系の性質を丹念に調査して初めて理解できるものだが，本章では理論的枠組みを調べる中からその原因をできる限り追求し

てみようという試みについて述べる．それは，この多電子系を表現するもう1つ別の枠組み，つまり有効模型（またはモデル）と呼ばれる簡略化された電子系の表現を通して明らかになる．この有効模型を与える基礎理論の1つが，本章の主題に当たる密度汎関数理論である[1,2]．そして，この有効模型を使った議論において見出されてきたいくつかの知見を改めて総合してみることで，「モデルをデザインする」立場から電子系の様々な特性を設計することを考えてみることができるのである．

以下では，表記を簡略化するために第二量子化法を用いた場の理論的記述法を用いる．スピン σ をもつ電子場の演算子を $\psi_\sigma(\mathbf{r})$，$\psi_\sigma^\dagger(\mathbf{r})$ として，電子系に対するハミルトニアン演算子は次式で与えられるとする．

$$\hat{H} = \hat{T} + \hat{V} + \int d^3r\, v_{\text{ext}}(\mathbf{r})\hat{n}(\mathbf{r}) . \tag{6}$$

ここで，運動エネルギーと電子間斥力は，それぞれ

$$\hat{T} = -\frac{\hbar^2}{2m}\int d^3r \sum_\sigma \lim_{\mathbf{r}'\to\mathbf{r}} \psi_\sigma^\dagger(\mathbf{r}')\Delta_\mathbf{r}\psi_\sigma(\mathbf{r}) . \tag{7}$$

$$\hat{V} = \frac{1}{2}\int d^3r\, d^3r' \frac{e^2}{|\mathbf{r}-\mathbf{r}'|} \sum_{\sigma,\sigma'} \psi_\sigma^\dagger(\mathbf{r})\psi_{\sigma'}^\dagger(\mathbf{r}')\psi_{\sigma'}(\mathbf{r}')\psi_\sigma(\mathbf{r}) . \tag{8}$$

という演算子で与えられている．$\hat{n}(\mathbf{r}) \equiv \sum_\sigma \psi_\sigma^\dagger(\mathbf{r})\psi_\sigma(\mathbf{r})$ という演算子は $\mathbf{r}$ における一電子密度 $n(\mathbf{r})$ を与える．

ここで現在の密度汎関数法で用いられるユニバーサル・エネルギー汎関数を定義する[3,4,5]．

$$F[n] = \min_{\Phi\to n}\langle\Phi|\hat{T}+\hat{V}|\Phi\rangle . \tag{9}$$

ここで，$\min_{\Phi\to n}$ という記法が意味する内容は，定められた $n(\mathbf{r})$ を再現する多体波動関数 Φ，つまり $\langle\Phi|\hat{n}(\mathbf{r})|\Phi\rangle = n(\mathbf{r})$ を満たすあらゆる状態 $|\Phi\rangle$ に関して $\langle\Phi|\hat{T}+\hat{V}|\Phi\rangle$ を最小化せよということである．このとき次の2つの点が重要である．

① N-representability：想定する $n(\mathbf{r})$ に対して $\langle\Phi|\hat{n}(\mathbf{r})|\Phi\rangle = n(\mathbf{r})$ を満たす Φ が存在しないと汎関数 $F[n]$ が定義されなくなる．この問題は，N-representability problem と呼ばれるが，Harriman による構成法がその解を

与えている[5,7]．任意の可積分な $n(\mathbf{r})$（より詳しくは，密度なので正定値で規格化可能でないとおかしいという意味で $\int n(\mathbf{r})d\mathbf{r} = N$ を要求する．また，運動エネルギー汎関数が正しく定義されるためには，$f(\mathbf{r}) = \{n(\mathbf{r})\}^{1/2}$ と ∇f がそれぞれ 2 乗可積分であることも要求しておく必要があることが知られている[5]．これらの性質を満たす $n(\mathbf{r})$ の集合を $\mathcal{I}_N$ と呼ぶことにする）に対して $\langle\Phi|\hat{n}(\mathbf{r})|\Phi\rangle = n(\mathbf{r})$ となる Φ を具体的に作ることができることが示されている．

② Existance of the minimum：$\min_{\Phi\to n}$ という操作は微妙なもので，本当に最小値が任意の $n(\mathbf{r})$ に対して存在するのか否かは確かめなければならない．この証明は $n(\mathbf{r}) \in \mathcal{I}_N$ と限ることで，Lieb により（他の研究者の寄与による部分も総合して最終的に Lieb により）行われている[5]．

$F[n]$ の存在が示されると，密度汎関数法の基本定理として次の変分原理が示される．

$$E(v_{\text{ext}}) = \inf\left\{F[n] + \int v_{\text{ext}}(\mathbf{r})n(\mathbf{r})d\mathbf{r}\,|\,n(\mathbf{r}) \in \mathcal{I}_N\right\} \tag{10}$$

ここで，$E(v_{\text{ext}})$ は外場ポテンシャル $v_{\text{ext}}(\mathbf{r})$ に対する N-電子系の基底状態エネルギーのことである．この式は，$n(\mathbf{r})$ に関してエネルギー汎関数を最小とするとき，その値が知りたい N-電子系の基底状態エネルギーを与えてくれることを保証する．その意味は次のように考えられている．もしも，$F[n]$ を何らかの方法で知っているのであれば，三次元空間上で定義された $n(\mathbf{r})$ という関数に関する最適化問題により $3N$-次元空間での解を求める問題を置き換えることができることになる．すると，計算手順が圧倒的に少なくなる可能性があると考えられる．これが本来の密度汎関数法の精神であるといえるが，実際に実用化する際には少し異なった方針でエネルギー汎関数 $F[n]$ が用いられることになる．

11.2　Kohn–Sham の理論

密度汎関数を考えると，変数として考えるべきものは一電子密度 $n(\mathbf{r})$ に

簡略化されたのであるから，この $n(\mathbf{r})$ そのものを変数として最適化を行うのがもっともらしいと思われる．しかしながら，$F[n]$ を完全に知らないでこのプログラムを実行することは危険を伴うとも考えられる．荒い評価によって任意の $n(\mathbf{r})$ に対してエネルギーを返す近似汎関数を考えてしまったときには，例えば Boson の基底状態が示す密度に対してむしろより低いエネルギーを返してしまうようなことがないとは保証できないと思われる．歴史的に重要な(かつ実際上も現在なお原子に関しては重要性を失っていないといえる) Thomas–Fermi–Dirac–Weizsacker による模型は，一方でフェルミオン系のエネルギー汎関数を構成的に求めることができる可能性を示しているともみなせるが，なお分子の安定性を示せないという欠点が証明されている[8]．そして，そもそも定義域を $\mathcal{I}_N$ に限ってさえ，$F[n]$ 自身が最適化問題では実質上必要不可欠な下に凸という性質をもたないことが知られている[5]．よって，実は $n(\mathbf{r})$ そのものを変数とした $F[n]$ の最適化は事実上困難であることが知られているのである．

そこで，実際上行われているのは，ある種の多体波動関数が発生する $n(\mathbf{r})$ の集合の中で最適化を行うことである．まず，そうした考えがはっきりする前の時点で行われた Kohn と Sham による仮想的なフェルミオン系による議論を復習しておこう．今最終的に求めたい基底状態 $|\Phi_{\mathrm{GS}}\rangle$ の一電子密度 $n_{\mathrm{GS}}(\mathbf{r}) = \langle \Phi_{\mathrm{GS}} | \hat{n}(\mathbf{r}) | \Phi_{\mathrm{GS}} \rangle$ がある互いに相互作用しない独立フェルミオン系によっても再現されると考えてみる．これは，N-representability の議論が深く考察される以前のアイデアであって，v-representability と呼ばれるポテンシャル場を適切に選べば与えた一電子密度が再現されるとの考えに立って行われた議論である．Harriman の方法は，実際独立粒子系の解として N-representability を証明しているので，その時点で，Kohn–Sham の仮定はそれほど問題を含まないように思うかもしれない．この仮定に基づいて，彼らは有効模型を定める有効ポテンシャル $v_{\mathrm{eff}}(\mathbf{r})$ を定めることができた．この導出法は，他の章でも詳細に議論されているが，当時の変分による $v_{\mathrm{eff}}(\mathbf{r})$ の導出法では，v-representability を暗に仮定した議論となっているために，その後 Hadjisavvas と Theophilou による N-representability に基づく厳密な定式化が行

基礎 11 新しい密度汎関数法の基礎

われた．そこで，本章では，Kohn–Sham 方程式を Hadjisavvas–Theophilou 流の波動関数による汎関数最適化問題と捉えた議論を採用する[6]．

まず，独立粒子系の波動関数として単一スレータ積で表される状態 $|\phi\rangle$ を考える．その状態が示す一電子密度を，$n_\phi(\mathbf{r}) = \langle \phi | \hat{n}(\mathbf{r}) | \phi \rangle$ と表す．次に，ϕ のユニバーサル・エネルギー汎関数 $G_H[\phi]$ を以下のように定める．

$$
\begin{aligned}
G_H[\phi] &= \langle \phi | \hat{T} | \phi \rangle + \Delta T(\phi) + \int d^3 r \, v_{\text{ext}}(\mathbf{r}) n_\phi(\mathbf{r}) \\
&\quad + \frac{1}{2} \int d^3 r \, d^3 r' \frac{e^2}{|\mathbf{r} - \mathbf{r}'|} n_\phi(\mathbf{r}) n_\phi(\mathbf{r}') + E_{\text{xc}}[n_\phi] .
\end{aligned} \quad (11)
$$

ここで現れたもう 1 つの汎関数 $\Delta T(\phi)$ を定めるためには，スレータ積の和で表される $|\psi\rangle$ と単一スレータ積で表される $|\phi'\rangle$ を次の 2 つの汎関数を最適化するものとして定めておく必要がある．

$$
G_{T+V}[\phi] = \min_{\psi \to n_\phi} \langle \psi | \hat{T} + \hat{V} | \psi \rangle , \quad (12)
$$

$$
G_T[\phi] = \min_{\phi' \to n_\phi} \langle \phi' | \hat{T} | \phi' \rangle . \quad (13)
$$

これら 2 つの最適化問題の解である $|\psi\rangle$ と $|\phi'\rangle$ を用いて ΔT は次のように定められている．

$$
\Delta T[\phi] = \langle \psi | \hat{T} | \psi \rangle - \langle \phi' | \hat{T} | \phi' \rangle . \quad (14)
$$

さらにもう 1 つの交換・相関エネルギー項と呼ばれる $E_{\text{xc}}[\phi]$ が，既知の Kohn–Sham 流の定義にならって，

$$
E_{\text{xc}}[n_\phi] = \langle \psi | \hat{V} | \psi \rangle - \frac{1}{2} \int d^3 r \, d^3 r' \frac{e^2}{|\mathbf{r} - \mathbf{r}'|} n_\phi(\mathbf{r}) n_\phi(\mathbf{r}') . \quad (15)
$$

と定められる．実際，$G_H[\phi]$ は Kohn と Sham が定めた有効ポテンシャル $v_{\text{eff}}(\mathbf{r})$ が与える一電子問題，

$$
\left\{ -\frac{\hbar^2}{2m} \Delta_{\mathbf{r}} + v_{\text{eff}}(\mathbf{r}) \right\} \phi_{i,\sigma}(\mathbf{r}) = \varepsilon_i \phi_{i,\sigma}(\mathbf{r}) \quad (16)
$$

の解 $\phi_{i,\sigma}(\mathbf{r})$ によって作られる単一スレータ積になっている．ただし，$v_{\text{eff}}(\mathbf{r})$ は

$$
v_{\text{eff}}(\mathbf{r}) = \int d^3 r \frac{e^2}{|\mathbf{r} - \mathbf{r}'|} n(\mathbf{r}') + \frac{\delta \tilde{E}_{\text{xc}}}{\delta n(\mathbf{r})} + v_{\text{ext}}(\mathbf{r}) , \quad (17)
$$

と与えられる．ここで，ψ, ϕ' ともに n_ϕ を通して定められているので，新たな交換・相関エネルギー密度汎関数を $\tilde{E}_{xc}[n_\phi] = E_{xc}[n_\phi] + \Delta T[n_\phi]$ として用いた．

この議論で現れる表式は幾分見にくいので，G_H を次のように書き直してみる．

$$
\begin{aligned}
G_H[\phi] &= \langle \phi | \hat{T} | \phi \rangle - \langle \phi' | \hat{T} | \phi' \rangle \\
&\quad + \langle \psi | \hat{T} + \hat{V} | \psi \rangle + \int d^3r\, v_{\text{ext}}(\mathbf{r}) n_\phi(\mathbf{r}) \\
&= \langle \phi | \hat{T} | \phi \rangle - \min_{\phi' \to n_\phi} \langle \phi' | \hat{T} | \phi' \rangle \\
&\quad + F[n_\phi] + \int d^3r\, v_{\text{ext}}(\mathbf{r}) n_\phi(\mathbf{r}) .
\end{aligned}
\tag{18}
$$

これによると，第 1 項を除けば他の項はすべて n_ϕ によって定まっているため，それぞれがすべて密度汎関数になっていることがわかる．また，エネルギー最適化は $G_H[\phi]$ を変分して得られる Kohn–Sham 方程式を通して解かれるが，そのプロセスは ϕ の最適化に他ならないこともわかる．$G_H[\phi]$ の $|\phi\rangle$ に関する最適化を考える．すると，次の変分原理が得られる．

$$
\inf_{\phi} G_H[\phi] = \inf_{n} \left\{ F[n] + \int d^3r\, v_{\text{ext}}(\mathbf{r}) n(\mathbf{r}) \right\} = E(v_{\text{ext}}) . \tag{19}
$$

ここで，$F[n]$ は Levy によるユニバーサル・エネルギー汎関数である[6]．

11.3　交換・相関エネルギー

ここで交換・相関エネルギー項について補足しておく．式(15)の $E_{xc}[\phi]$ は，$G_{T+V}[\phi] = F[n_\phi]$ を与える ψ に関して測った電子間相互作用からハートレー項の寄与を引いたものであり，確かに本来の交換・相関エネルギー項を与えている．しかし，実際の Kohn–Sham 方程式に現れる交換・相関エネルギーはよく知られているように，運動エネルギーに関してクーロン系の真の値から仮想系のものがずれていることを補正する項を含んだ $\tilde{E}_{xc}[n_\phi]$ である．この値は，むしろ，

$$
\begin{aligned}
\tilde{E}_{\mathrm{xc}}[n_\phi] =\ & F[n_\phi] - \min_{\phi' \to n_\phi} \langle \phi' | \hat{T} | \phi' \rangle \\
& - \frac{1}{2} \int d^3r\, d^3r'\, \frac{e^2}{|\mathbf{r}-\mathbf{r}'|} n_\phi(\mathbf{r}) n_\phi(\mathbf{r}'),
\end{aligned}
\tag{20}
$$

と書ける．つまり，ユニバーサル・エネルギー汎関数の値から，運動エネルギーとハートレー項の和からなる問題を $n_\phi(\mathbf{r})$ 一定の条件下で最適化したときに得られる仮想系のエネルギーを引いた差分が，いわゆる交換・相関エネルギーをなしていると考えることができる．ここまでくると，仮想系としてとれるものは，決して運動エネルギーとハートレー項の和が表す力学に従う系に限る必要はない，ということが素直に理解されるのではないだろうか．

なお，交換・相関エネルギーという言葉について補足すると以下のとおりである．まず，相関エネルギーとは，厳密なクーロン多体系のエネルギーとハートレー・フォック近似の与える近似値の差のことを指す．密度汎関数法では，明示的に評価しているのはハートレー項の部分のみであるので，交換エネルギーの評価は $\tilde{E}_{\mathrm{xc}}[n]$ において行われていると考える．磁性の発生に重要なこの交換エネルギー部分は，したがって密度汎関数法においては $\tilde{E}_{\mathrm{xc}}[n]$ におけるスピン依存性として評価されることになる．

11.4　相関電子系のための密度汎関数法の拡張

次世代の機能性材料を与える物質は何だろうか？　これは難しい質問であるが，現在すでに見出されているとても面白い材料は，電子相関効果が強く表れる強相関電子系と呼ばれる物質群である．この強相関電子系として知られる，遷移金属酸化物，希土類化合物，有機伝導体などには共通して次の特徴があると考えられる．これらの系には，フェルミレベル近傍に 2p, 3d, 4f といった部分占有された軌道が現れるが，比較的局在性が強いために電荷揺らぎが押さえられている．この揺らぎが押さえられる理由は，およそ以下のように説明される．遍歴した電子状態，またはより端的にはバンド状態に電子系がなっていて，フェルミ面を形成している場合には，局在軌道を基底関数として見たときに，軌道占有数に揺らぎが発生する．軌道上の平均粒子数

の周りでの電子数の揺らぎが強くなってしまうと，局所的に荷電が集中したイオン性状態の配置が多く多電子波動関数に含まれてくる．軌道の空間的局在性が強いため，遍歴した電子状態を形成しても運動エネルギーの利得が比較的少なく，逆にイオン状態でのクーロン反撥によるエネルギー上昇が相対的に強く効いてしまう．そこで，各原子上に電子がおよそ局在して揺らぎが押さえられた多電子状態が形成可能であるなら，電荷揺らぎが押さえられた状態が選ばれる．

この揺らぎの効果は，一電子密度を見ているだけでは充分特徴づけることが困難である．そこで，揺らぎをある程度特定した新しい密度汎関数法の枠組みが作られれば，より適切な電子状態の表現が得られるものと考えられる．その結果，有効理論として揺らぎ形成を特定できる多電子理論が得られることを示すことができる．

さて，有効模型としてどのようなものが妥当であるのかは，古くから科学者の間で認識がもたれており，不純物アンダーソン模型やハバード模型と呼ばれる模型がそれである．銅酸化物高温超伝導体の場合には，銅の $3d$ 電子と酸素の $2p$ 電子の双方が重要な役割を果たしていると考えられるので，d-p 模型と呼ばれる模型が考えられることもある．しかしこれらの模型は，クーロン系の有効模型として天才達が手で書き出す操作を経なければ見つからないもののように考えられてきたともいえる．もしも，こうした模型が比較的わかりやすい手順で導けるのであれば，あるいはそれぞれの物質に対してどのような模型が妥当なのかの基準を示すことができれば，有効模型の設計という目標に近づけそうである．

以下の節において，この目標を達成するための密度汎関数法の拡張について議論する．標準的な密度汎関数理論の構成が，

① Hohenberg–Kohn の定理，または Levy–Lieb のユニバーサル・エネルギー汎関数の定義と変分原理
② Kohn–Sham 方程式の導出
③ 交換・相関エネルギー汎関数の評価法の決定

であった．これらの3つのステップに対応して

1. ユニバーサル・エネルギー汎関数の決定
2. 拡張 Kohn–Sham 方程式の導出および有効模型の存在と一意性の証明
3. 交換・相関エネルギー残差の評価法の決定

が再度必要になると考えられる.

11.5 密度行列汎関数理論

　密度汎関数法は一電子密度 $n(\mathbf{r})$ を基本変数としていたが,この変数を状態 $|\Psi\rangle$ に対して与えられる次の一次の簡約化密度行列 $\gamma_1(\mathbf{r},\sigma;\mathbf{r}',\sigma')$ にすることも原理的には可能であることが以前から知られている.

$$\begin{aligned}
&\gamma_1(\mathbf{r},\sigma;\mathbf{r}',\sigma') \\
&= N \int \cdots \int d\mathbf{r}_2 \cdots d\mathbf{r}_N \sum_{\sigma_2} \cdots \sum_{\sigma_N} \\
&\quad \Psi(\mathbf{r},\sigma,\mathbf{r}_2,\sigma_2,\cdots,\mathbf{r}_N,\sigma_N)\Psi^*(\mathbf{r}',\sigma',\mathbf{r}_2,\sigma_2,\cdots,\mathbf{r}_N,\sigma_N).
\end{aligned} \quad (21)$$

ここで,場の演算子を用いて書き直すと,

$$\gamma_1(\mathbf{r},\sigma;\mathbf{r}',\sigma') = \langle \Psi | \psi_{\sigma'}^\dagger(\mathbf{r}')\psi_\sigma(\mathbf{r}) | \Psi \rangle, \quad (22)$$

となる. γ_1 と $n(\mathbf{r})$ の関係は,

$$n(\mathbf{r}) = \sum_\sigma \gamma_1(\mathbf{r},\sigma;\mathbf{r},\sigma), \quad (23)$$

であって, $n(\mathbf{r})$ はスピンなし密度行列の対角成分であることがわかる.このことから γ_1 がより基本的な量とみなすことができるため, γ_1 を基本変数とすることは自然なことであるといえる.

　実は,Hartree–Fock 理論は γ_1 の理論として定式化可能であり,エネルギー汎関数として,

$$\begin{aligned}
E_{HF}[\gamma_1] &= \int d\mathbf{r}_1 \sum_{\sigma_1} \left[\left(-\frac{\hbar^2}{2m}\Delta_1 + v_{\text{ext}}(\mathbf{r}_1) \right) \gamma_1(\mathbf{r}_2,\sigma_2;\mathbf{r}_1,\sigma_1) \right]_{\mathbf{r}_2=\mathbf{r}_1,\sigma_2=\sigma_1} \\
&\quad + \frac{1}{2} \int\int d\mathbf{r}_1 d\mathbf{r}_2 \sum_{\sigma_1}\sum_{\sigma_2} \frac{e^2}{|\mathbf{r}_1-\mathbf{r}_2|} \\
&\quad [\gamma_1(\mathbf{r}_1,\sigma_1;\mathbf{r}_1,\sigma_1)\gamma_1(\mathbf{r}_2,\sigma_2;\mathbf{r}_2,\sigma_2) \\
&\quad - \gamma_1(\mathbf{r}_1,\sigma_1;\mathbf{r}_2,\sigma_2)\gamma_1(\mathbf{r}_2,\sigma_2;\mathbf{r}_1,\sigma_1)],
\end{aligned} \quad (24)$$

を考えればよいことが知られている．

より一般に，密度行列 γ_N は

$$\begin{aligned}&\gamma_N(\mathbf{r}_1,\sigma_1,\cdots,\mathbf{r}_N,\sigma_N;\mathbf{r}'_1,\sigma'_1,\cdots,\mathbf{r}'_N,\sigma'_N)\\ &= \Psi(\mathbf{r}_1,\sigma_1,\cdots,\mathbf{r}_N,\sigma_N)\Psi^*(\mathbf{r}'_1,\sigma'_1,\cdots,\mathbf{r}'_N,\sigma'_N),\end{aligned} \quad (25)$$

で定義される．あるいは，密度行列演算子を

$$\hat{\gamma}_N \equiv |\Psi\rangle\langle\Psi|, \quad (26)$$

とすれば，γ_N はその座標表示であって，

$$\begin{aligned}&\gamma_N(\mathbf{r}_1,\sigma_1,\cdots,\mathbf{r}_N,\sigma_N;\mathbf{r}'_1,\sigma'_1,\cdots,\mathbf{r}'_N,\sigma'_N)\\ &= \langle \mathbf{r}_1,\sigma_1,\cdots,\mathbf{r}_N,\sigma_N|\hat{\gamma}_N|\mathbf{r}'_1,\sigma'_1,\cdots,\mathbf{r}'_N,\sigma'_N\rangle,\end{aligned} \quad (27)$$

であるとみなすこともできる．

また，2 次の簡約化密度行列は以下のものである．

$$\begin{aligned}&\gamma_2(\mathbf{r}_1,\sigma_1,\mathbf{r}_2,\sigma_2;\mathbf{r}'_1,\sigma'_1,\mathbf{r}'_2,\sigma'_2)\\ &= \frac{N(N-1)}{2}\int\cdots\int d\mathbf{r}_3\cdots d\mathbf{r}_N \sum_{\sigma_3}\cdots\sum_{\sigma_N}\\ &\quad \Psi(\mathbf{r}_1,\sigma_1,\mathbf{r}_2,\sigma_2,\cdots,\mathbf{r}_N,\sigma_N)\Psi^*(\mathbf{r}'_1,\sigma'_1,\mathbf{r}'_2,\sigma'_2,\cdots,\mathbf{r}_N,\sigma_N)\\ &= \frac{1}{2}\langle\Psi|\psi^\dagger_{\sigma'_1}(\mathbf{r}'_1)\psi^\dagger_{\sigma'_2}(\mathbf{r}'_2)\psi_{\sigma_2}(\mathbf{r}_2)\psi_{\sigma_1}(\mathbf{r}_1)|\Psi\rangle.\end{aligned} \quad (28)$$

これは，$|\Psi\rangle$ における 2 体の相関関数を与えている．適当な 1 電子波動関数の展開基底を $\phi_n(\mathbf{r})$ として，場の演算子を

$$\psi^\dagger_\sigma(\mathbf{r}) = \sum_n \phi_n^*(\mathbf{r}) c^\dagger_{n,\sigma}, \quad (29)$$

と展開しよう．ここで，$c^\dagger_{n,\sigma}$ は軌道 $\phi_n(\mathbf{r})$ 上にスピン σ をもつ電子を生成する演算子である．逆に，

$$c^\dagger_{n,\sigma} = \int d\mathbf{r}\, \phi_n(\mathbf{r})\psi^\dagger_\sigma(\mathbf{r}), \quad (30)$$

となる．軌道 $\phi_n(\mathbf{r})$ 上での相関関数は，したがって 2 次の簡約化密度行列から，

基礎 11 新しい密度汎関数法の基礎

$$\begin{aligned}\rho^{(2)}(i,j,k,l;\sigma,\sigma') &= \langle\Psi|c^{\dagger}_{i,\sigma}c^{\dagger}_{j,\sigma'}c_{k,\sigma'}c_{l,\sigma}|\Psi\rangle \\ &= \int\int d\mathbf{r}\,d\mathbf{r}'\phi_i(\mathbf{r})\phi_j(\mathbf{r}')\phi^*_k(\mathbf{r}')\phi^*_l(\mathbf{r}) \\ &\quad\times\,\gamma_2(\mathbf{r},\sigma,\mathbf{r}',\sigma';\mathbf{r}',\sigma',\mathbf{r},\sigma)\,,\end{aligned} \quad (31)$$

のように与えられる.

さて，密度行列汎関数理論としては，次の制限付き探索法による汎関数が与えられていた[9].

$$E[\gamma_1] = \min_{\gamma_N\to\gamma_1}\mathrm{Tr}\left(\hat{\gamma}_N\hat{H}\right). \quad (32)$$

ここで，最小値は γ_1 を与えるすべての γ_N の範囲で探索される．形式的には，この密度行列汎関数理論の枠組みは，特にクーロン相互作用部分が γ_2 によって直接に書かれるために魅力的なものと考えられてきた．しかしながら，その形式的な美しさに比べて，実用上は N-representability problem が充分に解決されていないことからあまり用いられてはいないといえる.

11.6　新しい密度汎関数理論の拡張

ここで一歩下がった議論を行うこととする．完全な密度行列 $\gamma_1(\mathbf{r},\sigma;\mathbf{r}',\sigma')$ や $\gamma_2(\mathbf{r},\sigma,\mathbf{r}',\sigma';\mathbf{r}',\sigma',\mathbf{r},\sigma)$ を全定義域で再現しようとする理論を立てるのではなく，基本は一電子密度 $n(\mathbf{r})$ を変数とし，そこに付加的に重要な軌道のある種の相関関数（または揺らぎ）を変数として加えた密度汎関数理論を構築しよう．形式上は密度汎関数が現れるので密度汎関数理論と呼ぶべきかもしれないが，密度行列がモデルの決定に重要となるために，広い意味で密度行列汎関数理論と呼んでもよいかも知れない．この手順が以下で見るように，実際上電子論のある分野で多用されてきた簡略化された電子模型と自然につながる第一原理電子状態計算手法を与えることがわかる.

議論を明白にするため，ある特定の局在した軌道 $\phi_i(\mathbf{r})$ 上の揺らぎが重要な場合を考える．その揺らぎを測る次の密度・密度相関関数を具体的に定義しよう.

$$\langle \underline{n}_i^2 \rangle \equiv \langle (n_{i,\uparrow} + n_{i,\downarrow} - \bar{n}_{i,\uparrow} - \bar{n}_{i,\uparrow}) \cdot (n_{i,\uparrow} + n_{i,\downarrow} - \bar{n}_{i,\uparrow} - \bar{n}_{i,\uparrow}) \rangle . \qquad (33)$$

ここで,$\phi_i(\mathbf{r})$ は規格化されており,付随して生成・消滅演算子を $c_{i,\sigma}^\dagger$ と $c_{i,\sigma}$ として定義し,数演算子を $n_{i,\sigma} = c_{i,\sigma}^\dagger c_{i,\sigma}$ とし,その期待値を $\bar{n}_{i,\sigma} = \langle \Psi | n_{i,\sigma} | \Psi \rangle$ とする.直ちに次の補題がいえる.

補題1 次の不等式が成立する.

$$0 \leq \langle \underline{n}_i^2 \rangle \leq 1 . \qquad (34)$$

証明:$n_{i,\sigma}$ はエルミートであり,$\langle \underline{n}_i^2 \rangle$ は半正定値(0 または正の数を与えるということ)である.任意の $|\Psi\rangle$ は,$c_{i,\sigma}|\Psi_i\rangle = 0$ を満たす $|\Psi_i\rangle$ ($i = 0, 1, 2, 3$) によって次のように展開可能である.

$$|\Psi\rangle = A_0|\Psi_0\rangle + A_1 c_{i,\uparrow}^\dagger |\Psi_1\rangle + A_2 c_{i,\downarrow}^\dagger |\Psi_2\rangle + A_3 c_{i,\uparrow}^\dagger c_{i,\downarrow}^\dagger |\Psi_3\rangle .$$

係数 A_i は,$|A_0|^2 + |A_1|^2 + |A_2|^2 + |A_3|^2 = 1$ なる規格化条件を満たす.A_i を用いると,

$$\begin{aligned}
\langle \underline{n}_i^2 \rangle &= 2|A_3|^2 + \left(|A_1|^2 + |A_2|^2 + 2|A_3|^2\right) \\
&\quad \times \left\{1 - \left(|A_1|^2 + |A_2|^2 + 2|A_3|^2\right)\right\} ,
\end{aligned} \qquad (35)$$

となる.これは,$|A_0| = |A_3| = 1/\sqrt{2}$ かつ $|A_1| = |A_2| = 0$ のときにのみ最大値 1 をとる.

ここで,基本変数の組として,$(n(\mathbf{r}), \langle \underline{n}_i^2 \rangle)$ をとってみる.基本変数を増やしたため,制限付き探索法が一般化されると考えることもできる.それに従って,ユニバーサル・エネルギー汎関数を仮に次式で定義してみよう.

$$\tilde{F}[n_\Psi, \langle \underline{n}_i^2 \rangle_\Psi] = \min_{\Psi' \to n_\Psi, \langle \underline{n}_i^2 \rangle_\Psi} \langle \Psi' | \hat{T} + \hat{V}_{\text{ee}} | \Psi' \rangle . \qquad (36)$$

この基本変数の増加はすでに密度汎関数法の枠内で Higuchi-Higuchi[10] により行われているが,ここでのポイントは揺らぎを基本変数にとっていることである.この制限付き探索法は,汎関数 $\tilde{F}$ の定義域 $(n(\mathbf{r}), \langle \underline{n}_i^2 \rangle)$ が現在のところ明らかにされておらず,使用するときには注意が必要である.例えば,物理的な密度 $n(\mathbf{r})$ と 0 でない有限の $\langle \underline{n}_i^2 \rangle$ の組合せで決して $|\Psi\rangle$ から作れないものを考えることができる.我々は定義の明確な $F[n]$ を以下では用いる.

基礎 11 新しい密度汎関数法の基礎

しかし，$n(\mathbf{r})$ を再現することを要請するだけでは新しい理論は作ることができない．

そこで，クーロン系の真の基底状態が示す $(n_G(\mathbf{r}), \langle \underline{n}_i^2 \rangle_G)$ を再現する仮想系が導入されるべきと考えてみよう．以下で定義する拡張 Kohn–Sham 方程式にはもともと自由度があり，$\langle \underline{n}_i^2 \rangle$ の再現に限れば U と呼ばれるたった 1 つのパラメータの決定でそれが実現できると考えられる．むしろモデルの決定のための指針を表現しようというのが目論見である．ただし，相関関数を再現するためには，必然的にこの仮想系は相互作用系にならざるを得ないということが重要な知見である．

我々は Hadjisavvas–Theophilou の理論にならって，次の多体波動関数 Ψ に関する汎関数 $\bar{G}[\Psi]$ を導入する．

$$\begin{aligned}
\bar{G}[\Psi] &= \langle \Psi | \hat{T} + \hat{V}_{\mathrm{red}} | \Psi \rangle - \min_{\Psi' \to n_\Psi} \langle \Psi' | \hat{T} + \hat{V}_{\mathrm{red}} | \Psi' \rangle \\
&\quad + F[n_\Psi] + \int d^3 r v_{\mathrm{ext}}(\mathbf{r}) n_\Psi(\mathbf{r}) \\
&= \langle \Psi | \hat{T} + \hat{V}_{\mathrm{red}} | \Psi \rangle + \frac{1}{2} \int \frac{n_\Psi(\mathbf{r}) n_\Psi(\mathbf{r}')}{|\mathbf{r} - \mathbf{r}'|} d^3 r d^3 r' \\
&\quad + E_{\mathrm{rxc}}[n_\Psi] + \int d^3 r v_{\mathrm{ext}}(\mathbf{r}) n_\Psi(\mathbf{r}) .
\end{aligned} \tag{37}$$

ここで，新たに導入された交換・相関残差エネルギー汎関数は以下のものである．

$$\begin{aligned}
& E_{\mathrm{rxc}}[n_\Psi] \\
&= \min_{\Psi' \to n_\Psi} \langle \Psi' | \hat{T} + \hat{V}_{\mathrm{ee}} | \Psi' \rangle - \min_{\Psi' \to n_\Psi} \langle \Psi' | \hat{T} + \hat{V}_{\mathrm{red}} | \Psi' \rangle \\
&\quad - \frac{1}{2} \int \frac{n_\Psi(\mathbf{r}) n_\Psi(\mathbf{r}')}{|\mathbf{r} - \mathbf{r}'|} d^3 r d^3 r' .
\end{aligned} \tag{38}$$

E_{rxc} は $\hat{V}_{red}$ により決定されているとみなすことができる．ここで，$\langle \hat{V}_{\mathrm{red}} \rangle$ として ϕ_i 上の密度揺らぎを用いてみる．

$$\langle \hat{V}_{\mathrm{red}} \rangle = \frac{U}{2} \langle \underline{n}_i^2 \rangle . \tag{39}$$

この定義からすると，U を定めるごとに E_{rxc} が変化してしまう．総合して $\bar{G}[\Psi]$ の最小値は変化しないのであるから，一見したところ U を決める原

理が存在していないように見える．しかし，$n(\mathbf{r})$ と $\langle \underline{n}_i^2 \rangle$ の双方を同時に再現するという点から実は許される U が一通りに定まってしまうことが次のようにいえる．逆に，$n(\mathbf{r})$ のみを再現するという密度汎関数法として使ってしまうと U が不定になることもわかる．

11.7　拡張 Kohn–Sham 方程式の一意性

$\overline{G}[\Psi]$ が与える $|\Psi\rangle$ の決定方程式を導出することは，Hadjisavvas–Theophilou 理論と同様に直ちに行うことができる．その結果は以下のような有効多体電子模型となる．

$$\left\{-\frac{\hbar^2}{2m}\Delta_{\mathbf{r}} + v_{\text{eff}}(\mathbf{r})\right\}\phi_{n,\sigma}(\mathbf{r}) = \varepsilon_n \phi_{n,\sigma}(\mathbf{r})\ , \tag{40}$$

$$\begin{aligned}
&\left\{\sum_{n,\sigma} \varepsilon_n c_{n,\sigma}^\dagger c_{n,\sigma} + \sum_{n_1,n_2,\sigma} V_{\text{eff}}^{(1)}(n_1, n_2, \sigma) c_{n_1,\sigma}^\dagger c_{n_2,\sigma}\right.\\
&+ \sum_{n_1,n_2,n_3,n_4,\sigma,\sigma'}^{(2)} V_{\text{eff}}^{(2)}(n_1, n_2, n_3, n_4; \sigma, \sigma') c_{n_1,\sigma}^\dagger c_{n_2,\sigma'}^\dagger c_{n_3,\sigma'} c_{n_4,\sigma}\\
&\left.+ \varepsilon_{\text{rxc}} \hat{I}\right\} |\Psi\rangle = E |\Psi\rangle\ ,
\end{aligned} \tag{41}$$

$$v_{\text{eff}}(\mathbf{r}) = \int d^3 r\, \frac{e^2}{|\mathbf{r}-\mathbf{r}'|} n(\mathbf{r}') + \frac{\delta E_{\text{rxc}}}{\delta n(\mathbf{r})} + v_{\text{ext}}(\mathbf{r})\ , \tag{42}$$

$$V_{\text{eff}}^{(2)}(n_1, n_2, n_3, n_4; \sigma, \sigma') = \frac{U}{2}\left(\phi_{n_1}|\phi_i\right)\left(\phi_{n_2}|\phi_i\right)\left(\phi_{n_3}|\phi_i\right)^*\left(\phi_{n_4}|\phi_i\right)^*\ , \tag{43}$$

$$\begin{aligned}
&V_{\text{eff}}^{(1)}(n_1, n_2, \sigma)\\
&= -\sum_{m_1,m_4}^{(\bar{2})} \delta_{m_1,n_1} \delta_{m_4,n_2}\\
&\quad \times \sum_{m_2,m_3,\sigma'}^{(\bar{2})} V_{\text{eff}}^{(2)}(m_1, m_2, m_3, m_4; \sigma, \sigma') \rho(m_2, m_3, \sigma')\ ,
\end{aligned} \tag{44}$$

$$\varepsilon_{\text{rxc}}[n] = E_{\text{rxc}}[n] - \int d^3 r\, \frac{\delta E_{\text{rxc}}}{\delta n(\mathbf{r})} n(\mathbf{r})\ . \tag{45}$$

この方程式を拡張 Kohn–Sham 方程式と呼ぶ[11]．ただし，まだ定義されていなかった一次の簡約化密度行列

$$\rho(n_2, n_3, \sigma') = \langle \Psi | c^\dagger_{n_2,\sigma'} c_{n_3,\sigma'} | \Psi \rangle,$$

を使った.今のところ不純物アンダーソン模型に相当する模型を第一原理的に考えていることになる.この有効模型の解が $\overline{G}[\Psi]$ の最小値を与える.そこで以下のような議論が成り立つ.ただし,さらに詳細をいえば,$F[n]$ の凸性に関する問題からくる変分計算の定義可能性について議論しなければならない,という大問題がある.しかし,Kohn–Sham 方程式を導出する際と同様の楽観に立つ,もしくは事実上実行可能な計算を行う場合には変分が定義可能な近似汎関数を使用していることによって,方程式系を与えられたとしておく.実際には,Lieb によるルジャンドル変換の考えを使うことができるが詳細に入りすぎるので省略する[5].

この後は U 依存性を調べて行くので,$\overline{G}_U[\Psi]$ のように $\overline{G}$ の U 依存性を明記する.実は $\overline{G}_U[\Psi]$ の解析では完全に厳密な帰結がいくつか可能になる.まず,次の定理が本質的である.

定理 2 v_ext で定まるクーロン系の基底状態には縮退がないとする.①対応して定めた拡張 Kohn–Sham 模型 $\overline{G}_U[\Psi]$ の基底状態を与える状態 Ψ が存在する.② $\min_{\Psi \to n} \langle \Psi | \hat{T} + \frac{U}{2} \underline{n}_i^2 | \Psi \rangle$ は U に関する連続関数である.③ $U_1 < U_2$ で定義される 2 つの $\overline{G}_{U_1}[\Psi]$,$\overline{G}_{U_2}[\Psi]$ の最小値を与える Ψ が同一であるとき,$U_1 \leq U \leq U_2$ を満たす任意の U が与える $\overline{G}_U[\Psi]$ の最小値も Ψ が与える.

証明:$\overline{G}_U[\Psi]$ の最小値は次の 2 条件を同時に満たす Ψ により与えられる.

1. $|\Psi\rangle \to n_G(\mathbf{r})$.
2. $|\Psi\rangle$ minimizes $\langle \Psi | \hat{T} + \frac{U}{2} \underline{n}_i^2 | \Psi \rangle$.

$|\Psi\rangle \to n_G(\mathbf{r})$ を与える状態の集合を $\mathcal{H}_G$ と呼ぶことにする.記号で書くと,$\mathcal{H}_G = \{|\Psi'\rangle | \Psi \in H^1(\mathbf{R}^{3N}), \Psi' \to n_G(\mathbf{r})\}$ である.ただし,$H^1(\mathbf{R}^{3N})$ は Lieb が定義している可積関数の集合で,簡単には N 電子系の多体波動関数になりえる関数の集合のことである.主張①,つまり $\overline{G}_U[\Psi]$ の最小値を与える Ψ が存在することは,Lieb による文献[5]の定理 3.3 の証明にならって示すことができる.そのためには,$\overline{G}_U[\Psi]$ が正定値 2 次形式であることが必要であるが,これは定義から明らかに成り立つ.この主張①がすべての基本であ

ることが以下においてわかると思うが，Banach–Alaoglu 定理(その詳しい解説は文献[12]参照)と呼ばれる解析学の定理を用いている．詳細は文献[5]を参照していただきたい．

次に重要な U に関する連続性を証明する．背理法を使うために，$\bar{F}(U) \equiv \min_{\Psi \to n} \langle \Psi | \hat{T} + \frac{U}{2} \underline{n}_i^2 | \Psi \rangle$ が $U = U_0$ において連続ではないと仮定する．これを式で書き出すと，次の条件が成立する正の数 ε が存在することになる．

$$\exists \varepsilon > 0, \quad \forall \delta > 0, \quad s.t. \quad |U - U_0| < \delta \Longrightarrow |\bar{F}(U) - \bar{F}(U_0)| > \varepsilon.$$

$\bar{F}(U)$ と $\bar{F}(U_0)$ を与える 2 状態を，$|\Psi\rangle \in \mathcal{H}_G, |\Psi_0\rangle \in \mathcal{H}_G$ と呼ぶことにする．これらの状態は，それぞれの最小化を行う状態の列 $|\Psi^i\rangle \in \mathcal{H}_G, |\Psi_0^i\rangle \in \mathcal{H}_G (i = 1, 2, \cdots)$ の集積点として存在することが①によって保証されている．わかりやすくするために，$0 < U - U_0 < \delta$ としてそのときに $\bar{F}(U) - \bar{F}(U_0) > \varepsilon$ であったとする．($\bar{F}(U_0) - \bar{F}(U) > \varepsilon$ であるならば，U と U_0 の立場を逆にして考えれば以下と同じことがいえる)このとき，$\delta = \varepsilon$ とおいて次の不等式が成立する．

$$\begin{aligned}
\min_{\Psi' \to n} \langle \Psi' | \hat{T} + \frac{U}{2} \underline{n}_i^2 | \Psi' \rangle &= \langle \Psi | \hat{T} + \frac{U}{2} \underline{n}_i^2 | \Psi \rangle \\
&> \min_{\Psi' \to n} \langle \Psi' | \hat{T} + \frac{U_0}{2} \underline{n}_i^2 | \Psi' \rangle + \varepsilon \\
&= \langle \Psi_0 | \hat{T} + \frac{U_0}{2} \underline{n}_i^2 | \Psi_0 \rangle + \varepsilon \\
&= \langle \Psi_0 | \hat{T} + \frac{U}{2} \underline{n}_i^2 | \Psi_0 \rangle + \frac{U_0 - U}{2} \langle \Psi_0 | \underline{n}_i^2 | \Psi_0 \rangle + \varepsilon \\
&> \langle \Psi_0 | \hat{T} + \frac{U}{2} \underline{n}_i^2 | \Psi_0 \rangle - \frac{\delta}{2} + \varepsilon \\
&= \langle \Psi_0 | \hat{T} + \frac{U}{2} \underline{n}_i^2 | \Psi_0 \rangle + \frac{\varepsilon}{2}.
\end{aligned}$$

ここで，補題 1 を用いた．これは，$\min_{\Psi' \to n} \langle \Psi' | \hat{T} + \frac{U}{2} \underline{n}_i^2 | \Psi' \rangle$ の定義と矛盾している．

主張③を示す．$0 < U_1 < U_2$ となる 2 つの U_1, U_2 に対して 1 つの $|\Psi\rangle \in \mathcal{H}_G$ が $\bar{G}_{U_1}[\Psi]$ と $\bar{G}_{U_2}[\Psi]$ の最小値を同時に与えたとする．両方同時に 0 にはならない 2 つのパラメータ $\alpha \geq 0$ と $\beta \geq 0$ を用いて，$|\Psi\rangle$ が 2 つの $\bar{G}_{U_i}[\Psi]$ の最小値を与えるという不等式から次式が得られる ($i = 1, 2$)．

$$\alpha \langle \Psi'|\hat{T} + \frac{U_1}{2}\underline{n}_i^2|\Psi'\rangle + \beta \langle \Psi'|\hat{T} + \frac{U_2}{2}\underline{n}_i^2|\Psi'\rangle$$
$$\geq \alpha \langle \Psi|\hat{T} + \frac{U_1}{2}\underline{n}_i^2|\Psi\rangle + \beta \langle \Psi|\hat{T} + \frac{U_2}{2}\underline{n}_i^2|\Psi\rangle.$$

$U' = \frac{U_1\alpha + U_2\beta}{(\alpha+\beta)}$ とすると，上式を変形して，次の不等式が成り立つ．

$$\langle \Psi'|\hat{T} + \frac{U'}{2}\underline{n}_i^2|\Psi'\rangle \geq \langle \Psi|\hat{T} + \frac{U'}{2}\underline{n}_i^2|\Psi\rangle.$$

つまり，$|\Psi\rangle$ は $U_1 \leq U \leq U_2$ なる有界領域で常に $\overline{G}_U[\Psi]$ の最小値を与えることになる．

ここで，$0 < U < \infty$ の全領域で U を動かしたと考える．定理2 主張③から可能な状況として本質的に3種類の状況があり得ることがわかる．

状況 I U の全領域で単一の $|\Psi\rangle$ が $\overline{G}_U[\Psi]$ の最小値を与える場合．

状況 II 任意の U においてすべて異なる $|\Psi\rangle$ が $\overline{G}_U[\Psi]$ の最小値をそれ単独で与える場合．

状況 III 少なくとも1つの有界な領域 $[U_1, U_2]$ で単一の $|\Psi\rangle$ が $\overline{G}_U[\Psi]$ の最小値を与え，それ以外の領域では $|\Psi\rangle$ とは異なる状態のみが $\overline{G}_U[\Psi]$ の最小値を与える場合．

まず，状況 I とは何かを説明しておくべきだろう．U を変化させても単一の $|\Psi\rangle$ が $\overline{G}_U[\Psi]$ の最小値を与え続けるとはどのようなことだろうか？すぐに考えられるのは，$|\Psi\rangle$ が完全強磁性状態のときである．このとき，$|\Psi\rangle$ は $\langle \hat{T} \rangle$ と $\langle \underline{n}_i^2 \rangle$ を同時に最小化していると考えられる．しかし周期律表を思い浮かべていただきたい．1つの原子の周りの電子が内殻にあるものを含めてすべて同じスピンをもっているようなものがあるだろうか？ 通常の物質中でこのような真の意味の完全強磁性状態は発生しないと考えられる．もう1つの可能性は，実際の物質から遠く離れた場所に $\phi_i(\mathbf{r})$ を考えた場合が挙げられるが，このような状況は考える意味がないだろう．

すると，状況 III は例えばある特別な U_1, U_2 において一種の強磁性相転移を起こしているような状況であると考えることができる．このようなことが単一の U の変化で生じるか否かはここでは結論できない．しかしながら，不純物アンダーソン模型の物理でよく知られていることは，強磁性相転移を

発生する可能性はないということである．格子模型に対応する状況ではどうか．その場合には状況IIIを否定することは相当困難になると予想される．しかしながら，普通の物質中でモデルを考えている場合には状況IIにあると考えてよいといえる．

　状況IやIIIにあると何が起こるのかというと，次のようなことが考えられる．以下では，U を一意的に決めたいが，有限な U の範囲で同一の $|\Psi\rangle$ が拡張 Kohn–Sham 模型の基底状態として現れてしまうと，そのときには $\langle \underline{n}_i^2 \rangle$ がこの範囲で定数になってしまう．そこでこの範囲に入っていればどこに U を設定しても結果同じ状態とそれによる揺らぎ $\langle \underline{n}_i^2 \rangle$ が出現する．そこで，U がこの範囲のどこか1つの値に決まらないのはやむを得ないことである．

　ここで，$\mathcal{H}_G$ に含まれる状態がいかに多いのかについて言及すべきだろう．状況IIでは，U を無限小変化させるたびに異なる $|\Psi\rangle \in \mathcal{H}_G$ が基底状態に表れることを示している．これは，$|\Psi\rangle \to n_G(\mathbf{r})$ なる制限をつけた空間において無限に多彩な多体状態があることを示しており，大変興味深い内容と考えられる．

　では，U とともに唯一の基底状態が次々と変化していく通常の状況IIにおいて，$\langle \underline{n}_i^2 \rangle_G$ を再現してしまうような異なる U の値と異なる $|\Psi\rangle$ があるだろうか？　このようなことがあると，模型が一意的に決まらないことになってしまうが，そのようなことはないことがわかる．その結果，$\langle \underline{n}_i^2 \rangle_G$ を再現するという条件を状況IIにおいて課すと，模型の一意性が証明される．

定理 3　v_{ext} で定まるクーロン系の基底状態には縮退がないとする．加えて，状況IIにあるとする．このとき，$(n_G(\mathbf{r}), \langle \underline{n}_i^2 \rangle_G)$ を同時に再現する拡張 Kohn–Sham 模型はただ1つに定まる．

証明：$U_1 \neq U_2$ なる2つの U_i ($i=1,2$) で与えられる拡張 Kohn–Sham 模型が同時に $(n_G(\mathbf{r}), \langle \underline{n}_i^2 \rangle_G)$ を再現したと仮定してみよう．それぞれの基底状態を $|\Psi_1\rangle$, $|\Psi_2\rangle$, そのエネルギーを $E_{\text{GS}}^{(i)}$ としてみる．状況IIにあることから，これらは異なる状態である．すると，以下の不等式が成立する．

$$\begin{aligned}
E_{\mathrm{GS}}^{(2)} &\equiv \langle \hat{T} + \frac{U_2}{2}\underline{n}_i^2 \rangle_2 + E_{\mathrm{rxc}}^{(2)}[n_G] + \frac{e^2}{2}\int d^3r d^3r' \frac{n_G(\mathbf{r})n_G(\mathbf{r}')}{|\mathbf{r}-\mathbf{r}'|} \\
&\quad + \int d^3r v_{\mathrm{ext}}(\mathbf{r})n_G(\mathbf{r}) \\
&= \langle \hat{T} + \frac{U_1}{2}\underline{n}_i^2 \rangle_2 + E_{\mathrm{rxc}}^{(1)}[n_G] + \frac{e^2}{2}\int d^3r d^3r' \frac{n_G(\mathbf{r})n_G(\mathbf{r}')}{|\mathbf{r}-\mathbf{r}'|} \\
&\quad + \int d^3r v_{\mathrm{ext}}(\mathbf{r})n_G(\mathbf{r}) \\
&\quad + (U_2 - U_1)\langle \underline{n}_i^2 \rangle_2 + E_{\mathrm{rxc}}^{(2)}[n_G] - E_{\mathrm{rxc}}^{(1)}[n_G] \\
&> \langle \hat{T} + \frac{U_1}{2}\underline{n}_i^2 \rangle_1 + E_{\mathrm{rxc}}^{(1)}[n_G] + \frac{e^2}{2}\int d^3r d^3r' \frac{n_G(\mathbf{r})n_G(\mathbf{r}')}{|\mathbf{r}-\mathbf{r}'|} \\
&\quad + \int d^3r v_{\mathrm{ext}}(\mathbf{r})n_G(\mathbf{r}) \\
&\quad + (U_2 - U_1)\langle \underline{n}_i^2 \rangle_1 + E_{\mathrm{rxc}}^{(2)}[n_G] - E_{\mathrm{rxc}}^{(1)}[n_G] \\
&= \langle \hat{T} + \frac{U_2}{2}\underline{n}_i^2 \rangle_1 + E_{\mathrm{rxc}}^{(2)}[n_G] + \frac{e^2}{2}\int d^3r d^3r' \frac{n_G(\mathbf{r})n_G(\mathbf{r}')}{|\mathbf{r}-\mathbf{r}'|} \\
&\quad + \int d^3r v_{\mathrm{ext}}(\mathbf{r})n_G(\mathbf{r}) \, .
\end{aligned} \tag{46}$$

これは，$|\Psi_2\rangle$ が U_2 の与える模型の基底状態であることに反する．

 U が決まるならば唯一であるということをこれで確認できた．状況Ⅲにあっても，上記の証明法によって本質的に異なる状態を発生する U のうち真のクーロン系を再現するべき値（または領域）が決まることはわかるだろう．では，このような U は必ず見つかると考えられるのだろうか？ 次の結論はそのことに関する知見を与えてくれる．

定理 4 v_{ext} で定まるクーロン系の基底状態には縮退がないとして，状況Ⅱにあるとする．$\overline{G}_U[\Psi]$ の最小値を与える Ψ_U による期待値 $\langle \underline{n}_i^2 \rangle$ は，U に関する連続な一対一関数を与える．定義域は $[0, \infty]$ であり値域は $[0, 1]$ に含まれる連続な有界領域 R_ϕ である．逆関数 $R_\phi \longrightarrow [0, \infty]$ は連続な上への一対一写像を与えるが，$\langle \underline{n}_i^2 \rangle_G$ が R_ϕ に含まれていればこの写像により U は一意的に決定される．

証明：補題 1 により，値域はすでに示されている．そこでまず $U \longrightarrow \langle \Psi_U | \underline{n}_i^2 | \Psi_U \rangle$ により一対一関数が与えられることを示し，次に連続性を示す．$0 \leq U_1 < U_2 < \infty$ なる 2 つの U_1, U_2 において $n_G(\mathbf{r})$ を再現する 2 つの異なる Ψ_{U_i} が与える $\langle \Psi_{U_i} | \underline{n}_i^2 | \Psi_{U_i} \rangle$ が等しいとする．定理 3 を示した証明と同じ

方法で，この仮定は状況 II にあることに矛盾することが導かれる．

次に，$U=U_0$ において例えば $\langle\Psi_U|\underline{n}_i^2|\Psi_U\rangle$ が右不連続であったと仮定する．すると，$\Psi_{U_{0+}}=\lim_{U\to U_{0+}}\Psi_U$ は Ψ_{U_0} とは異なる．一方，定理 2 の②からはこの異なる Ψ_{U_0} と $\Psi_{U_{0+}}$ に対して $\langle\Psi_{U_0}|\hat{T}+\frac{U}{2}\underline{n}_i^2|\Psi_{U_0}\rangle=\langle\Psi_{U_{0+}}|\hat{T}+\frac{U}{2}\underline{n}_i^2|\Psi_{U_{0+}}\rangle$ が要求される．このことは，U_0 において異なる 2 つの状態が最小値を与えることを結論するため，状況 II にあることに矛盾する．同様にして，一般に $\langle\Psi_U|\underline{n}_i^2|\Psi_U\rangle$ の不連続性を仮定すると矛盾にいたる．

逆関数の存在は自明である．その結果として，$\langle\underline{n}_i^2\rangle_G$ が R_ϕ に含まれていれば一意的に $\langle\underline{n}_i^2\rangle_G$ を再現する U が定まることがわかる．

定理 4 から次のような命題を見つけることができる．クーロン多体系の与える $\langle\underline{n}_i^2\rangle_G$ は相関効果により $\overline{G}_{U=0}[\Psi]$ の与える $\langle\underline{n}_i^2\rangle_{U=0}$ よりも小さくなっていると考えられる．一方で，次節でも議論するが $U=\infty$ とすると，$\overline{G}_{U=\infty}[\Psi]$ の与える $\langle\underline{n}_i^2\rangle$ は 0 に近づくと考えられる．すると，$\langle\underline{n}_i^2\rangle_G<\langle\underline{n}_i^2\rangle_{U=0}$ であれば有界領域 R_ϕ に $\langle\underline{n}_i^2\rangle_G$ は含まれていることになり，結果として唯一存在する U は必ず存在することになる．

今，簡単のために揺らぎを考慮する軌道が 1 つだけの場合で話を進めたが，このような揺らぎが重要になる軌道が周期的に並んでいるような場合にも，基底状態の縮退に関して同様に仮定する範囲では，すぐに同じ証明法が適用できる．すると，周期的アンダーソン模型やハバード模型が同じように得られることがわかる．以上の話は大変単純な話で，実際上次のような観測に基づいて見つけられている．古くからハバード模型等の議論において，U の値を変化させると揺らぎの強さが通常単調に変化していくことはよく知られている．特別な縮退を生じる系を除いて考える限り，したがってクーロン系を不純物アンダーソン模型やハバード模型によってモデル化しようとする場合には，揺らぎの強さを再現しようとすることは自然で，その場合 U の値が一通りに定まることはごく自然なことと考えられる．

逆に重要なこととして以下のことがすぐに予測される．同じ原子であっても，周囲の環境に応じて揺らぎの強さが変化することは，これまでの実験的・理論的な物性研究から明らかにされている．通常，模型を用いた物理で

は，これまで U はパラメータとして扱い，実験や別の計算結果の与える励起状態の情報などを基にして推定するというやり方が行われてきた．その結果，何を再現するように基準をとるかによって，U の値がばらついてしまい，第一原理的な取扱いにはとても馴染まないという状況が続いていた．しかし，考えを少し変えてみれば，密度汎関数法は基本的に基底状態，または熱平衡状態を定める方法論として作られているので，クーロン系の示す基底状態における揺らぎの強さが再現されるべき物理量と考えられる．そのことが，適切なモデルを決めてくれるということはごく自然なことである．

11.8 ポストLDAとなる非局所近似によるモデルのデザイン

前節の定理4はあまりにも当たり前のことをいっているようで，何がそれほど重要なのだろうか，と問いたくなる．しかし，もしもそこから引き出される知見が充分に我々のデザインの目標に沿った何らかの指針を与えるのであれば，役に立つだろう．

補題1から軌道上の密度・密度揺らぎはある0から1の間の数値で表現されることがわかる．この値は $\phi_i(\mathbf{r})$ の性質によってどのような値になるのだろうか．

フェルミレベル以下の完全占有軌道　$\phi_i(\mathbf{r})$ がフェルミレベルよりもずっと低い一電子準位にあるような局所軌道(例えば遷移金属での $1s, 2s$ 軌道など)では，$\langle \underline{n}_i^2 \rangle_G = 0$ となる．

フェルミレベル以上の空軌道　$\phi_i(\mathbf{r})$ がフェルミレベルよりもずっと高い一電子準位にあるような局所軌道(例えば軽元素での $4f, 5s$ 軌道など)では，$\langle \underline{n}_i^2 \rangle_G = 0$ となる．

フェルミレベル近傍の揺らいでいる軌道　$\phi_i(\mathbf{r})$ がフェルミレベル近傍で遍歴バンドをなしているような場合には，$|A_0| = |A_3| = 1/2$ かつ $|A_1| = |A_2| = 1/2$ の条件に近づき結果として，$\langle \underline{n}_i^2 \rangle_G \simeq 1/2$ となる．

フェルミレベル近傍の揺らがない軌道　$\phi_i(\mathbf{r})$ がフェルミレベル近傍でクーロン斥力との兼ね合いで揺らぎが押さえられており例えば平均占有数が 1

かつ2重占有や非占有状態が押さえられているとき，$\langle \underline{n}_i^2 \rangle_G \simeq 0$ となる．ここで，フェルミレベルという言葉の定義は，多電子系において行われるべきものであるのでスペクトル関数を用いて考えていることに注意していただきたい．4番目の状況が相関電子系にとっては重要な場合である．このときにこそ，$\phi_i(\mathbf{r})$ 上に U を設定した模型の導入が必要となる．また，いったいどのようなエネルギー範囲にあるいくつの軌道をこの有効多体模型に取り込んで考える必要があるのかも，$\langle \underline{n}_i^2 \rangle_G$ を測ってみればわかるということになる．

　U を導入した有効多体模型では，局所密度近似(LDA)のような密度汎関数法でこれまでに行われてきた近似と比較すれば明らかに非局所性の効果を取り込んでいることになる．非局所とは，$\mathbf{r}$ の一点で交換・相関エネルギー汎関数を評価する LDA を超えた交換・相関エネルギーの評価法を与えていることを指す．この拡張 Kohn–Sham 模型によるモデル化では，揺らぎが重要な軌道の特定と，その上の揺らぎの強さを評価するパラメータである U(従って U はクーロン斥力そのものやそのスクリーンされた量ではないという当たり前の意味づけがなされる．この点は，LDA+U 法と呼ばれる方法[13-16]ですら旧来の考えに基づいているのであるが)が，クーロン多体系の基底状態での揺らぎを参照することによって決められるべきということがわかる．我々は，今のところ結晶状態にある多電子系をクーロン多体系としてそのまま量子シミュレーションする方法をまだ手にしていない段階にある．しかし，今知られている拡散モンテカルロ法[17,18]や，トランス・コリレーティッド法[19,18]などに着目すれば，結晶の一部として近似される程度の大きさの系を充分な精度で計算機上のシミュレーションに載せることができると認識している．密度・密度揺らぎの特定により決めた U を用いれば，低温で生じる結晶中の磁性現象や超伝導現象の解明に，1つの第一原理的方法論を与えられるものと認識できる．

11.9 むすび

　我々は，以上のような方法はしかしながらまだ最終的な方法論であるとは認識していない．おそらく，より精度がよく予言能力の高い方法がこれからも開発されていくものと思う．ただし，一方で 2 体相互作用する電子系の有効模型は，定性的に現在まで知られている物質中の相転移現象をかなりよく記述するようである．したがって，クーロン多体系をモデル化した量子シミュレーションにとっては，方法論として 1 つの段階に達したようにも認識できる．応用の章において，その萌芽を議論する．

　はじめに挙げた 3 つの素朴な例は，実は現在の世代の人々にはすでに当たり前のことになっているようにも思われる．少し前に不思議であったこと，素敵であると思われたことは当たり前となったときにある一段階進んだ状況に至ったと認識すべきなのだろう．しかしながら，我々は面白いことに未だに第一原理的な物質の基礎方程式が何であるかすらどうも充分には知らないように思われる．有効模型の理論を進めてみることは，そうしたより基礎的な，自然の姿がどのように低エネルギーでは見えるのか，といった理論の枠組みを見つめてみるときにも役に立つのかもしれない．

[11 章　参考文献]

- [1] P. Hohenberg and W. Kohn: *Phys. Rev.* **136**（1964）B864.
- [2] W. Kohn and L.J. Sham: *Phys. Rev.* **140**（1965）A1133.
- [3] M. Levy: *Proc. Natl. Acad. Sci.*（U.S.A.）**76**（1979）6062.
- [4] M. Levy: *Phys. Rev.* A **26**（1982）1200.
- [5] E.H. Lieb: *Int. J. Quantum Chem.* **24**（1982）243.
- [6] N. Hadjisavvas and A. Theophilou: *Phys. Rev.* A **30**（1984）2183.
- [7] J.E. Harriman: *Phys. Rev.* A **24**（1980）680.
- [8] E.H. Lieb: *Rev. Mod. Phys.* **53**（1981）603.
- [9] R.A. Donnelly and R.G. Parr: *J. Chem. Phys.* **69**（1978）4431.
- [10] M. Higuchi and K. Higuchi: *Phys. Rev.* B **69**（2004）035113.

[11] K. Kusakabe: *J. Phys. Soc. Jpn.* **70** (2001) 2038.

[12] E.H. Lieb and M. Loss, "*Analysis*" (American Mathematical Society, 1996).

[13] V.I. Anisimov, J. Zaanen and O.K. Andersen: *Phys. Rev.* B **44** (1991) 943.

[14] V.I. Anisimov, I.V. Solovyev, M.A. Korotin, M.T. Czyzyk and G.A. Sawatzky: *Phys. Rev.* B **48** (1993) 16929.

[15] V.I. Anisimov, F. Aryasetiawan and A.I. Lichtenstein: *J. Phys. Condens. Matter* **9** (1997) 767.

[16] A.I. Lichtenstein and M.I. Katsnelson: *Phys. Rev.* B **57** (1998) 6884.

[17] D.M. Ceperley and B.J. Alder: *Phys. Rev. Lett.* **45** (1980) 566.

[18] D.M. Ceperley and B.J. Alder: *Int. J. Quant. Chem.* **16** (1982) 49.

[19] S.F. Boys and N.C. Handy: *Proc. Roy. Soc.* A **309** (1969) 209, *ibid.* **310** (1969) 43, 63, *ibid* **311** (1969) 309.

[20] N. Umezawa and S. Tsuneyuki: *Phys. Rev.* B **69** (2004) 165102.

応用編

1 第一原理計算
2 計算機ナノマテリアルデザイン
3 MACHIKANEYAMA2002
4 STATE-Senri
5 第一原理分子動力学法「Osaka2002」
6 TSPACE
7 ABCAP
8 HiLAPW
9 NANIWA2001
10 RSPACE-04
11 相関電子系設計への指針

1　第一原理計算

　凝縮系の量子シミュレーションは密度汎関数理論と局所密度近似の枠組みの中でなされてきた．基礎編第1章ではそのような枠組みについて説明したが，本章ではそのような量子シミュレーションが実際のシステムに適用されたとき，どの程度の予言能力をもつのか，それが様々な物性の発現機構を解明することに役立つのか，について典型的な例をあげて見ていこう．

　物性には基底状態の性質と，励起に付随した性質がある．第一原理計算の基本的な応用は基底状態の物質の性質を記述することである．特に，固体の凝集機構に関する計算は最も成功した例の1つであろう．それとともに基底状態に関して第一原理計算が威力を発揮した例は物質の磁性である．

　ホーエンベルク・コーンの定理は系の基底状態，励起状態を問わずあらゆる物理量に対して成立するのであるが，密度汎関数理論自体は基底状態を決めるものである（自由エネルギーに対する変分原理に一般化することによって，有限温度での平衡状態を記述するように拡張することは困難ではない）．基底状態とは異なった対称性をもつ励起状態等にはそのまま密度汎関数理論が適用できるのであるが，一般の励起状態の取扱いには強い制限がつくと考えてよい．しかし基底状態に対する摂動として扱える励起状態の性質は密度汎関数理論で扱うことができる．例えば，電子比熱や原子核との相互作用である超微細相互作用等は本来励起状態の関与した現象であるが，密度

汎関数理論で厳密に扱うことができる．また，輸送現象などの線形応答もこの範疇に入る．

本章では多くの応用の中から，固体元素の原子当たり体積と希薄磁性半導体の磁性を典型的な例として取り上げる．

1.1　固体の凝集機構

固体の凝集は量子力学の最も重要な応用の 1 つである．凝集機構には，ファンデルワールス力，イオン結合，共有結合，金属結合，水素結合など，原子間の種々の化学結合に由来する分類がある．しかし，究極的には電子と原子核の間に働く引力と，原子の凝集による体積減少に伴う電子の運動エネルギーの上昇とのバランスによって生じるものであるということができる．これらは密度汎関数理論が応用できる典型的な例である．ただし，局所密度近似がどんな場合にでもよい近似になっているとは限らない．一般的にいえば，金属に対しては比較的よい近似になっている．共有結合に対しても悪くはない．イオン性の非常に強い結晶に対しても悪い近似ではないが，イオン性が中間程度な結合の記述は困難である．水素結合に対してはむしろ断熱近似が問題になる．ファンデルワールス力の記述は局所密度近似では全く困難である．原子間の結合が一様電子ガスから著しく離れた状況で生じているからである．

図 1.1 に固体元素の原子当たりの体積を原子番号の関数として示す．計算は局所密度近似と KKR 法を用いて行われたものであるが，バンド計算の手法としてどのような方法を用いても本質的には変わらない．ただし稀土類元素に関しては局所密度近似は物理的に正しい状況を反映させることができないために，自己エネルギー補正 (SIC : Self Interaction Correction) をほどこした局所密度近似を用いている．実験値と比較して明らかなように，局所密度近似は固体元素の原子体積を非常に正確に与えている．アルカリ金属を除いて，実験との一致は概ね1%以内である．

このような単純な近似で実験値を 1%程度の精度で予測することができる

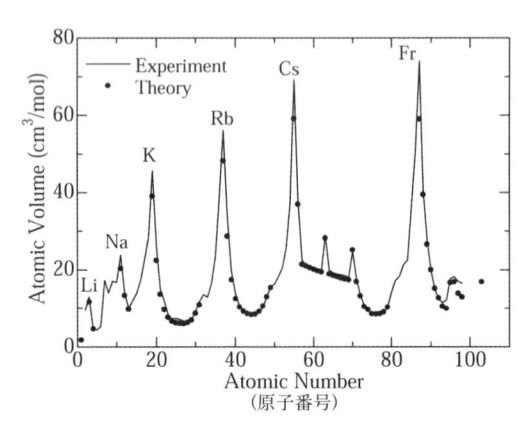

図 1.1　固体元素の原子当たり体積

とは当初誰も考えていなかったことである．予想外の精度は，コーン・シャム方程式に現れる，①相互作用をしない電子の運動エネルギー，②ハートリーポテンシャルで遮蔽された電子と原子核の相互作用，が凝集の大半を担っており，局所密度近似にたよっている交換相関エネルギーの寄与は小さいことに起因する．特に①の寄与を高精度で計算できることが，凝集を正しく見積もるためには最も重要であるといえる．

　アルカリ金属についてはあまり一致がよいとはいえない．一律に原子当たり体積が小さく見積もられている．アルカリ金属の原子体積が一般に大きいのは金属結合に寄与する電子が1個と少ないために，強い結合が作れないためであるが，原子体積を過小評価している原因としては，電子相関を過大評価しているということが挙げられる．電子相関は電子同士が互いに避けあって運動するために，運動エネルギーは少し上昇するが，電子間の相互作用は減少する効果である．その結果として電子と原子核との相互作用が平均的により大きくなるために原子間の結合が強くなり，原子当たり体積が小さくなる．そのように考えて眺めると，計算された原子当たり体積をほんの少し原子番号の大きい方にずらす(つまり，横軸を少し左にずらす)とアルカリ金属において実験とのよい一致が得られることがわかる．電子相関を過大評価したため実効的な原子核電荷が大きめになったといってよい．

遷移金属の凝集機構は昔からよく研究されてきたが，その凝集機構についてはっきりした結論が得られるようになったのは局所密度近似に基づく第一原理計算が成功するようになってからである．鉄族元素をはじめとする遷移金属の大きい凝集エネルギーは，高い縮重度をもった d 軌道の作る強い金属結合に由来するものである．d 軌道には合計 10 個の電子を収容することができるが，大雑把にいって結合軌道が最大限ほぼ 5 個の電子によって占有される 1/2 占有の付近で凝集エネルギーは最大になる．原子当たり体積もそれを反映して 3d, 4d, 5d それぞれの d 周期の中央あたりで最小になっている．また，3d 遷移金属には単体で磁性を示すものが多い (Cr, Mn, Fe, Co, Ni)．磁性はスピン分極によって得られる電子の交換相互作用によるエネルギーの減少と，運動エネルギーの増加のバランスによって決まる．前者の方が大きいときに磁性が発生するが，運動エネルギーの増加を反映して必ず原子当たり体積の増加を招く．図 1.1 ではよく見えないが，3d 遷移金属はこの効果を反映した原子当たり体積を示す．これらの振る舞いも局所密度近似によって概ね再現することができる．

稀土類金属の原子当たり体積は単純な局所密度近似が破綻する例である．ここでは SIC を用いた計算結果が示されているが，もし SIC を用いなければ稀土類元素の原子当たり体積は 10%程度小さく見積もられてしまう．これも f 電子に対する電子相関を局所密度近似が過大評価した結果といえる．本来，f 電子はほとんど原子内に局在している．しかし，電子相関を過大評価すると，隣接原子の引力ポテンシャルが遮蔽されなくなるために，非局在化するようになる．その結果，f 電子が金属結合に寄与することとなり，原子当たり体積が減少してしまう．SIC を入れると原子と原子の間に自己相互作用補正に由来するポテンシャル障壁が形成されるために，f 電子は局在化する．局所密度近似では価電子帯にあった占有 f 電子状態が SIC を入れるとすべてエネルギーの低い芯状態 (core states) になってしまい，金属結合には寄与しなくなる．稀土類金属の中で Eu と Yb だけが異常に原子当たり体積が大きいが，それぞれ f 状態の 1/2 占有あるいは完全占有の状態から 1 個だけ電子数の少ない状態であるために，他の稀土類金属が 3 価の状態をとるの

に対して，2価の状態をとるからである．

　以上で示されるように，局所密度近似は単体金属の凝集機構を正確に説明している．これら以外の様々な系に対する計算は，合金や金属間化合物に対してもほぼ同様な信頼性が得られることを示している．

1.2　希薄磁性半導体の量子シミュレーション

　磁性体と半導体はともに物性物理学，材料科学，電気・電子工学の分野で古くから最も精力的に研究されてきた物質群を形成している．それらの中で，この2つの物質群にまたがるような物質，すなわち磁性体でありかつ半導体であるような物質が最近注目を集めている．強磁性を示す半導体は昔からいくつかの例が知られており，また強磁性体ではないものの磁性を示す半導体も希薄磁性半導体としてよく知られている．しかし，特に注目を浴びるようになったのは，インジウム砒素やガリウム砒素などの，半導体デバイスに用いられる化合物半導体にマンガンを数パーセント混ぜると強磁性を示すことが発見されてからである．このことは半導体デバイスで利用されている電子の電荷以外に電子のスピンを情報の単位に用いる可能性が開けてくることを意味する．このように，磁性半導体にかぎらず，電荷とスピンの情報を利用しようとする試みをスピントロニクスと呼んでいる．スピントロニクスに関する計算機マテリアルデザインの試みについては次章で詳しく説明されている．ここでは，それらを支えるスピントロニクス材料の量子シミュレーションについて紹介する．

　歴史的に最初に見つかった強磁性希薄磁性半導体はインジウム砒素マンガンである．この系について量子シミュレーションを行うことを考えよう．これはかなり難しいシミュレーションに属する．理由はこの物質ではインジウム砒素という典型的なⅢ-Ⅴ族化合物半導体のインジウム位置が5%程度のマンガンによってランダムに置き換えているからである．どの位置にあるインジウムを置き換えるかは確率的な問題であるから，系の巨視的な性質は様々な置き換え方について配置平均をとったものである．このような平均を

厳密にとることはできないから近似的な方法に頼らざるを得ない．第一原理電子状態計算でこのような配置平均を高い精度で行える実用的手法は KKR-CPA(CPA はコヒーレント・ポテンシャル近似の略)にほぼ限られている．この手法については応用編第 3 章で説明されている．

この系の性質をシミュレーションを通じて明らかにしていくために ($In_{1-x-y-z}Mn\uparrow_x Mn\downarrow_y X_z$)As (X は As または Sn)という多元不規則混晶について量子シミュレーションを実行する．ここで $Mn\uparrow$ と $Mn\downarrow$ はマンガン原子のうち上向きおよび下向きの局所磁気モーメントをもったマンガン原子を表す．原子の種類としては同じマンガンではあるが，異なった磁気的状態をもっているので異なった原子として扱う必要がある．この不規則混晶ではインジウムの一部が，上向きあるいは下向き磁気モーメントをもったマンガンと置き換わり，さらにスズやアンチサイト砒素(つまり本来はV族位置に入るべき砒素がIII族位置に誤って入ったもので，結晶には実際このような欠陥がかなり含まれている)とも置き換わっている．

この系に対して量子シミュレーションを行うと①非磁性状態，②不規則局所磁気モーメント状態，③強磁性状態，の 3 種類の磁気的状態が可能であることがわかる．これらは密度汎関数法を用いて制限付(例えば，非磁性であるという制限)の基底状態として決めることができる．①はマンガンが局所磁気モーメントをもたず，$Mn\uparrow$ と $Mn\downarrow$ の区別がない状態，②は $x=y$ の状態，③は x が有限，$y=0$ の状態である．実は②から③へは連続的に変化させることができ，場合によっては②と③の中間的な状態($x \neq y$ かつ $x, y \neq 0$)が安定な磁気的状態になることもある．しかし，そのような中間的状態は強磁性発生機構にとって重要ではないのでここでは考えない．不規則局所磁気モーメント状態をスピングラスと呼ぶこともあるが，厳密な意味でのスピングラスというわけではなく，局所的な磁気モーメントがランダムな方向を向いていて，全体としては巨視的な磁化を発生していない状態を指している．

調べてみると，①の非磁性状態は安定ではない．つまり，非磁性状態を作っても無限小の磁場を与えるだけで，②あるいは③の状態へと移ってしまう．②と③の状態はともに安定である．つまり，それぞれの状態から少しず

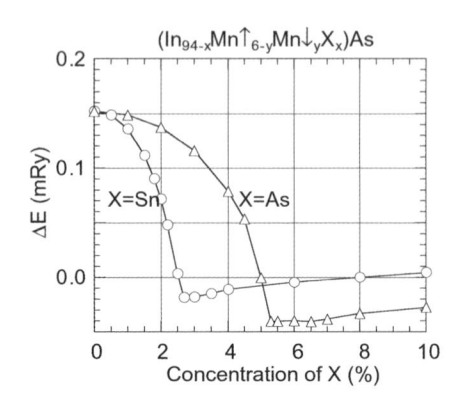

図1.2　強磁性状態とスピングラス状態とのエネルギー差
横軸はアンチサイト砒素またはスズの濃度．エネルギー差が正の領域では強磁性状態が安定である．

らしても復元力が働く．次に②と③の間でどちらが好ましい状態かを全エネルギーを計算して比較する．図1.2は②と③の間のエネルギー差をアンチサイト砒素あるいはスズの濃度の関数として表したものである．エネルギー差が正の領域は強磁性状態の方がエネルギーが低くスピングラス状態より安定である．強磁性が安定な状態では2つの状態のエネルギー差は平均場近似における強磁性キュリー温度と関連付けることができる．大きなエネルギー差は高い強磁性キュリー温度を意味するといってよい．

この計算からわかることは，アンチサイト砒素やスズがない場合には強磁性が安定であるが，砒素やスズの増加とともに急激に強磁性が不安定になりスピングラス状態がより安定になるということである．

これらの結果を分析してみると，インジウム砒素マンガンにもともと存在していた正孔(電子の抜けたあとの正の電荷を帯びた状態)と呼ばれる電流を運ぶことのできるキャリアが，ドーピング(この場合アンチサイト砒素やスズを入れること)によって持ち込まれた電子によってつぶれる(補償される)と強磁性が不安定化することがわかる．このことから，この物質の強磁性はキャリアの存在によって強磁性が安定化されているキャリア誘起強磁性であ

り，さらに微視的な強磁性発現機構についての考察の結果，二重交換相互作用と呼ばれる量子力学的な機構が重要な働きをしていることが結論される．

単に量子シミュレーションを実行するだけでは物性発現の機構は演えきできないことに注意する必要がある．量子シミュレーションの強みは計算機の上でこのような仮想実験を好きなだけ行え，それを通じた考察によって機構の解明にたどり着くことができる点にある．

1.3 むすび

第一原理計算の応用について 2 つの例を示した．第一原理計算によって実際の物性が信頼をもってシミュレートできることが確認できれば，それによって物性発現の機構解明を行うことができる．これは物質の個別性の起源を明らかにするという意味で物性物理学の最も重要な課題であるとともに，計算機マテリアルデザインを行うための最も強力な梃子になるという意味でも重要である．このような方向での応用例は次章で示される．

2 計算機ナノマテリアルデザイン
― 半導体スピントロニクスのマテリアルデザイン ―

　計算機マテリアルデザインの応用例として，半導体スピントロニクス材料のマテリアルデザインを紹介する．半導体スピントロニクスは，電子のもつ電荷の自由度に加えてスピンの自由度を同時に制御することにより，超高速(THz)，超高集積(Tbit)，および，超省エネルギー(不揮発性)を可能にする新しいクラスのエレクトロニクスを構築することを目的としている．これによりスピンを電場，光などで制御して量子計算や量子情報処理などを可能にする次世代エレクトロニクスの構築に寄与しようとするものである．対象となる物質は磁性原子を添加した半導体で希薄磁性半導体と呼ばれる．置換型の不規則性を計算に取り入れるために KKR-CPA-LSDA 法による第一原理電子状態計算パッケージ MACHIKANEYAMA2000 をシミュレーターとして使用する．第一原理計算に基づいて，p-d 交換相互作用と二重交換相互作用による強磁性発現機構を議論し，これらと競合（協調）する反強磁性（強磁性）超交換相互作用を議論する．また，II-VIおよびIII-V族化合物半導体をベースとした強磁性出現の一般則を提案する．また，精密なキュリー温度計算のために第一原理計算とモンテカルロシミュレーションを組み合わせる方法を提案する．ランダムに磁性不純物が分布する希薄磁性半導体系では平均場近似は強磁性転移温度を過大評価するが，第一原理計算による交換相互作用の距離依存性の計算とモンテカルロシミュレーションを併用した計算方法

応用 2　計算機ナノマテリアルデザイン

では，GaN などのワイドギャップ半導体での短距離な強磁性交換相互作用による希薄磁性半導体のパーコレーションを正しく取り扱うことができ，強磁性転移温度を正確に予言することができる．半導体スピントロニクス材料の開発は近年急速に発展している新しい分野で，理論と実験が互いに影響を与えつつ進歩しているため，計算機マテリアルデザインエンジンの典型的な実践例となっていることを示す．

2.1　半導体スピントロニクス

　電荷の流れを制御することで演算，情報処理を実行する現代のエレクトロニクスに対して，電子のもう1つの自由度であるスピンをコントロールすることで新しい次世代の情報処理技術を切り開こうという試みが始まっている．スピンの制御は電荷の制御に比べて，高速，高集積，省電力，不揮発の特色があることから非常に注目され従来のエレクトロニクスに対してスピンエレクトロニクスと呼ばれるようになった[1]．例えば，磁性金属多層膜の巨大磁気抵抗効果を利用したハードディスクの磁気ヘッドや MRAM などは実現されておりすでに成果をあげている．一方，低温の MBE 法（分子線気相成長法）を用いた非平衡結晶成長法を用いて，宗片，大野らによって Mn を添加した InAs や GaAs などの希薄磁性半導体 (In, Mn) As，(Ga, Mn) As が強磁性を示すことが発見されると，従来の半導体エレクトロニクスとの融合により，より積極的にスピンを使ったデバイスや演算装置が期待されるようになり半導体スピントロニクスといわれ研究開発が進められている．しかし，電子スピンによる量子情報処理を究極の目標とする半導体スピントロニクスはまだその開発初期の段階である．というのは，半導体スピントロニクスの具体例である量子コンピューター[2]やスピントランジスタ[3]においても，動作原理の理論や計算アルゴリズム等はすでに提案されており，非常に理想的な状況下での実験的検証も行われているが，実用化ということまで考えに入れると，いったいどのような材料が最適なのかということがわかっていないのである．例えば，希薄磁性半導体の強磁性はスピントロニクスデバイスの

基礎であるために，多くのスピントロニクスデバイスが室温で動作するためには当然基礎材料である希薄磁性半導体のキュリー温度が室温よりも十分高くなくてはならないが，このような基本的要請を満たす材料探索が半導体スピントロニクス研究の話題の 1 つであるというのが現状なのである[1]．つまり半導体スピントロニクスの分野は，もちろん(In, Mn)As や(Ga, Mn)As などのさきがけがあったわけであるが，ソフトウェア(量子コンピューターや量子計算アルゴリズムなど)やデバイス(スピントランジスタ等)の提案がすでにあり，期待される物性をもった基本材料を探しているという，マテリアルデザインが必要な典型的状況にある．このような要請から，我々は半導体スピントロニクスのマテリアルデザインに取り組んできた[4-7]．ここに，期待される物性とは希薄磁性半導体における室温を超えるキュリー温度 T_C であり，希薄磁性半導体の電子状態と強磁性のメカニズムの関係を明らかにし，キュリー温度の精密な計算法を提案し，具体的にそれぞれの希薄磁性半導体についてキュリー温度を計算することが我々の与えるマテリアルデザインである．以下の節では，我々のたどってきた研究経過を順に追っていきマテリアルデザインの典型例としたい．

2.2 MACHIKANEYAMA と希薄磁性半導体のマテリアルデザイン

希薄磁性半導体の候補として最も自然に考えつくのは，Ⅲ-Ⅴ族またはⅡ-Ⅵ族半導体に 3d 遷移金属を添加した系である．Mn 添加の GaAs, InAs ではすでに強磁性が確認されているし，Ⅱ-Ⅵ族半導体では遷移金属元素の固溶度が高く，遷移金属を高濃度に添加しても結晶成長が比較的容易であると考えられる．今の段階では希薄磁性半導体が典型的にどのような電子状態となっているのか，強磁性はどのような機構で発現しているのかわかっていないとしてマテリアルデザインを進めていく．このようなときは特定の系を詳しく調べるよりも，周期表を見回して系の構成元素を系統的に変えて電子状態と物性の変化を大まかにとらえ見通しを得るのがよい．現在，第一原理計

応用2 計算機ナノマテリアルデザイン

算といわれているものは多くは局所近似に基づく計算であり，あらゆる系の物性を完璧に再現できるわけではなく系統的な誤差を含んでいることが知られている．また，実験で合成する場合には意図しない不純物の混入等が起こりうるわけであるから，実際問題として現実の系を計算機の中で完全にシミュレートできるわけでもない．特に今の場合のように全く性質のわかっていない新しい系をデザインする場合には，ある系の物性値の計算結果を示すだけでなく，いろいろな系を計算して大局的な特徴をとらえるとマテリアルデザインとして役に立つ．このように多数の系を計算する必要のために，電子状態計算にはかなりの高速性が要求される．計算の高速性の他に，不規則性を扱えるという特徴から我々は Korringa-Kohn-Rostoker coherent-potential-approximation (KKR-CPA) 法による第一原理電子状態計算パッケージ (MACHIKANEYAMA2000) をシミュレーターとして選んだ (基礎編参照)．

　希薄磁性半導体は化合物半導体の陽イオンを遷移金属イオン (TM) がランダムに置換したものであり，例えば ZnTe を母体とするものは (Zn, TM) Te のように表記できる．バンド理論では扱う系の周期性が前提となっているため，このような不規則合金系は取り扱うことができない．この困難を乗り越える1つの方法として，不純物の配置の不規則性を無視し不純物を規則的に並べ周期性を復活させるスーパーセル法がある．この方法を使えば，一般のバンド計算法を，その精度を保ちつつ，そのまま不純物のある系に適応できるが，計算結果は不純物の特定の配置によってしまう．系全体の性質を決めるのはむしろいろいろな不純物の並べ方を平均した配置平均であることから，マテリアルデザインには不規則系の電子状態の配置平均を第一原理から計算できる KKR-CPA 法を選んだ．後ほど実際に計算して示されることであるが，半導体中で遷移金属元素の d 状態は母体の価電子帯と大きな混成を示すが，大きな交換分裂のため磁気モーメントを失わずに保持している．このような場合，ある方向を向いた磁気モーメントをもつ TM, TM^{up} と，その逆方向の磁気モーメントをもった TM, TM^{down} が考えられ，そのため一般に電子状態として次のような2つの解を考えることができる．つまり，遷移金属イオンの磁気モーメントがすべて同じ方向を向いている強磁性状態 (Zn_{1-c},

TM$^{up}_c$)Te と，ランダムな方向を向いて全体として磁化をもたない常磁性状態である．ここに，c は遷移金属の濃度である．常磁性状態の場合，ある方向に磁気モーメントのベクトルを射影すれば全体としてその方向に平行な成分と反平行な成分が同じだけあると考えられるので，(Zn$_{1-c}$, TM$^{up}_{c/2}$, TM$^{down}_{c/2}$)Te のような3元合金のようにかけると考えられる[8]．KKR-CPA を用いると，強磁性状態と常磁性状態それぞれについて，同じ条件で計算することができるので，全エネルギーの比較からどちらが基底状態であるかを判定することができ，希薄磁性半導体における強磁性状態の安定性の議論に非常に都合がよい．

2.3 III-V族およびII-VI族希薄磁性半導体の電子状態

まず希薄磁性半導体の電子状態の全体的な特徴をつかむため，III-V族半導体から GaN を II-VI族半導体から ZnTe を選び，3d 遷移金属である V, Cr, Mn, Fe, Co, Ni を添加したときの電子状態密度と強磁性の安定性を調べる[4]．KKR-CPA では，その理論の枠組みから不純物周りの局所的な格子緩和を取り入れることは簡単ではない．また，不純物の添加による格子定数の変化もこのマテリアルデザインには取り入れていない．このような簡単化は希薄磁性半導体の磁性の一般的な傾向を調べるという目的に対しては許されると考えた．GaN はウルツ鉱型結晶構造で格子定数は $a = 3.180$Å, $c = 5.166$Å, $u = 0.377$，ZnTe の結晶構造は閃亜鉛鉱構造で格子定数は $a = 6.089$Å である[9]．格子緩和が気になる向きには基礎編でいくつか紹介されている分子動力学を応用する方法を使うことが考えられる．効率的なマテリアルデザインのためにはそれぞれの目的に最もあう計算法を使うことが重要である．KKR-CPAでは，相対論的効果は scalar-relativistic 近似で取り扱われておりスピン軌道相互作用の効果は考えられていない．

3d 遷移金属を添加した GaN と ZnTe における強磁性状態の安定性の計算結果を図 2.1 に示す[4]．遷移金属を 5, 10, 15, 20, 25% 添加したものについて，強磁性状態と常磁性状態の1分子当たりの全エネルギー差が図に示され

応用2 計算機ナノマテリアルデザイン

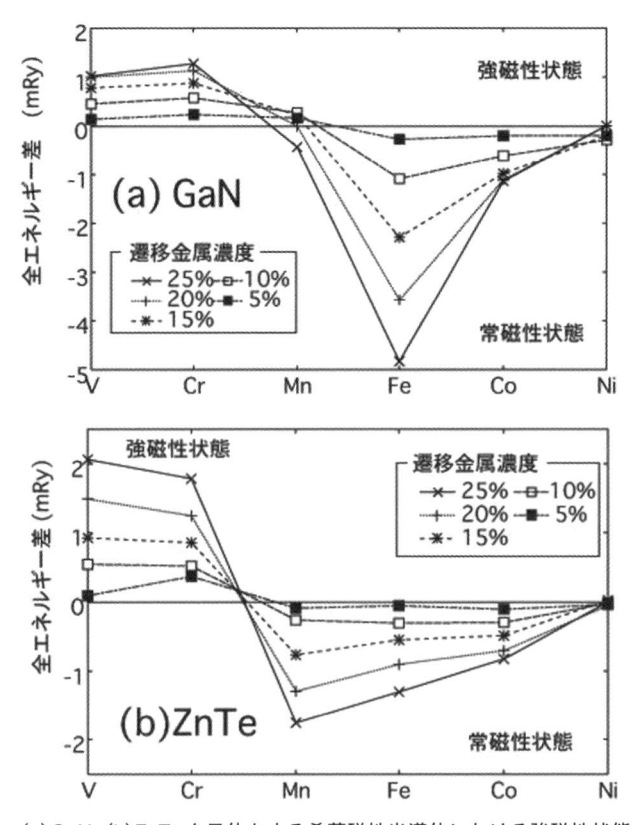

図 2.1 (a) GaN, (b) ZnTe を母体とする希薄磁性半導体における強磁性状態の安定性

ている．グラフで正のエネルギー差は，強磁性状態が安定であることを示している．全体的に次のような傾向をみてとることができる．まず，Ⅲ-V族希薄磁性半導体である (Ga, TM) N では（図 2.1(a)），Fe を添加した場合に最も常磁性状態が安定であり，Fe から原子番号が小さい方にずれた，Mn または Cr を添加した場合は強磁性状態が安定になる．一方，Co または Ni を添加した場合はエネルギー差は小さくなるが強磁性が安定化されるには至らない．同様の傾向がⅡ-Ⅵ族希薄磁性半導体である (Zn, TM) Te にも現れている（図 2.1(b)）．つまり，(Zn, TM) Te では Mn 添加で最も常磁性状態が安定であり，Mn から原子番号の小さい方にずれた V と Cr 添加では強磁性状態が

安定となる．一方，Mn より原子番号が大きい Fe, Co と Ni 添加については，エネルギー差は強磁性状態が安定な方向に向かっていくが，常磁性状態が安定のままである．III-V族半導体中では，III族元素を 2 価の遷移金属不純物が置換するので，遷移金属添加と同時にホールが 1 つ導入されるのに対し，II-VI族半導体中では 2 価のイオンはキャリアを導入しないことを考えると，磁性の系統性はIII-V族とII-VI族で同じであることが認識され，希薄磁性半導体の磁性の系統性を不純物の電子状態から統一的に議論できることが示唆される．

　計算で求められた電子の状態密度を見ることで，強磁性の安定化の起源について考察することができる．図 2.2 に遷移金属を 5%添加した GaN の強磁性状態の状態密度を示す．実線で示してあるのが全状態密度で，点線で示してあるのがそれぞれの遷移金属の $3d$ 軌道成分の部分状態密度である．およそ-0.6Ry から-0.2Ry に広がっているのが窒素の $2p$ 軌道からなる価電子帯である．不純物の添加により価電子帯と伝導帯との間のバンドギャップ中に，遷移金属の $3d$ 軌道を主成分とする深い不純物準位があらわれる．この不純物準位は有限の不純物濃度のため不純物バンドを作っているが，大きい交換分裂を示し遷移金属イオンは高スピン状態にある．不純物の原子番号が増えるに従って不純物バンドはエネルギーの低い方に移動してゆき順番に占有されていく．また状態密度で特徴的なことは，V, Cr, Mn を添加した系では，フェルミレベルで片方のスピンについては金属的でもう一方のスピンについては絶縁体的なハーフメタリックな状態になっていることである．

　さて，Fe を添加した場合の状態密度，図 2.2(d)を見てみると，Fe^{3+}がGa^{3+}と置換し d^5 の状態になっていることがよくわかる．つまり，Fe の 3d の上向きスピン状態はすべて占有され下向きスピン状態は空である．このときは，Fe 間の反強磁性的な超交換相互作用により強磁性状態は安定化されない．一方，Cr^{3+}, Mn^{3+}はそれぞれ d^3, d^4 電子配置で上向きの d 軌道は完全には占有されていない．このようなときは，磁気モーメントが同じ向きを向いていると磁性イオン間を電子スピンが移動することができ，それによって運動エネルギーを得する，いわゆる二重交換相互作用により強磁性状態が安定

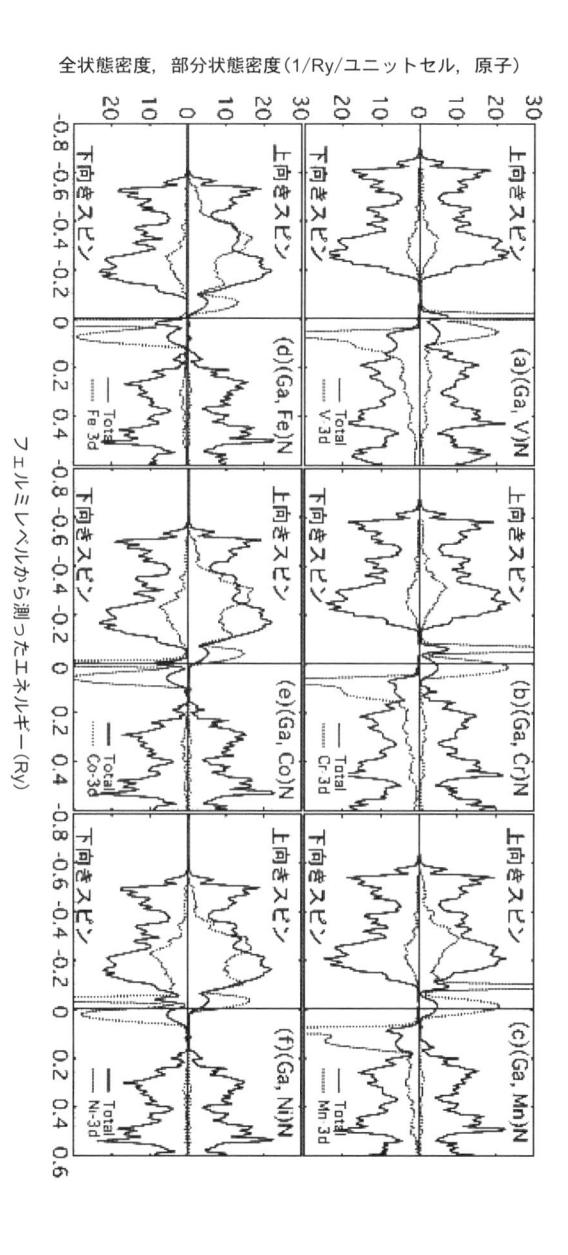

応用2 計算機ナノマテリアルデザイン

図2.2 (a)(Ga, V)N, (b)(Ga, Cr)N, (c)(Ga, Mn)N, (d)(Ga, Fe)N, (e)(Ga, Co)N, (f)(Ga, Ni)N の強磁性状態における全状態密度(実線)と部分状態密度(点線) フェルミレベルから測ったエネルギー(Ry) 不純物濃度はそれぞれ5%である.

となっていると推測される．このような機構は赤井による InAs を母体とした希薄磁性半導体の研究ですでに指摘されている[10]．この考え方では d^6, d^7 の電子配置をとる Co^{3+}, Ni^{3+} でも強磁性が安定化されそうなものであるが，交換分裂が比較的小さいため反強磁性的超交換相互作用の寄与が大きいということと，部分的に占有されている状態が軌道の対称性から価電子帯との混成が比較的小さく二重交換相互作用の寄与が抑えられることから常磁性状態が安定となっている．d^2 の V^{3+} では強磁性的な超交換相互作用が強磁性を安定化させている．

図2.3は，3d 遷移金属を25%添加した ZnTe の強磁性状態での状態密度である．GaN の時と同様に価電子帯と伝導体の間に不純物準位が形成され，それらが原子番号の増加に従い占有されていく．不純物は，V^{2+}, Cr^{2+}, Mn^{2+}, Fe^{2+}, Co^{2+} および Ni^{2+} の状態で，それぞれ d^3, d^4, d^5, d^6, d^7 および d^8 の電子配置となり，高スピン状態をとっていることがわかる．ZnTe 中では Mn^{2+} の時に d^5 となり，フェルミレベルでの d 電子密度は非常に小さい．そのため反強磁性的な超交換相互作用により常磁性状態が安定となった．Cr, V 添加で部分的に占有された不純物状態があらわれ二重交換相互作用により強磁性状態が安定化される．これは，原子番号が 1 つだけずれていることをのぞいて，Ⅲ-Ⅴ族希薄磁性半導体の時と同じ状況であり，Ⅱ-Ⅵ族希薄磁性半導体中での強磁性安定化の様子がⅢ-Ⅴ族の場合とよく似ていて，原子番号が 1 つずれた形になっている理由である．状態密度を見る限り，強磁性安定化の機構は，Ⅲ-Ⅴ化合物 GaN のときと同じように思われる．

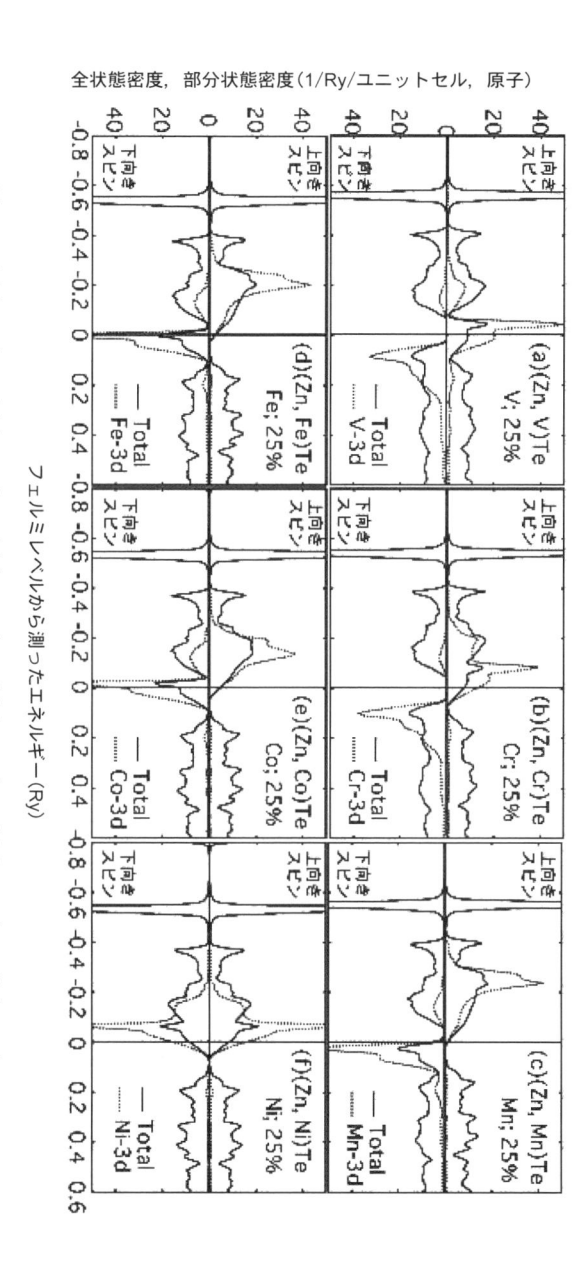

応用2 計算機ナノマテリアルデザイン

図2.3 (a)(Zn,V)Te, (b)(Zn,Cr)Te, (c)(Zn,Mn)Te, (d)(Zn,Fe)Te, (e)(Zn,Co)Te, (f)(Zn,Ni)Te の強磁性状態における全状態密度(実線)と部分状態密度(点線). 遷移金属濃度はそれぞれ25%である.

2.4　平均場近似によるキュリー温度の計算

　さて，2.3 節での考察から希薄磁性半導体の典型的な電子状態は，バンドギャップ中に不純物バンドが形成され，遷移金属の種類を変えていくとそのバンドが遷移金属元素の d 電子の数に応じて順次占有されていくようなものであることがわかった．また，磁性がこの不純物バンドの占有率に応じて変化していくことがわかった．結果としてⅡ-Ⅵ族では V, Cr 添加で，Ⅲ-Ⅴ族では V, Cr, Mn の添加により強磁性となる可能性が示唆された．ところで，強磁性が安定であるといってもこれらの系のキュリー温度はどの程度であろうか．いま扱っている系はよく定義された磁気モーメントをもっており，古典 Heisenberg 模型 ($H = -\Sigma_{i \neq j} J_{ij} \mathbf{e}_i \cdot \mathbf{e}_j$, $\mathbf{e}$ は磁気モーメントに平行な単位ベクトル，J_{ij} はサイト i と j の間の交換相互作用) でよく表されていると考える．この場合，平均場近似によるとキュリー温度は $k_B T_C = (2/3) c \Sigma_{i \neq 0} J_{0i}$ と計算されることはよく知られている．右辺の和は，平均場近似では 2.3 節で求めた強磁性状態と常磁性状態の全エネルギー差 ΔE と関係づけることができ，

$$k_B T_C = (2/3) \Delta E / c \tag{1}$$

と計算できる．つまり不純物 1 つ当たりに換算した全エネルギー差が T_C を与える[5]．

　T_C の見積もりを与え 2.3 節とは違った観点から希薄磁性半導体の磁性の系統性を議論するために，平均場近似の方法を用いて Mn を添加したⅢ-Ⅴ族希薄磁性半導体のキュリー温度の Mn 濃度依存性を調べる．計算結果を図 2.4 に示す．ここでも計算には格子定数として母体の半導体の格子定数を用いた[9]．図からすぐにわかることは，(Ga, Mn)N, (Ga, Mn)P と (Ga, Mn)As では，低濃度でキュリー温度は Mn 濃度の平方根におよそ比例しているのに対し，(Ga, Mn)Sb では T_C は，ほぼ Mn 濃度に比例していることである[6]．全体として，(Ga, Mn)N から (Ga, Mn)Sb に向かって，濃度依存性がだんだん直線的になっていく様子がよくわかる．(Ga, Mn)N では T_C は低い濃度で急峻に立ち上がった後ピークを迎えて高濃度で急激に低くなる．高濃度での T_C の

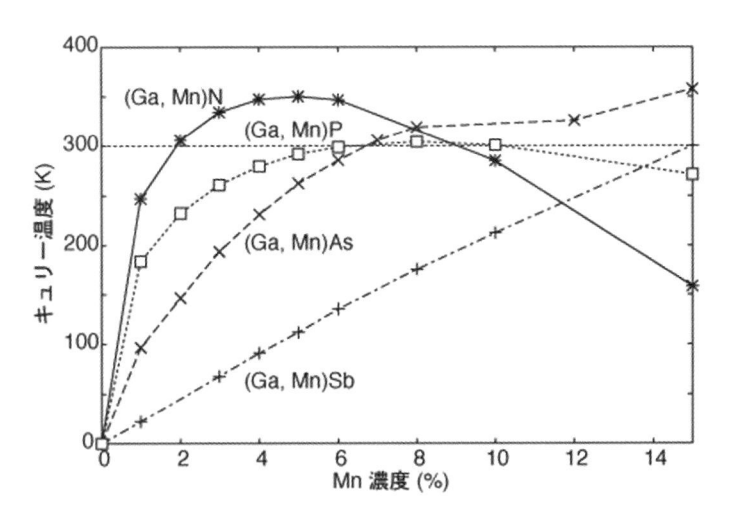

応用 2　計算機ナノマテリアルデザイン

図 2.4　平均場近似による (Ga, Mn)N, (Ga, Mn)P, (Ga, Mn)As, (Ga, Mn)Sb のキュリー温度

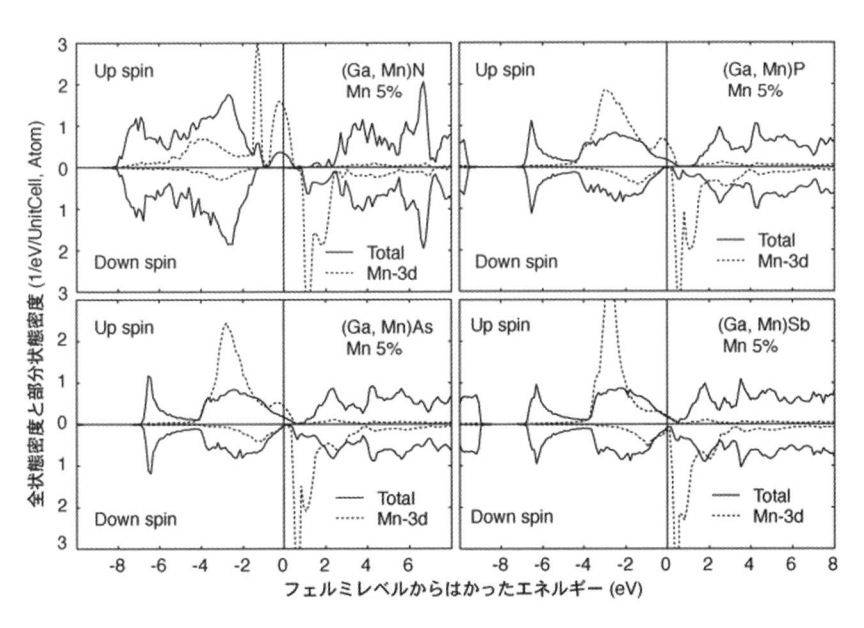

図 2.5　(Ga, Mn)N, (Ga, Mn)P, (Ga, Mn)As, (Ga, Mn)Sb の全状態密度(実線)と部分状態密度(点線)

低下は反強磁性的な超交換相互作用によるものである．(Ga, Mn)P と (Ga, Mn)As においては T_C の立ち上がりは (Ga, Mn)N ほど急激ではないが実験で得られる濃度領域で室温以上の T_C が予想される．

図 2.4 に示された特徴的な濃度依存性は強磁性機構の違いを示している[6]．電子状態との対応をみるために図 2.5 に強磁性状態での状態密度を示す．この図から，希薄磁性半導体が大きく 2 つのグループに分けられることがわかる．1 つは，2.3 節ですでに議論したが，(Ga, Mn)N のように遷移金属不純物を添加したとき d 状態がバンドギャップ中に深い不純物準位をつくり不純物バンドを形成しているものである．電気的に系が中性の状態で計算をするとフェルミ準位が不純物バンド内に位置するので，バンド幅を広げることによってエネルギーを下げることができる．磁気モーメントが平行なときこの機構によって有利にエネルギーを稼ぐことができ，その結果強磁性状態が安定となる（図 2.6）．この解釈は先にふれた二重交換相互作用と呼ばれるものである．エネルギーの利得はバンド幅に比例し，バンド幅は不純物濃度の平方根に比例するので，不純物濃度 c を変えていくと T_C は $c^{1/2}$ に比例して変化する．これが，図 2.4 で見られた (Ga, Mn)N の T_C の濃度依存性の起源である．今回は示さないが，(Ga, Mn)N のほかに (Ga, Cr)N，(Zn, Cr)Te など高い T_C をもつ強磁性半導体として提案された多くの新しい希薄磁性半導体がこのグループに属する．

それに対して (Ga, Mn)Sb では，遷移金属不純物の d 状態が母体半導体の価電子帯の下の方に位置していて局在した磁気モーメントを形成している．この場合，正孔は母体の価電子帯に導入されるが，交換分裂した d 状態との混成のため強磁性状態では価電子帯は遷移金属の磁気モーメントとは逆向きに偏極し，この偏極が有効磁場として働き強磁性状態を安定化させている[11]（図 2.6）．正孔が上向きスピン状態のみに入るため価電子帯の偏極（有効磁場）は不純物濃度 c に比例するので，T_C は c に比例して変化する．これが，図 2.4 で (Ga, Mn)Sb にみられた T_C の濃度依存性の起源である．この機構は Dietl らが希薄磁性半導体の議論に用いた p-d 交換モデルと同じでことである[12]．典型的な例は (Ga, Mn)Sb や (In, Mn)Sb などである．(Ga, Mn)P や (Ga, Mn)As

応用2 計算機ナノマテリアルデザイン

二重交換相互作用

p-d 交換相互作用

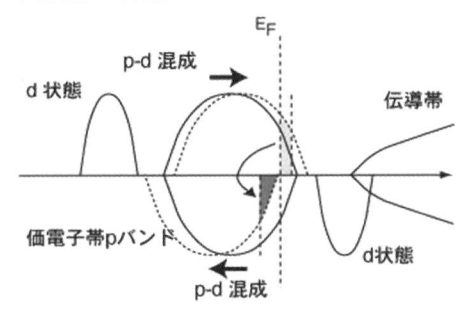

図 2.6　二重交換相互作用と p-d 交換相互作用

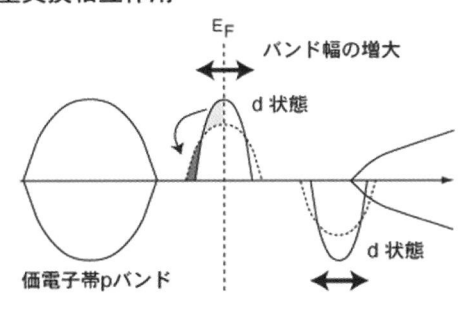

では，d 状態のピークは価電子帯のかなり深いところにあるがフェルミレベル付近にも図 2.5 のように小さなピークが見られる．一方，T_C の濃度依存性は $\sqrt{c}$ 的であり，これらの希薄磁性半導体は両極端の系の中間に位置していると考えられる．

　まとめると重要な電子状態の特徴は遷移金属の d 状態と母体半導体の価電子帯の相対位置の差であり，それが主要な相互作用を区別している[6]．相互作用の違いはキュリー温度の濃度依存性にあらわれる．そのため Mn 添加 III-V族希薄磁性半導体において母体半導体を変えると d 状態と価電子帯の相対位置が変化し，それにつれて図 2.4 のように T_C の濃度依存性が系統的

239

に変化していく．

　先に議論したように強磁性的な相互作用は，主としてギャップ中に $3d$ 不純物バンドが部分的に占有される二重交換相互作用，もしくは，価電子帯の p バンドが部分的に占有される p-d 交換相互作用によって，いずれも部分的に占有された不純物バンドがあれば，バンドエネルギーの稼ぎとして強磁性が安定化される．一方，これらのバンドエネルギーの稼ぎにより安定化する強磁性相互作用と競合するものには，Kanamori-Goodenough 則による超交換相互作用がある．四面体配位をもつ T_d 対称性の半導体では超交換相互作用の多くは反強磁性的であるが，高スピン状態では d^2，および d^7 は強磁性的な超交換相互作用となる．II-VI族化合物半導体，および，III-V族化合物半

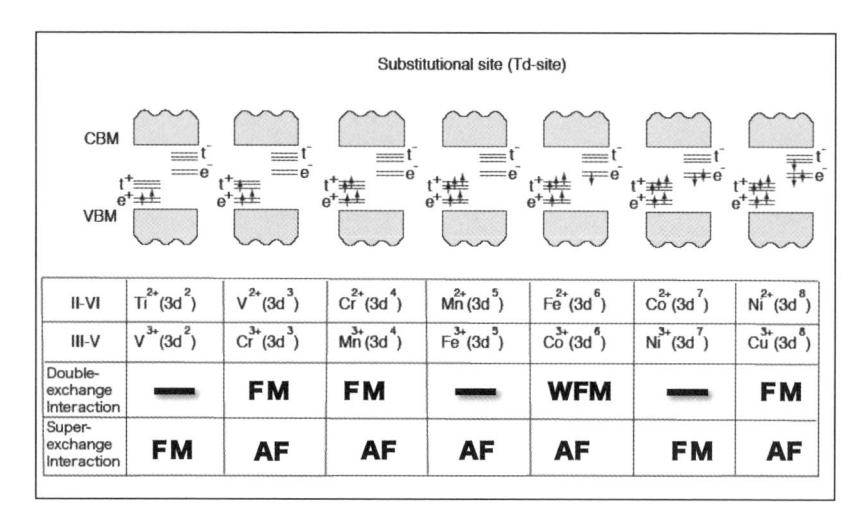

図 2.7　四面体配位をもつ T_d 対称性の半導体におけるII-VI族化合物半導体，および，III-V族化合物半導体をベースとする不純物バンドの占有状態(t^2 状態，および e 状態)，二重交換相互作用(Double-exchange Interaction)，および，超交換相互作用(Super-exchange Interaction)による磁性状態の寄与

　　FM は強磁性，AF は反強磁性，WFM は弱い強磁性による寄与を示している．超交換相互作用の多くは反強磁性的であるが，高スピン状態では d^2，および d^7 は強磁性的な超交換相互作用となっている．

導体をベースとする不純物バンドの占有状態，二重交換相互作用，および，超交換相互作用による磁性状態の寄与を図 2.7 にまとめた．これにより強磁性状態の不純物の原子番号の依存性，および，母体半導体依存性を理解することができ，デザインのためのガイドラインを提供することができる．

2.5 モンテカルロ法によるキュリー温度の計算

2.4 節の平均場近似による T_C の予測を信じれば，(Ga, Mn)As においてはまだまだ T_C を上げる余地があるし，(Ga, Mn)N は低濃度の Mn で非常に安定な強磁性体となるはずである．この予測に基づき多くの実験が行われた．しかし研究者の非常な努力にもかかわらず未だに (Ga, Mn)N の強磁性ははっきりと確認されないし，(Ga, Mn)As においても，室温での強磁性はかなり難しいようである．ここでは，実験と理論計算の不一致の原因をさぐるため，平均場近似をこえた T_C の見積もりを試みたい[7]．つまり，計算機マテリアルデザインエンジンの「実験結果のフィードバック」の実例を紹介することになる．

さて 2.4 節で T_C と書いたがこれは平均場近似を使った値であり式 (1) からわかるように実はこれは強磁性状態を仮定したときと，常磁性状態を仮定したときのエネルギー差であるにすぎない．この温度で系が実際に強磁性秩序状態になるかはまだわからない．特に希薄系では相互作用が短距離である場合，平均場近似が全く信用できなくなる場合がある．極端な場合として最近接原子間しか相互作用がないとする．磁性イオンが高濃度に存在する場合は最近接原子同士が作る磁気的なネットワークが結晶全体に広がっているが，希釈していくにつれネットワークがちぎれてゆき，ある限界濃度以下では結晶の端から端まで最近接磁性原子をたどっていくこと (パーコレーション) ができなくなる．このようになると，磁性原子は小さいクラスターを構成するのみで，クラスター内では強磁性的であるがクラスター同士には磁気的なつながりはなく自発磁化は現れない[13]．しかし，平均場近似では磁性原子の分布はならしてしまい，濃度の重みでもって各格子点に存在しているとして

相互作用の和をとっている(式(1))．このため，エネルギー差 ΔE が正であれば，どんなに濃度が薄くても有限の T_C を与えてしまい定性的に正しくない．

もっともわかりやすい例として，FCC の Heisenberg 模型を考える．強磁性的相互作用が最近接原子間にのみ働くとして，T_C の磁性イオン濃度依存性を平均場近似，乱雑位相近似とモンテカルロシミュレーションにより計算した結果を図 2.8 に示す．平均場近似と乱雑位相近似では磁性イオンの分布は平均化してしまっているので T_C は濃度に比例しており，いつも正のキュリー温度を与えている．一方，シミュレーションでは磁性イオンのランダムな配置をあからさまに取り入れているので，パーコレーション閾値(FCC の場合 20%)以下では系はパーコレートすることができず，自発磁化はあらわれない．つまり，閾値以下では相互作用が短距離の場合，平均場近似は定性的にも正しくない答えを与える．実際の希薄磁性半導体中では相互作用は第一近接より遠いサイトにも及んでいると考えられるし，容易に想像できるように相互作用が十分長距離であればパーコレーションの閾値は低濃度にな

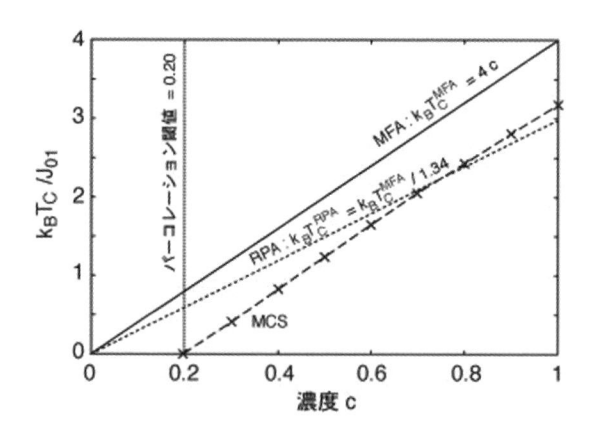

図 2.8 FCC 最近接希薄 Heisenberg 模型のキュリー温度の濃度依存性
T_C は最近接相互作用の大きさで割ってある．平均場近似(MFA)，乱雑位相近似(RPA)，モンテカルロシミュレーション(MCS)により計算した．

り，また平均場近似の T_C の見積もりもよくなっているはずである．このようなことを定量的に取り入れて希薄磁性半導体のキュリー温度を議論するために，磁性原子間の交換相互作用をそれぞれの対ごとに計算し相互作用長について調べ，さらに計算して得られた交換相互作用を使ってモンテカルロ法を用いてキュリー温度を求めるということを試みる．

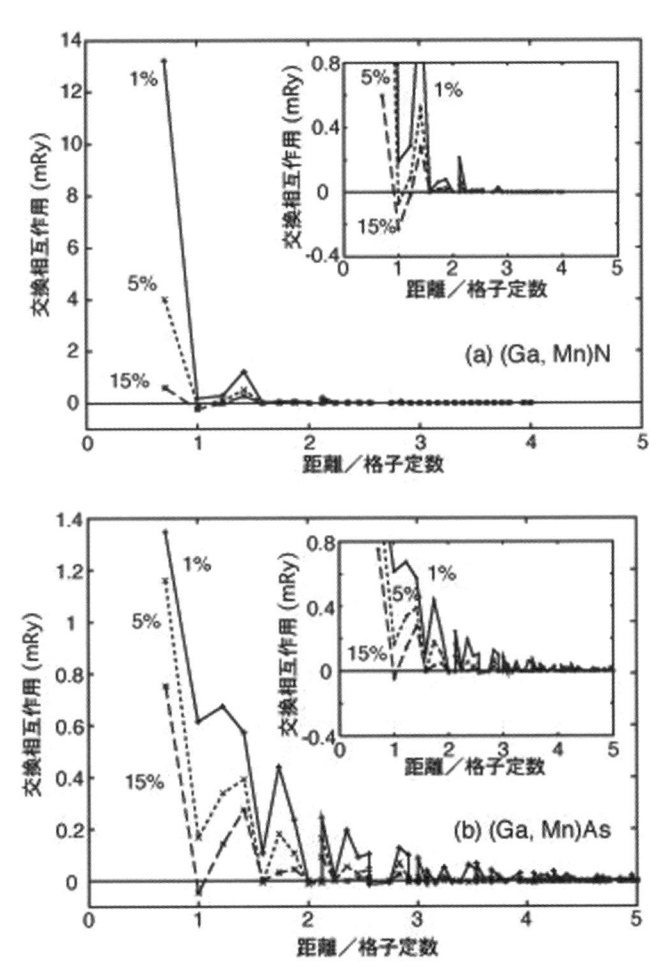

図 2.9 (a) (Ga, Mn) N と (b) (Ga, Mn) As 中の Mn 間の有効交換相互作用の距離依存性
図中の%は Mn の不純物濃度を示している．

磁性合金中の磁性原子間の交換相互作用の計算法はすでに Liechtenstein らが処方箋を与えている[14]．CPA で計算された強磁性希薄磁性半導体の配置平均された電子状態を表す有効媒質中に磁性原子，例えば Mn を位置 i と j におく．Mn の磁気モーメントが平行な状態から互いに少し傾けたときのエネルギーの変化を第一原理から計算しそれを Heisenberg ハミルトニアンと見比べることで i と j 間の交換相互作用が求まる．このような方法で計算した交換相互作用 J_{ij} を図 2.9 に示す．典型例として (Ga, Mn) N と (Ga, Mn) As について計算した[7]．定性的な違いは明らかである．(Ga, Mn) N では，第一近接間の相互作用が非常に大きくその他は第四近接をのぞいて無視できるほどに小さく相互作用はかなり短距離である．この短距離性は直感的には深い不純物準位の波動関数の指数関数的減衰に由来すると考えられるので，不純物バンドを形成し二重交換相互作用が主要な系では一般的に相互作用が短距離であると考えられる．一方，(Ga, Mn) As では，交換相互作用の絶対値自体は，特に第一近接をみると (Ga, Mn) N に比べて 10 分の 1 程度に小さい．しかし，相互作用は比較的長距離で格子定数の 3 倍の位置からも寄与がある．価電子帯の偏極が強磁性を誘起するので相互作用が長距離であることはもっともらしく p-d 交換相互作用が重要な希薄磁性半導体の一般的な性質と思われる．

　希薄磁性半導体の T_C を，第一原理から求めた J_{ij} からパーコレーションの効果もとり入れて計算する方法として，ここではモンテカルロシミュレーション (MCS) を用いることにした．この方法ではそのモデルについて統計誤差の範囲内で厳密な T_C が与えられる．有限サイズの FCC の結晶中 (FCC の立方体が 6×6×6, 10×10×10 と 14×14×14 のスーパーセルをとった) に Mn をランダムにばらまき，磁化の熱平均を Metropolis のアルゴリズムにより計算する[15]．シミュレーションでは周期境界条件を用いていることで，表面からの寄与をさけているが，スーパーセルの大きさ以上の長さの相関が正しく取り入れられないことには変わりがない．有限サイズのセルを用いていることからくる誤差を最小限に抑えかつ T_C を効率よく求める方法として有限サイズスケーリングの方法[15]が提案されており，ここではそれを用いた．そ

応用2　計算機ナノマテリアルデザイン

れぞれのスーパーセルにおいて，異なった Mn の分布を 30 種類作りそれらの配置平均をとった．得られたキュリー温度を平均場近似（MFA）と乱雑位相近似（RPA）による計算値とともに図 2.10 に示す．RPA ではスピン波の励起の効果が入っているがそれほど大きな効果を与えていない．MFA と RPA では，図 2.5 に示した相互作用すべてを計算に含めたが，シミュレーション

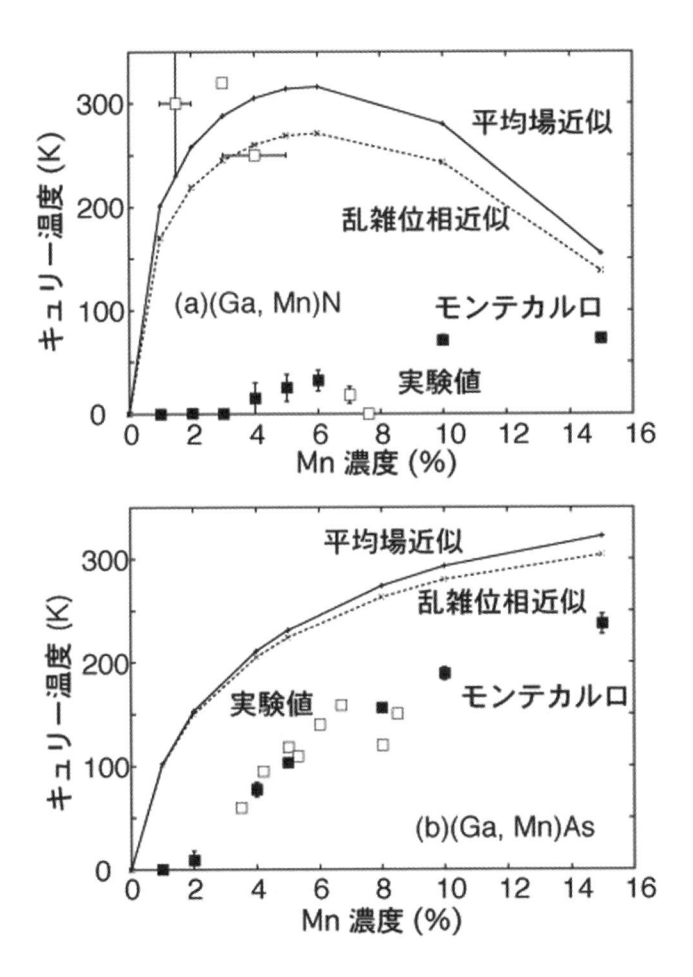

図 2.10　(a)(Ga, Mn)N, (b)(Ga, Mn)As の平均場近似（実線），乱雑位相近似（点線），モンテカルロシミュレーション（黒点）によるキュリー温度の計算値と実験値[1]（白点）

では第 15 近接(格子定数の約 2.5 倍)までの相互作用を取り入れている．図 2.10 からわかるように，相互作用が短距離である(Ga, Mn)N では平均場近似は特に低濃度でキュリー温度を 1 桁以上も過大評価しており，実際には高い T_C を示さないことがわかる．この場合，平均場近似が与える高い T_C はほとんど最近接原子間の相互作用からきているが，最近接のパーコレーションの限界濃度(FCC では 20%)以下ではその相互作用は実際には重要とはならなくて，より遠い Mn 間の弱い相互作用でもって低い T_C の強磁性を示すのみである．よって，実験で得られている低濃度での室温を超える T_C[1]は(Ga, Mn)N の一様な相からのものではないことが示唆される．一方，(Ga, Mn)As では相互作用が長距離であるため 15%程度の高濃度では MFA の値はそれほど悪くはない．しかし，5%程度以下の低濃度ではシミュレーションからのずれは大きく平均場近似がかなり悪くなっている．MCS の結果は最近の実験値[1]をよく再現し，この方法が T_C の見積もりに非常に有効であることがわかる．同等な方法がチェコ-スウェーデンのグループからも報告されており同様の結果が報告されている[16]．この方法論は最新の希薄磁性半導体のマテリアルデザインに応用され Cr 添加のⅡ-Ⅵ族希薄磁性半導体が高濃度の Cr 添加で室温程度のキュリー温度をもつことが示された[17]．このデザインは実験的に検証されて(Zn, Cr)Te においてほぼ理論予測程度の T_C が得られている[18,19]．

2.6　むすび

　半導体スピントロニクスマテリアルデザインの例として，希薄磁性半導体のキュリー温度の第一原理計算を紹介した．注意すべき点は，この一連のマテリアルデザインが基礎編でその概念が解説された，第一原理計算，物理機構の演繹，仮想物質の推論，からなる計算機ナノマテリアルデザインエンジンを，実証実験による検証を補助輪として実際に回転させた例となっていることである．つまり，第一原理計算から希薄磁性半導体の電子状態の特徴を見抜き，不純物状態と価電子帯の相対位置が主要な磁気相互作用を決めてい

ることを導き出した．平均場近似によりいくつかの希薄磁性半導体のキュリー温度を計算したが，実験結果はこの結果を支持しなかった．そこで，さらなる電子状態計算をすすめ，いろいろな系について有効交換相互作用の距離依存性を計算し，希薄磁性半導体が深い不純物準位を作るときは交換相互作用が短距離になっていることを見出した．この効果を取り入れるためモンテカルロ法をキュリー温度計算に応用した結果，比較的長距離の相互作用があり一様に Mn 不純物の分布する (Ga, Mn) As の実験値をよく再現できるようになった．また，強磁性の有無を巡って様々な議論のあった (Ga, Mn) N については理論の立場からは一様な磁性不純物の分布からは低濃度では高い T_C は期待できないことを指摘した．開発した方法論を応用し Cr 添加 II-VI 族希薄磁性半導体が高濃度の Cr 添加で高い T_C となることを予測し，実際一様に磁性不純物の分布する (Zn, Cr) Te で理論計算程度の T_C が得られた．このようにまとめると，この過程は従来の科学の方法と何ら変わるところはないようにみえるが，それは現段階では第一原理計算といっても現実物質を完全にシミュレートしその物性を完璧に予測するものではないため，実験による検証という補助を必要としているからである．具体的には磁性不純物が一様な分布をするシステムではシミュレーションとの一致がよく，一方，磁性不純物間に強い引力が働き非一様な磁性不純物分布が起きるようなシステムでは，一様な磁性不純物分布を仮定した計算からは現実的な T_C を正しく予測することはできない．第一原理計算はすでに物性物理の過去の膨大な知識を集積した非常に汎用な方法であるが，多様な自然が用意する多様な物性や機能をすべて予測し，デザインし，計算機ナノマテリアルデザインとして独り立ちするためにはさらなる知識の統合が必要である．

[2章 参考文献]

[1] F. Matsukura, H. Ohno, T. Dietl, Handbook of Magnetic Materials, (2002) **14** 1.
[2] M. Nielsen, I. Chuang, 'Quantum Computation and Quantum Information' (Cambridge, UK, 2000)

[3] H. Ohno, Science **291** (2001) 840.
[4] K. Sato and H. Katayama-Yoshida, Semicond. Sci. Technol. (2002) **17** 367.
[5] K. Sato, P. H. Dederichs and H. Katayama-Yoshida, Europhys. Lett. (2003) **61** 403.
[6] K. Sato, P. H. Dederichs, H. Katayama-Yoshida and J. Kudrnovsky, J. Phys. Condens. Matter (2004) **16** S5491.
[7] K. Sato, W. Schweika, P. H. Dederichs and H. Katayama-Yoshida, Phys. Rev. B (2004) **70** 201202.
[8] H. Akai and P. H. Dederichs, Phys. Rev. B (1993) **47** 8739.
[9] R. W. G. Wyckoff, 'Crystal Structures' (Wiley, NewYork, 1986) 108.
[10] H. Akai, Phys. Rev. Lett. (1998) **81** 3002.
[11] J. Kanamori and K. Terakura, J. Phys. Soc. Jpn. (2001) **70** 1433.
[12] T. Dietl et al., Science (2000) **287** 1019.
[13] D. Stauffer and A. Aharony, 'Introduction to Percolation Theory' (Taylor and Francis, Philadelphia, 1994).
[14] A. I. Liechtenstein et al., J. Magn. Magn. Matter, (1987) **67** 65.
[15] K. Binder and D. W. Heermann, 'Monte Carlo Simulation in Statistical Physics', (Springer, Berlin, 2002).
[16] L. Bergqvist, O. Eriksson, J. Kudrnovsky, V. Drachal. P. Korzhavyi and I. Turek, Phys. Rev. Lett. (2004) **93** 137202.
[17] T. Fukushima, K. Sato, H. Katayama-Yoshida and P. H. Dederichs, Jpn. J. Appl. Phys. (2004) **43** L1416.
[18] H. Saito, V. Zayets, S. Yamagata and K. Ando, Phys. Rev. Lett. (2003) 90 207202.
[19] N. Ozaki, N. Nishizawa, K.-T. Nam, S. Kuroda and K. Takita, Phys. Status Solidi C (2004) **1** 957.

3　MACHIKANEYAMA2002

　ここでは MACHIKANEYAMA2002 を用いた様々な計算の例をインプットファイルの書き方を含めて紹介していく．

3.1　不規則合金

　基礎編で述べたように，KKR-CPA は不規則系の電子状態計算手法である．2 種類以上の元素が混ざる場合，インプットファイルは次のように書く．次に挙げるのはニッケル 90%，鉄 10%の場合である．

```
c----------------------- input data -------------------------
c   go      file
    go      data/nife
c   brvtyp  a     c/a    b/a   alpha  beta   gamma
    fcc     6.6,  ,      ,     ,      ,      ,
c   edelt   ewidth  reltyp  sdftyp  magtyp  record
    0.001   1.2     nrl     mjw     mag     init
c   outtyp  bzqlty  maxitr  pmix
    update  4       100     0.024
c   ntyp
    1
c   type    ncmp   rmt   field   l_max   anclr   conc
    NiFe    2      0     0       2       28      90
                                          26      10
c   natm
```

```
             1
c    atmicx                              atmtyp
      0         0         0              NiFe
c ----------------------------------------------------------
```

タイプ"NiFe"の ncmp が 2 に増え，2 種類の元素（ニッケルと鉄）について anclr と conc を書くようになっている．3 種類以上混ざる場合でも同様に書けばよい．

図 3.1 は MACHIKANEYAMA2002 で計算したニッケル鉄合金の状態密度である．鉄の濃度が濃くなると非磁性になるのがわかる．

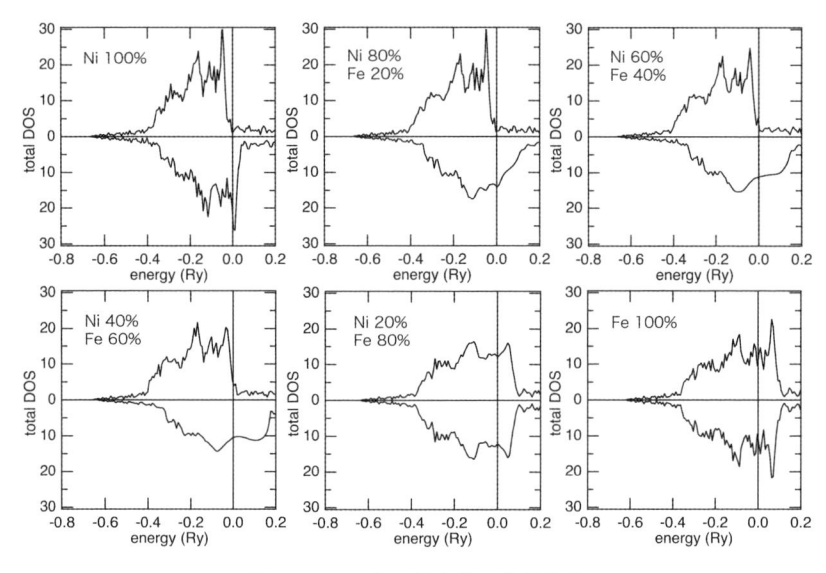

図 3.1 ニッケル鉄合金の状態密度
構造，格子定数は一定（fcc, a = 6.6）．

3.2 不純物問題 — 金属中不純物の超微細場

核磁気共鳴法やメスバウアー効果などで観測される"原子核が感じる磁場"には外部磁場の他に電子の作る内部磁場が含まれる．その電子の作る磁場を超微細場という．ここでは鉄中の不純物の超微細場の計算を例に取り上

げる.

不純物の場合,合金と違って濃度は非常に低い.MACHIKANEYAMA2002 ではどんな濃度でも設定できるが,ここでは極限として鉄の中にたったひとつの Li が入った場合を考える.インプットファイルでは次のように Li の conc を 0 とすればよい.

```
c---------------------- input data ------------------------
c    go      file
     go      data/fe_li
c    brvtyp    a     c/a    b/a   alpha   beta   gamma
     bcc      5.43,    ,      ,     ,      ,
c    edelt   ewidth   reltyp   sdftyp   magtyp   record
     0.001    1.2     nrl      mjw      mag      init
c    outtyp  bzqlty   maxitr   pmix
     update    4       100     0.024
c    ntyp
     1
c    type    ncmp    rmt    field   l_max   anclr   conc
     Fe       2       0       0       2      26     100
                                              3       0
c    natm
     1
c    atmicx                                  atmtyp
     0         0        0                      Fe
c -----------------------------------------------------------
```

MACHIKANEYAMA2002 では規則的に配置した不純物を扱うこともできる.この場合,複数の単位格子を新しく単位格子と定義して,その中に不純物を導入する.こうして作った単位格子(スーパーセル)に対してバンド計算を行う(図 3.2).不純物どうしの相互作用は十分小さいという前提のもとで,結晶中に周期的に不純物を置いてバンド計算を適用したということになる.

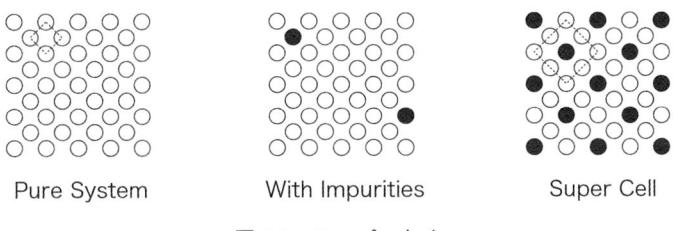

図 3.2　スーパーセル

鉄中の Li を 8 倍のスーパーセルを用いて計算する場合のインプットファイルは次のようになる．

```
c---------------------- input data ------------------------
c   go      file
    go      data/fe_li
c   brvtyp     a     c/a    b/a   alpha  beta  gamma
    bcc      10.85,    ,     ,      ,     ,     ,
c   edelt    ewidth  reltyp  sdftyp  magtyp  record
    0.001    1.2     nrl     mjw     mag     init
c   outtyp   bzqlty  maxitr  pmix
    update   4       100     0.024
c   ntyp
    3
c   type   ncmp  rmt  field  l_max  anclr  conc
    Fe1    1     0    0      2      26     100
    Fe2    1     0    0      2      26     100
    Li     1     0    0      1      3      100
c   natm
    8
c   atmicx                          atmtyp
    0          0          0         Li
    0.5        0          0         Fe1
    0          0.5        0         Fe1
    0          0          0.5       Fe1
    0.25       0.25       0.25      Fe2
    0.25       0.25       0.75      Fe2
    0.25       0.75       0.25      Fe2
    0.75       0.25       0.25      Fe2
c ----------------------------------------------------------
```

インプットファイルからわかるようにこの場合の不純物濃度は 12.5%となり，実験で測定される系と比べるとかなり大きい．不純物濃度を下げるには大きなスーパーセルが必要になり，計算が困難になる．その反面，スーパーセルを用いれば不純物まわりの格子緩和を取り入れることができ，その点ではより現実的な計算ができるといえる．図 3.3 は鉄中不純物の超微細場の計算結果である．格子間隙位置の場合は格子緩和の影響が強いことがわかる．

　格子定数や格子緩和の大きさは全エネルギー極小の条件から見積もることができる．このような計算を行う場合，最適化するパラメーターに対する全エネルギーの相対的な変化が重要であるから，それぞれの計算においてその

応用 3　MACHIKANEYAMA2002

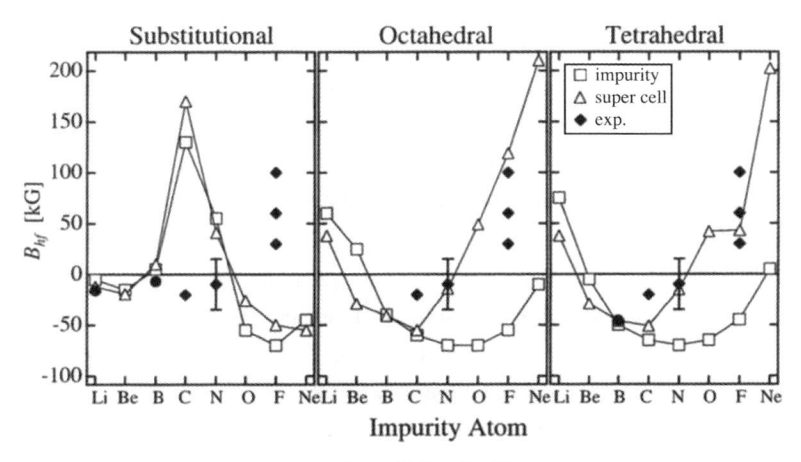

図 3.3　鉄中不純物の超微細場
左から置換位置，八面体格子間隙位置，四面体格子間隙位置（佐々木誠氏より提供）．

他のパラメーターを同じにしておかなくてはならない．特に緩和を見積もる場合，マフィンティン半径は原子を動かしてもぶつからないよう小さくとっておく必要がある．

3.3　スピングラス状態 ─ キュリー温度を見積もる

これまで原子番号の違う元素が混ざった場合を見てきたが，スピン状態の違うものを混ぜることも可能である．ここでは鉄の強磁性状態，スピングラス状態（LMD : local moment disorder），非磁性状態を比較してキュリー温度の見積もりを行う．

強磁性状態については簡単で，次のようなインプットファイルで計算を始めれば自動的に強磁性の解が得られる．

```
c---------------------- input data ------------------------
c   go     file
    go     data/fe_ferro
c   brvtyp  a    c/a  b/a  alpha  beta  gamma
    bcc    5.43,    ,    ,      ,     ,
```

```
c    edelt    ewidth    reltyp    sdftyp    magtyp    record
     0.001    1.2       nrl       mjw       mag       init
c    outtyp   bzqlty    maxitr    pmix
     update   4         100       0.024
c    ntyp
     1
c    type     ncmp      rmt       field     l_max     anclr     conc
     Fe       1         0         0         2         26        100
c    natm
     1
c    atmicx                                 atmtyp
     0        0         0                   Fe
c ------------------------------------------------------------
```

次に，強磁性状態の計算で得られたポテンシャルデータを用いてスピングラス状態の計算をする．スピングラス状態ではスピンがあらゆる方向を向いた原子が不規則に配置しているわけだが，それは上向きスピンと下向きスピンの原子が同じ数ずつ不規則に配置した場合を記述してやればよい．そこで次のようなインプットファイルを書く．1番目の鉄は上向きスピン，2番目は下向きスピンとする．

```
c---------------------- input data ------------------------
c    go       file
     go       data/fe_lmd
c    brvtyp   a         c/a       b/a       alpha     beta      gamma
     bcc      5.43,     ,         ,         ,         ,
c    edelt    ewidth    reltyp    sdftyp    magtyp    record
     0.001    1.2       nrl       mjw       mag       2nd
c    outtyp   bzqlty    maxitr    pmix
     update   4         100       0.024
c    ntyp
     1
c    type     ncmp      rmt       field     l_max     anclr     conc
     Fe       2         0         0         2         26        1
                                                      26        1
c    natm
     1
c    atmicx                                 atmtyp
     0        0         0                   Fe
c ------------------------------------------------------------
```

次にポテンシャルのデータファイルを準備する．強磁性状態のデータファイル"fe_ferro"を新しいデータファイル"fe_lmd"にコピーする．このと

き，ディレクトリ util 内にあるプログラム fmg.f を使うと便利である．ディレクトリ util に移動し，次のように書いたファイル"fefmg"を用意する．

```
../data/fe_ferro    1
../data/fe_lmd      1  -1
```

ここでは，データファイル"fe_ferro"の 1 番目の成分のポテンシャルデータをデータファイル"fe_lmd"の 1 番目の成分のデータとしてそのままコピーし，スピンを反転させたものを 2 番目の成分のデータとしてコピーすることを表す．fmg.f をコンパイルして実行ファイル fmg を作り，fmg を実行すればディレクトリ data に新しいファイル"fe_lmd"が作られる．

```
~/cpa2002v****/util> f77 -o fmg fmg.f
~/cpa2002v****/util> fmg < fefmg
```

こうして作ったデータファイルのポテンシャルを初期ポテンシャルとして計算すれば，スピングラス状態の解が得られる．反強磁性体の計算をする場合にも同じようにしてデータファイルを作ることができる．

最後に非磁性状態であるが，これはインプットファイルの magtyp を nmag としてやればよい．

```
c---------------------- input data ------------------------
c   go     file
    go     data/fe_nmag
c   brvtyp    a     c/a   b/a   alpha  beta   gamma
    bcc      5.43,    ,    ,      ,     ,      ,
c   edelt   ewidth  reltyp  sdftyp  magtyp  record
    0.001    1.2     nrl     mjw     nmag    init
c   outtyp  bzqlty  maxitr  pmix
    update    4      100    0.024
c   ntyp
    1
c   type   ncmp   rmt   field   l_max   anclr   conc
    Fe      1      0      0       2       26     100
c   natm
    1
c   atmicx                            atmtyp
    0       0       0                  Fe
c ----------------------------------------------------------
```

図 3.4 はこれまで紹介した 3 つの状態の鉄の状態密度である．強磁性状態

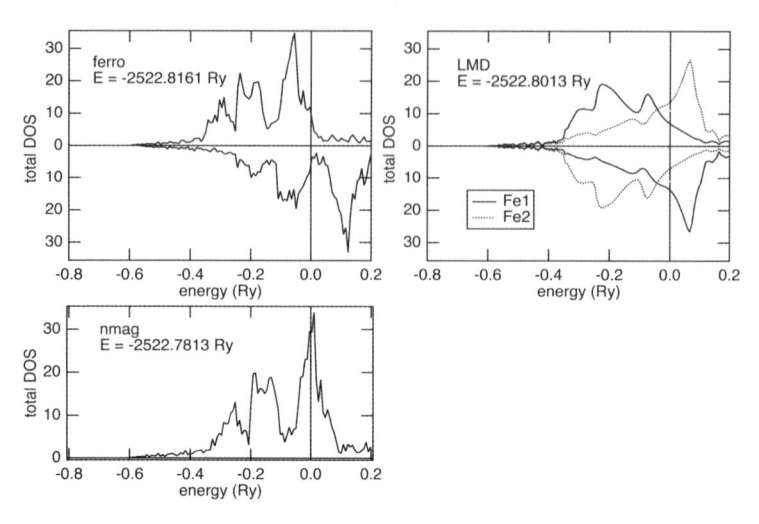

図 3.4 強磁性，スピングラス，非磁性状態の鉄の状態密度
この計算ではキュリー温度は約 1500K になる．

とスピングラス状態の全エネルギーを比較することでキュリー温度 T_c を見積もることができる．

$$T_c = \frac{2}{3c}\Delta E$$

$$\Delta E = E_{\text{ferro}} - E_{\text{spinglass}}$$

c は磁性原子の濃度 (この場合は 1) である．不純物とスピン状態の両方を不規則に混ぜた例としては応用編第 2 章にあるような希薄磁性半導体のキュリー温度の研究がある．

3.4 状態密度とエネルギー分散

ここでは dos (状態密度を出力するモード)，spc (Bloch spectral function を出力するモード) について説明する．どちらもポテンシャルデータを読み込んで計算するので，あらかじめ通常の計算をして収束解を得ておかなければならない．インプットファイルでは go を dos もしくは spc にするだけだ

が，きれいな絵を描くためにはk点が多い方がよいのでbzqltyの値を通常より大きめにするとよい．

dosの場合，状態密度は標準出力に出力される．通常の出力の他に次のような値が出力される．まずはじめに，各原子ごとにエネルギー，s状態の状態密度，p状態，d状態…の順に並んだものが出力される．その後，系の全状態密度とその積分したものが出力される．スピンを考慮した計算の場合ははじめにupスピンについて一連の結果が表示され，続いてdownスピンの結果が表示される．表示されるエネルギーはフェルミレベルから測った値である．これらの値をコピーして適当なソフトでグラフにするとよい．

```
DOS of component 1
-1.2000     0.0005 -0.0021  0.0051
-1.1925     0.0005 -0.0021  0.0051
-1.1850     0.0005 -0.0021  0.0051
-1.1775     0.0005 -0.0020  0.0051
-1.1700     0.0005 -0.0020  0.0052
-1.1625     0.0005 -0.0020  0.0052
-1.1550     0.0005 -0.0019  0.0052
-1.1475     0.0005 -0.0019  0.0052
-1.1400     0.0005 -0.0019  0.0052
-1.1325     0.0005 -0.0018  0.0052
```

(中略)

```
total DOS
  -1.1962500      0.00198
  -1.1887500      0.00202
  -1.1812500      0.00205
  -1.1737500      0.00209
  -1.1662500      0.00212
  -1.1587500      0.00216
  -1.1512500      0.00220
  -1.1437500      0.00224
  -1.1362500      0.00228
  -1.1287500      0.00232
```

(中略)

```
integrated DOS
  -1.2000000      0.00000
  -1.1925000      0.00001
  -1.1850000      0.00003
  -1.1775000      0.00005
```

```
       -1.1700000          0.00006
       -1.1625000          0.00008
       -1.1550000          0.00009
       -1.1475000          0.00011
       -1.1400000          0.00013
       -1.1325000          0.00014
```

spc の場合，次のようにインプットファイルに spectral function を計算したい k 点を書いておかなければならない（単位は $2\pi/a$）．

```
c----------------------- input data ------------------------
c    go      file
     spc     data/ni
c    brvtyp   a    c/a   b/a   alpha  beta   gamma
     fcc     6.6,   ,     ,      ,     ,
c    edelt   ewidth  reltyp  sdftyp  magtyp  record
     0.001   1.2     nrl     mjw     mag     2nd
c    outtyp  bzqlty  maxitr  pmix
     update    4      100    0.024
c    ntyp
      1
c    type   ncmp   rmt   field   l_max   anclr   conc
     Ni      2      0      0       2      28     100
c    natm
      1
c    atmicx                            atmtyp
      0         0         0              Ni
c    k-points
      0         0         0
      0.1       0         0
      0.2       0         0
      0.3       0         0
      0.4       0         0
      0.5       0         0
c ----------------------------------------------------------
```

計算すると，ディレクトリ deta 中に ***.spc という名前のファイルができ，k 点ごとにエネルギー，Bloch spectral function が出力される．エネルギー分散そのものが得られるわけではないので不便かもしれないが，状態の大きさや広がりなど，より詳細な情報が得られる．図 3.5 はニッケルの spectral function を k 点，エネルギーに対して濃淡でプロットして作ったエネルギー分散図である．

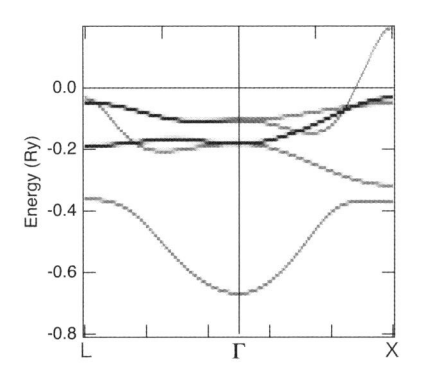

応用 3　MACHIKANEYAMA2002

図 3.5　ニッケルのエネルギー分散
濃淡は縮重度を表している．

4 STATE-Senri

　STATE-Senri は常に手法を拡張・整備しながら，金属，半導体，酸化物，有機物質など幅広く複雑な物質の電子状態計算に適用されてきた．また，機能としては，物質の電子状態を求めて力を計算し，安定構造や有限温度の分子動力学法を行ったり，化学反応過程などの研究も行えるようになっている．例えば，図 4.1(a)には Si(100)表面上の有機分子の吸着構造を示す．Si 表面上の有機分子吸着は，将来の有機単分子素子の応用に関連して多くの研究がなされている．STATE-Senri により，その安定構造，振動モードなどを解明し，実験的にはわかりにくい構造や電子状態について，第一原理計算によってあいまい性なく問題を解決することが可能となる[1]．また，図 4.1(b)には有機－金属界面系の研究例として，金表面上のアルカンチオール系自己組織化膜の構造と電子状態[2]，図 4.1(c)には n-アルカンと金属との界面[3]，図 4.1(d)には有機 EL 材料として非常に有名な tris-(8-hydroxyquinoline) aluminum (Alq_3)分子と金属との界面の構造と電子状態について示す．有機－金属界面は有機 EL，有機太陽電池，有機電界効果トランジスタなどの電子デバイスの性能を左右するうえで重要であるが，第一原理計算により，界面での原子レベルでの構造や電子状態の理解が進みつつある．また，図 4.1(e)には触媒反応計算の 1 つの例として，銅表面上で二酸化炭素と水素から蟻酸アニオン(formate)が生成する反応過程を示している[4]．銅表面上での

応用4 STATE-Senri

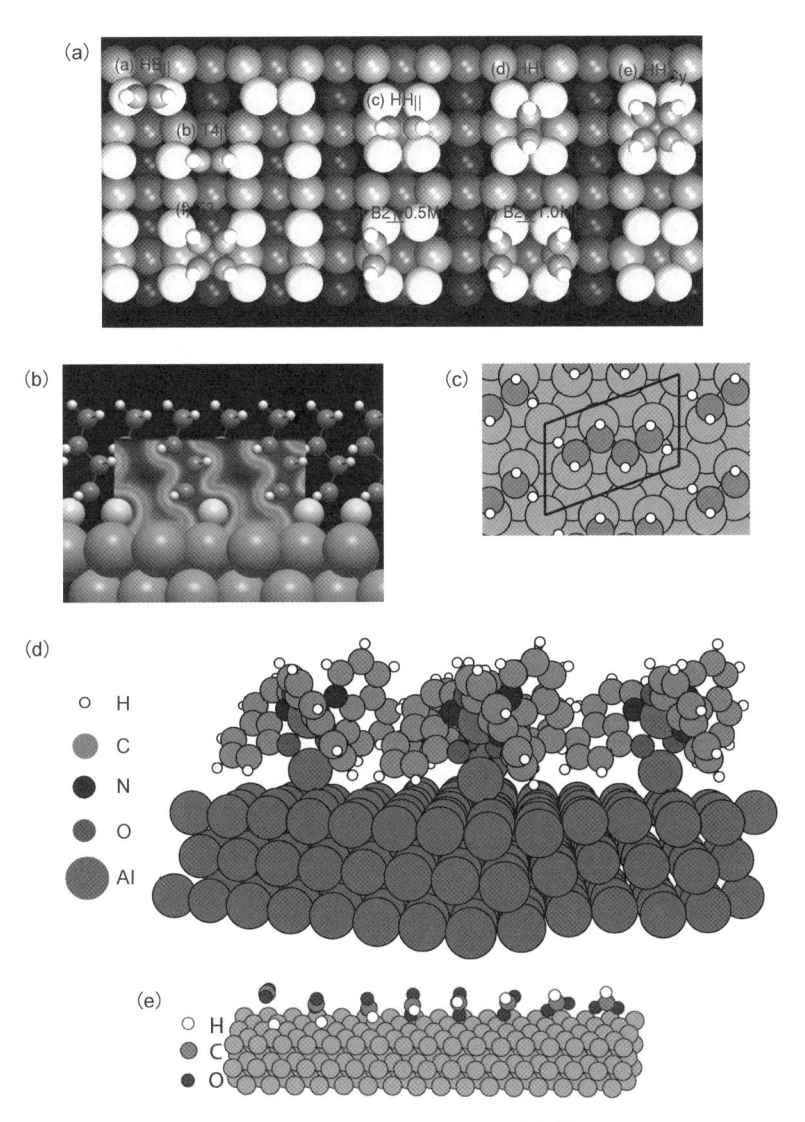

図 4.1 STATE-Senri を用いた研究例

(a) Si(001) 表面上のアセチレン分子吸着構造. (b) Au(111) 表面上 n-ブタンチオレート自己組織化膜. (c) 金属表面上 n-アルカン吸着構造. (d) Al(111) 表面上の tris-(8-hydroxyquinoline) aluminum (Alq$_3$) 分子の吸着構造. (e) Cu(111) 表面上でのフォーメート生成反応過程.

二酸化炭素と水素との反応過程は，メタノール合成触媒反応や水性ガスシフト反応に関連して多くの研究がなされており，STATE-Senri により原子レベルでの反応機構を明らかにすることが可能になってきている．

本章ではこれら研究の一端を紹介し，STATE-Senri を活用していく上でのヒントを与えることを目的としている．

4.1　半導体表面構造と走査トンネル顕微鏡像の解析

走査トンネル顕微鏡 (STM) は固体表面の構造を原子レベルで直接見ることのできる手法として大変画期的であり，多くの研究に用いられている．しかしながら，STM 像の解釈には電子状態の解明が必要であり，その点を省くとしばしば間違った結論に導いてしまうことがある．1 つのよい例として，Si 基板上に形成される Ge(105) 面の構造について紹介する．Si(001) 面上の Ge の成長はデバイス作成技術の基礎過程として多くの研究がなされている．Ge は Si より格子定数が約 4.2%大きく，この格子ひずみを緩和するために特徴的な成長過程を示す．3〜4 層で 2 次元的な層状エピタキシャル成長から 3 次元的な核成長へと変わるが，そのとき (105) 面で囲まれた微小なクラスターが観測される．この (105) 面は Si 単結晶では安定な表面として観測されないが，Ge が Si の上に成長する際には非常に安定な表面として観測される．表面歪が (105) 面を安定化すると考えられるが，その機構は STATE-Senri による第一原理電子状態計算で明らかにされた[5]．Si 表面上に成長した Ge(105) 面の STM 像観察は 1990 年に Mo らによって報告された[6]．そのときは図 4.3(a) に示すジグザグに明るい点が並ぶ構造が観測され，原子構造モデルとして図 4.2(a) に示すような Paired Dimer (PD) モデルが提案された．このモデルでは Ge ダイマーが 2 つずつペアになり，各ダイマーペアはステップによって区切られジグザグに並ぶ構造をとっており，STM 像の明るい点はこれらダイマーに対応していると考えられた．このモデルはその後 Ge(105) 表面の構造モデルとして受け入れられてきたが，第一原理電子状態計算によると図 4.2(b) に示す Rebonded SB-step (RS) モデルの方がはるかに

応用 4　STATE-Senri

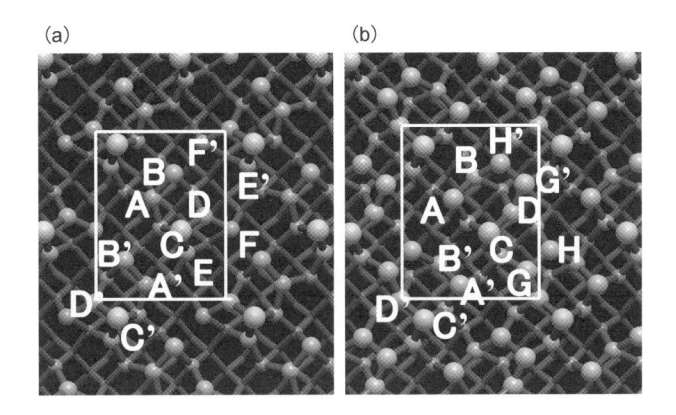

図 4.2　Ge/Si(105) の構造
(a) Paired Dimer (PD) モデル．(b) Rebonded SB-step (RS) モデル．

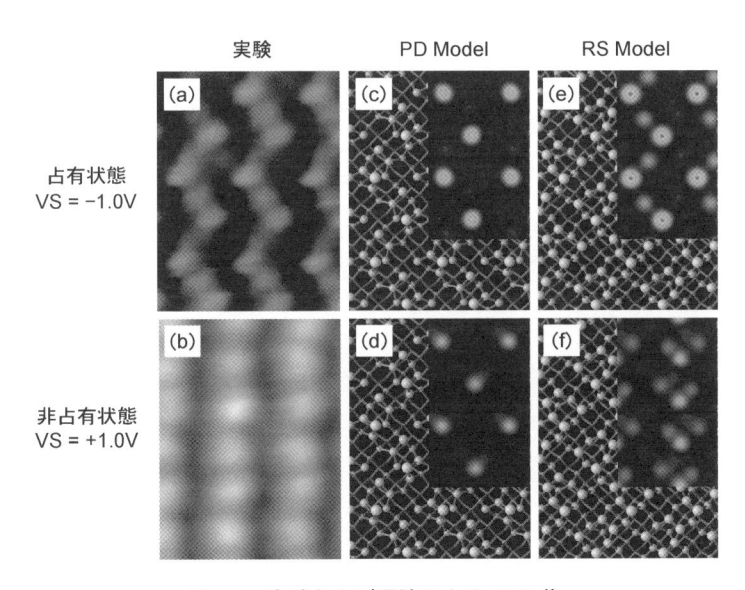

図 4.3　実験および理論による STM 像

安定であることがわかった．このモデルではPDモデルのSBステップ部分にダイマーG-Hが付け加えられ，単位格子内のダングリングボンドの数は12から8に減っている．このとき，ステップはRebonded SBステップに対応する構造になっていることからこの名前がつけられた．また，STM像をTersoff-Hamann流に[7]局所状態密度 $\rho(\mathbf{R}, E) = \sum_{i}^{\infty}|\phi_i(\mathbf{R})|^2\delta(E - E_i)$ をフェルミレベルからバイアス電圧まで積分することにより求めてそれぞれの構造モデルによる結果を図 4.3 に示してある．占有状態については，図 4.3(c) の PD モデル，図 4.3(e) の RS モデルともにジグザグ状に明るい点が並ぶ像が得られ，実験結果である図 4.3(a) とよく一致しているが，非占有状態については実験的には直線的に明るい点が並んでいるのに対して，図 4.3(d) に示す PD モデルではジグザグ上に並び，実験と一致しない．一方，RS モデルでは直線的に明るい点が並んでおり，実験とよく一致している．このように全エネルギーも安定であり，STM 像も実験結果とよく一致していることから RS モデルはかなり確かな構造モデルであると考えられる．

次に問題となるのは，RS モデルが表面歪によって安定化される機構である．表面エネルギーの格子定数依存性を図 4.4 に示す．表面並行方向の格子

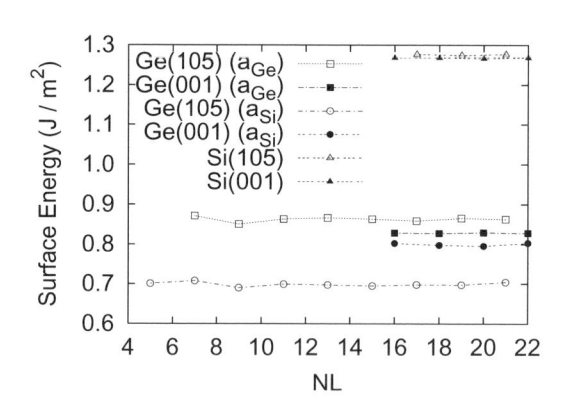

図 4.4　各表面構造での表面エネルギー

a_{Ge}, a_{Si} はそれぞれ基板の格子定数を 5.780, 5.473Å で計算している．
横軸はスラブの層厚を示す．

応用 4　STATE-Senri

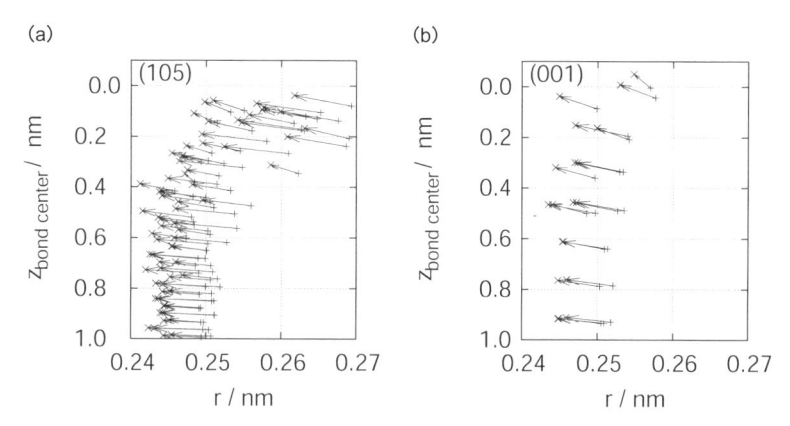

図 4.5　基板の格子定数を a_{Ge}(5.780Å) から a_{Si}(5.473Å) に縮めたときの Ge-Ge 結合距離の変化
縦軸は表面垂直方向のボンド中心位置を示し，横軸はボンド長を示す．

定数として Si のバルクの格子定数を用いて計算した結果を (a_{Si})，Ge のバルクの格子定数を用いたものを (a_{Ge}) で示している．横軸は計算に用いたスラブ層厚を示す．この結果をみると Ge の格子定数を用いた計算では Ge(001) 面の方が Ge(105) 面よりやや安定であるが，格子定数を 4.2%縮めて Si の格子定数を用いると(105)面は(001)面よりはるかに安定になることがわかる．これは，Si 上で Ge(105) 面が安定に成長する実験事実と一致する．Ge-Ge 間の結合距離を両表面について調べた結果を図 4.5 に示す．この図は縦軸は Ge-Ge 結合の中心位置の表面垂直方向成分を示し，横軸は Ge-Ge 結合距離である．この結果をみると，Ge-Ge 結合長は表面付近の方がバルクの平衡格子定数での結合長である 0.25nm よりもやや長くなっているが，(105)面の方が長くなり方が大きいことがわかる．格子定数を 4.2%縮めることにより表面付近の結合長は 0.25nm に近づけられ，平衡結合長に近づくために (105)面は安定化することがわかる．

4.2　吸着分子の基準振動解析と振動スペクトル

現在の密度汎関数法(DFT)の計算でよく用いられている，エネルギー汎関

数に対する近似である一般化密度勾配近似(GGA)は，多くの物質について実験値を再現する構造や振動モードを与えることが示されている[8]．さらに，GGA による全エネルギー計算に加えて振動モードについても計算し，分子振動による動的双極子モーメントを計算して，赤外吸収分光(IR)や固体表面の振動分光によく用いられている電子エネルギー損失分光(HREELS)の双極子散乱によるピーク強度の実験結果と半定量的に比較することができる．ここではその方法と応用例について紹介する．N 粒子からなる系が安定構造の周りで微小振動している状態を考える．全原子が同じ振動数 $\omega_k/2\pi$，同じ位相 ϵ_k で調和振動しているとき，この調和振動を基準振動，振動数 $\omega_k/2\pi$ を基準振動数と呼ぶ[9]．基準振動の異なるモードの数 M は全系の自由度 $3N$ から並進と回転の自由度を引いた数 $3N-6$ に等しい[1)]．一般の微小振動運動はこれら基準振動の重ね合わせで書くことができる．以下に基準振動を求める手続きを示す．α 番目の粒子の質量を M_α，座標の平衡位置からのずれを $\Delta x_\alpha, \Delta y_\alpha, \Delta z_\alpha$ とする．さらに，質量加重座標，q_i, ($q_1 = \sqrt{M_1}\,\Delta x_1$, $q_2 = \sqrt{M_1}\,\Delta y_1$, $q_3 = \sqrt{M_1}\,\Delta z_1$, $q_4 = \sqrt{M_2}\,\Delta x_2$, ..., $q_{3N} = \sqrt{M_N}\,\Delta z_N$) を導入する．ただし，全系の並進運動量および角運動量はゼロであるとする．全系の運動エネルギー T は

$$T = \frac{1}{2}\sum_{\alpha=1}^{N} M_\alpha\left(\dot{\Delta x_\alpha}^2 + \dot{\Delta y_\alpha}^2 + \dot{\Delta z_\alpha}^2\right) = \frac{1}{2}\sum_{i=1}^{3N} \dot{q}_i^2, \tag{1}$$

一方，ポテンシャルエネルギー $V(\{q_i\})$ は平衡位置の周りで展開して，

$$V(\{q_i\}) = \frac{1}{2}\sum_{i,j}^{3N} \left.\frac{\partial^2 V}{\partial q_i \partial q_j}\right|_{\{q_i=0\}} q_i q_j = \frac{1}{2}\sum_{i,j}^{3N} V_{ij} q_i q_j, \tag{2}$$

となる．ここで，平衡位置でのポテンシャルをエネルギーのゼロ点にとり，さらに，平衡位置ではポテンシャルの一階微分はゼロになることを用いた．また，平衡位置からの変位 q_i は十分小さいとして 3 次以上の項を無視した．ニュートンの運動方程式は，

$$\frac{d}{dt}\left(\frac{\partial T}{\partial \dot{q}_i}\right) = \ddot{q}_i = -\frac{\partial V}{\partial q_i} = -\sum_{j=1}^{3N} V_{ij} q_j, \tag{3}$$

---

1) 直線分子の場合は $3N-5$．

となる．ここで，q_i が振動数 $\omega_k/2\pi$ の基準振動の重ねあわせ

$$q_i = \sum_k^M a_{ik}Q_k(t) = \sum_k^M a_{ik}Q_k^0 \cos(\omega_k t + \epsilon_k), \tag{4}$$

であるとする．ただし，$\sum_i^{3N} a_{ik}^2 = 1$ に規格化されている．これを運動方程式(3)に代入すると永年方程式

$$\det\left(V_{ij} - \omega_k^2 \delta_{ij}\right) = 0, \tag{5}$$

が得られ，ω_k^2 と a_{ik} はそれぞれ固有値および固有ベクトルとして与えられる．ω_k および Q_k を用いて運動エネルギー式(1)およびポテンシャルエネルギー式(2)を書き直すと，

$$T = \frac{1}{2}\sum_k^M \dot{Q}_k^2, \ V = \frac{1}{2}\sum_k^M \omega_k^2 Q_k^2, \tag{6}$$

となる．ここで a_{ik} が対称行列 V_{ij} の固有ベクトルである性質

$$\sum_j \left(V_{ij} - \omega_k^2 \delta_{ij}\right) a_{jk} = 0, \ \sum_i a_{ik} a_{il} = \delta_{kl}, \tag{7}$$

を用いた．この Q_k を基準座標と呼ぶ．

この基準振動座標 Q_k が求まると，赤外吸収スペクトルの強度 I_k を見積もることが可能になる．分子の構造が平衡位置 $Q_k = 0$ から少しずれた構造 $Q_k \neq 0$ の時の分子の双極子モーメントを $\vec{\mu}(Q_k)$ とすると，I_k は

$$I_k \propto \left|\frac{d\vec{\mu}}{dQ_k}\right|^2. \tag{8}$$

$d\vec{\mu}/dQ_k$ は動的双極子モーメントと呼ばれる．実際に計算するには有限のずれ ΔQ_k の構造で系の双極子モーメント $\vec{\mu}(\Delta Q_k)$ および $\vec{\mu}(-\Delta Q_k)$ を求め，差分をとることにより強度を求める．

$$I_k \propto \left|\frac{\vec{\mu}(\Delta Q_k) - \vec{\mu}(-\Delta Q_k)}{2\Delta Q_k}\right|^2. \tag{9}$$

固体表面の振動分光法では，赤外吸収分光法と並んで高分解能電子エネルギー損失分光法（HREELS）と呼ばれる電子分光法がよく使われている．これ

は，エネルギーを単色化した電子線を固体表面に当て，反射されてきた電子のエネルギーを精密に測定することにより，電子が固体表面で励起してきた振動モードのエネルギーを知ることができる．電子線が固体表面で振動モードを励起する機構としては，①双極子散乱，②衝突散乱，③共鳴散乱の3種類が考えられている．このうち，双極子散乱による振動モードの励起は赤外吸収分光法と同じ選択則をもち，その損失ピーク強度は以下のように与えられる[10]．

$$\frac{I_\text{loss}}{I_\text{elastic}} = \frac{\hbar(1-2\theta_E)^{1/2}}{8a_0\epsilon_0 E_I \cos\theta_I}\left(\frac{d\mu}{dQ}\right)^2 \frac{1}{\omega_s} F_s(\hat{\theta}_c) n_s. \quad (10)$$

ここで，a_0 はボーア半径，ϵ_0 は真空の誘電率，ω_s は基準振動数，$d\mu/dQ$ は動的双極子モーメントである．E_I は電子線の初期エネルギー，θ_I は電子線の入射角，$\theta_E = h\omega_s/2E_I$，$\hat{\theta}_c = \theta_c/\theta_E$ で θ_c は分光器の見込み角，n_s は吸着子の表面密度，$F_s(\hat{\theta}_c)$ は

$$F_s(\hat{\theta}_c) = (\sin^2\theta_I - 2\cos^2\theta_I)\frac{\hat{\theta}_c^2}{1+\hat{\theta}_c^2} + (1+\cos^2\theta_I)\ln(1+\hat{\theta}_c^2). \quad (11)$$

で与えられる．ω_s および $d\mu/dQ$ は STATE-Senri を用いて計算することができ，そのほかの項は実験条件によって決まる量である．図 4.6 に金(111)表面上に吸着したメチルチオレートの HREELS スペクトルについて，実験結果と計算結果についての比較を示す[2]．

金は非常に安定な貴金属として知られているが，チオール分子やジスルフィド分子など硫黄を含む分子は金表面に吸着することが知られている．さ

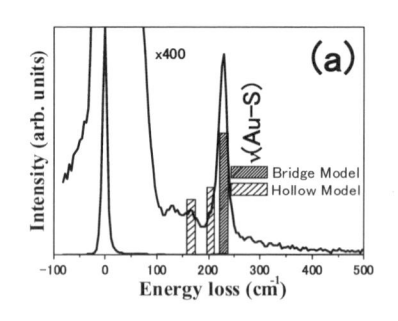

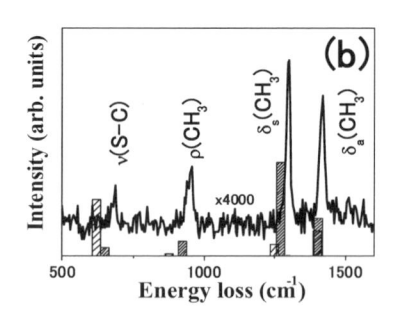

図 4.6 Au(111)表面上のメチルチオレートが吸着した系の振動スペクトル

応用4 STATE-Senri

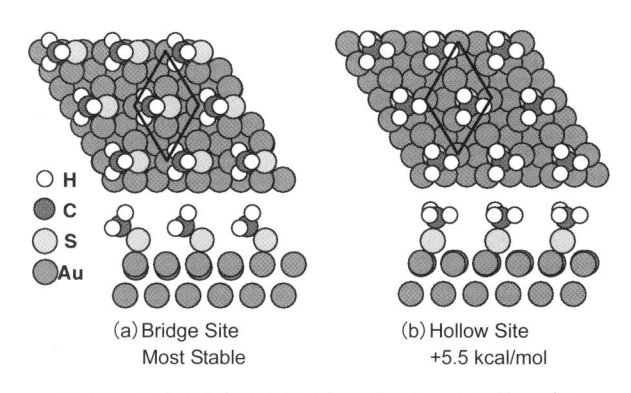

```
○ H
● C
○ S
○ Au
```

(a) Bridge Site
Most Stable

(b) Hollow Site
+5.5 kcal/mol

図 4.7　Au(111)表面上のメチルチオレート吸着モデル

らに，これらの分子は分子の配向をきれいにそろえて吸着することから自己組織化膜と呼ばれ，防食や潤滑，触媒，非線形光学材料や分子エレクトロニクスなど幅広い応用が期待され，注目を集めている．特に n-アルカンチオールが金表面に吸着した自己組織化膜は典型的な系として，その構造や膜形成過程が詳細に研究されてきた．しかしながら，その基本的な膜構造でさえ定説はなく，問題となっていた．特に金表面と硫黄原子との結合状態についてはどのような構造で結合しているか，実験的に互いに矛盾する結果が報告され，論争となっていた．DFT による全エネルギー計算では，図 4.7 に示すメチルチオレートがブリッジサイトに吸着した構造が最も安定で，ホロウサイトに吸着した構造はそれよりも 23kJ/mol 不安定であることがわかった．さらに，これらの構造で求めた振動スペクトルが図 4.6 である．ブリッジサイトに吸着した構造の方が実験結果とかなりよく一致しており，ブリッジサイト構造の方がホロウサイト構造よりもより安定である結果を強く支持している．

4.3　化学反応過程の第一原理シミュレーション

　STATE-Senri は化学反応過程のシミュレーションも得意とする．量子化学の分野では，Eigenvector Following 法といった，全エネルギーの座標に関す

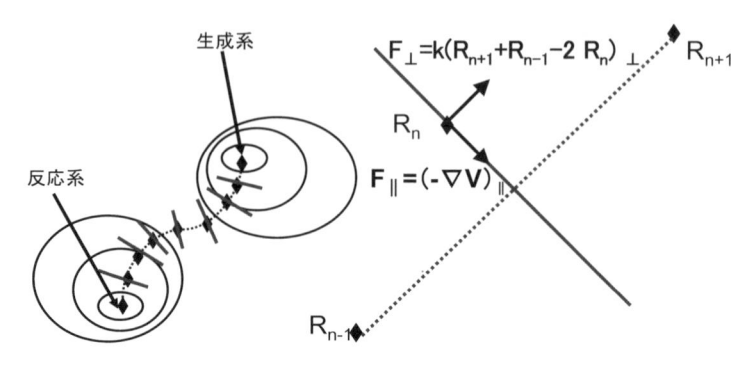

図 4.8 Nudged Elastic Band 法の原理

る二階微分(ヘシアン行列)を対角化して反応の遷移状態を探索する方法がよく研究され用いられている．しかしながら，系に含まれる原子の数が多くなるとヘシアン行列を求める計算量は膨大になり，複雑な物質に適用することは大変困難になってくる．STATE-Senri では反応経路を求める方法として Nudged Elastic Band(NEB)法と呼ばれる方法[11]を主として用いている．この方法は原子に働く力のみを用いており，ヘシアン行列を必要としないため固体表面上での化学反応過程など，自由度が大きな複雑な系へ適用することが可能である．NEB 法では図 4.8 に示すように反応系と生成系の間を結ぶ反応系路上にレプリカを配置し，隣り合うレプリカ間は仮想的なバネでつながれていると考える．各レプリカには物理的な相互作用によるポテンシャル V からくる力に加えて，仮想的なバネによる力も加わる．これらの力を用いて各レプリカの構造を反応経路へと最適化していく．その際，あるレプリカ R_n の両隣 R_{n-1} および R_{n+1} を結ぶ直線に垂直な面内の力成分を $F_\parallel$，面に垂直な成分を $F_\perp$ とする．反応経路に垂直な面内ではポテンシャルは極小値をとっている経路をとると最もエネルギーが低くて済む経路となり，最小エネルギー経路と呼ばれる．最小エネルギー経路を近似的に求めるために，$F_\parallel$ としては物理的なポテンシャルの座標微分による力 $-(\nabla V)_\parallel$ を用いて垂直面内でレプリカの構造を最適化する．しかし，この力のみでは，各レプリカを最適化していくに従ってレプリカ間の間隔がまちまちになってしまい，遷移

状態付近のポテンシャルの高い構造からレプリカが滑り落ちてしまう可能性がある．そこで，レプリカ間の距離を一定に保つために，$\mathbf{F}_\perp$ として仮想的なバネによる力 $k(\mathbf{R}_{n+1}+\mathbf{R}_{n-1}-\mathbf{R}_n)_\perp$ を採用する．ここで k は仮想的なバネのバネ定数である．これら $\mathbf{F}_\parallel$，$\mathbf{F}_\perp$ を最適化していくことにより最小エネルギー経路を近似的に求める．

ここでは，$TiO_2(110)$ 表面上での蟻酸分解反応過程について調べた結果を紹介する[12]．TiO_2 は光触媒として有名であるが，$TiO_2(110)$ 表面は単結晶酸化物表面のモデル系として最もよく研究されている系である．一方，蟻酸は最も簡単な触媒反応のモデルとして多くの研究がなされてきたが，その反応機構については未だ論争となっている．$TiO_2(110)$ 表面上での蟻酸の分解反応については，気相の蟻酸の圧力が高いと脱水素反応が優勢になり，そのときの見かけの活性化エネルギーは 15kJ/mol であるが，低いと脱水反応が優勢になり，見かけの活性化エネルギーも 120kJ/mol に変化することが報告され，反応選択性が気相分子によって変化する例として注目されている[13]．脱水反応過程について詳しく調べたところ，表面に酸素欠陥が存在すると蟻酸の分解反応が比較的低い活性化エネルギーで進むことがわかった．また，酸素欠陥は，隣り合う2つの水酸基から水を作ることによって容易に生成することも示された．図 4.9 に表面の蟻酸アニオンから CO が生成する反応経

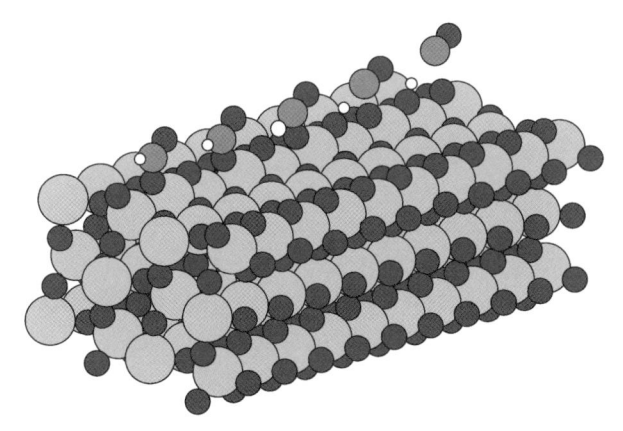

図 4.9　$TiO_2(110)$ 表面上での蟻酸分解過程

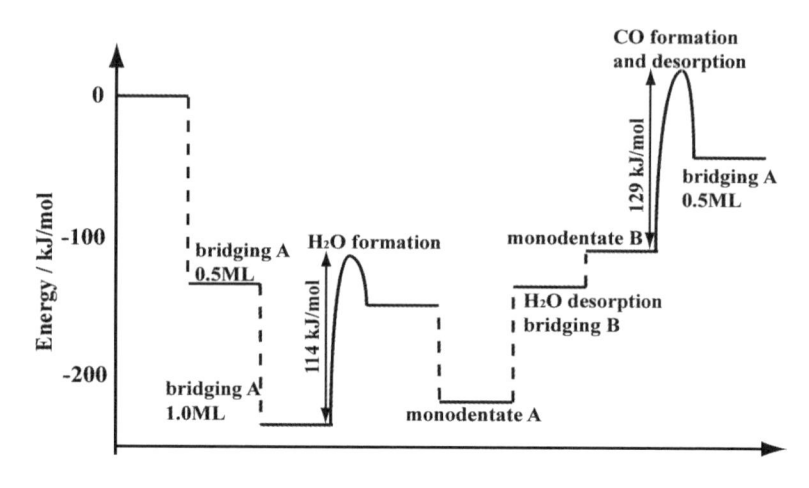

図4.10 TiO$_2$(110)表面上での蟻酸分解過程のエネルギーダイヤグラム

路を示す．このときの活性化エネルギーは約125kJ/molである．また，図4.10に触媒反応の各段階でのエネルギーを示す．

このように，固体表面上での触媒反応は自由度が多く複雑であったためこれまで第一原理計算による研究が困難であったが，最近は可能になりつつある．また，固液界面や有機－金属界面などさらに複雑な構造での反応過程などについても研究を進めつつあり，それとともに反応経路探索の方法にも改良を加えて行きつつある．

[4章 参考文献]

[1] Y. Morkawa, Phys. Rev. B **63** 033405 (2001).
[2] T. Hayashi. Y. Morikawa, and H. Nozoye, J. Chem. Phys., **114** 7615 (2001), Y. Morikawa, T. Hayashi, C.C. Liew, and H. Nozoye, Surf. Sci., **507-510** 46 (2002), Y. Morikawa, C.C. Liew, and H. Nozoye, Surf. Sci., **514** 389 (2002).
[3] Y. Morikawa, H. Ishii, and K. Seki, Phys. Rev. B **69** 041403 (2004).
[4] Y. Morikawa, K. Iwata, J. Nakamura, T. Fujitani, and K. Terakura, Chem. Phys. Lett., **304** 91 (1999), Y. Morikawa, K. Iwata, and K. Terakura, Appl. Surf. Sci., **169-170** 11

(2001).
[5] T. Hashimoto, Y. Morikawa, Y. Fujikawa, T. Sakurai, M.G. Lagally, and K. Terakura, Surf. Sci., **513** L445, (2002), Y. Fujikawa, A. Akiyama, T. Nagao, T. Sakurai, M.G. Lagally, T. Hashimoto, Y. Morikawa, and K. Terakura, Phys. Rev. Lett., **88**, 176101 (2002), T. Hashimoto, Y. Morikawa, and K. Terakura, Surf. Sci., **576** 61, (2005).
[6] Y. Mo, D.E. Savage, B.S. Swartzentruber, and M.G. Lagally, Phys. Rev. Lett. **65** 1020 (1990).
[7] J. Tersoff and D.R. Hamann, Phys. Rev. B **31** 805 (1985).
[8] B.G. Johnson, P.M.W. Gill, and J.A. Pople, J. Chem. Phys. **98**, 5612 (1993).
[9] E.B. Wilson, Jr., J.C. Decius and P.C. Cross, "*Molecular Vibrations*", Dover (1955), 水島三一郎, 島内武彦『赤外線吸収とラマン効果』共立(1958).
[10] H. Ibach and D.L. Mills, *Electron Energy Loss Spectroscopy and Surface Vibrations* (Academic, New York, 1982).
[11] G. Mills, H. Jonsson, G.K. Schenter, Surf. Sci. **324**, 305 (1994).
[12] Y. Morikawa, I. Takahashi, M. Aizawa, Y. Namai, T. Sasaki, and Y. Iwasawa, J. Phys. Chem. B, **108**, 14446 (2004).
[13] H. Ohnishi, T. Aruga, and Y. Iwasawa, J. Catal., **146** 557 (1994).

5 第一原理分子動力学法「Osaka2002」
－ダイナミックスデザインを目指して－

　本章では，擬ポテンシャル法を用いた第一原理電子状態計算パッケージである「Osaka2002」で「何を計算し，何に使えるのか」を，研究の実例で示す．

　基礎編で述べられた通り，擬ポテンシャル法は第一原理計算の中でも原子のダイナミックスの扱いに特徴がある．この特徴を活かして，筆者は物質の「ダイナミックスデザイン」なるものを行っている．「ダイナミックスデザイン」とは，一口に言って原子の運動を利用したマテリアルデザインで，有限温度の構造の安定性，物性の予測，さらには拡散などの動的性質の制御である．この観点から代表的な応用例を示した．

5.1 基底状態計算

(1) 全エネルギーの意味

　第一原理計算ではどの手法でも共通しているが，原子を固定しそれに対する系の基底状態をセルフコンシステント計算で求めることが基本である．その基底状態というものは密度汎関数理論では全エネルギー，電子密度で指定されるものである．それゆえ全エネルギー，電子密度が計算で求まる最初の

基本的物理量であり，まず実験と比較すべき量である．

擬ポテンシャルにおける全エネルギー

そこでまず，「擬ポテンシャルで求まる全エネルギーは何を意味するか」について述べる．擬ポテンシャルでは，内殻電子の効果を擬ポテンシャルの中にうまく繰り込み，表面上は価電子だけが現れるようにしている．この場合の全エネルギーとは何を意味するのだろうか？

擬ポテンシャル法における全エネルギーの表式は，「基礎編」で述べられているが，1つの表現の仕方として

$$E_{\text{tot}} = \sum_n^{val} \epsilon_n - \frac{1}{2}\int \rho(\mathbf{r})V_{\text{H}}(\mathbf{r})d\mathbf{r} - \Delta E_{\text{ex}} \tag{1}$$

と書き表せる．右辺第1項は N_{val} 個の価電子の固有値の和である．第2項，第3項は固有値の和に現れる，ハートリー，交換相関エネルギーの重複分を差し引くものである．それらに現れる電子密度 ρ は，すべて価電子の密度 ρ_{val} である．つまり擬ポテンシャル法でいう全エネルギーとは，価電子に関する全エネルギーということである．

簡単な原子の実例で示す．例えばC原子は全電子数は6個であるが，価電子は $(2s)^2(2p)^2$ と4個である．したがって擬ポテンシャルでいうC原子の全エネルギーとは，この4個の価電子の全エネルギーのことである．これを求めてみると，

$$E_{\text{tot}} = 146.586 \quad \text{eV} \tag{2}$$

となる．この全エネルギーは実験的にはどのような量と比較すればよいだろうか？ 基底状態のC原子から順番に電子を1個，1個抜き去ってゆくとき，それに要するエネルギーを第1次イオン化ポテンシャル $I^{(1)}$，第2次 $I^{(2)}$，... と定義され，実験で求められる．上の軌道から順番に4個まで抜き去ると，価電子はすべてなくなる．したがって $I^{(1)}$ から $I^{(4)}$ までの和が，全価電子の作る全エネルギーであると解釈できる．

表 5.1 C 原子のイオン化ポテンシャル[1a]

i	$I^{(i)}$
1	11.260
2	24.383
3	47.887
4	64.492
$\sum_i I^{(i)}$	148.022

エネルギーは eV 単位.

　それらの値をハンドブックから引用すると表 5.1 のようになる[1]．この実験値を比較すると，計算値 (2) はほぼ一致しているといえる．

　擬ポテンシャルでの全エネルギーは，内殻電子を抜いているため，よく絶対値自身は何の意味ももたないといわれることがあるが，このように「価電子の全エネルギー」として実験と比較可能な量である．しかし，価電子を 1 つ 1 つ抜き去ることは，孤立原子や，小さなサイズの分子では可能であるが，固体では明らかに不可能である．この場合は，通常いわれるように相対的な変化だけが実験と比較できる量となる．次にそのような固体の様々なエネルギーを計算し，どのような実験値と比較すべきかを述べる．

(2)　固体における全エネルギーの応用

　一生懸命セルフコンシステント計算を行った結果，得られる量が全エネルギーだけということは，初めはがっかりするかもしれない．しかしながら固体の性質を研究すると，いかに多くの物理量がエネルギーによって決まるかを実感すると思う．

凝集エネルギー，形成エネルギー

　全エネルギーの応用として，固体の凝集エネルギー E_{coh}，形成エネルギー E_{form} を調べる．

　固体 A の凝集エネルギー $E_{\text{coh}}(A)$ とは，原子状態 $A^{(g)}$ から固体状態 $A^{(s)}$ になるときのエネルギー差で与えられる．

応用 5　第一原理分子動力学法「Osaka2002」

$$E_{\text{coh}}(A) = E(A^{(g)}) - E(A^{(s)}) \tag{3}$$

また化合物 A_mB_n の (あるいは A 中の不純物 B の) 形成エネルギー $E_{\text{form}}(A_mB_n)$ は, 固体状態での差

$$E_{\text{form}}(A_mB_n) = mE(A^{(s)}) + nE(B^{(s)}) - E(A_mB_n) \tag{4}$$

で計算できる.

実例を挙げると, 炭化ホウ素は $B_{12}C_3$ の構造をもつ. この系での全エネルギーの計算値は表 5.2 のようになっている. これから炭化ホウ素の凝集エネルギーの計算値は

$$E_{\text{coh}}(B_{12}C_3) = 7.17 \quad \text{eV/atom} \tag{5}$$

となる.

一方, 実験の方はどうであろうか？ 炭化ホウ素の形成エネルギーは表 5.2 の実験値の項に載せてある. これにホウ素, 炭素それぞれの単独固体の凝集エネルギーを足したものが, 炭化ホウ素の凝集エネルギーとなるはずである. その値は

$$E_{\text{coh}}(B_{12}C_3) = 6.82 \quad \text{eV/atom} \tag{6}$$

となる. これから計算値と実験値との一致はよい.

表 5.2 炭化ホウ素のエネルギー計算

全エネルギーの計算値[2]			
$B_{12}C_3$	solid	−102.2094	Ry/atom
B	atom	−5.1709	Ry/atom
C	atom	−10.7498	Ry/atom
実験値			
凝集エネルギー[3]			
B		5.77	eV
C		7.37	eV
形成エネルギー[1b]			
$B_{12}C_3$		16.93	Kcal/mol

(3) バンド計算

密度汎関数法で直接求まる量は密度分布と全エネルギーだけといったが，もちろん従来のいわゆるバンド図を求めることもできる．密度汎関数法ではバンド図をセルフコンシステント計算の行動指針としないということだけで，この類いの計算をすることに何の困難もない．

バンド計算，DOS 計算では柳瀬章による TSPACE パッケージを活用し，結晶の対称性の性質を存分に使った第一級のバンド図を得ることができる[4]．計算機の能力が高くなった現在，対称化による計算効率の向上はそれほど重要視されなくなったかもしれないが，それでもバンドの性格を知る上で対称化の恩恵は計りしれない．

対称性を利用することの利点を次の例で示す．格子定数 a_0 を大きくしていくとき，そのバンドがどのように変化していくか？ 例えば Si の場合，次のような疑問をもったことはないだろうか？ Si では価電子バンドは sp^3

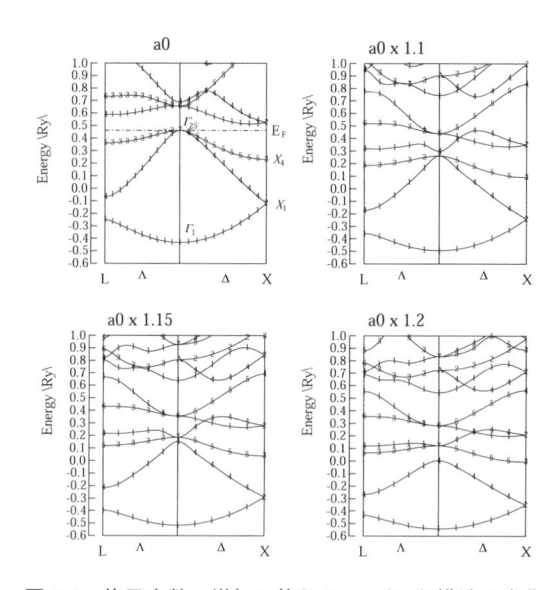

図 5.1　格子定数の増加に伴う Si のバンド構造の変化
平衡格子定数 a_0，およびその 1.1，1.15，1.2 倍としたときのバンド図

の混成軌道からなり，図 5.1 の左上図のようになる．上の 3 つは p 軌道特性をもち，Γ 点で 3 重縮退している．低い方の 1 本は s 軌道特性をもつ．一方，孤立原子極限ではこれは原子の s, p 軌道に対応するはずである．原子を離して行けば，バンド分散は小さくなるので，これからだけでいえば，固体のときの価電子帯の下 1 本はそのまま s 軌道に，上の 3 本は p 軌道につながると考えるのが自然である．

しかしながら，Si のバンド分散を見ると，価電子帯の上の 3 本はゾーン境界に行くに従いエネルギーが減少するが，例えば Δ 軸に添ってみると，3 本は，縮退した 2 本と非縮退の 1 本に別れる．そしてゾーン境界 X 点では非縮退の 1 本は下の s バンドと合体する．この縮退は偶然ではなく，対称性の性質から厳密に要請されるものである．X_1 という表現が 2 重縮退でなければならないことを要請している．したがってポテンシャルの大きさが変化してもダイヤモンド構造をとる限り必ずこの縮退は起きる．

原子を離していったとき，p バンドは分散がほとんどなくなり，s バンドと離れようとするが，一方で X 点で必ず s バンドと縮退しなければならないという対称性からの要請と明らかに矛盾する．

図 5.1 にはその解答が用意されている．この図は格子定数を平衡時のものから少しずつ原子を離していったときの様子を示している．これから価電子帯上端そして伝導帯下端のバンドが Γ 点，X 点との間でどう交差するかが見てとれる．ある格子定数のところで，価電子帯の p バンドと，伝導帯の s バンドとの順番が入れ替り，孤立原子極限での，2 ケの s 軌道という状態に滑かにつながる．注意して欲しいのはバンド図の劇的な変化が格子定数の極わずかの変化領域で起きていることである．

(4) 結晶構造の最適化

擬ポテンシャル法では原子間に働く力，あるいはストレスといった量が比較的簡単に求まるので，それらを指針にして結晶構造の最適化を行うことが得意である．以下にどれくらい正確かを実例で示す．

βホウ素の計算例

βホウ素の結晶は非常に複雑である．単位格子に 105 個の原子を含む．X線構造解析によると，その格子は菱面体構造で，空間群は $R\bar{3}m$ となる．結晶構造は図 5.2 に示されているが，そこに示されている様々なボンドの長さを計算し実験と比較したものが表 5.3 に示される[5]．

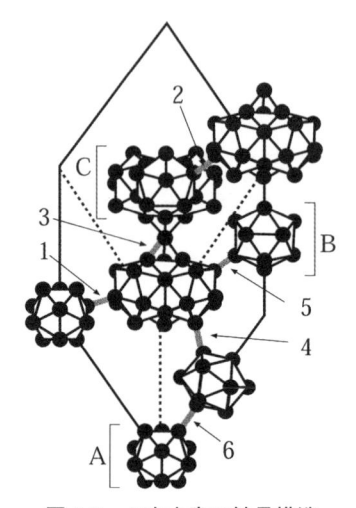

図 5.2　βホウ素の結晶構造

A，B，C，3 つの異なる二十面体がある．それらの間に数字でラベル付けられた二十面体間ボンドがある．

表 5.3　βホウ素の様々なボンド長の計算と実験の比較

	ボンド	実験[6] (Å)	計算 $R\bar{3}m$ (%)	（誤差）Dis.
	二十面体間ボンド			
1	A-C	1.62	−0.94	
2	C-C	1.68	−1.06	
3	15-13	1.69	1.33	−1.68
4	B-C	1.69	−0.84	
5	B-C	1.72	−2.54	
6	A-B	1.73	3.19	−1.28
	二十面体内ボンド			
7	A	1.76	−1.68	
8	C	1.81	−1.17	
9	B	1.84	−2.23	

計算値は実験値との誤差で示されている．

ボンド長の実験との一致は，非常によくだいたい 1～2%内の誤差に収まっている．また大体において誤差はマイナスで，すなわち計算値はボンド長を過小評価していることを示している．これは典型的な局所密度近似の特性である．局所密度近似は凝縮力を過大評価する傾向にある．この傾向からするとボンドの 3 と 6 だけが実験との誤差が正となっていることに気づく．これは決してばらつきではなく，明確な理由がある．この計算は $R\bar{3}m$ の高い対称性を仮定したものであるが，実際の β ホウ素では少し乱れが入っている．あるサイトではホウ素原子の占有数は 100%ではなく，およそ 1/4 が対称性を破るサイトに移ることが知られている[6]．この対称性を破り低対称性の構造で計算し直したものが表の最後の列で Dis.として示されている．この乱れの入った構造で計算すると，ボンド長の誤差は他のものと同じように負となる．そのずれはわずかに数%程度であるが，この違いがまさにこの結晶で，特定原子サイトの転置が起きていることの証拠になっている．

5.2　基底状態計算の応用

擬ポテンシャル法の応用は広範囲に及ぶが，よく利用されている分野として，フォノン計算および不純物構造の研究がある．ここでそれらの代表例を示すことにする．

(1)　フォノン計算

固体の動的性質の研究ではフォノン計算が基本である．これには通常，凍結フォノン法という方法が用いられる．これは原子 1 個 1 個を変位させ，それに対する原子間力を求め，動力学行列 D_{mn} を構築し，そしてそれを対角化しフォノン振動数を求めるというものである．得られるモードは，基本格子のゾーン中心モードに限られるが，計算手順としてはわりと簡単なので，よく用いられる方法である．

αホウ素のフォノンの圧力依存性

　フォノン計算を α ホウ素に適応してみる．α ホウ素は前に述べた β ホウ素に似ているがはるかに簡単な構造で，単位格子に二十面体 B_{12} が1個だけある．このフォノン計算を行うが，ここではもう一歩進めてみる．外部圧力下で構造を最適化し，その構造でフォノン計算を行う．すなわちフォノン振動数の圧力依存性を調べることになる．

　図 5.3 にその計算結果[5]を示している．技術的な理由により実験データ[7]は載せていないが，実験と計算に非常によい一致がある．ほとんどのフォノン振動数は圧力の増加とともに増加している．その中で一番低い振動数のものは圧力にほとんど依存しない点で特異的である．この理由を知りたければ文献[8]で解き明かされている．

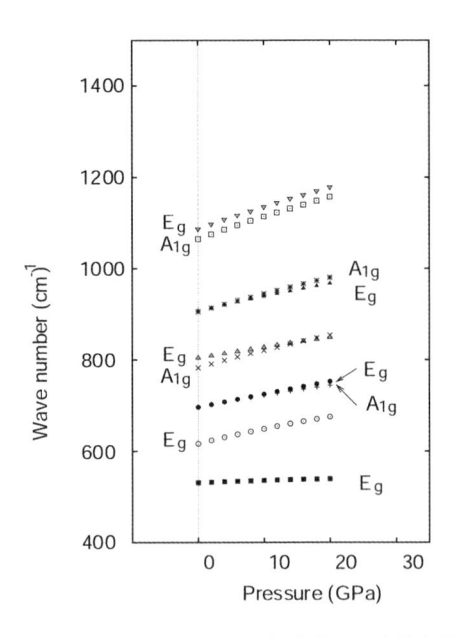

図5.3　αホウ素のフォノン振動数の圧力依存性

応用5　第一原理分子動力学法「Osaka2002」

(2) 熱力学的諸量

5.1節(2)では，固体の安定性はエネルギーで議論できると述べたが，それは絶対零度，圧力0での話である．実際にはほとんどの場合有限温度での性質に興味があるし，また高圧下での振る舞いに興味があるときもある．そのようなとき必要になるものが熱力学でいうところの自由エネルギーである．ここではそのような熱力学的諸量がいかに求まり，実験と比較できるかをみる．

有限圧力下の熱力学は，前節の技法により圧力 p に対する系の全エネルギー$E_{\rm tot}$ が求まるので比較的簡単である．この全エネルギーが弾性エネルギー $\Phi_{\rm el}(p)$ を表す．これからいろいろな弾性定数が求まる．圧力下での結晶の安定性はこの弾性エネルギーに pV を加えたエンタルピー$H = \Phi_{\rm el} + pV$ により議論できる．

有限温度の方はいろいろ複雑である．温度が変わると熱膨張が現れたりなど多くの物理量が多少なりとも変わるのですべての効果を取り入れることは困難である．しかし多くの場合フォノンの影響が一番大きいのでフォノンの寄与を考えれば十分であろう．

フォノンの自由エネルギーへの寄与は

$$F_{\rm ph} = \frac{1}{2}\sum_q \hbar\omega_q + kT\sum_q \ln(\bar{n}_q + 1), \tag{7}$$

である．ここに $\bar{n}_q$ は振動数 ω_q のフォノンモードの占有数である．この表式にはフォノン振動数だけが入るので，フォノンスペクトル $\{\omega_q\}$ を求めれば，温度 T の関数として計算できる．これが温度の効果を表す．したがって，任意の圧力，温度での自由エネルギー$F(p,T)$は

$$F(p,T) = \Phi_{\rm el}(p) + F_{\rm ph}(T) \tag{8}$$

となる．これが最低次の表式で，さらに高次の項で，p, T の掛け合わせの項が登場する．

ホウ素の熱力学・相図

熱力学的自由エネルギーの応用を，これまでしばしば登場した α，β ホウ素に関する相図の例で示す[5]．

図 5.4 にプロットしているのは α と β ホウ素の自由エネルギーの差 ΔF であり，正が α が安定であることを示す．圧力 0，絶対 0 度では，弾性エネルギーの差は $\Delta \Phi_{el}$ = +36.3meV である．すなわち α ホウ素が安定である．

それに対して，$T=0$ でのフォノンの寄与は式(7)の第 1 項(零点振動と呼ばれる)だけが寄与する．両相での差は ΔF_{ph} = -4.6meV である．β ホウ素は α ホウ素に比べてフォン振動数が低い．これは β ホウ素は「柔らかい」ということをいっている．これが ΔF_{ph} が負になっている理由である．読者にはこれがどれくらいの精度のものかを味わって欲しい．α と β ホウ素の構造は非常に似ており，したがってそのフォノン構造もほとんど同じである．フォノンのエネルギーの絶対値はどちらの相も 120meV くらいの値で，したがってその差が数 meV くらいということは非常に高い精度の計算が要されるのである．

フォノンの絶対 0 度での寄与は，弾性エネルギーの差よりはるかに小さい．ところが，有限温度になった途端，この差が効くのである．低温では柔らかい β ホウ素は α より少し不安定であるが，温度が上がるにつれ，その柔

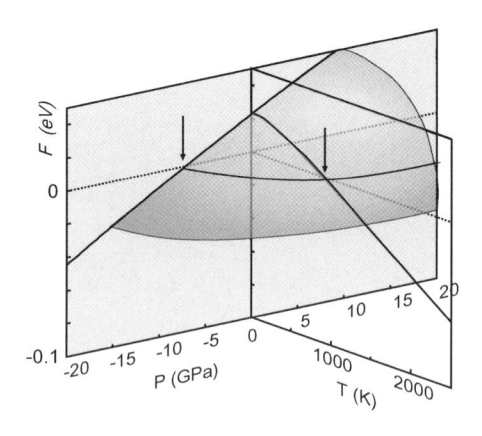

図5.4 α，β ホウ素に関する自由エネルギー $\Delta F(p, T)$ の差

らかさゆえ今度は式(7)の第 2 項のエントロピー項が効き, 熱力学的に安定になる. 相図 5.4 に見られる計算による転移温度 1000K は, 実験の 1400K とかなり近い値である. これが絶対零度でのわずかのフォノンエネルギーの差に基づくものであることを見て欲しい. この差が少し違うと, 転移温度としては非常に違ったものになったであろう.

(3) 不純物計算

原子空孔の計算例

シリコン中の格子空孔に関しては少なくとも 4 つの荷電状態(2+, +, -, 2-)があることが知られている[9]. この系で興味深い点はそればかりでなく, 以下の点が興味をもたれている.

① +状態(V^+)は安定でない. +状態は 2+状態(V^{2+})と中性状態(V^0)に分解する. したがってこれは負の U_{eff} をもつ系となる.
② +状態, 中性状態はヤーン・テラー歪みをもつ[10].

ヤーン・テラー歪みとは, 縮退した電子軌道が部分的にしか電子に占有されていないとき, 原子変位を伴って, より安定な原子配置になろうとすることである. この原子変位は一般に元の結晶の対称性を低下させる.
実効的な電子相関エネルギーU_{eff}とは, ある電子配置に(例えば特定軌道に)電子が 1 個占有されるとき(そのエネルギー$E(1)$), そこにさらにもう 1 個の電子が入った方($E(2)$)がエネルギーが得か, 損かを表すものである. その配置に電子が占有されないときのエネルギーを $E(0)$とすると, $U_{eff} = (E(2)+E(0))-2E(1)$で定義される. 真空中では二個の電子はクーロン反発力を感じ$U_{eff} = e^2/d$ で正である (d は距離). U_{eff} が負ということは, 電子に引き合う力が働いているということである.

Baraff らは文献[10]で, 格子空孔がヤーン・テラー歪みを引き起こし, かつ負のU_{eff}をもつことを示している. 現象をモデル化し, 少ないパラメータを用いて表している. それらのパラメータの値を Osaka2k を使っても評価してみる.

その論文でモデル化されているものを簡単に述べる．格子空孔がバンドギャップ付近で作る電子状態は T という三重縮退状態である．V^{2+} 状態では，T に 1 つも電子がいない．それをエネルギー基準ととり，そのエネルギーを原子変位 Q の関数として $E_0(Q)$，V^+ 状態に関しては $E_1(Q)$，V^0 状態では $E_2(Q)$ と記す．それらは電子の化学ポテンシャル μ の関数として，

$$E_0(Q) = \frac{1}{2}kQ^2 \tag{9a}$$

$$E_1(Q) = \frac{1}{2}kQ^2 + \varepsilon_1(Q) - \mu \tag{9b}$$

$$E_2(Q) = \frac{1}{2}kQ^2 + \varepsilon_1(Q) + \varepsilon_2(Q) - 2\mu \tag{9c}$$

で表される．電子が 1 個増えたときの付け加わった準位 ε_1 と 2 個目のもの ε_2 は，それぞれ $\varepsilon_1(Q) = \varepsilon_L - VQ$，$\varepsilon_2(Q) = \varepsilon_1(Q) + U$ と仮定される．ここに U は同じサイトに電子がもう 1 個来たときのクーロン反発力で，V はヤーン・テラーの歪みを与える電子－格子相互作用の大きさを表す．

μ を固定したとき，それぞれのエネルギー最小値は

$$E_0(\mu) = 0 \tag{10a}$$

$$E_1(\mu) = \varepsilon_L - \mu - E_{\mathrm{JT}} \tag{10b}$$

$$E_2(\mu) = 2E_1(\mu) - \eta \tag{10c}$$

で，ここに $E_{\mathrm{JT}} = V^2/2k$，$\eta = 2E_{\mathrm{JT}} - U$ である．これらの式から，$U_{\mathit{eff}} = E_0 + E_2 - 2E_1$ は

$$U_{\mathit{eff}} = U - 2E_{\mathrm{JT}} \tag{11}$$

で与えられることがわかる．すなわち電子間反発力 U は通常正であるが，ヤーン・テラー歪み E_{JT} により実効的に正に見えることも有り得るということだ．

異なる荷電状態 q の生成エネルギー $F(q)$ は

$$F(q) = E(q) + q\mu \tag{12}$$

で定義されるが，これを μ の関数としてプロットすることでイオン化エネルギー $\epsilon(q/q+1)$ が求まる．図 5.5 に異なる荷電状態の不純物準位を図示化

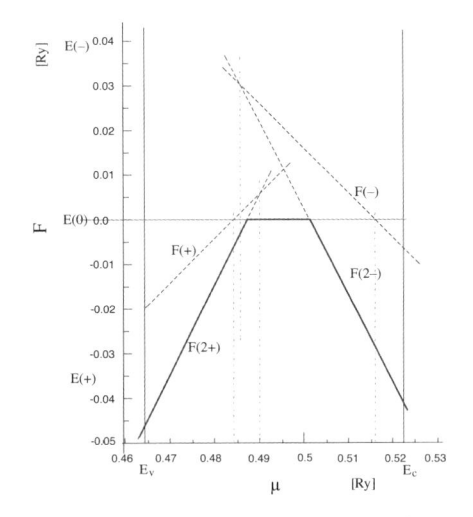

図 5.5　空格子の荷電状態の形成エネルギー $F(q)$

している.

確かに，V^+ 状態は安定状態でなく，V^{2+} 状態から V^0 状態へ跳んでいる様子がわかる．この図から V^- 状態も安定状態でないことになる．

ヤーン・テラー歪み

実験的にヤーン・テラー歪みがあることはかなり確定的なことであるが，しかしどれくらい原子が変位するのかの情報はなかなか得られない．それゆえ計算で求めることは重要である．ここでは，それを図示しないが，その歪

表 5.4　ヤーン・テラー歪みのパラメータ

	units	present	BKS
k	(eV/Å^2)	47.2	14.8
V	(eV/Å)	−3.15	2.25
E_{JT}	(eV)	0.105	0.17
Q_1	(eV)	0.044	0.15
U	(eV)	0.132	0.25
U_{eff}	(eV)	−0.078	−0.09

BKS は文献[10]を指す．

みは 0.1 Å くらいのオーダーで，かつ低対称性のものへ変形することがわかった．

最後に表 5.4 にはこうして求められたモデルのパラメータを比較してある．

5.3 分子動力学シミュレーション

(1) グローバル最小値の探索

MD シミュレーションはもちろん系の時間応答をリアルにシミュレーションすることが第一の目的であるが，実際の応用としてはむしろ，不純物などの最安定配置を求めるのに「シミュレーティドアニーリング法」として広く用いられている．この目的では個々の原子の時間変化自体には興味なく，いかに最安定配置を探し求められるかということに興味がある．5.2 節での構造の安定化はあくまでエネルギーの局所的極小値を求めるのにすぎない．極小配置は，その過程の初期値に依存する．行き着いた先が真の最小値であるかは一般にわからない．それに対して MD シミュレーションを辿れば，（それが統計力学的に十分にサンプリングされているとして）真の最小値を言い当てることができる．

実際，半導体中の格子欠陥の第一原理計算研究の実に多くのものがこの手法で行われてきた．ダイヤモンド中の不純物の研究[11]はこの方法で行われた例である．

アモルファス構造の研究

前述のシミュレーティドアニーリング法と逆の過程「シミュレーティド急冷法」はアモルファス構造を作るとき有効である．アモルファスシリコンの構造はモデルで様々なものが作られているが，この過程により，溶液から第一原理的に作ることができる．図 5.6 にはこの方法によって得られたアモルファスシリコンの構造モデルが示されている[12]．動径分布関数で見ると実験とのよい一致がみられる．

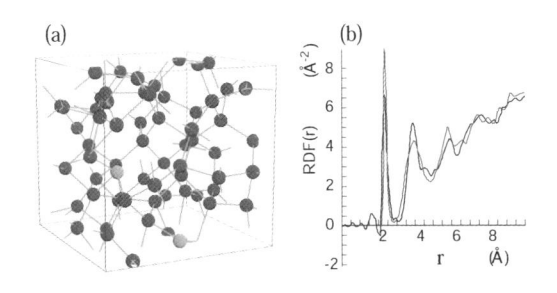

応用 5　第一原理分子動力学法「Osaka2002」

図 5.6　アモルファスシリコンの構造
(a)実空間の構造．(b)動径分布関数．赤は実験値[13]．

(2) フォノンの問題

実時間上のフォノン

　もちろん MD シミュレーションは本来の原子の運動の時間応答を取る目的でも多く用いられている．代表的な例が，フォノン計算である．MD シミュレーションでは各原子ごとの振幅の時間発展 $u_j(t)$ がつぶさにわかるので，変位の相関関数

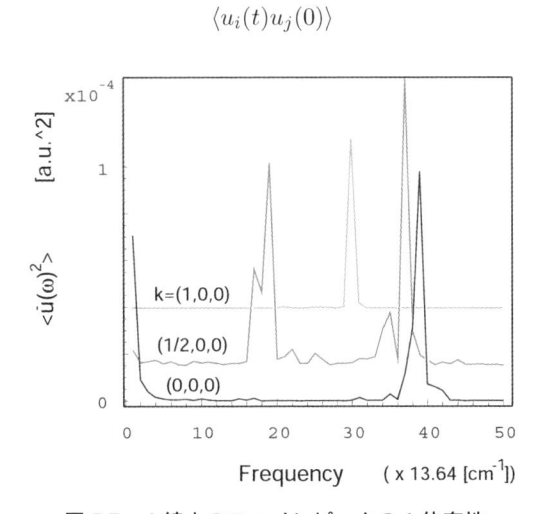

$$\langle u_i(t) u_j(0) \rangle \tag{13}$$

図 5.7　Δ線上のフォノンピークの k 依存性
縦波成分を取り出している．k は $2\pi/a_0$ 単位で示されている．

が計算できる．これにより様々な応答関数，散乱特性が計算できる．

計算の具体例として，Si_{64} のスーパーセルを取り上げる．有限温度(T = 522K でシミュレーション時間が 2.4ps)で結晶を揺らしてその位置相関関数をとる．

そしてそれのフォノン波数 k による相関をとると，図 5.7 のように k ごとのスペクトルを取り出すことができる．この計算過程は実験での散乱ピークを拾い取る状況と非常に似ている．

この図では $\mathbf{k} = (1, 0, 0)$ 方向での x 軸偏光(すなわち L モード)のフォノンスペクトルが示される．ゾーン中心から境界にかけて，音響モードは上がり，光学モードは下がり，X 点で交わる様子が再現されている．この計算では，凍結フォノン計算と違い実際の原子の運動から求めているので振幅も同時に解析している．前者では振幅は単なる規格化定数であるが，後者では温度で(ボーズ因子を通じ)一意的に決められるものである．

(3) 拡散の問題

固体中の原子拡散の問題は，MD シミュレーションとしては最も適切な題材であろう．80 年代終りに Car-Parrinello グループが Si 中の H 拡散のシミュレーションを行い非常に大きな感銘を与えた[14]．筆者らは最近，シリコン中の Cu 不純物の拡散にこの手法を適応している．Cu は H に比べて非常に重いにもかかわらずシリコン結晶中では非常に高速に拡散する．そのことを MD シミュレーションで再現することに成功している[15]．

この MD シミュレーションは拡散現象の研究には非常に強力な道具である．Si_{64} 中の H を題材として拡散 MD シミュレーションの実例を示す．計算条件は，時間ステップ Δt = 1.21fs，全シミュレーション時間を 4000 ステップ，温度を 1150K とする．

拡散定数 D は定義により

$$< u(t) >^2 = 6Dt \tag{14}$$

と，原子変位の自乗が時間と比例することから求められる．

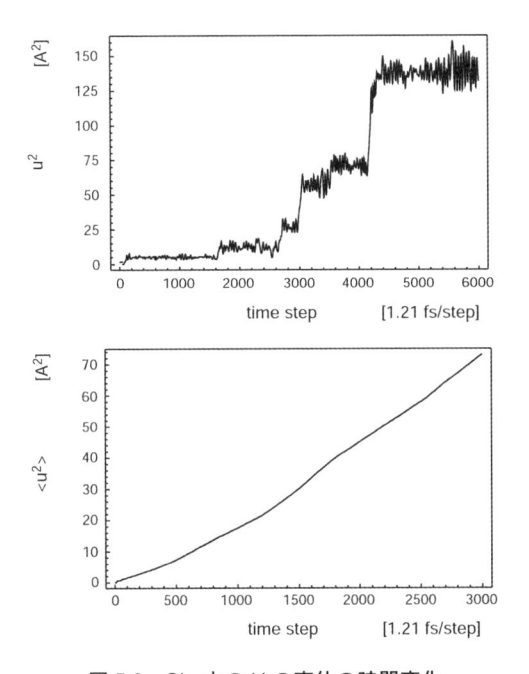

応用 5　第一原理分子動力学法「Osaka2002」

図 5.8　Si$_{64}$ 中の H の変位の時間変化

上は H の変位 $u^2(t)$ をそのままプロット，下の図はそれを時間平均した $<u^2(t)>$ で示している．

　図 5.8 に H の変位の変化を示す．生のデータはかなり揺らぎの大きいもので，$u(t)^2$ と t はとても式(17)のような線形の関係にはない．ps の時間スケールでは原子の動きは非常に激しいのでこれは当然である．拡散を記述する式(17)の関係は，<···>が示す通り，アンサンブル平均を示す．マクロな現象，拡散は，ミクロな時間原点には依存するべきではないので，$<u(t)>^2$ は

$$<u(t)>^2 = \frac{1}{T}\int_0^T \left|u(t+t') - u(t')\right|^2 dt' \qquad (15)$$

として求められる．同図下にはこのようにして求められた $<u(t)>^2$ がプロットされている．これから見ると時間との線形性はよいことがわかる．この関係から D を評価することができ，その値は

$$D = 3.2 \times 10^{-4} \quad [\text{cm}^2/\text{s}] \tag{16}$$

となる．

速度自己相関関数

拡散定数 D は速度自己相関関数 $\mathcal{K}_{xx}(t) = \langle v_x(t'+t)v_x(t')\rangle$ と

$$D_{xx} = \int_0^\infty \mathcal{K}_{xx}(t)dt \tag{17}$$

で関係づけられている．$\mathcal{K}(t)$ のフーリエ変換 $\mathcal{J}(\omega)$（スペクトル密度と呼ばれる）を利用すると，拡散定数の表式は

$$D = T_{\text{sim}} \cdot \mathcal{J}(0) \tag{18}$$

となる．ここに T_{sim} は全シミュレーション時間である．

今の例で数値評価をしてみよう．相関関数 $\mathcal{K}(t)$ とそのスペクトル密度 $\mathcal{J}(\omega)$ は図 5.9 のようになっている．大まかには時間相関関数の特徴は出ている．相関関数 $\mathcal{K}(t)$ において，ほぼある時間 τ の間で，その相関を保っていて，それから減衰を始める．ただしその減衰は完全にほどほど遠く，この程度のシミュレーション時間では速度相関はある程度残っている．ともかくこれで見える相関時間，あるいは緩和時間 τ は 0.05ps くらいと判断できる．これは典型的なフォノンの周期である．

図5.9 より，$\mathcal{J}(0) = 1.85 \times 10^{-6}$ [au] となる．等方的と仮定して，その xx 成分を式(18)に入れ，単位換算を行うと

$$D = 5.64 \ [\text{Å}^2/\text{ps}] \tag{19}$$

を得る．これは式(16)で評価された値とだいたい合う．

マクロには早い拡散でも，ミクロなスケールでは非常に遅く，原子が隣のサイトに飛び移ることを現実的なシミュレーション時間内で再現することはなかなか難しい．式(17)による評価では，ともかくも原子が隣のサイトくらいに移動しなければ，評価しようがない．このためには長時間シミュレーションが必要になる．

ここでは，統計力学の原理から，輸送係数は熱平衡時の揺らぎによって式

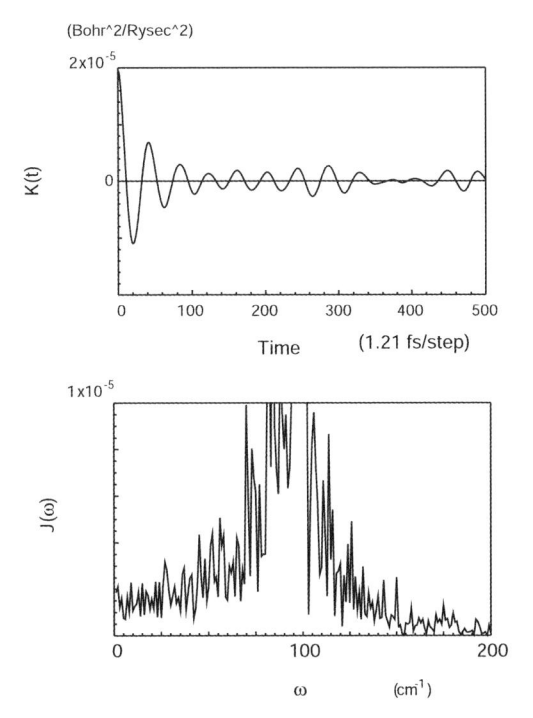

応用5 第一原理分子動力学法「Osaka2002」

図5.9 シリコン中のHの速度自己相関関数のスペクトル密度
全方向の和. $\Delta\omega = 6.8 \text{cm}^{-1}$.

(17)より計算できる(散逸揺動定理)ことを示した．式(17)は速度の揺らぎだけを見ておれば拡散定数が評価できるということを表しているので，第一原理 MD 法にとって福音に思える．だが残念ながら話はそれほどうまくできていない．式(17)はノイズに埋もれた信号をとり出す魔法のつえではない．原子が平衡位置の周りを振動している場合，式(17)による評価は(積分範囲を無限大までとる限り) 0 を与えるはずだ．ところが実際は積分範囲有限にしかとれず，そしてその範囲を変えれば値は多少なりとも変わる．これが式(17)による評価の分解能を決めるが，このバックグラウンドノイズを上回る速度相関が見えるには，結局のところ原子が隣のサイトくらいに移動しなければならない．すなわち，数値精度としては式(17)での評価と結局は同じである．

5.4　むすび

「Osaka2k」は大阪大学・産業科学研究所，量子物性研究分野およびナノテクセンター・計算機ナノマテリアルデザイン分野の研究成果の社会還元活動の一環として公開されているものである．ソースコードの入手は，以下のホームページからユーザー登録をして行う．

　　http://www.cmp.sanken.osaka-u.ac.jp/~koun/osaka.html

そこには日本語・英語両方のユーザーマニュアルが用意されているし，またその他使用に当たってのいろいろ有用な情報が掲示されている．

[5章　参考文献]

[1] CRC Handbook of Chemistry and Physics, 67th ed., (CRC Press, Boca Raton, 1986), (a) **10**-211; (b) **D**55.
[2] D. M. Bylander, and L. Kleinman, and S. Lee, Phys. Rev. B **42**, 1394 (1990).
[3] C. Kittel, *Introduction to Solid State Physics*, 5th ed., (Wiley, New York, 1976).
[4] 柳瀬章『空間群のプログラム』裳華房（1995）
[5] A. Masago, K. Shirai, and H. Katayama-Yoshida, submitted to Phys. Rev. B.
[6] J. L. Hoard, D. B. Sullenger, G. H. L. Kennard and R. E. Hughes, J. Solid State Chem. **1**, 268 (1970).
[7] V. Vast, S. Baroni, G. Zerah, J. M. Besson, A. Polian, M. Grimsditch, and J. C. Chevin, Phys. Rev. Lett. **78**, 693 (1997).
[8] K. Shirai and H. Katayama-Yoshida, J. Phys. Soc. Jpn. **67**, 3801 (1998).
[9] G. D. Watkins and J. R. Troxell, Phys. Rev. Lett. **44**, 593 (1980).
[10] G. A. Baraff, E. O. Kane, and M. Schlüter, Phys. Rev. Lett. **43**, 956 (1979).
[11] T. Nishimatsu, H. Katayama-Yoshida, and N. Orita, Jpn. J. Appl. Phys. **41** 1952 (2002).
[12] Y. Yamazaki, K. Shirai, and H. Katayama-Yoshida, Solid State Commun. **126**, 597 (2003).
[13] S. Kugler, G. Molnar, G. Peto, E. Zsoldos, L. Rosta, A. Menelle, and R. Bellissent, Phys. Rev. B **40**, 8030 (1989).
[14] F. Buda, G. L. Chiarotti, R. Car, and M. Parrinello, Phys. Rev. Lett. **63** 294 (1989).
[15] K. Shirai, T. Michikita, and H. Katayama-Yoshida, Proc. 27th Int. Conf. Phys. Semicond., Flagstaff, USA, 2004, P5-106; Jpn. J. Appl. Phys. 印刷中．

6 TSPACE

　TSPACE は空間群を扱う FORTRAN プログラムで使用するサブルーチンセットである．230 個ある全ての空間群の生成，それらと結晶構造との対応，それらの既約表現の生成から，応用として波動関数や格子振動モードの対称化を行う等の機能が用意されている．サブルーチンセットであるから，応用には FORTRAN プログラムの中で CALL して使用することになる．

　「空間群のプログラム TSPACE」にはこのプログラムの使用法が，空間群関連の基礎的な理論とともに述べられている．この中に基本的な応用のプログラムは収録されている．これらのプログラムでは TSPACE が用意した様々なサブルーチンが CALL されて，それらの使用法が実例で示されている．これら本の中に含まれているプログラムは，関連した空間群の理論の理解を助けるとともに，サブルーチンの使用法の説明に主眼があるため，本来の応用プログラムにはなっていない．

　この本に添付されたディスクには 3 個の独立した応用プログラムを含めているが，それらは，空間群の応用として主要なものではあるが，完成されたものとは言えない状態であった．不完全になった大きな理由として，空間群の応用の重要なものとして各種の作図プログラムがあるのに対し，FORTRAN の環境で，共通に使える作図環境が整備されていないことにあった．

　この欠陥を補うために，次のホームページを開設した．

http://www.cmp.sanken.osaka-u.ac.jp/~yanase/

ここでは，FORTRAN のプログラムでポストスクリプト形式の出力を作るサブルーチンセット AYPLOT，立体透視図を作図するセット TPERSP が紹介されている．

これで環境が整ったので，バンド構造作図プログラム AYBAND をこのページに公開している．結晶構造の作図プログラムは TPERSP の説明の中に，tscsdtmn.f として詳しく記述している．

この章では残されていた，結晶構造の自動生成プログラム WYCAPN を紹介する．

6.1 結晶構造の自動生成のプログラム WYCAPN

以下に示すプログラム 6.1.1 の wycapn.f は TSPACE の機能を利用して指定された空間群をもつ結晶の原子位置を生成するものである．

プログラム 6.1.1

```
      CHARACTER*5 SCHNAM
      CHARACTER*10 HMNAME
      REAL*8 XX(3),AXX(3),AM,AXXM(3,50)
      INTEGER IKA(2,10)
      INTEGER JB(2,3,30),XYZ(3,30),NPOS(30)
      INTEGER XYZWM(3,48),JAM(2,3,48)
      CHARACTER*1 MPOS(30),A
      OPEN(3,FILE='generator',IOSTAT=ISO,STATUS='OLD')
      WRITE(6,*) ISO
       IF(ISO.NE.0) STOP
      OPEN(4,FILE='wycoff',IOSTAT=ISO,STATUS='OLD')
      WRITE(6,*) ISO
     IF(ISO.NE.0) STOP
   12 WRITE(6,*) ' SELECT SCHNAM(1),HMNAME(2),SPACE GR. NO(3)'
      READ(5,*) NSE
      IF(NSE.EQ.3) THEN
         WRITE(6,*) ' SPACE GROUP NUMBER?'
         READ(5,*) NN
         CALL TSNTNM(NN,3,NC,SCHNAM,HMNAME)
      ELSE IF(NSE.EQ.1) THEN
```

応用 6 TSPACE

```
      WRITE(6,*) ' SCHNAM?'
      READ(5,*) SCHNAM
      CALL TSCHTN(SCHNAM,3,NC,NN,HMNAME)
   ELSE IF(NSE.EQ.2) THEN
      WRITE(6,*) ' HMNAME?'
      READ(5,500) HMNAME
500   FORMAT(A10)
      CALL TSHMTN(HMNAME,3,NC,NN,SCHNAM)
   ELSE
      GO TO 12
   END IF
   WRITE(6,*) NN,' ',SCHNAM,' ',HMNAME,' NUMBER OF CHOICES= ',NC
   WRITE(6,*) ' CHOICE NO?'
   READ(5,*) NNC
   IF(NNC.GT.NC) GO TO 12
   CALL TSPNGE(NN,NNC,3)
   CALL TSWYRD(NN,NNC,4,NUC,NPOS,MPOS,XYZ,JB)
   WRITE(6,*) ' THIS SPACE GROUP HAS THE FOLLOWING WYCOFF POSITION'
   DO 1 IWP=1,NUC
   WRITE(6,600) NPOS(IWP),MPOS(IWP)
  &            ,(XYZ(K,IWP),(JB(J,K,IWP),J=1,2),K=1,3)
600 FORMAT(I5,A1,3(I4,I2,'/',I1))
  1 CONTINUE
   NKA=0
   NATM=0
  7 WRITE(6,*) ' POSITION NAME?'
   READ(5,*) A
   IF(A.EQ.'.') GO TO 6
   DO 21 I=1,NUC
      IF(MPOS(I).EQ.A) GO TO 22
 21 CONTINUE
   WRITE(6,*) ' POSITION NAME IS INCORRECT'
   STOP
 22 K=I
   NPARM=0
   DO 23 I=1,3
      IF(XYZ(I,K).EQ.0) GO TO 23
      IF(IABS(XYZ(I,K)).EQ.1) NPARM=1
      IF(IABS(XYZ(I,K)).EQ.2) NPARM=2
      IF(IABS(XYZ(I,K)).EQ.3) NPARM=3
 23 CONTINUE
   DO 24 I=1,3
      XX(I)=0.0
 24   CONTINUE
   IF(NPARM.NE.0) THEN
      WRITE(6,*) ' WE HAVE',NPARM,' PARAMETER(S)'
      WRITE(6,*) ' THEN GIVE THEM'
```

```
          READ(5,*) (XX(I),I=1,NPARM)
        END IF
        NKA=NKA+1
         CALL TSWYCF(A,NUC,NPOS,MPOS,XYZ,JB
       & ,NSITE,XYZWM,JAM)
        IKA(1,NKA)=NATM+1
          DO 4 ISIT=1,NSITE
            DO 5 I=1,3
              AM=JAM(2,I,ISIT)
              AXX(I)=JAM(1,I,ISIT)/AM
              IXYZ=IABS(XYZWM(I,ISIT))
              IF(IXYZ.EQ.4) AM=XX(1)-XX(2)
              IF(IXYZ.EQ.5) AM=2.0D0*XX(1)
              IF(IXYZ.GE.1.AND.IXYZ.LE.3) AM=XX(IXYZ)
              IF(XYZWM(I,ISIT).GT.0) AXX(I)=AXX(I)+AM
              IF(XYZWM(I,ISIT).LT.0) AXX(I)=AXX(I)-AM
              IF(AXX(I).LT.0.0) AXX(I)=AXX(I)+1.0D0
              IF(AXX(I).GT.1.0) AXX(I)=AXX(I)-1.0D0
      5     CONTINUE
            WRITE(6,602) ISIT,AXX
            NATM=NATM+1
            DO 8 K=1,3
              AXXM(K,NATM)=AXX(K)
      8     CONTINUE
    602     FORMAT(I3,3F18.14)
      4   CONTINUE
        IKA(2,NKA)=NATM
        GO TO 7
      6 CONTINUE
        WRITE(21,*) NATM,NKA
        WRITE(21,*) ((IKA(I,J),I=1,2),J=1,NKA)
        DO 9 I=1,NATM
        WRITE(21,601) (AXXM(K,I),K=1,3)
    601 FORMAT(3F18.14)
      9 CONTINUE
C       CLOSE(3)
C       CLOSE(4)
        CLOSE(21)
        STOP
        END
```

OPEN 文で最初に開いているファイル(generator)は 230 個の空間群をその番号か名前から生成するためのデータをもっている．次に開いている(wycoff)には空間群それぞれで，その対称性を満たすすべての可能性を集めたいわゆるワイコフ位置が記録されている．このプログラムはこの 2 つの

データベースを用いて原子位置を会話的に決定する．

次のステップは空間群の決定である．最初に空間群の選択法を聞いてくる．空間群には国際的に通用する番号がついているので，それで指定することができる．また SCHNAM はシェンフリス記号の略，HMNAME はハマン・モルガンの略である．両方とも空間群の命名法で，後者は国際記号とも呼ばれている．選択に従って，次のサブルーチンを CALL している．

```
CALL TSNTMN(NN,3,NC,SCHNAM,HMNAME)
CALL TSCHTN(SCHNAM,3,NC,NN,HMNAME)
CALL TSHMTN(HMNAME,3,NC,NN,SCHNAM)
```

これらはそれぞれ番号や名前から，他の名前や番号を fort.3 に指定した (generator) を読みとって返してくる．

これらのサブルーチンの引数になっている NC は (generator) が用意している原点の選び方，いわゆる CHOICE の数である．格子は結晶の周期性を表しているが，格子点を結晶のどこにとっても原理的には問題はない．結晶のどこに格子点を取るかの任意性のうち実際に使って便利なものとして用意しているのがこの CHOICE である．空間群が共型であれば CHOICE は事実上ユニークに決まる．非共型の場合に目的に合う選び方の必要が生まれる．

次の

```
CALL TSPNGE(NN,NNC,3)
```

で空間群が生成されて COMMON 領域に格納される．

次の

```
CALL TSWYRD(NN,NNC,4,NUC,MPOS,XYZ,JB)
```

で空間群の番号 NN のワイコフ位置の一覧表がファイル fort.4 の (wycoff) から返される．このサブルーチンと，最後のコール文

```
CALL TSWYCF(A,NUC,NPOS,MPOS,XYZ,JB,
&    ,NSITE,XYZWM,JAM)
```

の引数の詳しい説明はここでは省略する．次節で示す，このプログラムの入出力例とプログラムの WRITE 文と較べる方が理解が容易である．

6.2 結晶構造の自動生成のプログラムの使用例

　基礎編第6章で結晶構造の例として使用したGaAsに入った不純物を扱うスーパーセルの結晶構造を作る例を紹介する．以下の入出例では入力部分は頭のスペースをなくし，出力部分は少しスペースをとっている．ソースのREAD, WRITE文と較べて見ていただきたい．

　最初に格子定数はそのままにしてGaAsの面心の周期をなくすることで単位胞の体積を4倍にし，4個になったGaの1つを不純物に置き直すことから始める．入出例6.2.1で./wycapnでプログラムを始動すると空間群の入力方法を聞いてくる．この例では2と入力している．HMNAME?と聞いてくるので，P-43mと答えると，

```
 215  Td1   P-43m     NUMBER OF CHOICES=   1
 CHOICE NO?
```

と用意しているCHOICEの数を示してどのCHOICEを選ぶか聞いてくる．不純物をスーパーセルで扱うときは，単位胞の不純物の数は1個にするのがふつうだから，空間群は共型になる．この場合には，CHOICEは1個しか用意されていないので，この例のように1と答えることになる．

入出力例 6.2.1

```
./wycapn
  SELECT SCHNAM(1),HMNAME(2),SPACE GR. NO(3)
2
  HMNAME?
P-43m
   215  Td1   P-43m     NUMBER OF CHOICES=   1
  CHOICE NO?
1


  ----- WELCOME TO TSPACE V4.1 1995/09/06 -----
 215   Td1   P-43m    CHOICE 1
  SIMPLE LATTICE
  GROUP ELEMENTS
  1  1   E      X  Y  Z   0/1  0/1  0/1
  2  2   C2X    X -Y -Z   0/1  0/1  0/1
```

```
 3   3  C2Y   -X  Y -Z  0/1  0/1  0/1
 4   4  C2Z   -X -Y  Z  0/1  0/1  0/1
 5   5  C31+   Z  X  Y  0/1  0/1  0/1
 6   6  C32+  -Z  X -Y  0/1  0/1  0/1
 7   7  C33+  -Z -X  Y  0/1  0/1  0/1
 8   8  C34+   Z -X -Y  0/1  0/1  0/1
 9   9  C31-   Y  Z  X  0/1  0/1  0/1
10  10  C32-   Y -Z -X  0/1  0/1  0/1
11  11  C33-  -Y  Z -X  0/1  0/1  0/1
12  12  C34-  -Y -Z  X  0/1  0/1  0/1
13  37  IC2A  -Y -X  Z  0/1  0/1  0/1
14  38  IC2B   Y  X  Z  0/1  0/1  0/1
15  39  IC2C  -Z  Y -X  0/1  0/1  0/1
16  40  IC2D   X -Z -Y  0/1  0/1  0/1
17  41  IC2E   Z  Y  X  0/1  0/1  0/1
18  42  IC2F   X  Z  Y  0/1  0/1  0/1
19  43  IC4X+ -X  Z -Y  0/1  0/1  0/1
20  44  IC4Y+ -Z -Y  X  0/1  0/1  0/1
21  45  IC4Z+  Y -X -Z  0/1  0/1  0/1
22  46  IC4X- -X -Z  Y  0/1  0/1  0/1
23  47  IC4Y-  Z -Y -X  0/1  0/1  0/1
24  48  IC4Z- -Y  X -Z  0/1  0/1  0/1
 THIS SPACE GROUP HAS THE FOLLOWING WYCOFF POSITION
   1a   0 0/1   0 0/1   0 0/1
   1b   0 1/2   0 1/2   0 1/2
   3c   0 0/1   0 1/2   0 1/2
   3d   0 1/2   0 0/1   0 0/1
   4e   1 0/1   1 0/1   1 0/1
   6f   1 0/1   0 0/1   0 0/1
   6g   1 0/1   0 1/2   0 1/2
  12h   1 0/1   0 1/2   0 0/1
  12i   1 0/1   1 0/1   3 0/1
  24j   1 0/1   2 0/1   3 0/1
 POSITION NAME?
b
   1  0.50000000000000  0.50000000000000  0.50000000000000
 POSITION NAME?
d
   1  0.50000000000000  0.00000000000000  0.00000000000000
   2  0.00000000000000  0.50000000000000  0.00000000000000
   3  0.00000000000000  0.00000000000000  0.50000000000000
 POSITION NAME?
e
  WE HAVE  1 PARAMETER(S)
  THEN GIVE THEM
0.25
   1  0.25000000000000  0.25000000000000  0.25000000000000
```

```
 2   0.25000000000000     0.75000000000000     0.75000000000000
 3   0.75000000000000     0.25000000000000     0.75000000000000
 4   0.75000000000000     0.75000000000000     0.25000000000000
POSITION NAME?
.
```

以上で空間群が完全に確定したので，プログラムは決定した空間群を書き出してくる．TSPNGE の出力である．1 行目が

空間群の番号　シェンフリス記号　国際記号　CHOICE 番号

で，次の行が格子の型である．続いて空間群の要素が順次示される．TSPACE ではこの出力に示された，コード番号で回転を表現して，群の演算を実行する．

```
THIS SPACE GROUP HAS THE FOLLOWING WYCOFF POSITION
```

から下は，TSWYRD が与えるワイコフ位置の情報で，今の例では 1a から 24j の 10 種類である．不純物は中心に置くのが自然だから b と入力する．次に Ga の位置は，ここと面心になっている位置だから，辺の中心になる 3d 位置を選ぶ．これで不純物でない Ga 3 個の位置が決まった．4 個の As は 4e 位置を選ぶ．1a から 3d までは 0 となっていた位置に 4e では 1 となっている．これはこの位置の決定にはパラメーターを 1 個決める必要があることを意味している．ここでは 0.25 と入力して元の As 位置になるようにしている．もちろんこの値を小さくすれば，不純物のまわりの As は元の位置より離れることになる．出力を見ると中心の不純物を正四面体的に囲んだ位置が示されている．これで全部の位置が決定されたので，POSITION NAME? の答えに．を入力するとプログラムが終了する．いま決定した原子位置はプログラムの最後で，fort.21 に出力されているので，結晶構造の作図やバンド計算の入力にコピーして使用できる．

この例では 4 個の Ga の 1 個を不純物に置き直しているので，不純物濃度 25% となって少し高すぎる．スーパーセルはなんとなく単純格子というイメージがあって，立方対称を保ったまま濃度を低くするのには，格子定数を 2 倍にして 8 倍の 64 個の原子のスーパーセルが必要と考えがちである．結

晶の周期には面心，体心があるので格子定数を2倍にした面心格子を考えたのが次の入出力例 6.2.2 である．

入出力例 6.2.2

```
./wycapn
  SELECT SCHNAM(1),HMNAME(2),SPACE GR. NO(3)
2
  HMNAME?
F-43m
   216  Td2   F-43m       NUMBER OF CHOICES=   1
  CHOICE NO?
1


  ----- WELCOME TO TSPACE V4.1 1995/09/06 -----
 216   Td2    F-43m       CHOICE 1
  FACE CENTERED LATTICE
  GROUP ELEMENTS
  1   1   E     X  Y  Z  0/1  0/1  0/1
  2   2   C2X   X -Y -Z  0/1  0/1  0/1
  3   3   C2Y  -X  Y -Z  0/1  0/1  0/1
  4   4   C2Z  -X -Y  Z  0/1  0/1  0/1
  5   5   C31+  Z  X  Y  0/1  0/1  0/1
  6   6   C32+ -Z  X -Y  0/1  0/1  0/1
  7   7   C33+ -Z -X  Y  0/1  0/1  0/1
  8   8   C34+  Z -X -Y  0/1  0/1  0/1
  9   9   C31-  Y  Z  X  0/1  0/1  0/1
 10  10   C32-  Y -Z -X  0/1  0/1  0/1
 11  11   C33- -Y  Z -X  0/1  0/1  0/1
 12  12   C34- -Y -Z  X  0/1  0/1  0/1
 13  37   IC2A -Y -X  Z  0/1  0/1  0/1
 14  38   IC2B  Y  X  Z  0/1  0/1  0/1
 15  39   IC2C -Z  Y -X  0/1  0/1  0/1
 16  40   IC2D  X -Z -Y  0/1  0/1  0/1
 17  41   IC2E  Z  Y  X  0/1  0/1  0/1
 18  42   IC2F  X  Z  Y  0/1  0/1  0/1
 19  43   IC4X+ -X  Z -Y  0/1  0/1  0/1
 20  44   IC4Y+ -Z -Y  X  0/1  0/1  0/1
 21  45   IC4Z+  Y -X -Z  0/1  0/1  0/1
 22  46   IC4X- -X -Z  Y  0/1  0/1  0/1
 23  47   IC4Y-  Z -Y -X  0/1  0/1  0/1
 24  48   IC4Z- -Y  X -Z  0/1  0/1  0/1
  THIS SPACE GROUP HAS THE FOLLOWING WYCOFF POSITION
    4a   0 0/1   0 0/1   0 0/1
```

```
    4b   0 1/2    0 1/2    0 1/2
    4c   0 1/4    0 1/4    0 1/4
    4d   0 3/4    0 3/4    0 3/4
   16e   1 0/1    1 0/1    1 0/1
   24f   1 0/1    0 0/1    0 0/1
   24g   1 0/1    0 1/4    0 1/4
   48h   1 0/1    1 0/1    3 0/1
   96i   1 0/1    2 0/1    3 0/1
 POSITION NAME?
b
   1  0.50000000000000  0.50000000000000  0.50000000000000
 POSITION NAME?
a
   1  0.00000000000000  0.00000000000000  0.00000000000000
 POSITION NAME?
g
 WE HAVE  1  PARAMETER(S)
 THEN GIVE THEM
0.5
   1  0.50000000000000  0.25000000000000  0.25000000000000
   2  0.50000000000000  0.25000000000000  0.75000000000000
   3  0.25000000000000  0.50000000000000  0.25000000000000
   4  0.75000000000000  0.50000000000000  0.25000000000000
   5  0.25000000000000  0.25000000000000  0.50000000000000
   6  0.25000000000000  0.75000000000000  0.50000000000000
 POSITION NAME?
e
 WE HAVE  1  PARAMETER(S)
 THEN GIVE THEM
0.125
   1  0.12500000000000  0.12500000000000  0.12500000000000
   2  0.12500000000000  0.87500000000000  0.87500000000000
   3  0.87500000000000  0.12500000000000  0.87500000000000
   4  0.87500000000000  0.87500000000000  0.12500000000000
 POSITION NAME?
e
 WE HAVE  1  PARAMETER(S)
 THEN GIVE THEM
0.64
   1  0.64000000000000  0.64000000000000  0.64000000000000
   2  0.64000000000000  0.36000000000000  0.36000000000000
   3  0.36000000000000  0.64000000000000  0.36000000000000
   4  0.36000000000000  0.36000000000000  0.64000000000000
 POSITION NAME?
.
```

回転の対称性は同じ Td だが面心格子になったことでワイコフ位置が, 4a から 96i の 9 種類になっている. ワイコフ位置を表す記号の最初の数字は単位胞の数を表しているが, 面心格子では実際の数の 4 倍になっている. つまり 4a 位置は単位胞に 1 個 16e 位置は単位胞に 4 個ということになる.

前の例のように不純物を中心にするため 4b 位置を選ぶ. 残る Ga は 7 個となるが, これには 1 個と 6 個という組合せしかないことがワイコフ位置の表から結論される. 元の結晶が格子定数が半分の面心格子であったのだから, 4a, 24g の組合せが選ばれる. 入出例 6.2.2 では, 24g のパラメーターを 0.5 に選んで元の格子の構造を保っているが, もちろんこれは状況に合わせて変更できる. さて 8 個の As は不純物を正四面体的に囲むはずであるから, 4 個と 4 個の組しか考えられない. つまり 16e 位置を 2 種類選ぶことになる. 入出例 6.2.2 では, 不純物から遠い方の As は元の位置になるようにパラメーターを 0.125 に選んでいるが, 近い方の As は, 0.625 が元の位置だが, 少し不純物から離れるように, 0.64 としている.

この結晶構造では格子定数が 2 倍の体心格子も可能で単位胞の数が 32 個で比較的手軽に計算できるモデルになっている. この例で示したスーパーセルはダイヤモンド構造にも利用できる. この場合には 2 つの同等な Si や C 原子があることで非共型な O_h^7 の空間群になっているが, このうちの 1 つを不純物に置き直すのだから対称性は T_d になる.

7 ABCAP

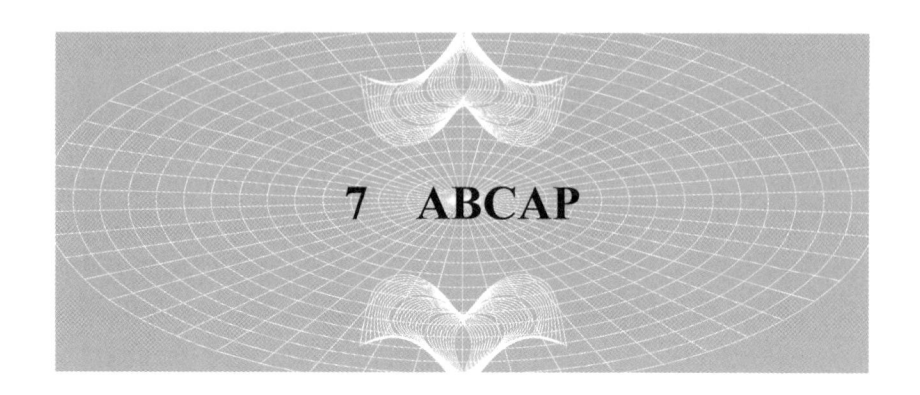

全電子状態計算プログラム「All electron Band structure CAlculaion Package (ABCAP)」abcap0503 の使用法について説明する．プログラムのインストールから始めて，LDA に基づくバンド計算の実行，バンド構造と状態密度の表示までの基本的操作方法について述べ，最後に LDA+U 法バンド計算の入力に触れる．

バンド計算で得られた波動関数やバンド構造を用いると，Boltzmann 方程式に基づいて輸送係数を評価したり，誘電関数を計算し光吸収などを評価することができる．このようなプログラムも今後提供していく予定である．

パッケージの内容はわずかずつ変わっていっているので，最新のプログラムの入手については筆者に相談願いたい．

7.1 準備

(1) インストール

プログラムパッケージ abcap0503.tar.gz を適当なディレクトリで
```
tar xvfz abcap0503.tar.gz
```
とすると，ディレクトリ abcap0503 以下にパッケージが展開される．

(2) ディレクトリ構成

```
abcap0503/
        .env_gen    環境変数設定の例
        Makefile    全プログラムのコンパイル

        bin/        実行ファイルの格納
        lib/        アーカイブ(.a)及びモジュール(.mod)
        include/    インクルードファイル(.h)
        src/        ソースファイル
        data/       データファイル
        samples/    計算例
        document/   ドキュメントファイル
```

(3) 環境変数の設定例

カレントディレクトリを path に入れ，環境変数 ABCAP にプログラムパッケージのあるディレクトリをセットする．

```
tcsh
set path=(. $path)
setenv ABCAP /home/band/abcap0503
```

また，コンパイラの名前などを次の例にならってそれぞれの環境変数に入れる．

intel-ifc コンパイラの場合

```
setenv FC_TYPE gen
setenv FC ifc
setenv FO "-static -save -Vaxlib"

setenv CC_TYPE gen
setenv CC g++
setenv CO "-static"
```

ここで，後半は C++言語のための設定例であるが，今のところ必要ない．

(4) コンパイル

トップディレクトリで make とすると，すべてのソースファイルをコンパイルし，モジュールファイル *.mod とライブラリファイル *.a をディレクトリ lib の下に格納し，さらに，実行ファイル *.exe をディレクトリ bin の下に格納する．拡張子 exe は Windows 的であるが，すべての実行ファイルにこの拡張子を付けている．

Makefile の内容

トップディレクトリに次の内容の Makefile がある．

```
all:
    cd src/tspace;make
    cd src/fft;make
    cd src/abc;make
    cd src/pig;make
    cd src/abc_s;make
    cd src/abc_p;make
    cd src/ayplot_s;make
    cd src/main;make

clean:
    cd src/tspace;make clean
    cd src/fft;make clean
    cd src/abc;make clean
    cd src/pig;make clean
    cd src/abc_s;make clean
    cd src/abc_p;make clean
    cd src/ayplot_s;make clean
    cd src/main;make clean
    -rm bin/*
    -rm lib/*
```

それぞれのサブディレクトリに Makefile があり，それを順次実行する内容となっている．なお，コンパイルやリンクはその場所の `Makefile_gen` ファイルの内容に従って行われる．これは環境変数 FC_TYPE に gen を指定したためである．コンピュータが替っても，環境変数 FC と FO の内容を変えるだけで多くの場合うまく行くと思われるが，別の `Makefile_???` を自分で作りそれを使用する場合は FC_TYPE に ??? を指定する．ただし，末端

のディレクトリにあるすべての Makefile_??? を用意する必要があり，かなりの労力を要する．

7.2 バンド計算の手順

(1) 計算用ディレクトリの設定

1つの計算に付き1つのディレクトリを作る．例えば，次のようなコマンドを入力する．

```
mkdir LaMnO3c_f
cd    LaMnO3c_f
$ABCAP/samples/Setnew.sh
```

このようにして，例題のディレクトリ $ABCAP/samples/LaMnO3c_f_5/ および data ディレクトリから，計算に必要なファイル（.data, .sh）を計算用ディレクトリにコピーする．入力ファイル（.data）を修正して目的の物質を計算することになるが，修正せずに実行すると例題「強磁性立方晶 $LaMnO_3$」が走る．

(2) 実行順序

計算用ディレクトリの下で

```
H
```

とコマンドを打つと，以下の計算手順が画面に出る．

```
------------------------------------------------------------
(0) (ab_prp.data, atom.data)    ab_prp.sh
(1) (ab_input.data)             ab_in.sh
------------------------------------------------------------
(2) cd flapw,  Set.sh, cd ../
(3) (ab_input.data)                     fl05.sh
                                        bn_ef.sh
------------------------------------------------------------
(4a) (bn_atps.data) bn_atps.sh (p3_atps.data) p3_atps.sh
------------------------------------------------gs_plot.ps
```

```
(4b) (bnpl.data)            bnpl.sh
-------------------------gs plot.ps (plot1.ps, plot2.ps)
(4c) (bn_pdos.data) bn_pdos.sh (p2_dos.data) p2_dos.sh
-------------------------gs plot.ps (plot1.ps, plot2.ps)
(4d) bz00.sh (p3_bz.data) p3_bz.sh
     (bn_one.data) bn_one.sh (p3_fs.data) p3_fs.sh
-----------------------------------------------gs plot.ps
(4e) flchnl.sh    : Electron densities at nuclei
-----------------------------------------------------------
(4f) (flchdn.data)  flchdn.sh  flchdn_ts.sh
                                    gnuplot flchdn?.gpl
-----------------------------------------------------------
```

番号の順に実行する．ファイル名.data の内容を編集し，ファイル名.sh を実行する．a, b, c, … で区別されたものの順番は任意である．なお，コマンドスクリプトファイルには拡張子.sh が付いている．

ディレクトリ src/abc_p にあるプログラムはパラメータ文を含んでおり，計算する系に応じてコンパイルし直す必要がある．これが上記(2)であるが，小さな系を計算する場合はすでにディレクトリ bin にある実行ファイルを使うことができる．この場合は，(2)は行わず，次の(3')を行う．すなわち，

```
-----------------------------------------------------------
(2')
(3') (ab_input.data)           fl04.sh
-----------------------------------------------------------
```

である．

以下，「強磁性立方晶 LaMnO$_3$」例に沿って，それぞれのジョブを説明する．

(3) ab_prp.sh

入力ファイル ab_prp.data (データは現実の結晶とはやや異なる)

```
-----------------------------------------------------------
abcap-ab_prp.data
0                              !jpr
LaMnO3 cubic ferromag.
lattice parameter  -2----*----3----*----4----*----5----*----
 4.1 4.1 4.1  90.0 90.0 90.0   !a,b,c[A], alpha,beta,gamma
space group        -2----*----3----*----4----*----5----*----
 3  1  3  0            !jdim, il(r,h,s,f,b,oz,ox,oy),ngen,inv
```

```
    5   0 1   0 1   0 1                     !igen,jgen(2,3)
   19   0 1   0 1   0 1                     !igen,jgen(2,3)
   25   0 1   0 1   0 1                     !igen,jgen(2,3)
kinds of atoms        -2----*----3----*----4----*----5----*----
3                                           !# of kinds
1    0.5   0.5   0.5    La                  !jpos,position,aname
1    0.0   0.0   0.0    Mn                  !jpos,position,aname
1    0.5   0.0   0.0    O                   !jpos,position,aname
magnetic state        -2----*----3----*----4----*----5----*----
2                                           !jmag(0,1,2)
totally symmetric basis set -3----*----4----*----5----*----
24.0  6                                     !cut-off egmax0[Hr],lmax0
k-points (# of division)    ---3----*----4----*----5----*----
6 6 6                                       !nx,ny,nz
iteration             -2----*----3----*----4----*----5----*----
4  6 0.10 0.10                              !method, n-method, pmix, amix
```

- 1行目はファイルのヘッダー(abcap-に続いてファイル名)
- 4行目以降の，lattice, space, kinds, magnetic, totally, k-points などのキーワードはデータの属性を表し，最初の4文字がプログラムにより読まれ，判断される．これらのキーワードに続く一固まりのデータ(データブロック)はこのような形式に書かれていなければならない．データブロックは互いに順番を換えてもよい．

変　数	説　明
jpr	プリントレベル(0 でよい)
thema	物質名などの任意の文字列
(lattice)	
a, b, c	慣用の a 軸，b 軸，c 軸の長さ
alpha, beta, gamma	慣用の a 軸，b 軸，c 軸の間の角度(°)
(space group)	
jdim	系の次元(= 3)
il	格子型　(−1:R, 0:hex, 1:P, 2:F, 3:I, 4:C)
ngen	生成元(generator)の数(≤ 3)
inv	1のとき反転中心に原点を移動する(0 でよい)．
igen, jgen	回転操作のコード番号，付随する並進操作
	jgen の例: (0 1 1 2 0 1) = (0, 1/2, 0)

変　数	説　明
(kinds of atoms)	
nkat	原子の種類の数(対称操作で重なる原子の組の数)
jpos	用いる座標系,
	1：慣用座標系(A)，2：B 座標系，3：C 座標系
position	原子の位置座標
aname	(atom.data 中にある)原子の名前
(magnatic state)	
jmag	0：非磁性，1：反強磁性，2：磁性

変　数	説　明
(totally symm.)	(電荷分布およびポテンシャルのための)
egmax0	平面波の cut-off energy[Hr]
lmax0	球面波の角運動量の最高値(≤ 6)
(k-points)	
nx, ny, nz	慣用逆格子ベクトルの分割数(計算 k 点)
(iteration)	
method	繰り返し計算の方法
n-method, pmix	この回数毎にクリアし単純混合する，混合の割合
amix	単純混合の割合[old×(1-amix)+ new × amix]

反強磁性を計算する場合，magnetic state セクションに up-spin と down-spin を入れ替える対称操作を 1 行加える．Cr の場合は以下のようになる．

Cr(抜粋)

```
lattice parameter -2----*----3----*----4----*----5----*----
 2.88 2.88 2.88  90.0 90.0 90.0  !a,b,c[A], alpha,beta,gamma
space group      -2----*----3----*----4----*----5----*----
 3   1   3   0           !jdim, il(r,h,s,f,b,oz,ox,oy),ngen,inv
    5   0 1  0 1  0 1                      !igen,jgen(2,3)
   19   0 1  0 1  0 1                      !igen,jgen(2,3)
   25   0 1  0 1  0 1                      !igen,jgen(2,3)
kinds of atoms   -2----*----3----*----4----*----5----*----
 2                                         !# of kinds
 1   0.0  0.0  0.0    Cr        !jpos,position,aname
 1   0.5  0.5  0.5    Cr        !jpos,position,aname
```

```
magnetic state    -2----*----3----*----4----*----5----*----
 1                                              !jmag(0,1,2)
   1   1 2  1 2  1 2                            !igen,jgen(2,3)
-----------------------------------------------------------
```

この場合,Cr についての atom データは 1 つあればよい.プログラムが up-spin と down-spin を入れ替えて 2 つの Cr をセットしてくれる.

```
data/atom0.data ファイルの Cr の部分
--------------------------------
Cr
24.0    8    51.996    2.1
100 200 210 300 310 325 404 414
1.0 1.0 3.0 1.0 3.0 4.0 1.0 0.0
1.0 1.0 3.0 1.0 3.0 0.0 1.0 0.0
--------------------------------
```

2 行目最後の数字が MT 球の半径[Bohr]である.3 行目の 3 桁の数字を nlp と書くと,n が主量子数,l が軌道角運動量,p が動径波動関数設定条件パラメータである.最後の 2 行が up-spin と down-spin の占有数で,多くの原子がスピン磁気モーメントを持つように設定されているが,非磁性の物質を扱う場合でもこのデータを使ってよい.

ab_prp.sh を実行すると,以下で使う ab_input.data ファイルが作られる.標準的なことをするのであれば,データファイル ab_input.data は編集しなくてよい.

(4) ab_in.sh

ab_in.sh では,次の 5 個のプログラムが走る.

ab_in   :全対称基底関数を作り,
          a_spw.dta と c_ssw.dta に書く.
ab_inch :原子の電子状態を計算し,
          その重ね合わせとして初期電子密度を作る.
ab_kpgn :計算すべき k 点を生成し,
          ファイル a_kp0.dta,と a_kp2.dta に書く.

ab_size：計算に必要なサイズを計算し，
ファイル f_size0.dta, f_size1.dta, para.inc,
para1.inc. に書く．

ab_ospw：MT 球間の全対称基底関数の重なり積分を計算し，
f_ospw.dtb に書く．
ここで，.dta はアスキーファイル，
.dtb はバイナリーファイル．

やや大きな単位胞の物質の場合，ab_in や ab_inch で配列の大きさが足りなくなる．そのときは，Status あるいは Current という名のファイルを見るとどのプログラムでエラーが起きたかわかるので，それに応じて，ディレクトリ ab_in や ab_inch の下に行き，Set.sh を実行し，その指示に従ってコンパイル・リンクする．そこで作成された実行ファイルを使用するためにab_in.sh ファイルを編集する．

(5) fl05.sh

計算ディレクトリ下のディレクトリ flapw において，Set.sh を実行すると，この系に対応したパラメータ(para.inc, para1.inc)で，コンパイル・リンクが行われる．その後，ディレクトリを1つ上がり計算ディレクトリに戻る．
fl05.sh (または，fl04.sh) により繰り返し計算が行われる．

fl05.sh　繰り返しの回数はこのファイルの中の変数 ITER_MAIN に指定する．例えば，set ITER_MAIN = 16 で 16 回の繰り返し計算をする．この中では次のプログラムが走る．

fl_pot ：密度汎関数理論に基づきポテンシャルを計算する．
fl_bnd ：内殻電子および価電子の固有状態を計算する．
fl_chg ：電子密度を計算する．
fl_ptuj：+U 計算をするとき，軌道に依存するポテンシャルを計算する．
fl_pot ：全エネルギーを計算する．

fl_mx5 ：入力と出力の電子密度の差を計算し，
次の入力電子密度を決める．

fl05.sh を実行した後，check.sh を実行すると，繰り返し計算の最後の数回の結果が画面に表示される．画面に現れたものの中で，whole cell とあるのが，繰り返し 1 回毎の入出力の電子密度分布の差[electrons/a.u.^{3}]であり，10^{-5} 程度になるとかなり収束しており，10^{-7} 程度になると全エネルギーの 10^{-6} [Hr] の桁が動かなくなる．必要な物理量の収束が達成されるまで，fl05.sh を繰り返す．

(6) bn_ef.sh

bn_ef.sh を実行すると，次の内容の f_ef.dta ファイルが得られる．

```
f_ef.dta ファイル
--------------------------------------
abcap-ef[Hr]:    Fermi-level
0.2618408091477186E+00         1   40
18      20      40
15      15      40
--------------------------------------
```

2 行目はフェルミ準位である．3 行目は，up-spin の 18 番目までのバンドが full に詰まり，20 番目までのバンドが部分的に詰まっている，すなわち金属的になっていることを示している．4 行目は，down-spin の 15 番目までのバンドが full に詰まり，それより上のバンドは完全に空いていることを示している．

7.3 描画ツール

(1) 結晶構造

bn_atps.sh と p3_atps.sh を実行することにより，結晶構造の図がファイル plot.ps にポストスクリプト言語で書かれる．ghostscript (gs) やポストスクリ

プトプリンタにより描画することができる．

入力ファイル bn_atps.data
```
------------------------------------------------------------
   1                         j-coordinate(1,2,3:座標系A,B,C)
0.0 0.0 0.0 1.0 1.0 1.0      u1(3),u2(3)
------------------------------------------------------------
```

1行目は2行目のデータの座標系を示す．2行目に示された2点と座標軸で作られる平行六面体の中の原子を描く．

bn_atps.sh を実行すると次の入力ファイルが作られる．

入力ファイル p3_atps.data
```
------------------------------------------------------------
   0      0              jpr,kpaper(0:port,1:land)
50.0  55.0  -68.0        reye[cm],theta[deg],phi[deg]
 0.6                     fscale[cm/unit]
 2.6    0.20             bond length[A], thickness[A]
   1.429     0    La
   1.058     1    Mn
   0.741     2    O
------------------------------------------------------------
```

変数	説明
jpr	プリントレベル(0でよい)
kpaper	A4の紙の向き
reye, theta, phi	目の位置の極座標
fscale	オングストロームに対する長さ[cm/Å]
bond length	ボンドスティックで結ぶ原子間距離の最大値[Å]
thickness	ボンドスティックの太さ[Å]
元素名を含む各行	描く原子球の半径[Å]，球面上の模様(0,1,2,3,4)

原子球の半径としてはMT球の半径が入っているが，ボンドの太さや長さとともに，適当に変えてよい．結晶構造の出力結果を図7.1に示す．

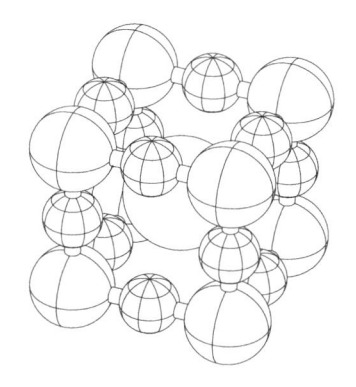

図 7.1 　LaMnO$_3$ の結晶構造

(2)　バンド構造

bnpl.sh を実行することにより，バンド構造(E-k カーブ)が得られる．

入力ファイル bnpl.data
```
------------------------------------------------------------
abcap-bnpl.data
6  1                  nlcomponent(6), nspin(0,3)
3  0                  jpr, jmark
30.0  10.0            xscale(mm/unit), yscale(mm/unit)
-8.0 6.0  2.0         emin, emax, ed [eV]
5                     # of axes
1 1 0 2   1 1 1 2     M     R
1 1 1 2   0 0 0 1     R gamma
0 0 0 1   1 0 0 2     gamma X
1 0 0 2   1 1 0 2     X     M
1 1 0 2   0 0 0 1     M gamma
LaMnO$d3 Ferro
------------------------------------------------------------
```

変　数	説　明
一行目	header
nlcomponent	6 とする．ファイル f_eig_s.dta の記述形式を表す．
nspin	作画するバンドのスピン (0 or 3)
jpr	プリント制御
jmark	既約表現の番号を図の中に示すときは 1．
xscale	x 軸の scale (波数 1a.u.に対する長さ [mm])
yscale	y 軸の scale (エネルギー 1eV に対する長さ [mm])
emin, emax, ed	作画するエネルギーの範囲と目盛り [eV]
naxis	k 空間において作画する線分の数
k 点	線分の両端の k 点 (k_x, k_y, k_z)/d [A 座標系]
最後の行	題名

図の出力：　nspin = 0 のとき，非磁性および反強磁性の場合には plot.ps に出力され，強磁性の場合には plot1.ps と plot2.ps に出力される．結果を図 7.2 に示す．

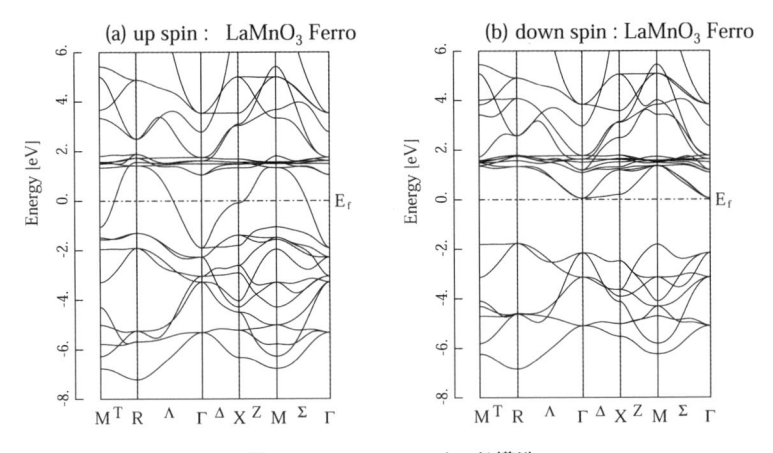

(a) up spin : LaMnO$_3$ Ferro　　(b) down spin : LaMnO$_3$ Ferro

図 7.2　LaMnO$_3$ のバンド構造

強磁性の場合 nspin = 3 とすると up-spin と down-spin が 1 つの図の上に描かれ，plot.ps に出力される．

作画の経路の部分は，simple cubic ならば

```
--------------------------
-1                       # of axes
sc
--------------------------
```

とすれば，標準的な経路に沿った図が得られる．sc は結晶構造によって fcc, bcc, h(hexagonal), r(rhombohedral) などと取り替える．このデータは data/a_bnpl.data に書かれており，初めに計算用ディレクトリにコピーされる．適当に編集してもよい．

(3) 状態密度

bn_pdos.sh に続いて p2_dos.sh を実行する．

入力ファイル bn_pdos.data
```
------------------------------------------------------------
0               jpr
1000            # mesh (≦ 1000)
-8.0  6.0       energy range (eV relative to Ef)
1    500        neig1,neig2
------------------------------------------------------------
```

bn_pdos.sh を実行すると，ファイル f_ds1.dta (up-spin) と f_ds2.dta (down-spin) に原子の種類毎に s, p, d, f の状態密度が書かれ，最後に全状態密度が書かれる．この例では (3 種類 × 4 + 1) 個のデータが書かれているので，p2_dos.data でそのデータ番号を指定して図を描く．

入力ファイル p2_dos.data
```
------------------------------------------------------------
0    0              jpr, kpaper
0                   nspin(0)
1                   iscale(0,1)
2    2              ifermi(1,2), iconv(0:Hr, 2:Hr-eV)
-8.0  6.0   2.0     emin,emax,de [eV]
 7.0  2.0           dmax, dd
 8.0  5.0           xe, yd   (mm/u, mm/u)
LaMnO$d3
4      1            ncurve,jtype
total
  1   13            nm(i),(im(j,i),j=1,nm(i)) 加える個数，データ番号
La 4f+5d
```

```
     2     4    3         nm(i),(im(j,i),j=1,nm(i))
Mn 3d
     1     7              nm(i),(im(j,i),j=1,nm(i))
O  2p
     1    10              nm(i),(im(j,i),j=1,nm(i))
------------------------------------------------------------
```

図 7.3 に状態密度の結果を示す.

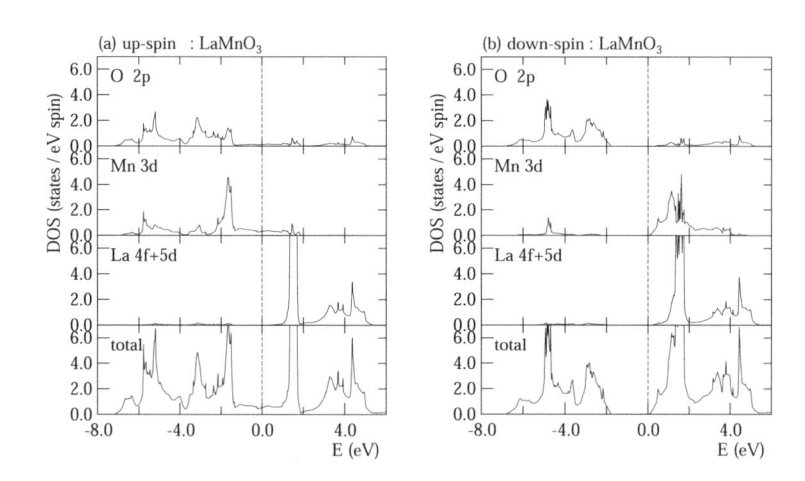

図 7.3　$LaMnO_3$ の状態密度

(4) ブリルアン域

bn_bz.sh と p3_bz.sh を順次実行するとブリルアン域の図が得られる.

入力ファイル p3_bz.data
```
------------------------------------------------------------
 0    0                   jpr, kpaper(0:portrait, 1:landscape)
 0.0  0.0   0.0           (xa0(i),i=1,3)
10.0                      scale(cm/k-space-unit)
100.0  55.0  -68.0        reye[cm],theta, phi
------------------------------------------------------------
```

(5) フェルミ面

bn_bz.sh, bn_one.sh, p3_fs.sh を順次実行すると 1 つのバンドのフェルミ面が得られる．

入力ファイル bn_one.data
```
------------------------------------------------------------
  19   1   iband, ispin    バンドの番号
------------------------------------------------------------
```

入力ファイル p3_fs.data
```
------------------------------------------------------------
  0    0                  jpr, kpaper(0:portrait ,1:landscape)
 -1    0    0    0        jelec(1(es) or -1(hs)),jsurf(0 or 1),
                          jcut(0,1), ihokan(0)
 0.0  0.0  0.0            (xa0(i),i=1,3)
 10.0                     scale(cm/k-space-unit)
100.0  55.0  -68.0        reye[cm],theta, phi
 24 24 24   2 2 2         mx,my,mz, mmx,mmy,mmz
------------------------------------------------------------
```

(6) 核位置でのスピン・電子密度

描画ツールではないが，flchnl.sh は flchnl.log または flchnl.txt に核の位置での電子密度を出力する．

(7) 電子密度分布図

コマンド cd flchdn, Set.sh, cd ../ によりプログラムをコンパイル・リンクした後，flchdn.sh と flchdn_ts.sh を順次実行し，さらに，

```
gnuplot flchdnt.gpl
gnuplot flchdns.gpl
```

とすると，電子密度分布とスピン密度分布の図が描画される．

入力ファイル flchdn.data
```
-------------------------------------------
  2                   dimension of map (2,3) --- 2 のみ OK
3-dimensional -------------------------------
```

```
   5 5 5                    nx,ny,nz
2-dimensional ------------------------------
  0.0 0.0 0.0               pos(i)   (i=1,3)
  1.0 0.0 0.0     100       vec(i,1) (i=1,3)
  0.0 1.0 0.0     100       vec(i,2) (i=1,3)
files --------------------------------------
f_chg1.dta                  file_upspin
f_chg2.dta                  file_downspin
--------------------------------------------
```

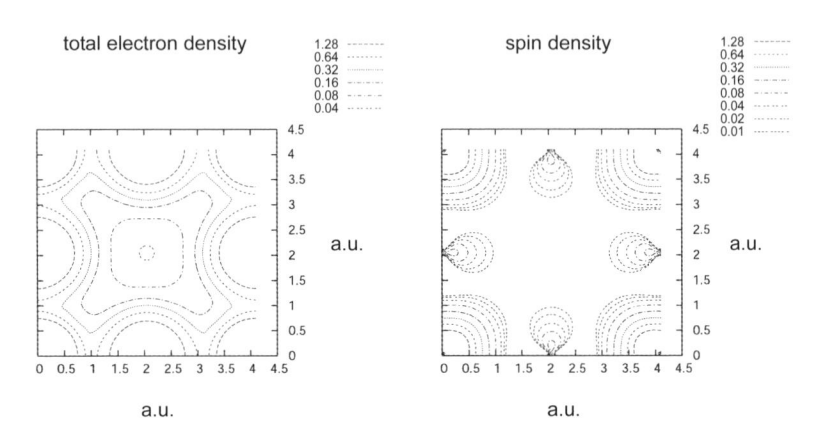

図 7.4　電子およびスピン密度分布

7.4　LDA+U 法

LDA+U 法の入力について述べる．ab_prp.sh を実行すると，バンド計算全般で用いられる入力ファイル ab_input.data が得られる．このファイルの中で exchange-correlation potential セクションを例えば次のようにする．

```
----------------------------------------------
exchange-correlation potential -
vwn
    2    1.000000         lda+u, amix_u
    1   3   12.0   1.0    kind, l, U[eV], J[eV]
    2   2    3.0   1.0    kind, l, U[eV], J[eV]
----------------------------------------------
```

ここで，vwn は標準的に用いている Vosko, Wilk, Nusair[1] の LDA の方法であ

る．次の 2 は，その下の 2 行を入力として読み込むことを意味する．1 = La の 3 = f 軌道に U = 12eV, J = 1.0eV を，2 = Mn の 2 = d 軌道に U = 3eV, J=1.0eV をそれぞれセットし，LDA+U 法を実行する内容となっている．

LDA+U 法は収束がやや遅く，計算も不安定になりやすいので，LDA の繰り返し計算を数回行ったのち，上記の設定をして，ファイル bry.51 を消去した後，繰り返し計算を続けるとよい．また，U を入れた部分は Hartree-Fock 近似の計算になり，複数の解が得られる可能性もあるので注意する必要がある．経験的計算であるので，物理的な考察をしっかり行う必要がある[2]．

[7 章 参考文献]

[1] S. H. Vosko, L. Wilk and M. Nusair, Can. J. Phys. 58, 1200（1980）; G. S. Painter, Phys. Rev. B24, 4264（1981）.
[2] 浜田典昭「固体物理 39」(2004) p.743.

8 HiLAPW

　基礎編の冒頭にも強調したように，第一原理計算の目的はただ単にバンド構造を求めることに留まらず，興味ある物質系の興味ある物理量を求め，実験から得られた測定値と直接的に比較しその発現機構を探り，また時には，実験に先駆けて物理量を予測するところにある．この応用編では，その手始めとして，バンド構造に基づいてフェルミ面上での群速度であるフェルミ速度と二次微分係数から得られるホール係数の計算の実際を HiLAPW の応用編として紹介しよう．

　まず 8.1 節では，ボルツマン理論における輸送現象の基礎知識に簡単に触れ，伝導度テンソルとフェルミ速度やホール係数との関係を示す．8.2 節では，バンド分散の微分を効率よく，精度よく実現するためのバンドフィッティングの手法について説明する．8.3 節では，応用例として基礎編でも取り上げた fcc Cu でのフェルミ速度とホール係数計算の結果を示す．

　ボルツマン理論に関するより詳しい説明としては，Ziman[1]や Ashcroft[2]の教科書を参考にするとよい．

8.1 ボルツマン理論

(1) ボルツマン方程式

一電子状態のエネルギーが $\varepsilon_\mathbf{k}$ で与えられるとき，温度 T での熱平衡状態は

$$f_\mathbf{k}^0 = \frac{1}{1+\exp\left[(\varepsilon_\mathbf{k}-\mu)/k_B T\right]} \tag{1}$$

のフェルミ・ディラック分布関数で与えられる．ここで，μ は化学ポテンシャルである．

いま，外場や温度勾配が原因となって局所的に分布が式(1)からずれる場合(非平衡状態)を考察する．この目的のために，波数 $\mathbf{k}$ をもった電子の時刻 t，位置 $\mathbf{r}$ での局所的な分布関数(濃度)を $f_\mathbf{k}(\mathbf{r},t)$ で表すことにし，以下に示すような3通りの原因により $f_\mathbf{k}(\mathbf{r},t)$ の時間変化が決定されるとする．

① 速度場による効果(拡散項)

波数 $\mathbf{k}$ をもった電子の速度が $\mathbf{v}_\mathbf{k}$ のとき

$$f_\mathbf{k}(\mathbf{r},t) = f_\mathbf{k}(\mathbf{r}-t\mathbf{v}_\mathbf{k},0) \tag{2}$$

が成り立つから，拡散による濃度の時間変化は

$$\left.\frac{\partial f_\mathbf{k}}{\partial t}\right|_{diff} = -\mathbf{v}_\mathbf{k}\cdot\nabla_\mathbf{r} f_\mathbf{k} \tag{3}$$

となる．

② 外部磁場・電場による効果(外場項)

外部電場 $\mathbf{E}$，外部磁場 $\mathbf{B}$ がかけられたとき，電荷 $-e$ をもち速度 $\mathbf{v}_\mathbf{k}$ で運動している電子の運動方程式は，半古典論により

$$\hbar\dot{\mathbf{k}} = -e\mathbf{E} - e\mathbf{v}_\mathbf{k}\times\mathbf{B} \tag{4}$$

であるから，$\dot{\mathbf{k}}$ を波数空間での速度と考えて

$$f_\mathbf{k}(\mathbf{r},t) = f_{\mathbf{k}-t\dot{\mathbf{k}}}(\mathbf{r},0) \tag{5}$$

より，外場による濃度の時間変化は

$$\left.\frac{\partial f_{\mathbf{k}}}{\partial t}\right|_{field} = \frac{e}{\hbar}(\mathbf{E} + \mathbf{v_k} \times \mathbf{B}) \cdot \nabla_{\mathbf{k}} f_{\mathbf{k}} \tag{6}$$

となる.

③ 不純物や格子振動等による散乱の効果(散乱項)

$\mathbf{k}$ から $\mathbf{k}'$ への散乱確率を $Q(\mathbf{k}, \mathbf{k}')$ とする弾性散乱が支配的である場合は

$$\left.\frac{\partial f_{\mathbf{k}}}{\partial t}\right|_{scatt} = \int [f_{\mathbf{k}'}(1-f_{\mathbf{k}}) - f_{\mathbf{k}}(1-f_{\mathbf{k}'})] Q(\mathbf{k}, \mathbf{k}') d^3\mathbf{k} \tag{7}$$

と書ける．しかしながら，散乱による効果を具体的に書き下し，さらに計算を実行することはたいへん難しい．そこで，以下の議論では最も単純な緩和時間近似を用いることにする．

空間のいかなる場所においても，濃度が時間的に変化しない定常状態にあるとすると

$$\left.\frac{\partial f_{\mathbf{k}}}{\partial t}\right|_{diff} + \left.\frac{\partial f_{\mathbf{k}}}{\partial t}\right|_{field} + \left.\frac{\partial f_{\mathbf{k}}}{\partial t}\right|_{scatt} = 0 \tag{8}$$

が成り立つ．すなわち，各項を代入して

$$-\mathbf{v_k} \cdot \nabla_{\mathbf{r}} f_{\mathbf{k}} + \frac{e}{\hbar}(\mathbf{E} + \mathbf{v_k} \times \mathbf{B}) \cdot \nabla_{\mathbf{k}} f_{\mathbf{k}} + \left.\frac{\partial f_{\mathbf{k}}}{\partial t}\right|_{scatt} = 0 \tag{9}$$

のボルツマン方程式を得る.

ここで，定常状態における分布が平衡状態から大きくははずれないと仮定して

$$g_{\mathbf{k}} = f_{\mathbf{k}} - f_{\mathbf{k}}^0 \tag{10}$$

とする．このとき，有限の $g_{\mathbf{k}}$ と $\mathbf{v_k}$ は電流を与え，その電流密度 $\mathbf{J}$ は

$$\mathbf{J} = \frac{2}{(2\pi)^3} \int d^3\mathbf{k}(-e)\mathbf{v_k} g_{\mathbf{k}} \tag{11}$$

となる．なお，波数空間での単位体積あたりの状態数は $\Omega/(2\pi)^3$ である．

以下では，ボルツマン方程式をもとにして電場や磁場が存在する場合の電流の式，すなわち電気伝導度の式を導く．温度勾配(温度の空間的な分布)が

ある場合には上の拡散項のために電流が生ずる(熱電効果).

(2) 電場 E による電流

電場 E のみが存在するときの分布関数の変化を $g_{\mathbf{k}}^{(0)}$ として,ボルツマン方程式(9)において拡散項および磁場による項を無視し,式(10)を用いると

$$-e\left(-\frac{\partial f^0}{\partial \varepsilon}\right)\mathbf{v_k}\cdot\mathbf{E} = -\left.\frac{\partial f_{\mathbf{k}}}{\partial t}\right|_{scatt}$$
$$= \frac{g_{\mathbf{k}}^{(0)}}{\tau} \qquad (12)$$

を得る.ここで,一様電場であるため $\nabla_{\mathbf{r}} g_{\mathbf{k}}^{(0)} = 0$ であり,項 $\mathbf{E}\cdot\nabla_{\mathbf{r}} g_{\mathbf{k}}^{(0)}$ は E^2 に比例するので無視した.また,次式の関係を用いた.

$$\nabla_{\mathbf{k}} f_{\mathbf{k}}^0 = \nabla_{\mathbf{k}} f^0(\varepsilon_{\mathbf{k}}) = \nabla_{\mathbf{k}} \varepsilon_{\mathbf{k}} \frac{\partial f^0(\varepsilon)}{\partial \varepsilon} = \hbar \mathbf{v_k} \frac{\partial f^0(\varepsilon)}{\partial \varepsilon} \qquad (13)$$

式(12)の2番目の等号は緩和時間近似を意味し,電場が切られた後は緩和時間 τ で $g_{\mathbf{k}} \propto e^{-t/\tau}$ に従って減衰する解を与える.結局,電場 E による電流密度 $\mathbf{J}^{(0)}$ は,式(11)に濃度の変化量 $g_{\mathbf{k}}^{(0)}$ を代入して

$$\mathbf{J}^{(0)} = e^2\tau \frac{2}{(2\pi)^3}\int d^3\mathbf{k}\left(-\frac{\partial f^0(\varepsilon)}{\partial \varepsilon}\right)\mathbf{v_k}\mathbf{v_k}\cdot\mathbf{E} \qquad (14)$$

と書き表せ,オームの法則 $\mathbf{J} = \sigma\mathbf{E}$ に当てはめると,伝導度テンソル $\sigma_{\alpha\beta}$ は

$$\sigma_{\alpha\beta} = e^2\tau \frac{2}{(2\pi)^3}\int d^3\mathbf{k}\left(-\frac{\partial f^0(\varepsilon)}{\partial \varepsilon}\right)v_{\mathbf{k}\alpha}v_{\mathbf{k}\beta} \qquad (15)$$

となることがわかる.ここで,$v_{\mathbf{k}\alpha} = \{\mathbf{v_k}\}_\alpha$($\alpha, \beta$ は x, y, z のいずれかの成分)と記した.

系が時間反転対称性を有する場合,一電子状態のエネルギーは波数空間で偶関数 $\varepsilon_{\mathbf{k}} = \varepsilon_{-\mathbf{k}}$ であるから $v_{\mathbf{k}\alpha}$ は一般的に奇関数である.したがって,$\alpha \neq \beta$ に対して対称性より $\sigma_{\alpha\beta} = 0$ である.以下の議論では,その対角成分 $\sigma_{\alpha\alpha}$ のみを考慮することにする.

式(15)における積分は,絶対零度では群速度の自乗のフェルミ面上での積分を表しているので

$$\left(-\frac{\partial f^0(\varepsilon)}{\partial \varepsilon}\right) = \delta(\varepsilon_{\mathbf{k}} - \varepsilon_F) \tag{16}$$

を用いて

$$v_{F\alpha}^2 D(\varepsilon_F) = \frac{2\Omega}{(2\pi)^3} \int d^3\mathbf{k}\delta(\varepsilon_{\mathbf{k}} - \varepsilon_F) v_{\mathbf{k}\alpha}^2 \tag{17}$$

$$D(\varepsilon_F) = \frac{2\Omega}{(2\pi)^3} \int d^3\mathbf{k}\delta(\varepsilon_{\mathbf{k}} - \varepsilon_F) \tag{18}$$

によりフェルミ速度 $v_{F\alpha}$ を定義する.

(3)　電場 E と磁場 B による電流

電場 E と磁場 B が共存する場合，緩和時間近似の範囲でのボルツマン方程式は

$$\begin{aligned}
-e\left(-\frac{\partial f^0}{\partial \varepsilon}\right)\mathbf{v_k}\cdot\mathbf{E} &= \frac{g_{\mathbf{k}}}{\tau} - \frac{e}{\hbar}(\mathbf{v_k}\times\mathbf{B})\nabla_{\mathbf{k}}g_{\mathbf{k}} \\
&= \tau^{-1}\left[1 - \frac{e\tau}{\hbar}(\mathbf{v_k}\times\mathbf{B})\nabla_{\mathbf{k}}\right]g_{\mathbf{k}}
\end{aligned} \tag{19}$$

と書けるので，分布関数の変化量は形式的に

$$g_{\mathbf{k}} = \left[1 - \frac{e\tau}{\hbar}(\mathbf{v_k}\times\mathbf{B})\nabla_{\mathbf{k}}\right]^{-1}(-e)\tau\left(-\frac{\partial f^0}{\partial \varepsilon}\right)\mathbf{v_k}\cdot\mathbf{E} \tag{20}$$

と表せ，磁場 B で展開すると，その 0 次項は上で求められた $g_{\mathbf{k}}^{(0)}$ を与え，1 次項は

$$g_{\mathbf{k}}^{(1)} = \frac{e\tau}{\hbar}(\mathbf{v_k}\times\mathbf{B})\nabla_{\mathbf{k}}(-e)\tau\left(-\frac{\partial f^0}{\partial \varepsilon}\right)\mathbf{v_k}\cdot\mathbf{E} \tag{21}$$

となる. この 1 次項による電流密度は

$$\begin{aligned}
\mathbf{J}^{(1)} &= \frac{e^3\tau^2}{\hbar}\frac{2}{(2\pi)^3}\int d^3\mathbf{k}\left(-\frac{\partial f^0(\varepsilon)}{\partial \varepsilon}\right)\mathbf{v_k}(\mathbf{v_k}\times\mathbf{B})\cdot\nabla_{\mathbf{k}}(\mathbf{v_k}\cdot\mathbf{E}) \\
&= -\frac{e^3\tau^2}{\hbar}\frac{2}{(2\pi)^3}\int d^3\mathbf{k}\left(-\frac{\partial f^0(\varepsilon)}{\partial \varepsilon}\right)\mathbf{v_k}(\mathbf{v_k}\times\nabla_{\mathbf{k}})\cdot\mathbf{B}(\mathbf{v_k}\cdot\mathbf{E})
\end{aligned} \tag{22}$$

と表される.

式 (22) のより具体的な表式をみるため，α,β,γ を x,y,z 成分のいずれか

として,電場をβ方向,磁場をγ方向にかけたときのα方向に観測される電流を考え,電場と磁場の積に比例する形に電流を書くことにより伝導度テンソル$\sigma_{\alpha\beta\gamma}$を定義すると

$$J_\alpha^{(1)} = \sigma_{\alpha\beta\gamma} E_\beta B_\gamma \tag{23}$$

$$\sigma_{\alpha\beta\gamma} = -\frac{e^3 \tau^2}{\hbar} \frac{2}{(2\pi)^3} \int d^3\mathbf{k} \left(-\frac{\partial f^0(\varepsilon)}{\partial \varepsilon}\right) v_{\mathbf{k}\alpha} (\mathbf{v_k} \times \nabla_\mathbf{k})_\gamma v_{\mathbf{k}\beta} \tag{24}$$

を得る.

式(24)において,(α, β, γ)はサイクリックな記号であるとすると

$$(\mathbf{v_k} \times \nabla_\mathbf{k})_\gamma = v_{\mathbf{k}\alpha}(\partial/\partial k_\beta) - v_{\mathbf{k}\beta}(\partial/\partial k_\alpha) \tag{25}$$

であるから,$\sigma_{\alpha\beta\gamma}$の$\alpha$と$\beta$の交換に関して

$$\sigma_{\alpha\beta\gamma} = -\sigma_{\beta\alpha\gamma} \tag{26}$$

であることが容易に示される.これがオンサガーの定理である.また,この定理より$\sigma_{\alpha\alpha\gamma} = 0$である.

(4) ホール係数

本節(2),(3)の結果を用いて,ホール係数の表式を求めてみよう.電場をy方向に,磁場をz方向にかけたときのx方向の電流を観測することにする.このとき,y方向には電流を取り出す端子がついていないので,その方向の電流J_yは0である.しかしながら,磁場によるローレンツ力のために曲げられた電子の軌道に起因して,x方向にも(内部)電場が発生する.この状況をまとめて

$$J_x = \sigma_{xx} E_x + \sigma_{xyz} E_y B_z \tag{27}$$

$$J_y = \sigma_{yxz} E_x B_z + \sigma_{yy} E_y = 0 \tag{28}$$

が成り立つ.式(28)にオンサガーの定理(26)を用いてE_xを求め

$$E_x = \frac{\sigma_{yy}}{\sigma_{xyz} B_z} E_y \tag{29}$$

式(27)に代入すると

$$J_x = \left[\frac{\sigma_{xx}\sigma_{yy}}{\sigma_{xyz}B_z} + \sigma_{xyz}B_z\right]E_y \tag{30}$$

を得る．いま考えている配置でのホール抵抗は $R_{xyz}^H = E_y/J_xB_z$ で定義されるから，磁場の高次項を無視して

$$R_{xyz}^H = \frac{\sigma_{xyz}}{\sigma_{xx}\sigma_{yy}} \tag{31}$$

が求められる．

(5) 自由電子系の場合

エネルギーが放物線的

$$\varepsilon_{\mathbf{k}} = \frac{\hbar^2}{2m}\mathbf{k}^2 \tag{32}$$

に振る舞う自由電子の場合には，上で示した量を簡単に表現することが可能である．以下に，結果だけをまとめて示す．

$$群速度：v_{\mathbf{k}} = \frac{\hbar}{m}k \tag{33}$$

$$状態数：N(\varepsilon) = \frac{2\Omega}{8\pi^3}\frac{4\pi}{3}k^3 = \frac{\Omega}{3\pi^3}\hbar^{-3}(2m)^{3/2}\varepsilon^{3/2} \tag{34}$$

$$状態密度：D(\varepsilon) = \frac{dN}{d\varepsilon} = \frac{\Omega}{3\pi^3}\hbar^{-3}(2m)^{3/2}\frac{3}{2}\varepsilon^{1/2} \tag{35}$$

$$\sigma_{xx} = \frac{e^2\tau}{m\Omega}\frac{2}{3}\varepsilon_F D(\varepsilon_F) \tag{36}$$

$$\sigma_{xyz} = -\frac{e^3\tau^2}{m^2\Omega}\frac{2}{3}\varepsilon_F D(\varepsilon_F) \tag{37}$$

$$R_{xyz}^H = -\frac{3\Omega}{2e}(\varepsilon_F D(\varepsilon_F))^{-1} = -\frac{\Omega}{Ne} \tag{38}$$

8.2 バンドフィッティング

通常のバンド計算では,ある与えられた波数ベクトル **k** に対してハミルトニアンの行列(基底関数が非直交の場合には重なり積分の行列も)が計算され,それを対角化することによりエネルギー固有値 $\varepsilon_n^{\mathbf{k}}$ が求められる(ここで,n は同じ **k** の中で状態を区別するバンド指数である.以下の記述では表記を簡便にするため n を省略する.また,**k** を上ツキで表した場合は,有限の離散的な波数 **k** に対して計算されたことを意味する).しかしながら,フェルミ準位 ε_F に等しいエネルギー固有値が波数空間 **k** で作る立体

$$\varepsilon(\mathbf{k}) = \varepsilon_F \tag{39}$$

すなわち,フェルミ面を描く場合や,エネルギー固有値の波数空間での勾配

$$\mathbf{v}(\mathbf{k}) = \hbar^{-1} \nabla_{\mathbf{k}} \varepsilon(\mathbf{k}) \tag{40}$$

すなわち,群速度を求める場合など,任意の連続的な **k** に対して容易に $\varepsilon(\mathbf{k})$ を与える解析的な表現があればたいへん便利である.本節では,その目的のために $\varepsilon^{\mathbf{k}}$ を適当な解析的関数 $\varepsilon(\mathbf{k})$ で表現する手法について概説する.

(1) フーリエ表現

いま対象とする $\varepsilon(\mathbf{k})$ はブロッホ状態の固有値であるから,波数空間 **k** で周期性がある.

$$\varepsilon(\mathbf{k} + \mathbf{K}) = \varepsilon(\mathbf{k}) \tag{41}$$

ここで,**K** は任意の逆格子ベクトルである.つまり,$\varepsilon(\mathbf{k})$ は実格子ベクトルを **R** として,次式のようにフーリエ表現が可能である.

$$\varepsilon(\mathbf{k}) = \sum_{\mathbf{R}} \varepsilon_{\mathbf{R}} \exp(i\mathbf{k} \cdot \mathbf{R}) \tag{42}$$

$\varepsilon(\mathbf{k})$ は実数であるから,式(42)の複素共役をとって

$$\begin{aligned}
\varepsilon(\mathbf{k}) &= [\varepsilon(\mathbf{k})]^* \\
&= \sum_{\mathbf{R}} [\varepsilon_{\mathbf{R}}]^* \exp(-i\mathbf{k}\cdot\mathbf{R}) \\
&= \sum_{\mathbf{R}} [\varepsilon_{-\mathbf{R}}]^* \exp(i\mathbf{k}\cdot\mathbf{R})
\end{aligned} \tag{43}$$

すなわち,展開係数には一般的に

$$[\varepsilon_{-\mathbf{R}}]^* = \varepsilon_{\mathbf{R}} \tag{44}$$

なる関係がある.そこで,式(42)を

$$\varepsilon(\mathbf{k}) = \sum_{\mathbf{R}} \varepsilon_{\mathbf{R}}^{(C)} \cos(\mathbf{k}\cdot\mathbf{R}) + \sum_{\mathbf{R}} \varepsilon_{\mathbf{R}}^{(S)} \sin(\mathbf{k}\cdot\mathbf{R}) \tag{45}$$

と実数係数 $\varepsilon_{\mathbf{R}}^{(C)}$, $\varepsilon_{\mathbf{R}}^{(S)}$ を用いて表現する.

(2) 時間反転対称性

時間反転操作は

$$K = -i\sigma_y K_0 \tag{46}$$

$$\sigma_y = \begin{pmatrix} 0 & -i \\ i & 0 \end{pmatrix} \tag{47}$$

で定義される.ここで,K_0 は複素共役をとる演算子である.スピン軌道相互作用を含むハミルトニアン $\mathcal{H}$ は磁場[1]のないとき時間反転に対して不変である[3,4].

$$K\mathcal{H}K^{-1} = \mathcal{H} \tag{48}$$

周期系一電子状態の定常状態であるブロッホ関数 $\psi^{\mathbf{k}}$ に対して時間反転を作用させると

$$K\psi^{\mathbf{k}} = \psi^{-\mathbf{k}} \tag{49}$$

となるから,波数空間で反転させた状態は元の状態と同じエネルギー固有値を有する.

---

1) 局所スピン密度近似では,スピン分極が存在する場合に,それによる内部磁場とスピンがゼーマン相互作用的に結合する項がハミルトニアンに含まれる.

$$\varepsilon(\mathbf{k}) = \varepsilon(-\mathbf{k}) \tag{50}$$

したがって，この場合，式(45)の sin 項は反転に対して奇であるため恒等的に 0 になる．

一方，ハミルトニアンにスピン軌道相互作用が含まれない場合はスピン空間と軌道空間の相対的な関係はないので，たとえゼーマン項が存在する場合であっても，時間反転を波動関数とハミルトニアンに作用させることは単にスピン空間を反転させた状況に相当するので，式(50)の関係は保たれる．

結局，スピン軌道相互作用とゼーマン項が同時に存在する場合にのみ式(45)の sin 項を考慮に入れればよいことがわかった．

(3) 回転対称性

ブロッホの定理より波数空間での回転操作には

$$\psi^{\alpha\mathbf{k}}(\mathbf{r}) = \lambda^{\{\alpha|\mathbf{a}\}}\{\alpha|\mathbf{a}\}\psi^{\mathbf{k}}(\mathbf{r}) \tag{51}$$

$$|\lambda^{\{\alpha|\mathbf{a}\}}|^2 = 1 \tag{52}$$

なる関係があるから，ハミルトニアン $\mathcal{H}$ が群の操作 $\{\alpha|\mathbf{a}\}$ に対して不変

$$\{\alpha|\mathbf{a}\}\mathcal{H}\{\alpha|\mathbf{a}\}^{-1} = \mathcal{H} \tag{53}$$

であるとき，一電子方程式

$$\mathcal{H}\psi^{\mathbf{k}} = \varepsilon^{\mathbf{k}}\psi^{\mathbf{k}} \tag{54}$$

の両辺に左から $\{\alpha|\mathbf{a}\}$ を作用させて

$$\{\alpha|\mathbf{a}\}\mathcal{H}\psi^{\mathbf{k}} = \varepsilon^{\mathbf{k}}\{\alpha|\mathbf{a}\}\psi^{\mathbf{k}} \tag{55}$$

$$\mathcal{H}\{\alpha|\mathbf{a}\}\psi^{\mathbf{k}} = \varepsilon^{\mathbf{k}}\{\alpha|\mathbf{a}\}\psi^{\mathbf{k}} \tag{56}$$

となり，式(51)を用いると

$$\mathcal{H}\psi^{\alpha\mathbf{k}}(\mathbf{r}) = \varepsilon^{\mathbf{k}}\psi^{\alpha\mathbf{k}}(\mathbf{r}) \tag{57}$$

を得るから，波数空間で回転させた状態のエネルギー固有値には

$$\varepsilon(\alpha\mathbf{k}) = \varepsilon(\mathbf{k}) \tag{58}$$

が成り立つ．すなわち，ブロッホ状態のエネルギー固有値は波数空間において空間群の回転操作に対して不変(全対称)である．

式(45)において式(58)の関係を用いると

$$\begin{aligned}\varepsilon(\alpha\mathbf{k}) &= \sum_{\mathbf{R}}\varepsilon_{\mathbf{R}}^{(C)}\cos(\alpha\mathbf{k}\cdot\mathbf{R}) + \sum_{\mathbf{R}}\varepsilon_{\mathbf{R}}^{(S)}\sin(\alpha\mathbf{k}\cdot\mathbf{R}) \\ &= \sum_{\mathbf{R}}\varepsilon_{\mathbf{R}}^{(C)}\cos(\mathbf{k}\cdot\alpha^{-1}\mathbf{R}) + \sum_{\mathbf{R}}\varepsilon_{\mathbf{R}}^{(S)}\sin(\mathbf{k}\cdot\alpha^{-1}\mathbf{R}) \\ &= \sum_{\mathbf{R}}\varepsilon_{\alpha\mathbf{R}}^{(C)}\cos(\mathbf{k}\cdot\mathbf{R}) + \sum_{\mathbf{R}}\varepsilon_{\alpha\mathbf{R}}^{(S)}\sin(\mathbf{k}\cdot\mathbf{R}) \end{aligned} \quad (59)$$

となり，展開係数に関して

$$\varepsilon_{\alpha\mathbf{R}}^{(C,S)} = \varepsilon_{\mathbf{R}}^{(C,S)} \quad (60)$$

を得るから，式(45)を次の様に書き換える．

$$\varepsilon(\mathbf{k}) = \sum_{\mathbf{R}}^{irr.}\varepsilon_{\mathbf{R}}^{(C)}C_{\mathbf{R}}(\mathbf{k}) + \sum_{\mathbf{R}}^{irr.}\varepsilon_{\mathbf{R}}^{(S)}S_{\mathbf{R}}(\mathbf{k}) \quad (61)$$

$$C_{\mathbf{R}}(\mathbf{k}) = g^{-1}\sum_{\alpha}\cos(\mathbf{k}\cdot\alpha\mathbf{R}) \quad (62)$$

$$S_{\mathbf{R}}(\mathbf{k}) = g^{-1}\sum_{\alpha}\sin(\mathbf{k}\cdot\alpha\mathbf{R}) \quad (63)$$

ここで，式(61)における和は，既約な(回転操作で結びつかない独立な)実格子ベクトル $\mathbf{R}$ についてのみとられる．また，g は群の操作(元)の数である．式(62)と式(63)は回転操作に対して全対称な星関数であり，回転に空間反転が含まれる場合は式(63)は恒等的に0となることに注意すべきである．

(4) 最小自乗フィッティング

式(61)における係数 $\varepsilon_{\mathbf{R}}^{(C,S)}$ を決定する最も簡単な方法は最小自乗法を用いることである．すなわち，与えた N_k 個の波数ベクトルの組 $\mathbf{k}$ に対して計算されたエネルギー固有値 $\varepsilon^{\mathbf{k}}$ を用いて

$$\sum_{\mathbf{k}}|\varepsilon^{\mathbf{k}} - \varepsilon(\mathbf{k})|^2 \quad (64)$$

を最小化することで係数が求められる．独立な星関数の数 N_{star} (既約な格子

ベクトル **R** の数．ただし，sin 関数も含まれる場合はその 2 倍)は一般的に $N_{star} \leq N_{\mathbf{k}}$ である．

(5) スプラインフィッティング

通常の場合，十分な数 $N_{\mathbf{k}}$ の $\varepsilon^{\mathbf{k}}$ の情報があれば最小自乗法はたいへん満足のいくフィッティング結果を与える．しかしながら，フィッティングの質を上げようとしてフィッティング関数を単純に増やすと，ある特定の係数が異常に大きくなる可能性がある．また，フィッティングはバンド指数毎になされ，有限の誤差を伴うために，高い対称性の **k** 点のところで期待される縮退が正しく再現されないことになる．そこで，特定の係数が異常に大きくなることを避け，かつ計算された **k** 点で固有値が厳密に一致する手法があれば，高い対称性の **k** 点をフィッティングに含めることによりそれらの要求は満たされることになる．以下にその処方箋を与える．

いま，一般的な場合として，N 個のサンプリングデータ

$$(x_n, f_n), \qquad n = 1, N \tag{65}$$

が与えられたときに，M 個のフィッティング関数 $F_m(x)$ を用いて

$$f(x) = \sum_{m=1}^{M} a_m F_m(x) \tag{66}$$

なる表現を求める問題を考察する．つまり，係数 a_m が決定されるべき量である．ここで，制限条件

$$f(x_n) = f_n, \qquad n = 1, N \tag{67}$$

の下で

$$\sum_{m=1}^{M} \rho_m a_m^2 \tag{68}$$

を最小化する手続きを試みる．ρ_m は適当な重みである．展開の式(66)がある M でよい表現を与えているとすると，M を超える m に対しては係数 a_m が無視できるくらい小さくなっていると考えることができ，大きな m ほど a_m が小さくなるように重み ρ_m を大きくとればよいことになる．例えば，

式(61)のフーリエ表現の場合には，$|\mathbf{R}|$の小さい方から和に加えることにして，適当なパラメータ c_1, c_2 を用いて

$$\rho_m = 1 + c_1 \mathbf{R}^2 + c_2 \mathbf{R}^4 \tag{69}$$

と置くことが考えられる．また，制限条件を満たすためには $M > N$ であることが必要である．

さて，上での制限付きの最小化問題を解くために，ラグランジュの未定係数を λ_n として

$$I = \frac{1}{2}\sum_{m=1}^{M}\rho_m a_m^2 - \sum_{n=1}^{N}(f(x_n) - f_n)\lambda_n \tag{70}$$

の極値を求める．

$$\frac{\partial I}{\partial \lambda_n} = 0 \quad \Rightarrow \quad f_n = f(x_n) \tag{71}$$

$$\frac{\partial I}{\partial a_m} = 0 \quad \Rightarrow \quad \rho_m a_m - \sum_{n=1}^{N}\lambda_n F_m(x_n) = 0 \tag{72}$$

式(72)から

$$a_m = \frac{1}{\rho_m}\sum_{n=1}^{N}\lambda_n F_m(x_n) \tag{73}$$

となり，式(71)に代入すると

$$f_n = \sum_{m=1}^{M}\frac{1}{\rho_m}\left[\sum_{n'=1}^{N}\lambda_{n'} F_m(x_{n'})\right]F_m(x_n) \tag{74}$$

を得る．サンプリング点でのフィッティング関数 $F_m(x_n)$ からなる(対称)行列

$$A_{nn'} = \sum_{m=1}^{M}\frac{1}{\rho_m}F_m(x_n)F_m(x_{n'}) \tag{75}$$

を定義すると

$$f_n = \sum_{n'=1}^{N}A_{nn'}\lambda_{n'} \tag{76}$$

と書き下せるので，ラグランジュの未定係数は A の逆行列を計算して

$$\lambda_n = \sum_{n'=1}^{N} \{A^{-1}\}_{nn'} f_{n'} \tag{77}$$

と求まり,展開係数は式(73)から

$$\begin{aligned} a_m &= \frac{1}{\rho_m} \sum_{n=1}^{N} \left[\sum_{n'=1}^{N} \{A^{-1}\}_{nn'} f_{n'} \right] F_m(x_n) \\ &= \sum_{n=1}^{N} U_{mn} f_n \end{aligned} \tag{78}$$

$$U_{mn} = \frac{1}{\rho_m} \sum_{n'=1}^{N} F_m(x_{n'}) \{A^{-1}\}_{n'n} \tag{79}$$

と計算されることになる.ここで,行列 U はサンプリング点 $\{x_n\}$ とそこでのフィッティング関数の値 $F_m(x_n)$ だけに依存し,サンプリング点での関数値 f_n には依存しないことに注意すべきである.つまり,いま考察しているバンド構造のフィッティングの場合においては,バンド計算を実行したサンプリング $\mathbf{k}$ 点でフィッティング関数値を計算し,行列 U を一度だけ求めておけば,すべてのバンドに対するフィッティング係数を式(78)により得ることができるのである.

(6) 群速度

ひとたび式(61)の表現を用いたバンド分散が求められると式(40)の群速度は簡単に計算可能となる.

$$\mathbf{v}(\mathbf{k}) = \hbar^{-1} \left[\sum_{\mathbf{R}}^{irr.} \varepsilon_{\mathbf{R}}^{(C)} C_{\mathbf{R}}^{(1)}(\mathbf{k}) + \sum_{\mathbf{R}}^{irr.} \varepsilon_{\mathbf{R}}^{(S)} S_{\mathbf{R}}^{(1)}(\mathbf{k}) \right] \tag{80}$$

$$C_{\mathbf{R}}^{(1)}(\mathbf{k}) = \nabla_{\mathbf{k}} C_{\mathbf{R}}(\mathbf{k}) = -g^{-1} \sum_{\alpha} \alpha \mathbf{R} \sin(\mathbf{k} \cdot \alpha \mathbf{R}) \tag{81}$$

$$S_{\mathbf{R}}^{(1)}(\mathbf{k}) = \nabla_{\mathbf{k}} S_{\mathbf{R}}(\mathbf{k}) = g^{-1} \sum_{\alpha} \alpha \mathbf{R} \cos(\mathbf{k} \cdot \alpha \mathbf{R}) \tag{82}$$

8.3 フェルミ速度とホール係数の計算

(1) インストール

　HiLAPW の基本パッケージには，8.2 節に述べたバンドフィッティングのツールも含まれており，ディレクトリ/hilapw/sources_fermi にソースファイルが置かれている．makefile の設定は基礎編と同じである．ディレクトリ/hilapw/sources において事前に make が実行されておりオブジェクトファイルが残されている状態で，make を用いてコンパイルしよう．

```
# cd ~/hilapw/sources_fermi
# make all
# make install
```

3 つの実行ファイル xfitb, xferv, xferm が作成され，/hilapw/bin に置かれる．

(2) fcc 構造の Cu のバンドフィット

　基礎編に示した例題に従って fcc Cu の SCF 計算がすでに実行されているものとする．すなわち，JOB-SCF における 2 回目の SCF 計算(ファイル修飾子 A2)の結果を用いることにする．

　まず，バンドフィッティング xfitb を実行するための入力ファイル fitb.in を次の様に作成する(01:等はファイル中での行番号を示すもので，実際のデータには含まれていない)．

```
01:fitb.in: Energy Band Fitting
02:NB1 NB2 -----
03: 5 6
04:MODE 1:Least-Square, 2:SPLINE -----
05: 1
06:Number of Star Functions -----
07: 100
```

01 行目は 80 英数字以内のコメント行である．02,04,06 行目はコメント行

応用8　HiLAPW

であり，データのセパレータとして用いている．03 行目はフィッティングの対象となるバンドインデックスの始めが 5 で終わりが 6 であることを示す．SCF 計算の結果 outA2 の中を見ると各バンドのスピンあたりの占有数を示している場所がある．

```
----- BAND OCCUPATION
BAND    E-MIN      E-MAX     WEIGHT
   1  -0.11418    0.28336    1.00000
   2   0.24606    0.35267    1.00000
   3   0.31216    0.45213    1.00000
   4   0.34935    0.46374    1.00000
   5   0.38473    0.46374    1.00000
   6   0.40909    1.03489    0.50000
   7   0.85113    2.28085    0.00000
   8   1.15522    2.43895    0.00000
   9   1.21849    2.47459    0.00000
  10   1.92685    2.73207    0.00000
--------------------------------
 SUM                         5.50000
```

ここから，6 番目のバンドが半占有でフェルミ面を構成していることがわかるが，ここでは試しに全占有された 5 番目のバンドも含めて 5 と 6 番目のバンドをフィットしてみることにする．05 行目は最小自乗フィッティング法を用いることを示す．07 行目は，そのときの星関数の数が 100 であることを与える．最小自乗法の場合，星関数の数はフィットするデータ点数を越えられない，すなわち，今の場合サンプリングされる k 点数は 145 点であるので 145 までの正整数値が許される．

もし，05 行目で 2 としてスプライン法を選択した場合，逆に星関数の数はサンプリング数より大きくなければいけないことに注意すべきである．

以上の準備の下に，xfitb を実行する．

```
# cd ~/hilapw1/Cu
# cp wavA2 wavin
# xfitb
```

出力ファイル fitb.out の終わりの方にフィッティングの程度が出力される．

```
===== VERFIT
NUMBER OF SAMPLING POINTS  =  145
NUMBER OF FITTING FUNCTIONS=  100
SPIN BAND    K       FITTED-E        GIVEN-E           ERROR
  1    1    1      0.41122E+00     0.41111E+00      0.11568E-03
  1    1    2      0.41006E+00     0.41033E+00     -0.27112E-03
  1    1    3      0.40910E+00     0.40908E+00      0.19304E-04
  .    .    .         .               .                .
  .    .    .         .               .                .
  .    .    .         .               .                .
  1    2  143      0.91571E+00     0.91021E+00      0.55017E-02
  1    2  144      0.91339E+00     0.91142E+00      0.19671E-02
  1    2  145      0.10308E+01     0.10349E+01     -0.40912E-02
FITTING RESULT======================
SPIN BAND       SIGMA          ERRMA
  1    1     0.66828E-03     0.30241E-02
  1    2     0.22227E-02     0.77624E-02
```

各サンプリングk点でのフィティング誤差に加えて，全体としてのバンド毎の誤差の標準偏差(SIGMA)と最大値(ERRMA)が出力されている．

　最小自乗法の場合，星関数を増加させれば当然誤差は減少するが，不必要な高調波成分が乗ってくることがある．この様なとき，スプライン法が便利である．300個の星関数でスプラインフィットした結果は，上と同等な部分で次の結果を得る．

```
===== VERFIT
NUMBER OF SAMPLING POINTS  =  145
NUMBER OF FITTING FUNCTIONS=  300
SPIN BAND    K       FITTED-E        GIVEN-E           ERROR
  1    1    1      0.41111E+00     0.41111E+00      0.26701E-13
  1    1    2      0.41033E+00     0.41033E+00      0.23481E-13
  1    1    3      0.40908E+00     0.40908E+00      0.23259E-13
  .    .    .         .               .                .
  .    .    .         .               .                .
  .    .    .         .               .                .
  1    2  143      0.91021E+00     0.91021E+00      0.23126E-12
  1    2  144      0.91142E+00     0.91142E+00      0.25802E-12
  1    2  145      0.10349E+01     0.10349E+01      0.23004E-12
FITTING RESULT======================
SPIN BAND       SIGMA          ERRMA
  1    1     0.16586E-13     0.52514E-13
  1    2     0.23143E-12     0.29032E-12
```

サンプリング点では(数値誤差の範囲で)完全に一致したフィッティングが実現されたことがわかる．

スプライン法の場合，星関数の数はサンプリング点数より多くなくてはならないことは述べたが，それを満たしても計算途中の行列計算部分でエラー終了することが場合により起こる．例えば，終了時のメッセージが以下の文の場合など．

```
STOP  ***ERROR:(HMATRX) DPOTRF INFO>0
```

このときは，星関数を増やして実行し直すと大抵は問題なく終了するはずである．ただし，だからといってむやみに星関数を大きく取りすぎることはやはり高調波成分を増やしてしまう結果となり好ましくないことに注意すべきである．

(3) fcc 構造の Cu のフェルミ速度とホール係数

ひとたび解析的な関数で表されたバンド構造はその微係数を計算したり，また微係数をフェルミ面上で積分したりすることが容易に実行できる．それを実行するのが xferv である．それを実行する前に，入力ファイル ferv.in を次の様に作成する．

```
01:ferv.in: Fermi Velocity
02:Emin Emax Newin -----
03:0.5810473 0.5810473 0
04:NKPT/NQ -----
05: 0
06: 16 16 16
```

01 行目は 80 英数字以内のコメント行である．02, 04 行目はコメント行であり，セパレータとして用いている．本計算では，リジッドバンド近似の範囲でフェルミ準位を可変させてフェルミ速度等の計算が可能なので，03 行目では可変させるフェルミ速度の最小値(Emin)，最大値(Emax)とそのきざみ数(Newin)を与える．ここでは，outA2 から読めるフェルミ準位値(0.5810473)のみを与えている．05, 06 行目で k 積分するブリルアンゾーンきざみの情報を入力ファイル sets.in に準じて指定する．ここでは，Γ点を含めた 16×16×16 きざみのメッシュ，すなわち，A2 の SCF 計算と同じメッシュをとることを指示している．

バンドフィットがうまくできていればファイル fitc にフィッティングの情報があるので，xferv とタイプするだけで実行可能である．仮定したフェルミ準位値毎に状態密度の情報

```
IE   =    0  EF   =    0.58112
                TOTAL DOS       TOTAL IDOS
                4.11516383      3.00030664
                (/Ry-cell)
SPIN BAND          DOS             IDOS
  1   1       0.00000000      1.00000000
  1   2       2.05758192      0.50015332
             (/Ry-cell-spin)
```

フェルミ速度の情報

```
FERMI VELOCITY
    Vx     0.58686342      0.64194056
    Vy     0.58686342      0.64194056
    Vz     0.58686342      0.64194056
    VF     1.01647727      1.11187366
   |Vx|    0.48529835      0.53084360
   |Vy|    0.48529835      0.53084360
   |Vz|    0.48529835      0.53084360
          (Ry.a.u.)       (10E8 cm/s)
```

プラズマ振動数の情報とホール係数の情報

```
PLASMA FREQUENCY
    X      0.66991726      9.11476031
    Y      0.66991726      9.11476031
    Z      0.66991726      9.11476031
          (Ry.a.u.)             (eV)
Hall Coefficients
   XYZ    -29.80131659     -3.89798241
   YXZ     29.80131659      3.89798241
   YZX    -29.80131659     -3.89798241
   ZYX     29.80131659      3.89798241
   ZXY    -29.80131659     -3.89798241
   XZY     29.80131659      3.89798241
          (Ry.a.u.)    (10E-11 m^3/C)
```

を得る．表 8.1 に，計算されたフェルミ速度とホール係数を以前に報告されたバンド計算の結果[5]および実験値と比較する．状態密度やフェルミ速度は k 点数において 16×16×16 メッシュですでによく収束しているが，ホール係

数に関してはより多くのk点数が必要であることが分かる．これはホール係数を与える伝導度テンソル(24)がバンド分散の二階微分を含んであるからである．

表 8.1　フェルミ準位での状態密度 $N(\varepsilon_F)$，フェルミ速度 v_F とホール係数 R_H の比較

	HiLAPW(16)	HiLAPW(32)	Beaulac	実験値
$N(\varepsilon_F)$	2.058	2.036	1.89	—
v_F	1.112	1.123	1.080	—
R_H	−3.90	−4.52	−5.30	−5.17

HiLAPW(16) および HiLAPW(32) は，フェルミ速度とホール係数の計算で用いたkメッシュが 16×16×16 および 32×32×32 の場合の結果，Beaulac は以前のバンド計算[5]，実験値はその文献の表 I で引用されていたものを表す．状態密度の単位は/Ry-cell-spin，フェルミ速度の単位は 10^8 cm/s，ホール係数の単位は 10^{-11} m^3/C である．

[8章　参考文献]

[1] J.M. Ziman, *Principles of the Theory of Solids*, 2nd Ed., Chap. 7 (Cambridge University Press, 1972).

[2] N.W. Ashcroft and N.D. Mermin, *Solid State Physics*, Intl. Ed., Chap. 12 and 13 (Harcourt Brace College Publishers, 1976).

[3] 上村洸，菅野暁，田辺行人『配位子場理論とその応用』裳華房（1976）第 9 章，pp.205.

[4] 犬井鉄郎，田辺行人，小野寺嘉孝『応用群論』裳華房（1976）第 12 章，pp.318.

[5] T.P. Beaulac, F.J. Pinski and P.B. Allen, Phys. Rev. B **23**, 3617 (1981).

9 NANIWA2001

To understand hydrogen is to understand all of physics!
— Anonymous
To understand hydrogen, one must understand all of physics.[1]
— Daniel Kleppner
a paraphrase of the above aphorism
To understand hydrogen is to understand all of nature.[2]
— John S. Rigden

　表面科学の分野では，固体表面における原子・分子の動的振る舞い(散乱，吸着，解離，拡散，組み替え，結合の形成，脱離等)によって誘起されてゆく動的過程の研究が行われてきた．本章では，これまでになされた表面動的過程に関する幾多の研究の中から筆者等が特に興味を引かれた現象として，図 9.1 に示す固体表面における水素分子の様々な動的過程の中から水素分子の金属表面への解離吸着過程[1)]とそれとは逆の会合脱離過程[2)]を取り上げる[3)4)]．そして，実験[4-12]，理論[13-45]研究(特に基礎編で紹介した第一原理量

---

1) 水素分子が 2 つの水素原子に解離して表面に吸着する．
2) 原子状態で表面に吸着している水素が会合して，水素分子となって表面から脱離する．
3) 水素分子の解離吸着・会合脱離過程の解析を通して，Born-Oppenheimer 近似の枠内で，電子系のもたらすポテンシャル・エネルギーが分子の振動・回転・並進の運動状態を変化させ，その変化が再び電子系に反映されポテンシャル・エネルギーが変化するという，電子系の状態変化と分子の運動状態変化とが絡み合う様子を想像しよう．

応用 9　NANIWA2001

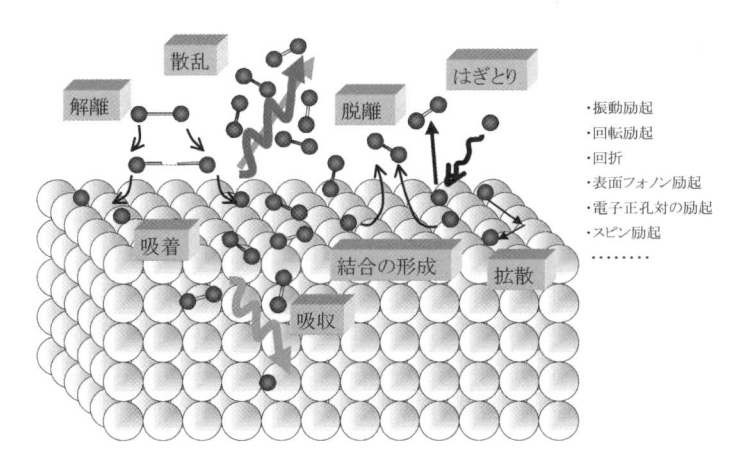

図 9.1　固体表面近傍における水素の様々な動的過程（ダイナミクス）の概念図

子ダイナミクス計算手法 NANIWA2001[3]を用いた研究）によって何が明らかにされてきたかを述べたい．

9.1　今なぜ水素？

水素ほどこれまで大勢の科学者を虜にしたものはない．

水素はあらゆる原子の中で最もシンプルな構造をもつことから，科学の歴史上の数々の偉大な出来事において華麗な役割を演じてきた．

「水素を知り尽くすこととは，物理を知り尽くすこと．」逆にいうならば，「物理を知り尽くしたならば，水素を知り尽くすことができる．」ともいえよう[1]．

このように水素は我々を魅了して止まないのである．

---

4)　この動的過程の時間・エネルギースケールは，おおよそ振動が〜2fs (femtosecond) (H_2, D_2 の 1 振動周期の時間，振動エネルギーは H_2：0.531eV, D_2：0.374eV)，回転運動が〜100fs (量子数 $j=1$ の H_2, D_2 が 1 回転するために必要な時間，回転定数は H_2：7.6meV, D_2：3.8meV)，並進運動が〜1fs (並進エネルギー0.5eV の H_2, D_2 が〜1Å 移動するために必要な時間) である．また，飛来する水素と表面近傍に強く局在する状態を占める電子や金属基盤全体に広がった状態を占める電子がポテンシャル・エネルギーを決定しており，電子系の空間スケールは Ångström からサブミクロン(submicron)程度で，水素や表面構成原子の運動は Ångström の空間領域になろう．

21世紀に入り固体表面と水素の動的相互作用に関する研究が，様々な工学分野で注目を集めている．エネルギー工学・環境工学の分野では，よく知られているように，近年の石炭・石油・天然ガスなどの化石燃料の枯渇や地球温暖化・大気汚染等の進行により，新しいエネルギー資源の確保が大きな課題となっている．水素は宇宙で最も多く存在する元素であり，燃えると水しか残らないクリーンなエネルギー源である．今世紀のエネルギー・環境問題の解決にも中心的な役割を担うことが大いに期待されている．実際，多くの産業分野で燃料電池[46]による水素の利用が始まりつつあり，例えば反応性の高い水素を安全に貯蔵するための技術開発(水素吸蔵合金[47]や液体水素精製技術[48]の開発など)に向けて，固体表面と水素の動的相互作用に関する研究が精力的に行われている．

　また，地球温暖化の原因となる二酸化炭素の有効利用として，表面の触媒作用を利用した二酸化炭素の水素化による有機物合成反応の実用化は，環境問題・エネルギー問題の解決と関連して21世紀に是非とも達成しなければならない課題である．

　さらに，近年著しく進歩を遂げているナノテクノロジーにおいてもその重要性が指摘されている．例えば，ダイヤモンド薄膜の生成においては，水素を吸着させることにより安定した薄膜が得られることが知られており，水素によるナノ領域での電子物性の制御が盛んに行われている[49]．また，ナノテクノロジーの基盤となる真空工学では，超高真空・極高真空を得るためには，真空容器の内壁表面または内部から会合脱離する水素分子をいかに制御するかが大きな課題である．

　古くからその重要性が指摘されている表面の触媒反応の研究においては，水素-固体表面系は多くの複雑な反応のプロトタイプとして重要である．例えば，金属表面の触媒作用を利用することにより，窒素肥料や硝酸の原料となるアンモニアの合成，排気ガス中の一酸化炭素の酸化や窒素化合物の分解などが可能となっている[52]．

　以上のような，先端科学技術を実現するためには，固体表面および内部における水素の動的振る舞い(ダイナミクス)を微視的な立場から明らかにし，

その制御指針を得ることが非常に重要である．

また，水素は軽元素であるが故に量子効果を顕著に示し，変化に富んだ振る舞いをみせる．特に水素のボーズ凝縮[50]や，固体表面での水素の量子的非局在化[51]，水素の回折[11]等，学術的にも非常に興味深い話題も数多く提供しており，水素－表面反応の微視的立場からの理解は 21 世紀の物性物理学における中心課題の 1 つといえる．

9.2　水素－表面反応の解析

固体表面に飛来する原子や分子の動的過程は，主としてポテンシャルエネルギー曲面(PES : Potential Energy Surface)の形状や，原子や分子と表面自由度(表面構成物質の電子系や格子系)間のエネルギー交換の詳細によって決定づけられている[34]．さらに，振動回転等の内部自由度をもつ分子は，動的過程においてその内部状態も変化している．したがって，例えば分子のもつ並進エネルギーの振動回転自由度への移行も動的過程を決定づける要因となる場合もある．これらの要因の詳細を電子論に基づくミクロな立場から理解するために，今日まで精力的な研究が行われてきた．特に真空技術の飛躍的向上や数値計算の高速化などに支えられた，1980 年代後半から今日までのこの分野の研究の急激な展開には驚くべきものがある．それ以前のものとしては 1930 年代の，今では古典的論文となっている「Processes of Adsorption and Diffusion on Solid Surfaces」での Lennard-Jones[53]の理論的考察，Benton と White[54]や Taylor[55]の実験，60 年代の van Willigen[56]，70 年代の Stickney 等[57]の研究等がある．

図 9.2 には，Lennard-Jones が描いた水素分子の解離吸着過程を特徴づける 1 次元的 PES[53]を示す．PES は表面に飛来する粒子と表面との距離の関数で表されている．M+AB (1)と印されている曲線が表面系 + 水素分子の PES で，M+A+B (2)と印されている曲線が表面系 + 2 つの水素原子の PES である．

分子が表面から十分遠方にあるときには，PES(2)よりも PES(1)の方がエ

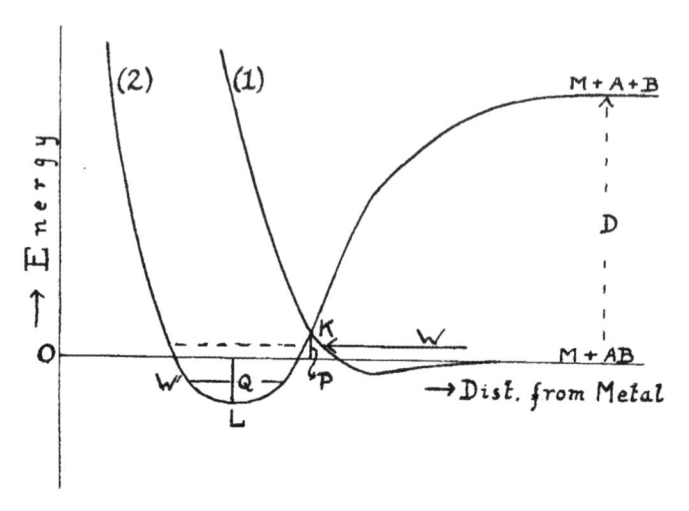

図9.2 水素分子の解離吸着過程に対するポテンシャル・エネルギーの概念図[34,53]

ネルギー的に低くなっており，水素分子が解離して2つの水素原子となるよりも，分子状態を保つ方が安定である．一方，表面での吸着状態ではPES(1)よりPES(2)の方がエネルギー的に低くなっており，水素分子は解離して原子状態になっている方が分子状態を保っているよりも安定である．したがって，水素分子が無限遠方から飛来し表面に吸着するまでにPES(1)とPES(2)は交差することになる．以上が図9.2に示されているPESの主な特徴であり，気相から表面にやってくる過程で水素分子は2つのPES間を飛び移り解離吸着する．この1次元的PESの描像で，吸着確率が示す飛来する分子の並進エネルギーに対する依存性から，活性化障壁の高さを推定することなどが可能であると考えられていた．

ところが，この2つのPESの交差を考えるとき，2つの水素原子の核間距離 r に大きな飛びのあることに気づくだろう．すなわち，PES(1)では2つの水素原子の核間距離は0.74Å（水素分子の結合距離）であるが，PES(2)では2つの水素原子の核間距離はそれより遥かに大きい．このような交差領域での2つの水素原子の核間距離の飛びは非現実的で，実際は交差領域で2つの水素原子の核間距離が徐々に増加してゆくものと考えるのがもっともらし

い．ここに，1次元的PESによる解離吸着過程の記述の限界があると思われる．

9.3 多次元ポテンシャル・エネルギー曲面 ― Potential Energy (Hyper-) Surface

解離吸着過程で2つの水素原子の核間距離がどのように変化してゆくのか[34]．この問題を考えるためには，少なくとも2つの水素原子の質量中心と表面間の距離 Z と，2つの水素原子の核間距離 r を変数とする PES を求める必要がある．LEPS (London-Eyring-Polanyi-Sato (佐藤))法[58,59]等の経験的手法に加えて，密度汎関数法，分子軌道法などの第一原理計算法に基づく，このような多次元（ここでは2次元）PES の計算も行われている．例えば，Hammer 等[22]と White 等[23]が独立に電子交換相関エネルギーの密度汎関数表現[60,61]に対する一般化密度勾配近似（GGA：Generalized Gradient Approximation）[62,63]を採用し，密度汎関数法を用いて，それぞれ $H_2/Cu(111)$ 系と $H_2/Cu(100)$ 系の PES を求めている．これらは半無限の固体表面ではなく，有限サイズの表面と2つの水素原子の系に対する計算結果であるが，このような系の電子状態に対する第一原理計算も非常に大切である．

水素分子の分子軸を表面平行に固定した場合の PES を図9.3に示す．ポテンシャルエネルギーが極小値をとる図中の点線 ABC に沿って PES をみると，次のような特徴のあることに気づく．すなわち，無限遠方 A ($Z \rightarrow +\infty$) の気相では，2つの水素原子の核間距離が水素分子の結合距離となる位置で PES が極小値をとっている（つまり，分子状態にある）．そして，領域 B では分子が表面に接近するにつれてその核間距離 r が増大し，表面近傍の領域 C では解離して原子状態で吸着する．

反応経路 (reaction path) は PES の極小値を辿って引かれている曲線（図中の点線 ABC）で，主としてこれに沿って反応，すなわち解離吸着が進行する．ポテンシャルエネルギーの高くなっている領域 B（活性化障壁：水素分子－銅表面系ではその高さはおよそ0.7eV 程度である）のあることと，大きく湾

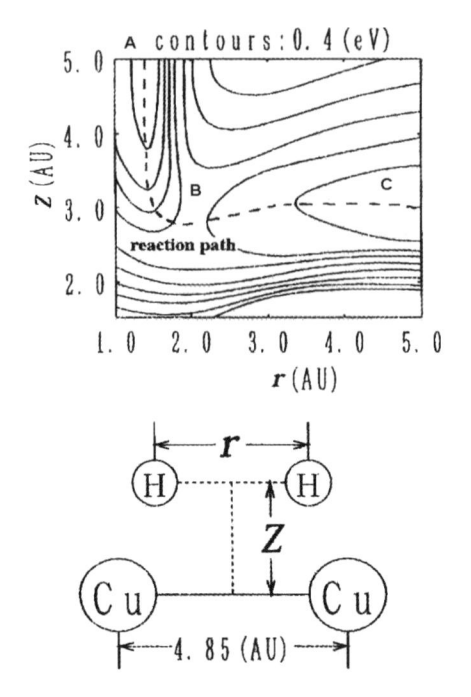

図 9.3 ポテンシャル・エネルギー曲面[19,26,34,40]

r は 2 個の水素原子の相対座標, Z は重心座標である. 2 個の水素原子と 2 個の Cu 原子の系についての計算結果である (分子軸が表面平行の場合). 点線は, 解離吸着過程における反応経路の例である.

曲している部分のあることが, この反応経路の特徴である. このような PES 上での解離吸着, 会合脱離過程に関しては 1980 年代後半になって理論的に調べられるようになった. その結果, 次節で説明するように, 分子を構成する 2 つの水素原子の核間距離と分子の質量中心の表面からの距離とを変数とする 2 次元 PES の形状の特徴が, 解離吸着確率に対する分子振動の影響や会合脱離分子の振動エネルギー分布に顕著に反映されることが明らかとなり, 水素分子の振動自由度の役割が認識されるようになった[14-18,20,34].

9.4　反応座標系

　一般に，分子が飛来する位置や入射角度によって散乱や吸着等の現象は変化する．しかし，実験では表面の様々な位置に飛来する場合について平均化された結果が観測されている．また，分子の表面への入射角度を変化させたときにみられる散乱や吸着等の現象変化が，分子のもつ全並進エネルギーではなく，むしろ並進エネルギーの表面垂直成分でスケールされる，つまり，分子ビームの入射角度にはほとんど依存しないという実験事実がある[7]．これは平坦な表面での動的過程に期待される性質であり，このことからも，まずは平坦な表面でのダイナミクスと捉える解析でも，現象の本質を見失うことはない．そこで，次の Hamiltonian を導入する[34]．

$$H = -\frac{\hbar^2}{2M}\partial_Z^2 - \frac{\hbar^2}{2\mu}\partial_r^2 + V(Z, r) \tag{1}$$

ここで，M, μ はそれぞれ全質量($M = m_A + m_B$；m_A：原子 A の質量；m_B：原子 B の質量)と換算質量，r, Z はそれぞれ分子を構成する 2 原子の核間距離，分子の質量中心の表面からの距離，V は PES である．ただし，∂_Z 等の省略記号は演算子 ∂/∂_Z 等を表し，以下しばしばこの記号を用いる．表式の簡単化のため，ここでは解離吸着過程における分子振動の役割を解析する場合に適切な Hamiltonian を与えている．すなわち，式(1)では水素分子の分子軸を表面平行方向に固定し，回転運動の自由度を凍結している．次に，r, Z の直交座標系から反応経路に沿う湾曲座標 s とそれに垂直な一般化振動座標 v の系に変換する[3,14]．このとき，式(1)は次のように書き直される[3,14,17,20]．

$$H = -\frac{\hbar^2}{2\mu}\left[\eta^{-1}\partial_s\eta^{-1}\partial_s + \eta^{-1}\partial_v\eta\partial_v\right] + V(s, v) \tag{2}$$

ここでは質量の重みを付加した座標系(s, v)を導入している．η は変数変換のヤコビアンである．始状態の分子の並進エネルギー，振動エネルギーに実験で使われている分子ビームのそれぞれに対応する値を与えて，式(2)を Hamiltonian とする Schrödinger 方程式を解き，表面でのダイナミクスを解析する[5]．

---

5)　式(2)の詳細や，式(2)を Hamiltonian とする Schrödinger 方程式の解き方は基礎編の NANIWA2001[3]に譲る．

9.5 吸着過程と脱離過程の相関性

解離吸着過程と会合脱離過程には互いに強い相関関係がある[17,20,34]．ここでは，この相関関係について考えてみたい．まず，力学系のもつ性質として以下の3点を考慮する．

① 時間反転対称性

散乱確率 R の時間反転対称性，

$$R(E_{t'}, E_{\nu'}, E_{j'}, m_{j'}, f; E_t, E_\nu, E_j, m_j, i) = \\ R(E_t, E_\nu, E_j, m_j, i; E_{t'}, E_{\nu'}, E_{j'}, m_{j'}, f) \tag{3}$$

ここでは，E_t, E_ν, E_j, m_j, i, ($E_{t'}$, $E_{\nu'}$, $E_{j'}$, $m_{j'}$, f) はそれぞれ始状態(終状態)の並進エネルギー，振動エネルギー，回転エネルギー，角運動量ベクトル j の表面垂直方向の成分，表面系の状態を指定する量子数である．

② ユニタリー性

R と吸着確率 S のユニタリー性，

$$\int dE_{t'} \sum_{\nu', j', m_{j'}, f} R(E_{t'}, E_{\nu'}, E_{j'}, m_{j'}, f; E_t, E_\nu, E_j, m_j, i) + \\ \int dE_{t'} \sum_{\nu', j', m_{j'}, f} S(E_{t'}, E_{\nu'}, E_{j'}, m_{j'}, f; E_t, E_\nu, E_j, m_j, i) = 1 \tag{4}$$

③ エネルギー保存則

$$E_{t'} + E_{\nu'} + E_{j'} + E_f = E_t + E_\nu + E_j + E_i \tag{5}$$

ただし，E_i (E_f) は表面系の始状態(終状態)に対するエネルギー．

さらに統計力学の要請として，表面に飛来する分子のエネルギー状態が表面温度 T_S の熱平衡分布をしているときには，表面から離れ去る分子のエネルギー状態も T_S の熱平衡分布をしていると仮定する．すなわち，

$$\sum_{\nu,j,m_j,i} \int dE_t \left[\begin{array}{l} R(E'_t, E_{\nu'}, E_{j'}, m_{j'}, f; E_t, E_\nu, E_j, m_j, i) \ + \\ D(E'_t, E_{\nu'}, E_{j'}, m_{j'}, f) S(E_t, E_\nu, E_j, m_j, i) \end{array} \right]$$
$$\times \frac{\exp\left[-\frac{E_t + E_\nu + E_j + E_i}{k_B T_S}\right]}{k_B T_S Z(T_S)} \tag{6}$$
$$= \frac{\exp\left[-\frac{E_{t'} + E_{\nu'} + E_{j'} + E_{i'}}{k_B T_S}\right]}{k_B T_S Z(T_S)}$$

すると，吸着確率 $S(E_t, E_\nu, E_j, m_j)$ と脱離確率 $D(E_t, E_\nu, E_j, m_j)$ の間に次の関係式が導かれる[6]．

$$D(E_t, E_\nu, E_j, m_j) = \frac{S(E_t, E_\nu, E_j, m_j)}{k_B T_S Z_{\nu,j}(T_S) Z_S(T_S) \langle S \rangle_{T_S}} \\ \times \exp\left[-\frac{E_t + E_\nu + E_j}{k_B T_S}\right] \tag{7}$$

ただし，$Z_{\nu,j}(T_S)$ と $Z_S(T_S)$ はそれぞれ T_S での分子のもつ自由度(振動・回転)の分配関数と表面系の分配関数，$\langle S \rangle_{T_S}$ はエネルギー状態が T_S の熱平衡分布で与えられる分子の吸着確率の平均値，k_B は Boltzmann 定数である[7]．

この関係式は吸着過程と脱離過程の強い相関性を示している．例えば，この表式から振動エネルギー E_ν が解離吸着を助長する，すなわち，$S(E_t, E_\nu, E_j, m_j)$ が E_ν の増加関数であるとき，脱離分子の振動状態は T_S の熱平衡分布から期待されるより強く励起されることがわかる(振動加熱：vibrational heating)．この分子振動に関する吸着過程と脱離過程の相関性は，9.6 節と 9.7 節で紹介するように，実験的に検証されている．また，$D(E_t, E_\nu, E_j, m_j)$ に見られる回転冷却(rotational cooling)，加熱(heating)現象から $S(E_t, E_\nu, E_j, m_j)$ の非単調な回転エネルギー E_j 依存性が推測される．

---

[6] $S(E_t, E_\nu, E_j, m_j)$ と $D(E_t, E_\nu, E_j, m_j)$ はそれぞれ $S(E_t, E_\nu, E_j, m_j, i)$ と $D(E_t, E_\nu, E_j, m_j, i)$ を T_S の熱平衡状態にある表面系の状態 i に関して平均をとったものである．

[7] 式(7)の導出では水素吸着表面と清浄表面で表面状態に顕著な違いはないと仮定している．しかし，吸着表面系で，例えば吸着誘起表面再構成などの大きな状態変化を伴う場合には，そのことを考慮に入れて一般化する必要があり，式(7)の関係式は修正される．

9.6 水素分子の振動運動の影響

　実験研究においては，状態選別した分子ビームの作成技術[8)]が十分に成熟していなかったためと思われるが[34]，解離吸着過程よりも会合脱離過程の実験研究が一足先に始まった[4]．会合脱離過程では，解離吸着している2つの水素原子が表面温度の上昇に伴い会合し，分子となって脱離してくる．この脱離分子の内部状態弁別測定が共鳴多光子イオン化法(REMPI[9)]: Resonance Enhanced Multiphoton Ionization Spectroscopy)[7,66,67]を使って行われた．その結果，脱離分子の振動状態に強い励起が見出された[4)]．すなわち，振動励起確率が表面温度で与えられる熱平衡分布から期待される確率よりもおよそ2桁も大きいことがわかった．これを脱離過程での分子振動の加熱(vibrational heating in desorption)と呼ぶ．

　飛来する水素分子の振動状態を変化させることによって，最近，解離吸着確率の振動状態依存性も測定され始めた．図9.4に示された実験結果の特徴

---

8) ここでは，超音速分子線法(supersonic molecular beam technique)を指す．これは，超音速領域の並進エネルギーをもつ分子線(真空中を一定の方向に走る細い線状の分子の流れ)を得る方法である．数気圧のガスを数十 μm 程度の小穴から真空中に噴出させる．ガスが断熱膨張するため，並進エネルギー分布は狭くなり(速さの分布 $\propto v^3 \exp[-(v-v_0)^2/\alpha^2]$；流れの速さ v_0；幅 α)，内部エネルギーは低くなる．回転エネルギーは緩和されにくい．振動運動はさらに緩和されにくい．したがって，H_2, D_2 の様な振動エネルギーの大きい分子(それぞれ 516meV, 371meV)では，ノズル温度で決まる振動エネルギーをもっていると考えてよい．並進エネルギーを大きくするには，ノズル温度を高くするとよいが，高温では，振動励起準位の占有率も大きくなる．そのバリエーションには超音速シード分子線法(seeded supersonic molecular beam technique)がある．重い分子(seed)を軽い希ガスに希釈したシード分子線(seeded beam)を創ると，エンタルピー保存則により，すべての分子はほとんど同じ速度で走り，重い分子は一層速く走るので，大きな並進エネルギーをもつ分子線が得られる．逆の場合は，軽い分子は遅く走るから，この方法では，ノズル温度を一定に保ち，ガスの混合比を変化させることで，振動状態にあまり影響を与えずに，並進エネルギーを変化させることができる[65]．

9) まず，レーザーによって，選択的に電子系が基底状態 X にある特定の振動・回転準位 $|X,v,j\rangle$ を電子励起状態 A の準位 $|A,v',j'\rangle$ に励起する．さらに励起状態にある分子をイオン化し，イオンを検出する．励起に要する光子数 n とイオン化に要する光子数 m からなる多光子過程$(n+m)$をREMPIという．励起波長を変えてイオン電流を測定すると，励起スペクトルを得ることができる．遷移確率の振動・回転準位依存性を知れば，励起スペクトルから基底状態の相対的占有率を知ることができる．もう1つの方法はレーザー誘起蛍光法(LIF : Laser Induced Fluorescence)である．この方法では，電子励起状態 A の準位 $|A,v',j'\rangle$ からの蛍光を測定してREMPIと同様の情報が得られる．感度は，一般に，REMPIに比べて低い[7,66,67]．

応用 9　NANIWA2001

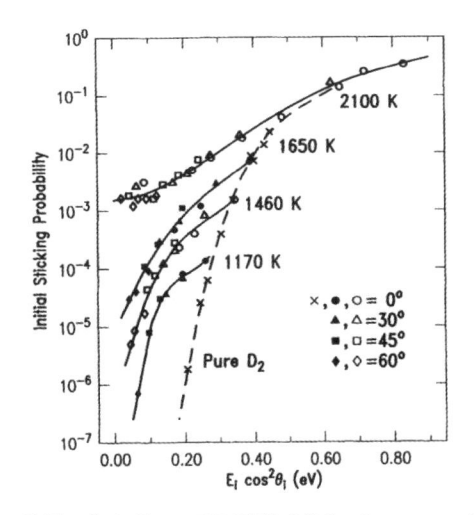

図 9.4　吸着確率の並進エネルギーの表面垂直成分（surface normal energy）依存性[6,7]
　　　図中の温度はノズル温度で入射分子の内部状態の温度に相当する．ノ
　　　ズル温度が高いほど，分子ビームの振動エネルギーの平均値は大き
　　　い．分子ビームの表面入射角度が 0°，30°，45°，60°の場合の結果が示
　　　されている．

の 1 つは，大きな振動エネルギーをもつ水素分子の吸着確率が小さな振動エ
ネルギーをもつ分子よりも大きくなることである[6,7]．これを振動補助吸着
（vibrationally assisted sticking）と呼ぶ．これらの分子振動に起因する現象につ
いて 2 次元 PES に基づいて考えよう．そこで，再び反応経路の特徴をみて
みよう（図 9.3 参照）．その湾曲部分では，分子の質量中心の運動（Z 座標）と
分子内振動運動（r 座標）とにカップリングが生じる．すなわち，並進運動と
振動運動との間でエネルギー移行が生じうる．さらに，この湾曲部分は活性
化障壁の位置よりも気相（真空）側にあることに注意したい．

　まず，会合脱離過程では分子振動に何が生じるのかを考えてみよう．脱離
過程で活性化障壁を通過した 2 つの水素原子は，最終的に活性化障壁の高さ
に相当するポテンシャルエネルギーを運動エネルギーに変換することになる．
脱離過程では，2 つの水素原子は活性化障壁を越えた後に湾曲部分を通過す
るため，活性化障壁の高さのポテンシャルエネルギーは並進エネルギーばか

355

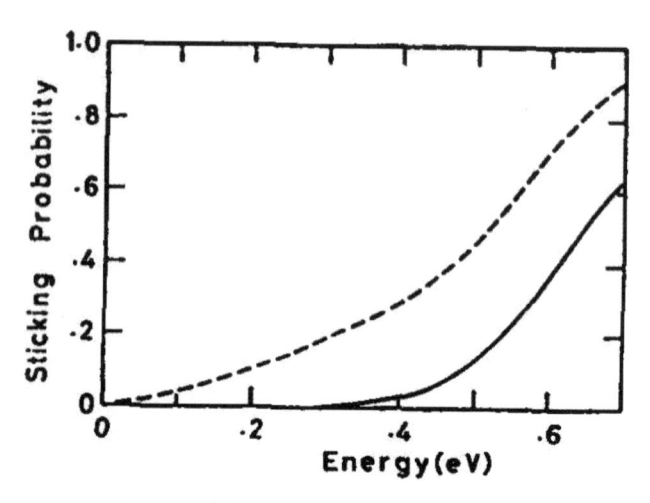

図 9.5　吸着確率に対する分子内振動の効果[17]

縦軸が吸着確率(sticking probability), 横軸が入射エネルギーである. 実線:基底振動状態の分子, 点線:第一励起状態の分子の解離吸着確率の計算結果. ただし, 分子の回転状態は $j=0, m_j=0$ としている. 分子のもつエネルギーが活性化障壁の高さに近づき, それを越え始めると吸着確率が 1 に漸近してゆく.

りでなく, 振動エネルギーにも変換される. このため, 表面温度の熱平衡分布で期待されるよりも, 会合脱離分子のもつ振動エネルギーが大きくなる. 実験で観測された脱離分子の振動エネルギー分布はこのように理解できる.

次に, 解離吸着過程で分子振動が担う役割について考えてみよう. 反応経路に沿った運動で大きな振動エネルギーをもつ分子は, この湾曲部分でその振動エネルギーを並進エネルギーに変換することが考えられる. そのような分子は, 始状態で活性化障壁を越えるほど大きな並進エネルギーをもっていなかったとしても, 障壁のところに来たときには大きな並進エネルギーをもっているから, 活性化障壁を越えて解離吸着することができる(図 9.5 参照)[17,20]. このように考えれば, 大きな振動エネルギーをもつ水素分子の吸着確率が, 小さな振動エネルギーをもつ分子よりも大きくなるという実験結果も理解できる.

もし，反応経路の湾曲部分が活性化障壁の位置よりも表面側にあれば，会合脱離過程では活性化障壁を越えた後には湾曲部分がないので，障壁の高さで与えられるポテンシャルエネルギーはすべて並進エネルギーに変換され，振動エネルギーの増加は期待できない．また，解離吸着過程では，分子が活性化障壁に至るまでにその振動エネルギーが並進エネルギーに変換されることはない．したがって，振動励起状態にある分子でも吸着確率が大きくなることはない．このように，反応経路の湾曲部分と活性化障壁の相対的な位置関係が，反応過程における分子振動の影響を議論する場合には重要であることがわかる．

9.7 水素分子の回転運動の影響

最近，解離吸着過程，会合脱離過程で水素分子の回転運動の自由度の担う役割についても注目が集まっている[34]．ここでは図 9.6 に示す座標系を導入し，分子の回転運動を考慮しよう[30,33,40]．回転運動の量子数 j を選別した分子ビームを使う吸着過程の研究も最近始まりつつあるが，未だ十分ではない．それよりもまず，会合脱離過程で脱離分子の回転分布が実験的に調べられた．その実験結果が図 9.7 に示されている[4,7]．脱離分子の回転状態が表面と熱平衡にあって，表面温度 T_S の Boltzmann 分布で与えられるならば，その分布は図中の直線で表される．しかし，実験結果は，$0 < j < 5$ 領域では

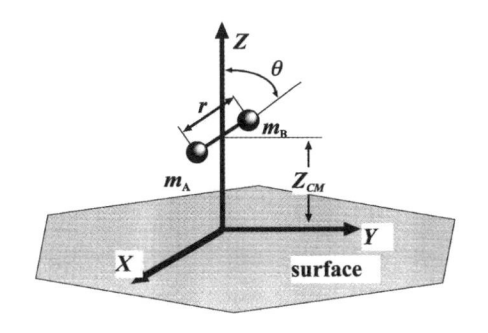

図 9.6 分子の回転自由度を考慮するモデル系の概念図[26,30,40]

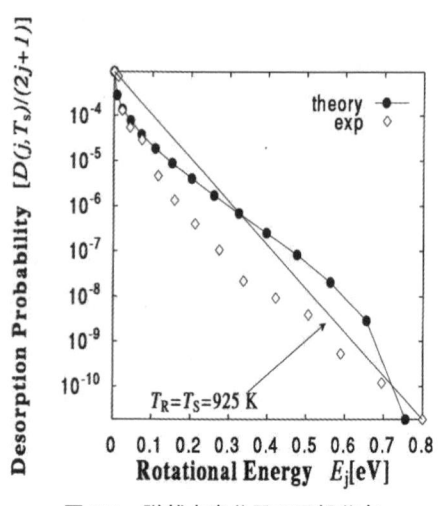

図 9.7 脱離水素分子の回転分布
● : 計算結果[33,34,40], ◇ : 実験結果[4,7].

図中の直線よりも回転状態の励起確率が小さく(脱離過程での分子回転の冷却, rotational cooling in desorption), $7 < j < 10$ 領域では逆に回転状態の励起確率が大きくなっている(脱離過程での分子回転の加熱, rotational heating in desorption).

図中の実験結果は, E_t, E_v, E_j(回転エネルギー), m_j(j の表面垂直方向の成分)等の関数である脱離確率を E_t, m_j に関してそれぞれ積分および和をとった確率に対応しており, 9.5 節で示した吸着確率 $S(E_t, E_v, E_j, m_j)$ と脱離確率 $D(E_t, E_v, E_j, m_j)$ の相関関係を直接利用できないが, 仮にこの関係を使うとすれば, 定性的には $S(E_t, E_v, E_j, m_j)$ は j が小さい領域で j の減少関数, j の大きい領域で増加関数となることが期待される. したがって, j の関数として $S(E_t, E_v, E_j, m_j)$ は極小値をもち, 非単調な変化を示すことになる.

さて, 分子の回転自由度に起因する効果を解析する場合には, 簡単のために, 一般化された振動状態は常に基底状態にあると仮定し, 振動の自由度を凍結した, 次の Hamiltonian で考えるのが有効である[26,31].

$$H(s,\theta) = -\frac{\hbar^2}{2M}\partial_s^2 + \frac{\hbar^2}{2I(s)}L^2 + V(s,\theta) \tag{8}$$

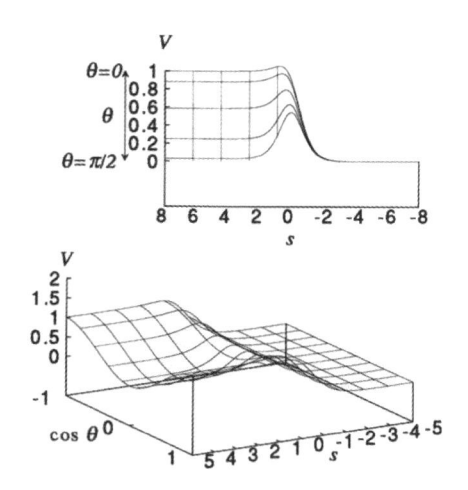

図 9.8 配向依存性のあるポテンシャル・エネルギー曲面 (PES) [26,40]
s：反応座標，θ：表面垂直方向から測った分子軸の配向角度．ただし，反応座標の原点は活性化障壁の位置にとっている．

ここで θ は分子の配向角度，L は回転運動量演算子，I は慣性モーメントで，$I(s)=\mu r^2(s)$ で与えられる．ただし，$r(s)$ は 2 つの水素原子の核間距離であり，μ は換算質量である．式 (8) を Hamiltonian とする Schrödinger 方程式をとくことで，分子の回転運動による効果を解析することができる．

ここでは，図 9.8 に示されているような分子配向依存性をもつ PES，$V(s, \theta)$ を考える．すなわち，表面垂直方向 $\theta=0$ に配向している分子にはより高い活性化障壁 ($\sim$0.9eV) が，表面平行方向 $\theta=\frac{\pi}{2}$ に配向している分子には比較的低い活性化障壁 ($\sim$0.5eV) が作用する[19,22,23,32], [10]．

吸着過程では一般に分子の回転運動に起因する 2 つの相反する効果が期待できる．その 1 つはステアリング効果 (steering effect, 舵取り効果) で，もう 1 つは結合長の伸びに起因する回転から並進へのエネルギー移行の効果 (rotational to translational energy transfer effect) である．まず，図 9.8 に示すよ

---

10) $\theta=0, \pi/2$（分子軸が表面垂直の場合と平行の場合）の PES の第一原理計算は行われており[19,22,23,32]，近似的にはその結果に基づいて LEPS 法などで任意の角度 θ の PES を見出すことができる．

うに，PESが顕著な分子配向依存性を示すことに注意したい．分子が表面平行に配向している場合のPESには0.5eV程度の活性化障壁があり，それを越えることによって解離吸着できる．一方，分子が表面垂直に配向している場合のPESには，より高い活性化障壁がある．表面にやってきた分子は，その配向を変化させてポテンシャルエネルギーが小さくなるような反応経路を探り出そうとする（ステアリング）．しかし，分子が回転エネルギーをもっていると分子回転は配向を揃える邪魔をする．したがって，分子のもつ回転エネルギーの増加につれて，まず，吸着確率は減少する．

一方，分子が表面に接近するにつれて2つの水素原子間の結合距離は増加するため，慣性モーメントも増加し，回転定数 $\hbar^2/2I(s)$ は減少する．したがって，分子が表面に接近するにつれて，一般に分子はその回転エネルギーを減少させる傾向を示す．もちろん，分子の回転量子数の変化も生じるがそれほど大きくないので，この回転エネルギーの減少は並進エネルギーの増加となる[11]．このため，回転自由度からエネルギーを得た分子は活性化障壁を越えて吸着しやすくなる．換言すれば，回転エネルギーの減少は有効ポテン

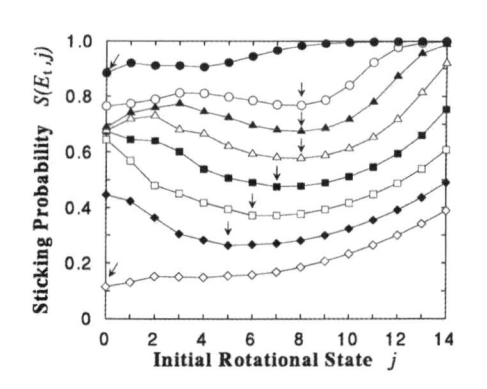

図9.9　吸着確率の回転量子数依存性

並進エネルギー E_t が ◇：0.55eV，◆：0.575eV，□：0.60eV，■：0.625eV，△：0.65eV，▲：0.675eV，○：0.70eV，●：0.80eV の場合の計算結果．図中の矢印（↓）はそれぞれの曲線における最小値を示す．

---

11) 量子数 j，回転エネルギー $E_j(s) = \hbar^2 j(j+1)/2I(s)$ の分子には，$-\partial_s E_j(s)$ の力が反応経路に沿った並進運動に働く．

シャル障壁の低下をもたらす．このため，分子は障壁を越えて吸着しやすくなる．このようにステアリングと結合距離増加に起因する2つの相反する効果があり，前者は比較的回転量子数の小さい領域で効果的で，後者は量子数の大きい領域で効果的である．したがって，活性化障壁の高さの最小値と最大値の間の並進エネルギーをもつ分子の吸着確率の回転量子数依存性を調べると，非単調な変化が見出されることが期待される．

2つの相反する効果の競合は，図9.9に示すように，飛来する分子の並進エネルギーの値によって大きく変化する[30,33]．すなわち，並進エネルギーが活性化障壁の最小値と同程度かそれよりも小さい場合には，たとえ分子配向を調節しても活性化障壁を越えられないからステアリング効果は有効でなく，エネルギー移行の効果のみが有効となり，その結果，吸着確率は j とともに単調増加する．活性化障壁の最大値と同程度かそれ以上のエネルギーをもつ分子の場合もステアリング効果は有効でなく，同様の j 依存性を吸着確率は示している．

また，回転運動は，およそヘリコプター型(helicopter：その軸が表面垂直方向にある回転運動)とカートホイール型(cartwheel：その軸が表面平行方向にある回転運動)に分類されるが，PESの形状から，一般にヘリコプター型の回転分子はカートホイール型の回転分子よりも大きな吸着確率を示すことがわかる[25,26,30,33]．

次に，会合脱離してきた分子の回転状態分布を解析してみよう．そのためには脱離過程を記述するように境界条件を変えて，Schrödinger方程式を解く．その結果，量子数の小さい領域では脱離分子の回転状態は表面温度 T_S の熱平衡分布から期待されるほどには励起されていないことが，一方，量子数が大きくなるにつれて脱離分子の回転状態が T_S の熱平衡分布から期待されるよりも強く励起されることがわかる(図9.10参照)[25,26,30,33]．さらに，始状態のエネルギー分布が T_S の熱平衡分布で与えられることを考慮すると図9.7に示されている結果を得る．これらの結果は実験結果をほぼ説明している．

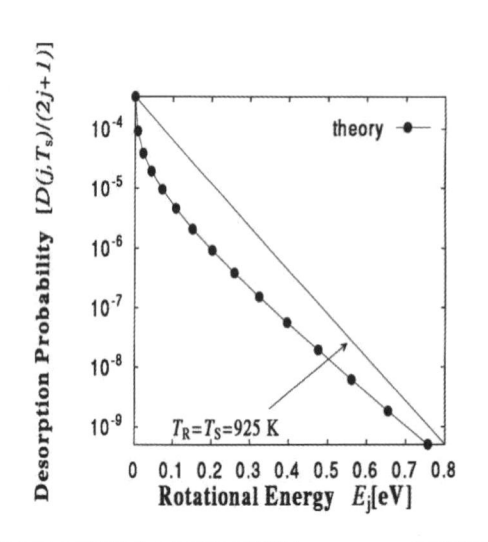

図 9.10　会合脱離分子の回転分布の計算結果[33,40]（E_t = 0.6eV，表面温度 T_S = 925K の場合）回転分布が回転温度 $T_R = T_S$ の熱平衡分布で与えられるとき，その分布は図中の実線となる．

9.8　動的量子フィルタリング ― Dynamical Quantum Filtering

図 9.8 の様な配向依存性を示す活性化障壁は，動的量子フィルタ[35,36,38,44]として，会合脱離しようとする水素分子の回転状態（回転量子数とその表面垂直成分）を制限する．制限を受けた分子は，障壁通過後更に回転励起・脱励起を伴って脱離してくる場合がある．回転励起した脱離分子はカートホイール型に回転し，脱励起した脱離分子は，励起も脱励起もしない分子と同様，ヘリコプター型に回転する．

図 9.11 では，Cu(111)面から，会合脱離してくる水素分子の回転型を示す．図中の回転方位指数を $A_0^{(2)}(j)$ とすると[35,36,38,44]，$A_0^{(2)}(j) > 0$ の場合，水素分子がヘリコプター型回転を，$A_0^{(2)}(j) < 0$ の場合はカートホイール型回転をしていることを示す．図より，水素分子の脱離並進運動エネルギーが小さい場合はカートホイール型回転を，大きい場合はヘリコプター型回転をし

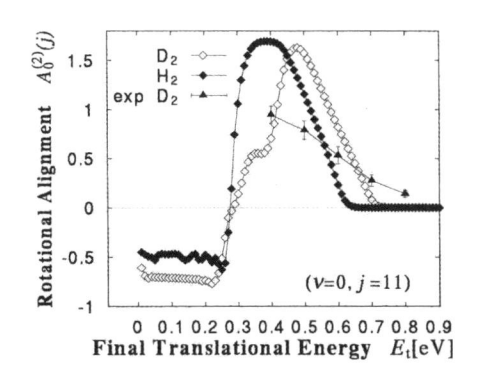

図 9.11 Cu(111)面から会合脱離する水素分子の回転方位指数 $A_0^{(2)}(j)$ と脱離並進運動エネルギーの関係[35,36,38,44]

回転方位指数が正の場合はヘリコプター型回転を，負の場合はカートホイール型回転をしていることを示す．◇：D_2^{36}（◆：H_2^{38}）が（$v = 0, j = 11$）の振動と回転状態をもって脱離してくる場合．▲：共鳴多光子イオン化法（REMPI：Resonance Enhanced Multiphoton Ionization）による実験結果[12]．

ていることがわかる[35,36,38,44]．一般に水素分子を解離吸着させる表面は，そこから脱離する水素分子の回転型の差異を並進運動エネルギーの差異で識別させる効果を有しており，一種の量子状態のフィルタとして機能する．この量子フィルタリング効果は，共鳴多光子イオン化法（REMPI）による実験で確認されている[12]．表面に解離吸着した水素原子は，表面内で拡散運動し，2つの原子が出会って衝突したときに，会合し分子となって脱離する．表面内での並進運動のうち，2つの原子を結ぶ直線に垂直な成分は，ヘリコプター型回転へと転化される．この時点では，ほとんどカートホイール型回転の成分はない．脱離後，カートホイール型回転をしている水素分子は，衝突後の脱離過程でカートホイール型回転が励起されたものである．そのためカートホイール型回転をする水素分子は，その分並進運動エネルギーが奪われ脱離後の並進運動エネルギーが小さくなる．なお，動的量子フィルタリング効果は，会合脱離過程だけでなく回折散乱過程においても見出される[44]．

9.9 むすび

　固体表面に飛来する原子や分子によって誘起される多様な動的過程の中から，ここでは水素分子の解離吸着と会合脱離を取り上げた．実験技術の進歩，数値演算の高速化等に支えられ，最近の約20年でこの分野の実験的・理論的研究は急速に進展した．特に動的過程での分子の振動や回転等の内部自由度が担う役割が明確になってきたことが理解できたかと思う．個々の実験結果がさらに細部にわたって電子論的立場から理解されつつある現在，広い視野から多様な現象を見つめることも大切な時期である，ここで示した吸着過程と脱離過程の相関性は，この様な視野から現象を見つめるときに役立つ概念の1つであると思われる．

　ここで取り上げた銅表面に飛来する水素の解離吸着・会合脱離は有限の活性化障壁のある Langmuir-Hinshelwood 反応[12]の典型的な例である，いわゆる Eley-Rideal 反応[13]の典型的な例[14,70-74]と考えられる，水素が原子状態で吸着している表面に水素原子が飛来し，吸着水素原子と直接結合を形成し表面を離れる過程については取り上げなかった．別の機会に半導体表面近傍での水素分子の挙動[75-78]や表面動的過程に現れる非断熱効果等[30,79-84]とともに触れたいと思う．また，NANIWA2001 を用いた CMD/CPD/CDD[14]の例については，参考文献[68,85,86]に譲る．

[9章　参考文献]

[1] D. Kleppner: *The Ying and Yang of Hydrogen, Physic Today* **52**（April 1999）11.

[2] J.S. Rigden: *Hydrogen: The Essential Element*, Harvard University Press, 2002.

[3] 本書基礎編第9章：NANIWA2001.

---

12) 表面に吸着している反応粒子（2つの水素原子）の吸着状態での粒子間反応により，生成物（水素分子）が表面から脱離して来る反応．

13) 一方の反応粒子（水素原子）は表面に吸着しており，飛来する他方の粒子（水素原子）との直接反応により生成物（水素分子）が表面から脱離して来る反応．

14) CMD : COMPUTATIONAL MATERIALS DESIGN; CPD : COMPUTATIONAL PROCESSES DESIGN; CDD : COMPUTATIONAL DEVICE DESIGN

[4] G.D. Kubiak, G.O. Sitz, R.N. Zare: *J. Chem. Phys.* **81** (1984) 6397; **83** (1985) 2538.
[5] B.E. Hayden, C.L.A. Lamont: *Phys. Rev. Lett.* **63** (1987) 1823.
[6] C.T. Rettner, D.J. Auerbach, H.A. Michelsen, *Phys. Rev. Lett.* **68** (1992) 1164.
[7] H.A. Michelsen, C.T. Rettner, D.J. Auerbach: *Springer Series in Surface Science* **34**, ed. R.J. Madix (Springer-Verlag, Berlin, 1994) pp. 185.
[8] M. Beutl, M. Riedler, K.D. Rendulic: *Chem. Phys. Lett.* **247** (1995) 249.
[9] M. Gostein, G.O. Sitz: *J. Chem. Phys.* **106** (1997) 7378.
[10] A. Hodgson, P. Samson, A. Wight, C. Cottrell: *Phys. Rev. Lett.* **78** (1997) 963.
[11] M.F. Bertino, F. Hofmann, J.P. Toennies: *J. Chem. Phys.* **106** (1997) 4327.
[12] H. Hou, S.J. Gulding, C.T. Rettner, A.M. Wodtke, D.J. Auerbach, *Science* **277** (1997) 80.
[13] R. Koslo.: *J. Phys. Chem.* **92** (1988) 2087.
[14] W. Brenig, H. Kasai: *Surf. Sci.* **213** (1989) 170.
[15] M.R. Hand, S. Holloway: *J. Chem. Phys.* **91** (1989) 7209.
[16] J. Harris: *Surf. Sci.* **221** (1989) 335.
[17] H. Kasai, A. Okiji, W. Brenig: *J. Electron. Spectrosc. Relat. Phenom.* **54/55** (1990) 153.
[18] D. Halstead, S. Holloway: *J. Chem. Phys.* **93** (1990) 2859.
[19] K. Tanada: Master's Thesis, Osaka University (1993).
[20] H. Kasai, A. Okiji: *Prog. Surf. Sci.* **44** (1993) 101.
[21] W. Brenig, T Brunner, A. Gros, R. Russ: *Z. Phys.* **B93** (1993) 91.
[22] B. Hammer, M. Sche.er, K.W. Jacobsen, J.K. Nørskov: *Phys. Rev. Lett.* **73** (1994) 1400.
[23] J.A. White, D.M. Bird, M.C. Payne, I. Stich: *Phys. Rev. Lett.* **73** (1994) 1404.
[24] W. Brenig, R. Russ: *Surf. Sci.* **315** (1994) 195.
[25] T. Brunner, W. Brenig: *Surf. Sci.* **317** (1994) 303.
[26] W.A. Diño, H. Kasai, A. Okiji: *J. Phys. Soc. Jpn.* **64** (1995) 2478.
[27] G. R. Darling, S. Holloway: *Rep. Prog. Phys.* **58** (1995) 1595.
[28] W. Brenig, A. Gross, R. Russ: *Z. Phys.* **B97** (1995) 311.
[29] J. Dai, J.C. Light: *J. Chem. Phys.* **107** (1997) 1676.
[30] H. Kasai, A. Okiji, W.A. Diño: *Springer Ser. Solid-State Sci.* **121** (1996) 99.
[31] W.A. Diño, H. Kasai, A. Okiji: *Surf. Sci.* **363** (1996) 52.
[32] G. Wiesenekker, G.J. Kroes, E.J. Baerends: *J. Chem. Phys.* **104** (1996) 7344.
[33] W.A. Diño, H. Kasai, A. Okiji: *Phys. Rev. Lett.* **78** (1997) 286.
[34] 笠井秀明, W.A. Diño, 興地斐男: 日本物理学会誌 **52** (1997) 824.
[35] W.A. Diño, H. Kasai, A. Okiji: *J. Phys. Soc. Jpn.* **67** (1998) 1517.
[36] W.A. Diño, H. Kasai, A. Okiji: *Surf. Sci.* **418** (1998) L39.

[37] A. Gross: *Surf. Sci. Rep.* **32**（1998）291.
[38] W.A. Diño, H. Kasai, A. Okiji: *Surf. Sci.* **427-428**（1999）358.
[39] G.J. Kroes: *Prog. Surf. Sci.* **60**（1999）1.
[40] W.A. Diño, H. Kasai, A. Okiji: *Prog. Surf. Sci.* **63**（2000）63.
[41] W.A. Diño, H. Kasai, A. Okiji: *J. Phys. Soc. Jpn.* **69**（2000）993.
[42] W.A. Diño, H. Kasai, A. Okiji: *Surf. Sci.* **493**（2001）278.
[43] R. Muhida, W.A. Diño, Y. Miura, H. Kasai, H. Nakanishi, K. Fukutani, T. Okano, A. Okiji: *J. Vac. Soc. Jpn.* **45**（2002）448.
[44] Y. Miura, H. Kasai, W.A. Diño: *J. Phys.: Condens. Matter* **14**（2002）L479.
[45] H. Kasai, W.A. Diño, R. Muhida: *Prog. Surf. Sci.* **72**（2003）53.
[46] 文部科学省科学技術政策研究所科学技術動向研究センター『図解・水素エネルギー最前線』工業調査会（2003）.
[47] 大角泰章『水素吸蔵合金 — その物性と応用 —』アグネ技術センター（1993）.
[48] 太田時男『水素エネルギー：クリーンエネルギーを求めて』森北出版（1987）.
[49] H. Taniuchi, H. Umezawa, T. Arima, M. Tachiki, H. Kawarada: *IEEE Electron Device Lett.* **22**（2001）390.
[50] D.G. Fried, T.C. Killian, L. Willmann, D. Landhuis, S.C. Moss, D. Kleppner, T.J. Greytak: *Phys. Rev. Lett.* **81**（1998）3811.
[51] C.M. Mate, G.A. Somorjai: *Phys. Rev.* **B34**（1986）7417.
[52] 尾崎萃『触媒機能』（化学 One Point 谷口雅男・妹尾学編集）共立出版（1986）.
[53] J.E. Lennard-Jones: *Trans. Faraday Soc.* **28**（1932）333.
[54] A.F. Benton, T.A. White: *J. Am. Chem. Soc.* **52**（1930）2325.
[55] H.S. Taylor: *J. Am. Chem. Soc.* **53**（1931）578.
[56] W. van Willigen: *Phys. Lett.* **A28**（1968）80.
[57] M. Balooch, M.J. Cardillo, D.R. Miller, R.E Stickney: *Surf. Sci.* **46**（1974）358.
[58] J.C. Polanyi, S.D. Rosner, *J. Chem. Phys.* **38**（1963）1028.
[59] J.H. McCreery, G. Wolken Jr., *J. Chem. Phys.* **63**（1975）2340.
[60] P. Hohenberg, W. Kohn: *Phys. Rev.* **136**（1964）B 864.
[61] W. Kohn, L.J. Sham: *Phys. Rev.* **140**（1965）A 1133.
[62] J.P. Perdew, A. Zunger: *Phys. Rev.* **B23**（1981）5048.
[63] J.P. Perdew, J.A. Chevary, S.H. Vosko, K.A. Jackson, M.R. Pederson, D.J. Singh, C. Fiolhais: *Phys. Rev.* **B46**（1992）6671.
[64] G. Comsa and David: *Surf. Sci.* **117**（1982）77.
[65] 西島光昭: 真空 **41**（1998）37.

[66] E. E. Marinero, C. T. Rettner, R. N. Zare: *Phys. Rev. Lett.* **19** (1982) 1323.
[67] C. H. Greene, R. N. Zare: *J. Chem. Phys.* **78** (1983) 6741.
[68] 中西寛, 笠井秀明, Wilson Agerico Diño:「計算機ナノマテリアルデザイン特集号」固体物理 **39** (2004) 135.
[69] K. Nobuhara, H. Kasai, H. Nakanishi, A. Okiji: *Surf. Sci.* **82** (2002) 507.
[70] Y. Miura, H. Kasai, W.A. Diño, H. Nakanishi: *J. Vac. Soc. Jpn.* **46** (2003) 402.
[71] Y. Miura, H. Kasai, W.A. Diño, A. Okiji: *J. Phys. Soc. Jpn.* **71** (2002) 222.
[72] 三浦良雄, 笠井秀明, 興地斐男: 真空 **45** (2002) 443.
[73] Y. Miura, W.A. Diño, H. Kasai, A. Okiji: *Surf. Sci.* **507-510** (2002) 838.
[74] Y. Miura, H. Kasai, W.A. Diño: *J. Phys.: Condens. Matter* **14** (2002) 4345.
[75] P. Kratzer: *J. Chem. Phys.* **106** (1997) 6752.
[76] M.F. Hilf, W. Brenig: *J. Chem. Phys.* **112** (2000) 3113.
[77] T. Kishi, K. Suzuki, D. Matsunaka, W.A. Diño, H. Nakanishi, H. Kasai: *J. Phys.: Condens. Matter* **16** (2004) S5763.
[78] N.B. Arboleda, H. Kasai, W.A. Diño, H. Nakanishi: *Jpn. J. Appl. Phys.* **44** (2005) 797.
[79] A. Okiji, H. Kasai, Ayao Okiji, W.A. Diño: Proceedings of the International Workshop on Current Problems in Condensed Matter: Theory and Experiments (Plenum, 1998) 275.
[80] A. Fukui, H. Kasai, A. Okiji: *J. Phys. Soc. Jpn.* **67** (1998) 4201.
[81] A. Fukui, H. Kasai, H. Nakanishi, Ayao Okiji: *Surf. Sci.* **438** (1999) 271.
[82] A. Fukui, H. Kasai, H. Nakanishi, Ayao Okiji: *Phys. Rev.* **B61** (2000) 14136.
[83] A. Fukui, H. Kasai, H. Nakanishi, Ayao Okiji: *Appl. Surf. Sci.* **169-170** (2001) 42.
[84] H. Kasai, W.A. Diño, A. Okiji: *Surf. Sci. Rep.* **43** (2001) 1.
[85] 笠井秀明, 中西寛, Diño, Wilson Agerico Tan, Rifki Muhida,「水素の液化促進法」, 特開 2003-089501.
[86] 笠井秀明, 中西寛, 三浦良雄, Rifki Muhida,「オルソ・パラ転換促進方法および水素液化促進方法」, 特開 2004-161575.

10　RSPACE-04

　本章では，基礎編第10章で説明した実空間差分法と overbridging boundary-matching 法を用いたナノスケール構造体の電気伝導特性計算結果の例を紹介する．ここでは，ナノスケールの電気伝導[1-10]の直感的な理解のために比較的構造が簡単なジェリウムナノワイヤーから，次世代のデバイス素子として近年盛んに研究が行われている分子ナノワイヤー，そして数多くの実験が行われ，特異な電気伝導特性が観測されているアルミニウム単原子ナノワイヤーの電気伝導特性計算を取り上げる．

10.1　ジェリウムナノワイヤー

　ジェリウムナノワイヤーは，その構造の簡単さゆえ，電気伝導の量子化を理解する上で非常に便利である．ここでは，図10.1に示すような柱状のジェリウムナノワイヤーを用いて，これまで実験や理論計算で確認されている金やナトリウム単原子ナノワイヤーのコンダクタンスの偶奇振動[6-10]の原因について考察する．

　本計算で用いたモデルは，ナノワイヤーの幅 W が 5.0 bohr，スーパーセルの幅 L_{sc} が 20.0 bohr である．ナノワイヤーと電極部分のポテンシャルは 0 hartree であり，それ以外の部分は $50(\pi/W)^2$ hartree である．また，実空間

応用 10　RSPACE-04

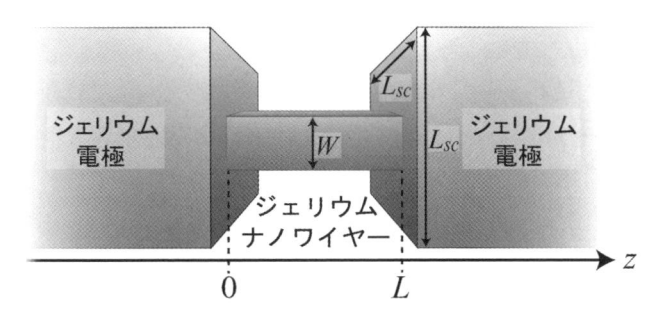

図 10.1　ジェリウム電極に挟まれたジェリウムナノワイヤー

差分法におけるグリッドの幅はすべての方向において 0.20 bohr とし，二階微分には 3 点差分公式[9]を用いた．入射電子のエネルギー E を $1.5(\pi/W)^2$ hartree としたときのナノワイヤーの長さ L に対するコンダクタンスの変化を図 10.2 に示す．また，図 10.3 に電気伝導にかかわる電子の電子密度分布を示す．コンダクタンスは周期をもって振動し，その周期の長さは図 10.3 に示す電子密度分布の塊の長さに一致する．また，電子密度の塊が完全な形で現れるときには透過確率は 1 になり電気伝導のコンダクタンスは量子化されるが，中途半端な大きさのものが現れるときには量子化されない．

このようなコンダクタンスの振動と電子密度分布の振る舞いに対して，近似解が与えられており[10]，透過確率は $\pi/\sqrt{2[E-(\pi/W)^2]}$ の周期で振動する

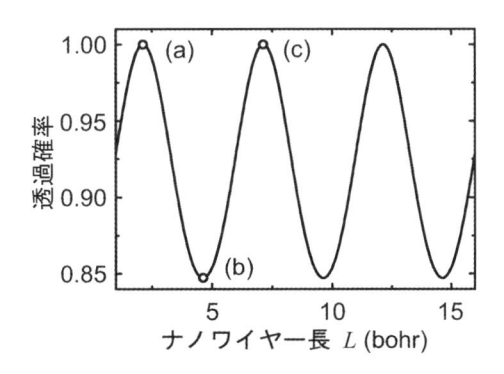

図 10.2　ジェリウムナノワイヤーのコンダクタンス

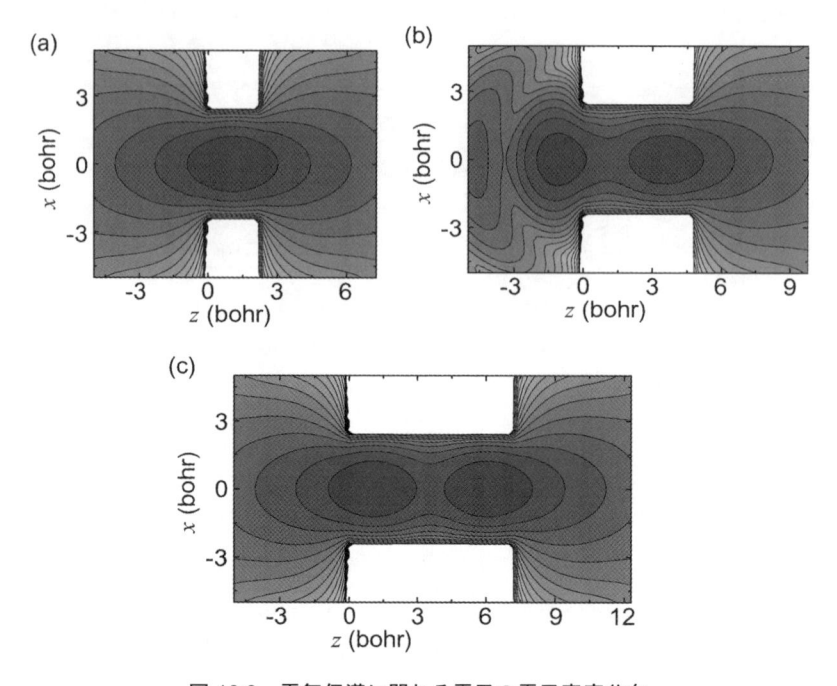

図 10.3 電気伝導に関わる電子の電子密度分布
2 倍 (1/2 倍) 刻みの等高線図である.図中 (a),(b),(c) はそれぞれ図 10.2 に示したナノワイヤー長に相当する.

ことが知られている.また,ナノワイヤー中の波動関数は,ナノワイヤーに平行な方向と垂直な方向に変数分離でき,平行な成分は $\pm\sqrt{2[E-(\pi/W)^2]}$ の波数をもち,左側電極から入射した電子の波動関数は,ナノワイヤー中でこれらの波の線形結合で表される.線形結合の係数は同じではなく,この差が $\pi/\sqrt{2[E-(\pi/W)^2]}$ の長さの電子密度分布の塊を生じさせる.

この近似解によれば,本節の計算条件の場合,コンダクタンスの振動の周期と塊の長さは 5.0 bohr となるはずである.図 10.2,図 10.3 の結果は,これらの近似解とよく一致していることがわかる.

10.2 C_{20} フラーレンナノワイヤー

　分子ナノワイヤーを扱った例として，最も小さいフラーレンである C_{20} 分子の 1 次元ナノワイヤーの電気伝導特性について紹介する．計算モデルを図 10.4 に示す．C_{20} 分子ナノワイヤーは金のジェリウム電極で挟まれており，電極表面とは二重結合[図 10.4(a), (c)]，または単結合[図 10.4(b), (d)]で結合している．この計算では，原子核は Troullier-Martins 型のノルム保存型擬ポテンシャル[11,12]を用いて近似し，電子の交換相関相互作用には局所密度近似[13]を用いた．また，実空間差分法におけるグリッドの幅はすべての方向において 0.50 bohr とし，二階微分には 3 点差分公式[9]を用いた．C_{20} 分子は，孤立状態では絶縁体であるにもかかわらず，電極に挟まれると導体となる．これは，電極から C_{20} 分子に電子が流れ込み分子が導体になるためである．分子の部分で増えた電子の量は，1 分子単結合の場合で 3.15%，1 分子二重結合の場合で 2.30%，2 分子単結合の場合で 0.68%，2 分子二重結合の場合で 0.68%であり，1 分子の場合の方が 1 分子あたりに流れ込んだ電子の量が多い．

　表 10.1 にそれぞれの場合におけるコンダクタンスを記す．1 分子と 2 分子の場合のコンダクタンスを比べてみると，2 分子の場合の方が極端に小さ

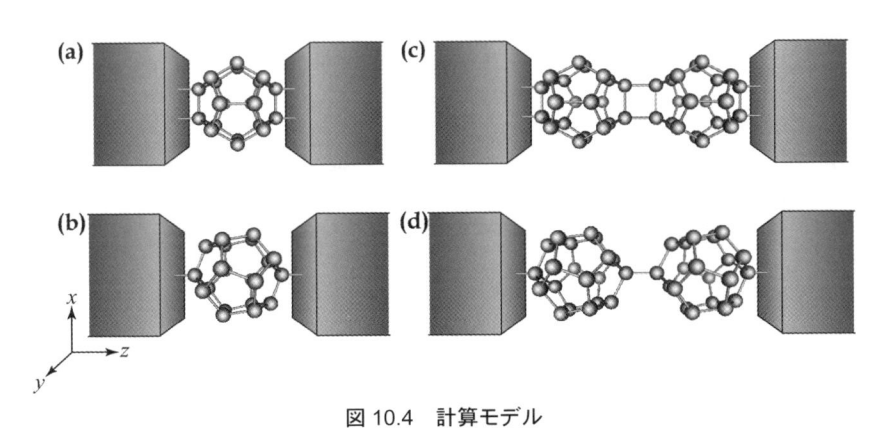

図 10.4　計算モデル
(a) 1分子二重結合．(b) 1分子単結合．(c) 2分子二重結合．(d) 2分子単結合．

表 10.1 各モデルのコンダクタンス

	Conductance (G_0)
1分子二重結合	1.57
1分子単結合	0.83
2分子二重結合	0.18
2分子単結合	0.17

文献[15]より転載.

い.このようなナノスケールの構造体では,電子は弾道的に伝導するため,コンダクタンスはナノワイヤーの長さに依存しないはずである.また,仮にオームの法則が成り立つとし,その上で分子と電極の接触抵抗を無視したとしても2分子のコンダクタンスは1分子の場合の半分程度にとどまるはずである.このように2分子のコンダクタンスが小さくなる理由は,分子内のどこかで電子が散乱されるためである.図 10.5 に電気伝導に関わる電子の電子密度分布を示す.入射電子の多くは,電極と分子の結合部分で散乱されているが,特に注目すべき点は,2 分子の場合,分子と分子の結合部分でも多くの電子が散乱されているところである.このことから,2 分子の場合のコ

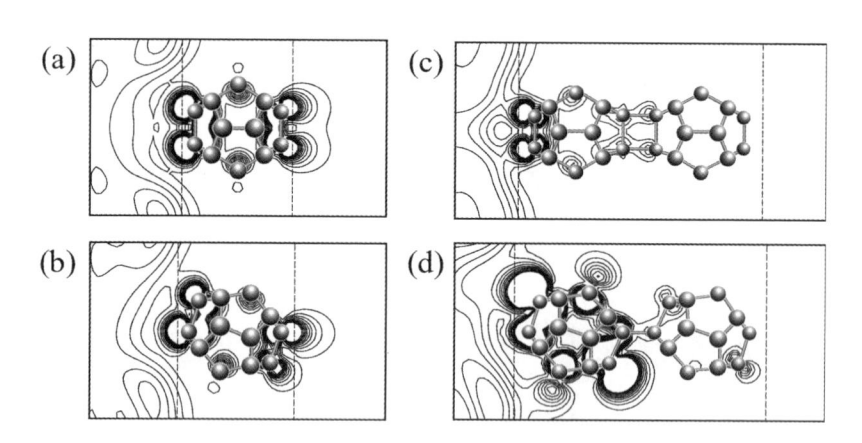

図 10.5 伝導に関わる電子の空間密度分布
左の電極から入射するフェルミエネルギーをもった電子の分布を示している.2 倍 (1/2 倍) 刻みの等高線図である.文献[15]より転載.

(a)　(c)

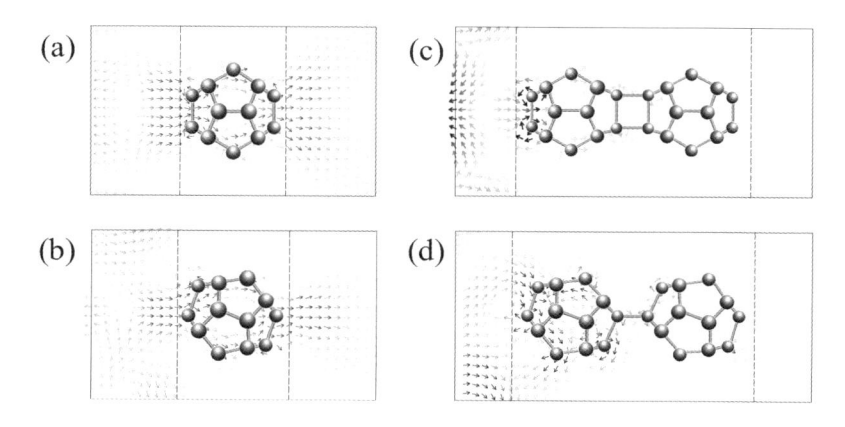

(b)　(d)

図 10.6　伝導に関わる電子の電流密度分布
左の電極から入射するフェルミエネルギーをもった電子の分布を示している．文献[15]より転載．

ンダクタンスが 1 分子の場合のそれに比べて極めて小さくなることが理解できる．

次に，結合手の数で比較してみると，1 分子の場合は二重結合鎖の方が単結合鎖よりもコンダクタンスが大きい．これは，二重結合鎖の方が電子の伝わる通路が多いためと考えられる．ところが，2 分子の場合では状況は一転し，単結合鎖の場合でも二重結合鎖の場合でもコンダクタンスの差はほとんどない．これは，分子をたくさんつないで無限長にしたとき，単結合の場合は，二重結合の場合よりもバンドギャップの幅が小さくなる[14]ため，C_{20} の結合部分での電子の散乱が少なくなるものと考えられる．

最後に，電子が分子のどの部分を通って流れているかを調べた結果を図 10.6 に示す．いずれのモデルにおいても，電子は C_{20} の籠の中を流れるのではなく，籠に沿って流れていることがわかる．また，籠の外側の原子の周りに炭素原子の p 軌道が関与してできたループ電流が発生しており，この電流により磁場が誘導される可能性もある．この計算の詳細に関しては，文献[15]を参照されたい．

10.3　アルミニウム単原子ナノワイヤー

　10.1 節，10.2 節の計算は，電極を構造のないジェリウムとして取り扱ってきた．ここでは，電極に原子でできた結晶電極を用いた計算例を紹介する．電極間に挟まれた原子鎖について，これまで数多くの実験的研究が行われており，アルミニウム単原子ナノワイヤーの特徴的な点は，破断直前での電極間距離に対するコンダクタンスの階段状の変化（コンダクタンストレースと呼ばれる）が平らなプラトーを描くのではなく，下に凸のカーブを描く[16]ことである．この結果は，破断直前ではナノワイヤーが長くなっていくと電気抵抗が下がるという非直感的な現象が生じていることを意味している．アルミニウム単原子ナノワイヤーの場合，電極とナノワイヤーの接続状態によりコンダクタンスが変化することが知られているため，コンダクタンスのわずかな変化を定量的に調べるには，結晶でできた電極を用いるか，ナノワイヤーと電極の間に少なくとも数原子層のバッファー層が必要である．また，原子核と電子の相互作用を決める擬ポテンシャルも，信頼性の高いノルム保存型擬ポテンシャルを使うことが不可欠である．

　ここでは，Al(001) 結晶電極に挟まれたアルミニウム原子 3 個からなる原子ナノワイヤーの電極間距離に対するコンダクタンスの変化を調べた．モデル系を図 10.7 に示す．ナノワイヤーおよび電極部の原子核は，Troullier-Martins 型のノルム保存型擬ポテンシャル[11,12]を用いて扱い，電子の交換相関相互作用には局所密度近似[13]を用いた．また，実空間差分法におけるグ

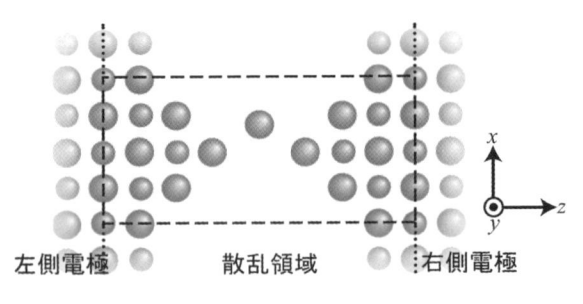

図 10.7　計算モデル系

応用 10　RSPACE-04

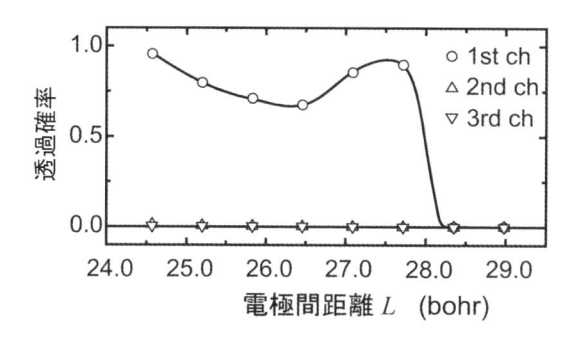

図 10.8　各チャネルの透過確率
文献[17]より転載.

リッドの幅はすべての方向において 0.60 bohr とし，二階微分には 9 点差分公式[9]を用いた．両方の電極表面上に原子 4 個からなる一辺が a_0（a_0 は格子定数）の正方形の台座を置き，その間に単原子ナノワイヤーを挟んだ．フェルミエネルギーをもった入射電子のゼロバイアス極限での透過確率を図 10.8 に示す．いずれの電極間距離においても，電気伝導に支配的なのは主に s-p_z 軌道からなる第 1 チャネルであり，p_x-p_y 軌道が支配的な二重に縮退した第 2，第 3 チャネルによる寄与は，無視しうるほど小さい．また，第 1 チャネルの透過確率は，電極間距離が 26.5 bohr の時に極小値をもつ．この結果は，前述の実験結果とよく一致している．

　この特異な電気伝導特性の詳細を知るために，いくつかの電極間距離の場合において，電気伝導にかかわる電子密度分布と電流密度分布を調べた．結果を図 10.9 に示す．図では，左側の電極から入射された電子の空間密度分布（上）と電流密度分布（下）を示している．図 10.9(a) に示す電極間距離が 24.6 bohr の場合は，第 1 チャネルの透過確率はほぼ 1 である．このとき，入射電子は電極の [0$\bar{1}$1] 方向，または [10$\bar{1}$] 方向から折れ曲がったナノワイヤーに進入し，真ん中の原子の p_x-p_y 軌道を通り右側の電極に流れていく．このとき，p_x-p_y 軌道は原子周りに回転モーメントをもつため，真ん中の原子周りにループ電流が生じる．

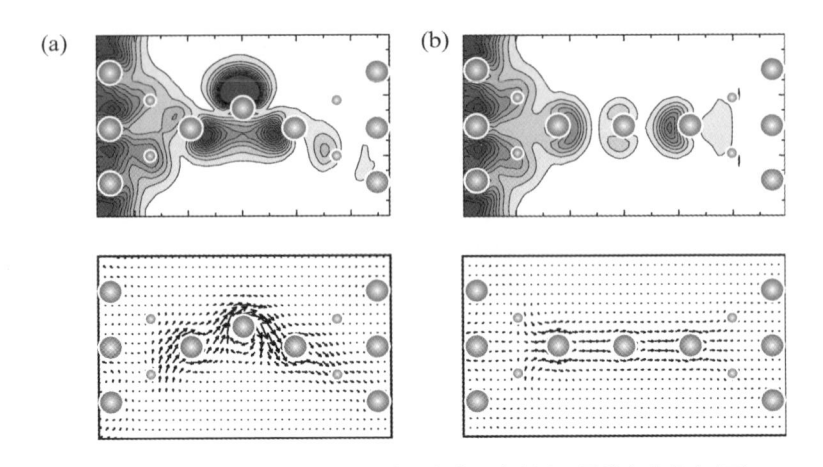

図 10.9 伝導にかかわる電子の空間密度分布（上）と電流密度分布（下）
(a) 電極間距離が 24.6 bohr の場合．(b) 電極間距離が 27.0 bohr の場合．電子密度分布は，2倍(1/2倍)刻みの等高線図である．文献[17]より転載．

電極間を徐々に広げていくと，真ん中の原子が下方に移動し，コンダクタンスとループ電流は小さくなる．電極間距離が 27.0 bohr になると，再びコンダクタンスが大きくなる．これは，ナノワイヤーは直線状になり一次元の特徴があらわになるからである．一般的なナノスケールにおける一次元系の電気伝導理論によると，理想的な一次元系ではコンダクタンスは $1\,G_0$ の単位で量子化される．そのため，第1チャネルの透過確率は，電極間距離が短い場合よりも大きくなるのである．さらに電極間を広げていくとナノワイヤーは破断するため，電気伝導を担うチャネルは消滅し，トンネル電流のみとなる．この計算の詳細に関しては，文献[17]を参照されたい．

10.4 むすび

本章では，第一原理電気伝導計算プログラム RSPACE-04 を用いたいくつかのナノスケール構造体に対する電気伝導計算の結果を紹介した．このプログラムでは，この他にも走査型トンネル顕微鏡／分光法における探針－試料

間に流れるトンネル電流の解析や，半導体デバイスに用いられている絶縁用薄膜のリーク電流の解析等にも応用できる．今後，ナノスケールにおける物質・構造設計に大きな威力を発揮するものと期待される．

[10 章　参考文献]

[1] J.M. Krans, J.M. Van Ruitenbeek, V.V. Fisun, I.K. Yanson and L.J. de Jongh: Nature (London) **375** (1995) 767.

[2] J.L. Costa-Krämer, N. García, P. García-Mochales, P.A. Serena, M.I. Marqués and A. Correia: Phys. Rev. B **55** (1997) 5416.

[3] H. Ohnishi, Y. Kondo and K. Takayanagi: Nature **395** (1998) 780.

[4] N.D. Lang: Phys. Rev. Lett. **79** (1997) 1357; Phys. Rev. B **55** (1997) 4113; N.D. Lang and Ph. Avouris: Phys. Rev. Lett. **84** (1999) 358.

[5] N. Kobayashi, M. Brandbyge and M. Tsukada: Phys. Rev. B **62** (2000) 8430.

[6] H.S. Sim, H.W. Lee and K.J. Chang: Phys. Rev. Lett. **87** (2001) 096803; Physica E **14** (2002) 347.

[7] S. Tsukamoto and K. Hirose: Phys. Rev. B **66** (2002) 161402(R); Y. Egami, T. Sasaki, S. Tsukamoto, T. Ono, K. Inagaki and K. Hirose: Mater. Trans. **45** (2004) 1433.

[8] Y.J. Lee, M. Brandbyge, M.J. Puska, J. Taylor, K. Stokbro and R.M. Nieminen: Phys. Rev. B **69** (2004) 125409.

[9] K. Hirose, T. Ono, Y. Fujimoto and S. Tsukamoto: *First-Principles Calculations in Real-Space Formalism—Electronic Configurations and Transport Properties of Nanostructures—* (Imperial College Press, London, 2005).

[10] Y. Egami, T. Ono and K. Hirose: Phys. Rev. B **72** (2005) 125318.

[11] N. Troullier and J.L. Martins: Phys. Rev. B **43** (1991) 1993.

[12] K. Kobayashi: Comput. Mater. Sci. **14** (1999) 72.

[13] J. P. Perdew and A. Zunger: Phys. Rev. B **23** (1981) 5048.

[14] Y. Miyamoto and M. Saito: Phys. Rev. B **63** (2001) 161401.

[15] M. Otani, T. Ono and K. Hirose: Phys. Rev. B **69** (2004) 121048.

[16] J. Mizobata, A. Fujii, S. Kurokawa and A. Sakai: Phys. Rev. B **68** (2003) 155428.

[17] T. Ono and K. Hirose: Phys. Rev. B **70** (2004) 033403.

11 相関電子系設計への指針

　前章までに，物質設計という目標が計算機シミュレーションを用いた方法を活用することで達成できることが紹介された．この計算機マテリアルデザイン（CMD）を用いることによって，磁性材料や電子素材などの機能性材料の設計や，半導体デバイスの形成プロセスからデバイス特性の評価までをナノスケールで行うシミュレーションが可能になり，また，触媒反応プロセスをミクロな素過程における物理を同定して精度よく決定することもできる．

　しかし，CMD を使えば何でもできるというわけではない．例えば物質の凝集機構の重要な原因の1つである分散力を充分な精度で計算することができる実用的計算方法は，未だ発展途上にあるというべきである．これは，分散力によって凝集が起こりつつあるような系，あるいは溶液中で重要な反応過程が選択的に化学種を選びつつ進行するような系など，極めて重要な過程をシミュレーションするには，計算規模の点で完全でないことと，本質的に多粒子間有効相互作用としてモデル化せざるを得ない可能性があるからで，やはり慎重に考える必要がある．それでは分散力よりは大きな化学的結合力によって形作られる結晶性物質の設計を目標としたときに，このターゲットとなる物質には制限があるのだろうか？

　この疑問に答えるには，計算機マテリアル・デザインに用いられる基礎理論として何を採用するかを定める必要がある．ここでは密度汎関数理論に基

応用 11 相関電子系設計への指針

づく第一原理電子状態計算法を採用した場合の話に限定する．したがって，Born-Oppenheimer 近似と呼ばれる断熱近似の範囲までを対象とする．第一原理電子状態計算と呼ばれる手法は時代とともに形を変えてきたと考えられ，その全貌について議論を行うのは本章の範囲を超えるものであることから，基礎編第 11 章「新しい密度汎関数法」の枠組みから考えたときの計算機マテリアル・デザインの将来像について考えることで，先の問題の答えについて議論したい．新しい密度汎関数法の考え方によると，これまで強相関電子系と呼ばれてきた一群の物質系に対する第一原理的電子状態計算が定義できる．これまでに行われてきた有効模型の議論とこの第一原理電子状態計算の議論を総合して見ると，今後何が可能になるかについては充分な精度をもって予測ができると考えられる．本章では，具体的事例につながる応用力を養うための知識を紹介しながら，物質設計の応用が実現されることを読者に実感してもらうことを目標とする．

11.1 相関電子系の理論模型

電子相関効果と呼ばれるものは，およそ以下のように理解されていると考えられる．まず，「相関エネルギー」は，電子系の基底状態に関していえば，「厳密な系のエネルギーと，ハートレー・フォック近似したときの系のエネルギーとの差」と定義されている．すると，ハートレー・フォック近似することが単に定量的なエネルギーの差異を生むのみでなく，系の性質を定性的に変えてしまう場合にも，明らかに相関エネルギーが与える差異が重要になっているはずである．したがって，電子相関効果とは，ハートレー・フォック近似をそのまま適用すると，予測と現実とがずれを引き起こしてしまう系に対してそのずれを補正するための効果，もしくはハートレー・フォック近似では捉えられない効果ということができる．この相関効果が系の定性的性質を左右している電子系をここでは相関電子系と呼ぶ．

相関効果により実際とずれが生じる例としては，遍歴電子強磁性体がある．いくつかの模型において，解析解・数値解の両者を含んだ厳密解，格子

模型に対する量子モンテカルロ法による精密評価，ある種の量子モンテカルロ計算や密度行列繰り込み群法を含む変分法，などの精密計算の結果は，遍歴電子強磁性が発生する相は，模型において相関効果が強い(それは，模型に現れる相互作用が大きい方向，または電子間斥力項が運動エネルギーに対して相対的に大きくなる方向をいうが，そうした)領域においてのみ現れるのに対して，一方でハートレー・フォック近似した場合には強い電子間の相関がまだ十分現れない領域から強磁性解を結論してしまう，という一般的傾向が見出されている．ただし，平均場近似が全く一般にこの傾向を示すのか否かを結論するのは早計であって，現在多く使われる局所スピン密度近似を含め，秩序変数に対して与えられる相関エネルギーの評価において非常に込み入った関数形を用いている場合には，平均場解を見ているだけでは厳密解がどこにあるのかを推定することは難しいと考えるべきである．

　このような相関効果を議論する際に，もとの非一様なクーロン多体系そのものを取り扱うことは難しいと考えられてきたために，何らかの簡略化が行われてきた．1つは，有効質量近似の範囲内で遍歴性のバンドを可能な限り簡略化しておいて，波数表示された自由フェルミオン系にクーロン相互作用による散乱の効果を考えていく，電子ガスの理論から電子液体論へとつながる方法である．この場合に考えられる問題点の1つは，裸の原子核ポテンシャルから作ったバンドでは現実的な素励起の表現の精度が下がるが，だからといって電子間相互作用からくる効果をある程度取り入れたバンドから出発する場合には，相互作用項として何を捉えているのかが再び曖昧になるということである．仮想的な模型として，背景の正電荷を一様電荷に置き直して得られる一様電子ガス模型を採用した場合の理論では，高次摂動論の効果の取り込みに関する繰り込み処方，有効ポテンシャルの方法，または拡散モンテカルロ法・グリーン関数モンテカルロ法によって相関エネルギーの評価が確立してきているといえるだろう．ただし，未だに最後の方法でも変分法として存在していることには注意すべきで，評価が修正される可能性は残っている．

　一方で，強結合模型と呼ばれる原子軌道(または分子軌道をとる場合も含

応用 11 相関電子系設計への指針

めて)の線形結合で価電子バンドを近似する理論形式(LCAO 近似と呼ぶ)が,多くの議論で用いられてきた.一旦,物質中の電子状態をこの LCAO 近似により基底展開したとして,かつ重要な相互作用の寄与は,価電子バンドをなす電子の間に働くクーロン相互作用(それは,他の動ける電子からくるスクリーン効果を含めたことで遮蔽クーロン相互作用になるものと理解することが Hubbard の論文以来標準的と考えられるが)を考え,特に重要な寄与として同一の軌道上に 2 つの反平行スピンをもつ電子ペアがきたときに生じる短距離型斥力項を顕わに残すという方針で模型を作ると,次のハバード模型が得られる[1].

$$H_{HM} = H_{kin} + H_{int},$$
$$H_{kin} = -\sum_{\langle i,j \rangle} \sum_\sigma t_{i,j}(c^\dagger_{i,\sigma} c_{j,\sigma} + \text{H.c.}), \quad (1)$$
$$H_{int} = \sum_i U_i n_{i,\uparrow} n_{i,\downarrow}.$$

ただし,$c^\dagger_{i,\sigma}$, $c_{i,\sigma}$ を軌道 ϕ_i 上にスピン σ が来たときの電子の生成・消滅演算子とし,$n_{i,\sigma} = c^\dagger_{i,\sigma} c_{i,\sigma}$ とした.H_{kin} は,強結合模型のバンド状態を表現する.また,この模型の分野で 2 体相互作用と呼んでいる H_{int} を,ここでは U 項と呼ぶことにする.

同様の模型は 1930 年代以来実際多くの議論の中に現れていたと考えられているが,歴史的にハバードギャップと呼ばれる遍歴性価電子バンドのスペクトル関数に現れる電子間斥力起源のギャップ形成を示した Hubbard の論文によって,模型自身の名前がその後ハバード模型と広く呼ばれるようになったといわれている.実際に,NiO を典型例とする遷移金属酸化物においてハバードギャップの形成は知られており,銅酸化物高温超伝導体でも母物質となる絶縁性磁性相では通常磁気秩序形成と同時に光学スペクトルにおいて明瞭なハバードギャップの形成が見られることが知られている.これらの物質系でのギャップの形成要因が確かに電子相関に起因すると考えるべきことは,ハートレー・フォック近似の範囲内で現れる反強磁性解から始めてしまうと,知られている圧力相図,電子占有数変化による相図に加え,隣接する金属相でのスペクトル関数の再現が事実上不可能になることからはっきりと

認識されている.

　U 項を含んだ模型は様々な形で用いられている．例えば，金属中の磁性不純物を議論する際に標準模型として採用されることが多い不純物アンダーソン模型[2]では，遍歴性の金属バンドと局在軌道 ϕ_i が，軌道混成項で混じり合っているとする．さらに，ϕ_i 上に U 項を考える．固体中で見られる最も典型的な多体効果の 1 つとして知られる近藤効果は，この不純物アンダーソン模型において事実上の厳密解析を許している[3,4]．この不純物アンダーソン模型が有効模型として現れる系は，例えば半導体量子ドットを電極によって挟んだ接合系も挙げられ，この人工的な系で，不純物アンダーソン模型の表す物性である近藤効果が生じることが理論予測され，実際に実験的にも観測されている.

　このように，基本的な有効模型が発見されると，その与える物理描像は大変広い電子系で見出されることがよくある．このような類似の現象が低エネルギー領域で現れ，その物理を表現する有効模型が同一視されるとき，1 つのユニバーサリティ・クラスが得られたものと認識することができる．この考えは大変有効なものだと理解されており，有効模型の表す物理が，ある典型的な模型のパラメータによってスケールされるので，例えば温度軸上で典型的温度（この場合には近藤温度）によって規格化すれば同じ温度変化を異なる系が示すということになる．すると，例えば絶対零度であっても系の性質を表す有効模型が決まりそれが既知の模型と一致すると，その模型が成り立っている限り，事実上問題が例えば相関効果をすべて取り込んだ厳密解のレベルで理解されてしまったとみなされる.

　一方，相関効果が現れる軌道が，原子当たり（あるいは単位胞当たり）複数現れる系も当然考えられる．そのような系では，複数の局在軌道を考慮した多バンド・ハバード模型が得られると考えられる．多バンド系は，特有の有効磁性相互作用が現れうることなどから興味深い．遷移金属酸化物での超交換相互作用を物質を特定して再現するには，遷移金属の 3d-軌道と酸素の 2p-軌道を含むハバード模型から出発せざるを得ないと予想される．また，磁性半導体で重要な，p-d 交換相互作用や二重交換相互作用は，多バンドハ

バード模型によって記述される.

では,何故ハバード模型が結晶をなす物質系で重要なのだろうか? その理由として,以下では2つのことを説明する. 1つ目は,ハバード模型の示す電子諸相の多様性である. もう1つが,新しい密度汎関数法が自然と与える模型としてハバード型相互作用と形式的に一致するものが得られる,という帰結である.

11.2 ハバード模型の示す物性

ハバード模型を様々な物質中の相関電子系の議論にほぼそのまま適用して,近似的バンド構造において U の値をパラメータとして考え,模型が示しうる相を網羅的に調べることが,これまでかなり多くの物質系に対する理論としてなされてきた. これは,ユニバーサリティのアイデアに基づき,ハバード模型の示す種々の物性が充分にクーロン多体系の諸物性を再現しうるとする楽観によって支持されている. ところが,大変面白いことに,かなり多くの相関電子系において,適切に選ばれた運動エネルギー項といわゆる相互作用項と呼ばれる U 項の組合せは,モット絶縁体相,異常金属相,電子間斥力起源超伝導相を含めて種々の磁性相,超伝導相,絶縁体相を示す. それは,物質系ごとの相図の定性的再現には十分であるとみなせるほどに多彩である. そして,適切なパラメータ軸に対する相図の定性的性質の一致までが確認されている多くの例が知られている.

ここでは,そうした物質系の近似理論としての立場でみたハバード模型の概説を行うつもりはない. 1つには膨大すぎるデータの蓄積を紹介する余裕がないということがある. そこでむしろハバード模型という有効模型が厳密に示す事柄を理解しておくことにしたい. これは,物質設計の立場からは重要である. なぜなら,厳密解が示す相をクーロン多体系において探してみることで,ユニバーサリティ・クラスを特定した物質設計という,CMD本来の目的に適う知識の基盤を与えることになると考えられるからである.

格子模型としてのハバード模型は,明らかに $H_{\rm kin}$ がこのフェルミオン系の

運動エネルギーを与え，H_{int} が 2 体相互作用項となる．その相互作用パラメータが U_i である．主要な模型のもつパラメータは，ゼロでない t_{ij} が与えるグラフとその頂点と辺に与えられた各 t_{ij} の値が挙げられる．これが全体として系が格子状の構造をもっていれば強結合バンド構造を作る．その次に t_{ij} の代表値(あるいはバンド幅)に対する相互作用パラメータ U_i の相対的な大きさが挙げられる．最後に，電子数，あるいは電子数と格子点数の比がある．これらの組合せで様々な電子相が発現する．

ハバード模型における厳密解の代表例は，Lieb-Wu による 1 次元鎖に対する Bethe 仮説法を用いた厳密解である[5]．この 1 次元模型の解には，特徴的な対称性に基づく状態ベクトル間の代数構造が知られており，長距離相関関数の評価も得られている．ハーフフィルドと呼ばれる電子数と格子点数が一致するパラメータ上の特異点では，スペクトル上明らかにハバードギャップが形成されているが，それは高橋 k-Λ ストリング解[6]と呼ばれるある種の束縛状態が起源であるということも知られている．

発現する磁性も多彩であり，局在磁性，遍歴磁性の典型的な相を厳密解に見出すことができる．局在磁性としては，ハーフフィルドにおいて U を十分な大きさにとった場合がある．このとき，模型をさらにハバードギャップで分離された再下端の一群の状態に制限する射影を利用すれば，ハイゼンベルグ模型が有効模型として得られる．このハイゼンベルグ模型に対して，そのエネルギー状態の順序に関する Lieb-Mattis の定理が知られている[7]．この定理がハバード模型に対して拡張証明されたものとみなされているのが，ハバード模型に関する 2 つの Lieb の定理である[8]．これは，実用上は格子構造を副格子点数にずれのある 2 副格子構造にとれば，斥力をもつハーフフィルド・ハバード模型の基底状態が自発磁化をもつとするものである．この定理の示す状態に，フェリ磁性秩序が発生していることを示した Shen らの定理が知られている．これは注目すべきもので，自発的磁気秩序状態が証明されている数少ない例である[9]．

次に特筆すべきが，Nagaoka の定理である[10]．これはハーフフィルドから 1 つだけ電子数が減少し，かつ $U=\infty$ という極限をとったいくつかの種類の

格子上のハバード模型で証明されている．発生する基底状態は，完全強磁性状態であり，無限小励起が存在する金属状態である．完全強磁性状態の部分空間に限ると，もとのバンドそのままの分散となっているが，磁気励起を伴う素励起を考えると大変有効質量が増大しているような特殊な金属状態を発生している．

ある性質をもつ格子構造を考えると，一電子バンドに特徴的な構造が現れることがある．この特異なバンド構造を利用した強磁性基底状態が証明されているいくつかの例が知られている．特に，分散がないバンド構造が発生する模型を基にして平坦なバンド上の強磁性を発現するハバード模型が議論されている．それを代表するのが，Mielke や Tasaki らの証明である[11]．その発展として，一電子バンド構造には特異性がなく，しかし強相関領域に強磁性基底状態発現が証明されている Tasaki の厳密解も知られている[12]．

こうした厳密解につながる現実の物質系を見出していくには，もう1つ別の知識体系が必要であると認識される．物質設計として完成させるには，狙っている構造の価電子バンドにこのような特異性のある磁気構造を発生させるだけでなく，その価電子バンドを作る結晶の凝集エネルギーが十分に安定な極小点になっている必要があるからである．現在のところ，これは知識データベースとして提供されるものと考えられており，CMD では日々その更新がなされている．

11.3 有効模型の決定理論が果たす役割

新しい密度汎関数法の考え方によると，U 項は遮蔽クーロン項として現れるのではなく，全く異なる視点から導入される．このことは U の意味そのものを変更すると同時に，前節で述べたような∞に近い大きさの U という条件を物質中で探す可能性についても我々の考えを一新すると期待される．

まず，多電子系の表現には，必然的に一電子軌道で系を展開した有効模型が用いられると考えられる．この軌道の決定には，Kohn-Sham 方程式に事実上同一視される有効一電子軌道の決定方程式を充てることができる．ただ

し，電子密度のみを再現する立場ではこの先には進めない．そこで，揺らぎの効果を考察する．局在性の強い電子軌道上に考えるべき揺らぎとして，密度揺らぎをまず考慮すべき，と考えるのは自然だろう．原子核の与えるポテンシャル場中の非一様なクーロン多体系では，状況として各原子核の周りに原子軌道起源の軌道が結晶化した後でも残りうることは想定できる．遍歴性を帯び始めるこの軌道において，揺らぎの発生がどの程度であるかは，個々の物質構造に依存して決まることになる．新しい密度汎関数法では，密度に加えてこの密度・密度相関関数の再現を要請すると，自然とハバード模型と見なせる格子模型が現れてくることが示されている(基礎編第 11 章参照)．

すると再現すべきは相関であり，それをモデル系において制御しているのが U ということになる．U を遮蔽クーロン相互作用と考える以上，その値が ∞ ということはあり得ない．しかしながら，相関の発達が十分で，U による密度揺らぎの押さえ込みが極端になることは，クーロン系でも十分に考えられる．そのとき，対応する模型では，U の値が必然的に非常に大きくなるだろう．ハバード模型では，かなり多くの面白い現象が，U の値自身をみると相当大きな値の領域において現れる例が多くある．これまで，バンド幅と比較して想定されてきた U が実験データとは必ずしも整合しないことが多かった．しかし，基底状態の再現のみを目指す密度汎関数法においては，現れうる U はあくまで基底状態の相関を決めるのみである．光電子分光実験の場合のように，励起された軌道上の電子が，他の電子の状態にどのような変更をもたらすのかについての効果を考える必要がある問題では，この励起状態を再現するように模型を軌道の自由度をそのままにして調整すべきであって，そのとき励起エネルギーを与えるハバードギャップの値は基底状態の表現に用いる U とは異なるといえる．

ここで，LDA+U 法に代表されるように，Kohn-Sham 軌道から出発して電子相関効果を直接評価する方法論がすでにある程度の成功を収めているのではないか，という意見があるかもしれない．しかし，新しい密度汎関数法によらないこれらの方法には，モデルの一意性と整合性の点においても重大な問題点があるともいうことができる．両者について簡単に説明する．まず，

応用 11 相関電子系設計への指針

Kohn-Sham 軌道にはすでに用いている交換・相関エネルギーにおいて相関の評価がなされている．したがって，その軌道で単純にクーロン相互作用や遮蔽クーロン相互作用を評価するためには，Kohn-Sham 軌道決定の時点で評価した相関エネルギーの相殺を行わなければならない．逆にこの相殺が行えるとすると，U 項を少し変化させても，相殺項を同時に動かせばエネルギーを再現できてしまう．これは U の値が一意的に定まらないことを結論してしまう．そして，U 項導入後に得られた密度をもとの Kohn-Sham 方程式で用いる各密度汎関数に戻してよい保証はない，という整合性に関する問題点を残している．

これらの困難は新しい密度汎関数法ではもともと回避されている．そこでは，モデルの一意性証明が基本となる．また，Kohn-Sham 方程式が一般化された拡張 Kohn-Sham 方程式に置き換えられており，そこでは相互作用模型により密度が再現されるとして密度汎関数法が整合的に構成されている．さらに，この揺らぎを考慮することが妥当であるか否かの判断基準として，軌道上の占有数と揺らぎの値による評価法を与えることができる．基礎編第 11 章で議論しているように，対応するクーロン系での相関の発達を確認することで，原理的には U を考えるべき軌道数を定めて，最適な模型を見出すことができる．

第一原理的にハバード模型が定義されることになると，これまでの物性理論において重要な役割を果たしてきた密度汎関数理論によるバンド計算理論と相関電子系の標準模型の 1 つであるハバード模型が統一して議論されることになったのである．それは，密度行列汎関数理論の新しい方法論として実現しているが，U 項に現れる相関を表現するパラメータ U 自身を汎関数とみなすというこの議論はここでは省略する．なお，ここでいうハバード模型は軌道ごとに U の値が異なるものであって，また U を考えない軌道が現れていても構わない．以上により，現在進められている強相関電子系における電子斥力起源超伝導の理解が，短距離型の有効相互作用による模型の範囲で解析可能であると判断されるのであれば，我々は作り上げることができた第一原理的ハバード模型を適用してこうした超伝導機構をもつ物質の設計が原

理的にできると判断することになる．また，外場に対する巨大応答を示す遷移金属酸化物系の物質を量子シミュレーションに載せて，相の特定と新しい量子相転移について予測を行うことも可能性の範囲に含まれてくる．

11.4　むすび

　ここまでは，あくまで新しい密度汎関数法が実用的計算手法として実現されることを前提とした説明を行ってきた．我々の今いる位置は，旧来の密度汎関数法でいえば，Kohn-Sham 理論が成立した当初にほぼ類似の草創期にあたる．こののち，必要とされる交換・相関残差に関する実用的評価法を確定していく重要な作業が残されている．したがって，現時点では，旧来知られている方法との差異は，原理的な面のみになると思うかもしれない．しかし，すでに述べたいくつかの評価法を応用してみようという人々が現れつつある．

　技術的課題も多くある．1 つには，かなり大規模な系を高速シミュレーションする技術，決定された電子状態から Born-Oppenheimer 近似の範囲で最適化結晶構造を探す探索技術などである．これらは，すでに通常の密度汎関数法の理論の中で開発されてきた方法論を拡張して用いることで解決できると予想する．そこで，残されているこれらの問題は，そう遠くない時期に解決されると考えられる．その方法の開発自身が物質設計の課題を解く CMD そのものであるともいえるだろう．

　物理的側面からの課題は，以下のとおりである．ここで，超伝導機構の基本となる BCS 型のフォノン機構による超伝導体を考えよう．この超伝導体の基底状態は，格子振動の自由度が量子化された上で電子系に有効相互作用を与え，その多自由度系が全体として巨視的量子状態を形成したものと認識される．すると，現在の Born-Oppenheimer 近似を用いてモデル化した多電子系に対する非相対論的 Schrödinger 方程式を再現する範囲では何もわからないということになる．つまり，第一原理的に BCS 超伝導体を理論設計するには原理的に解決しなければならない課題が残っていると考えられる．しかし，次世代を担う読者はすでにどのようにすればこの課題が解決可能であるか

予測可能だろう．

　仮にBorn-Oppenheimer近似の範囲でよいとしても，設計の基準となる物質の選択をどのように行うかという問題も残っている．本来「物質設計への応用」を目指すべき本章が扱うべき内容は，物質の選択方法そのものである．では，ここまで読んで結局のところ少し失望を感じるだろうか？　我々はそうではないと考える．これまでに学んだ計算事例，具体的な現場において課題となっている物質系を想起すると，自ずと適用されるべき模型が見えてくると同時に，目標とされる機能を抽象したときに，より適切な物質構造をどのように取るべきかの指針も見えてくるのではないだろうか．

　自然の造形は人類の想像を遙かに超えて精緻な答えを見せてくれるので，決して人間が想像した程度のことでは物質の形体を間違いなく予測する段階までは及ばないであろう，つまり物質設計はたまたま近似的にうまく行く以上のことを除けば不可能であろうという予測は最終的に正しいのかもしれない．人間の手で電子系の示す諸相を予め知るということには，自ずから限界があって必ず見落としていることによる効果が現れるとする警鐘である．しかし，人間の考えることに限界が本当にあるのだろうか？　面白いことに人間自身も自然の造形である．この自然の造形において，物質系が示しうる可能性を完全な形で予想しきる能力がいつか見出されることは，否定できない．

[11章　参考文献]

[1] J. Hubbard: *Proc. Roy. Soc. A* (1963) 276 238; *ibid.* (1965) 277 237; *ibid.* (1964) 281 401.
[2] P.W. Anderson: *Phys. Rev.* (1961) 124　41.
[3] P.B. Wiegmann: *Phys. Lett.* (1980) 80A 163.
[4] N. Kawakami and A. Okiji: *Phys. Lett.* (1981) 86A　483.
[5] E.H. Lieb and F.Y. Wu: *Phys. Rev. Lett.* (1968) 20　1445.
[6] M. Takahashi: *Prog. Theor. Phys.* (1972) 47　69.
[7] E.H. Lieb and D.C. Mattis: *J. Math. Phys.* (1962) 3 749.
[8] E.H. Lieb: *Phys. Rev. Lett.* (1989) 62 1201; *ibid.* (1989) 62 1927.

[9] S.Q. Shen, Z.M. Qiu and G.S. Tian: *Phys. Rev. Lett.* (1994) 72 1280.
[10] Y. Nagaoka: *Phys. Rev.* (1966) 147 392.
[11] A. Mielke and H. Tasaki: *Commun. Math. Phys.* (1993) 158 341.
[12] H. Tasaki: *Phys. Rev. Lett.* (1995) 75 4678.

索　引

あ　行

アンチサイト砒素　223
一般化勾配近似　10
ウルトラソフト擬ポテンシャル　64,65
会合脱離過程　344,354
エネルギー汎関数　76
オンサガーの定理　329

か　行

カー・パリネロ法　83-87
回映　103
解離吸着過程　344
化学シフト　55
可逆時間リウビル演算子　98
簡約化密度行列　201
基準振動　266
　——座標　267
　——数　266
希薄磁性半導体　222,226
擬波動関数　56
擬ポテンシャル（Pseudo potential）法　15,54-60,77
基本格子ベクトル　105
基本単位胞　124
逆行列（INTRA）　167,168
逆格子　110,113
　——ベクトル　115,128
既約表現　130
球ベッセル関数　41
凝集エネルギー　276
強相関電子系　199
共鳴多光子イオン化法　354
局所スピン密度近似　332
局所透過行列（LOTRA）　167,168
局所反射行列（LORE）　167,168

局所密度近似（LDA）　10,19
空間群　125
区間内一定ポテンシャル近似　166
グリーン関数　42
群速度　331
群の位数　103
計算機ナノマテリアルデザイン　16
形成エネルギー　277
結晶点群　103
交換相関エネルギー　8
交換相関ポテンシャル　9
格子　105
　——型　123
　——点　105
構造定数　44
恒等操作　102
コーン・シャム方程式　9,77
コヒーレント t 行列　45
コンダクタンス　176

さ　行

最小自乗法　334
自己組織膜　269
実空間差分法　180
シミュレーティドアニーリング法　288
シミュレーティド急冷法　289
剰余類　105
　——定理　105
振動加熱　353
振動補助吸着　355
スーパーセル　251
　——法　229
ステアリング効果　359
ストレス　80
スピングラス　223

391

スピントロニクス(スピンエレクトロニクス)
　　222,227
線形補間テトラヘドロン法　134
線形補強平面波　137
相関エネルギー　379
速度自己相関関数　292
速度スケーリング法　94
ソフト擬ポテンシャル　64

た 行

第一原理　16
　　――分子動力学法　81,157
第一種ハンケル関数　41
ダイヤモンド構造　107
多体問題　4
ダビッドソン法　69,70
単位胞　105
断熱近似　3,75
超音速分子線法　354
点群　103
電子相関エネルギー　285
伝導度テンソル　327,329
凍結フォノン法　281
同時ドーピング法　36
動的双極子モーメント　267,268
動的量子フィルタ　362

な 行

二次補正付四面体法　138
ニュートンの運動方程式　81
熱電効果　327
熱浴　94
ノイマン関数　41
能勢の温度制御　95-97
ノルム　57
　　――保存擬ポテンシャル　57-60

は 行

パーコレーション　241
ハートリー項　8
ハーフフィルド　384

ハバード模型　381,384
バリスティック(弾道)伝導　176
汎関数　5
　　――微分　8
半導体スピントロニクス　33,226,227
バンド計算　13
バンド指数　331
反応経路　161
　　――座標　163
非線形内殻補正　68
フェルミ・ディラック分布関数　325
フェルミ速度　328
フェルミ面　331
不純物アンダーソン模型　382
部分波分解　43
ブラベー格子　122,123
ブリルアンゾーン　116-118,150,341
フルポテンシャルKKR法　14
フローズンコア近似　55
ブロッホ関数　112
ブロッホ条件　112
ブロッホ状態　112
ブロッホの定理　60,110
並進群　125
平面波基底　60
平面波展開　77
ヘルマン・ファイマンの定理　78
ヘルマン－ファインマン力　63
変分原理　7
ホーエンベルク・コーンの定理　5,6
ホール抵抗　330
補強された平面波　13
星関数　334
ボルツマン方程式　326,328
ボルン・オッペンハイマー近似　3,75

ま 行

マスク関数　131
マフィンティン・ポテンシャル模型　13,43
マフィンティン球　13,130,131,137
ミキシング法　137

密度行列　202
　　——演算子　202
密度汎関数理論　5

ら 行

ランダウアー・ビュッティカーの公式　179
ランダウアーの公式　177,179
量子シミュレーション　2,11

A－Z

Anderson法　137
APW (Augmented Plane Wave)法　13
A座標系　122
Bloch関数　128
B座標系　124
coupled-channel type Schrödinger方程式　165, 166
CPA (Coherent Potential Approximation)　40,45
C座標系　125
D_{4h}(群)　105
FLAPW (Full-potential Linearlized Augmented Plane Wave)法　54
Hartree原子単位　122
Heisenberg模型　236
INTRA (Inverse Transmission Matrix)　167
KKR (Korringa-Kohn-Rostoker)法　13
K点群　119

kの星　119,129
LAPW (Linear Augmented Plane Wave)　137
LCAO (Linear Combination of Atomic Orbitals)近似　381
LMTO (Linear Combination of Muffin-Tin Orbital)法　14
LORE (Local Reflection Matrix)　167
muffin-tin球 (MT球)　130
NANIWA2001　157
N-representability　194,196
Nudged Elastic Band (NEB)法　270
O(群)　104
OBM (Overbridging boundary-matching)法　180, 185
O_h(群)　103
OPW (Orthogonalized Plane Wave)法　14
RMM-DIIS (Residual Minimization Method-Direct Inversion in the Iterative Subspace)法　71
Seitzの記号　125
T(群)　104
T_d(群)　104
T_h(群)　104
t行列　42
Verletのアルゴリズム　88
v-representability　196
Weinertのフルポテンシャル法　137

執筆者紹介（50音順）

赤井　久純　　Hisazumi　Akai
　所　　属：大阪大学大学院理学研究科・教授　理学博士（2011.10 現在）
　　　　　　　東京大学物性研究所・特任教授　理学博士（2017.7 現在）
　生年月日：1947 年 11 月 10 日
　最終学歴：大阪大学大学院理学研究科（博士）
　専　　門：物性理論
　e-mail：akai@issp.u-tokyo.ac.jp

小口多美夫　　Tamio　Oguchi
　所　　属：大阪大学産業科学研究所・教授　理学博士
　生年月日：1956 年 3 月 18 日
　最終学歴：東京大学大学院理学系研究科（博士）
　専　　門：物性理論
　e-mail：oguchi@sanken.osaka-u.ac.jp

小倉　昌子　　Masako　Ogura
　所　　属：大阪大学大学院理学研究科・助教　理学博士（2010.10 現在）
　生年月日：1977 年 11 月 12 日
　最終学歴：大阪大学大学院理学研究科（博士）
　専　　門：物性理論

小野　倫也　　Tomoya　Ono
　所属：大阪大学大学院工学研究科・助教　工学博士（2010.10 現在）
　　　　筑波大学計算科学研究センター・准教授　工学博士（2017.7 現在）
　生年月日：1974 年 12 月 21 日
　最終学歴：大阪大学大学院工学研究科（博士）
　専　　門：計算物理，固体物性
　e-mail：ono@ccs.tsukuba.ac.jp

笠井　秀明　　Hideaki　Kasai
　所　属：大阪大学大学院工学研究科・教授　工学博士（2011.10 現在）
　　　　　明石工業高等専門学校長（2017.7 現在）
　生年月日：1952 年 1 月 23 日
　最終学歴：大阪大学大学院工学研究科（博士）
　専　門：物性理論
　e-mail：kasai@akashi.ac.jp

草部　浩一　　Koichi　Kusakabe
　所　属：大阪大学大学院基礎工学研究科・准教授　理学博士
　生年月日：1965 年 12 月 11 日
　最終学歴：東京大学大学院理学系研究科（博士）
　専　門：物性理論
　URL：http://www.artemis-mp.jp/
　e-mail：kabe@mp.es.osaka-u.ac.jp

佐藤　和則　　Kazunori　Sato
　所　属：大阪大学大学院工学研究科・准教授　理学博士
　生年月日：1971 年 12 月 6 日
　最終学歴：大阪大学大学院理学研究科（博士）
　専　門：材料理論科学
　e-mail：ksato@mat.eng.osaka-u.ac.jp

白井　光雲　　Koun　Shirai
　所　属：大阪大学産業科学研究所（産業科学ナノテクノロジーセン
　　　　　ター）・准教授　工学博士
　生年月日：1957 年 3 月 2 日
　最終学歴：千葉大学大学院理学研究科（博士）
　専　門：物性理論
　e-mail：koun@sanken.osaka-u.ac.jp

Diño Wilson Agerico Tan
所　属：大阪大学大学院工学研究科・准教授　工学博士
生年月日：1969 年 12 月 1 日
最終学歴：大阪大学大学院工学研究科（博士）
専　門：物性理論，計算機マテリアルデザイン
e-mail：Wilson@dyn.ap.eng.osaka-u.ac.jp

浜田　典昭　　Noriaki　Hamada
所　属：東京理科大学理工学部・嘱託教授、大阪大学大学院基礎工学研究
　　　　科・特任教授　理学博士
生年月日：1951 年 2 月 12 日
最終学歴：大阪大学大学院理学研究科（博士）
専　門：計算物理学，物性理論
e-mail：hamada@rs.tus.ac.jp

広瀬喜久治　　Kikuji　Hirose
所　属：大阪大学大学院工学研究科・特任教授　理学博士（2011.10 現在）
　　　　大阪大学名誉教授（2017.7 現在）
生年月日：1943 年 8 月 16 日
最終学歴：大阪大学大学院理学研究科（博士）
専　門：計算物理，表面物性

森川　良忠　　Yoshitada　Morikawa
所　属：大阪大学大学院工学研究科・教授　理学博士
生年月日：1966 年 7 月 29 日
最終学歴：東京大学大学院理学系研究科（博士）
専　門：物性理論，量子シミュレーション
e-mail：morikawa@prec.eng.osaka-u.ac.jp

柳瀬　章　　Akira　Yanase
　　所　属：大阪大学産業科学研究所・招へい教授　理学博士（2011.10 現在）
　　　　　　大阪府立大学名誉教授（2017.7 現在）
　　生年月日：1932 年 3 月 1 日
　　最終学歴：名古屋大学大学院理学研究科（博士）
　　専　門：物性理論

吉田　博　　Hiroshi　Katayama-Yoshida
　　所　属：大阪大学大学院基礎工学研究科・教授　理学博士（2011.10 現在）
　　　　　　東京大学工学系研究科・特任教授　理学博士（2017.7 現在）
　　生年月日：1951 年 4 月 21 日
　　最終学歴：大阪大学大学院理学研究科（博士）
　　専　門：マテリアルデザイン
　　e-mail：hkyoshida@ee.t.u-tokyo.ac.jp，hiroshi@mp.es.osaka-u.ac.jp

大阪大学新世紀レクチャー
計算機マテリアルデザイン入門

2005年10月20日　初版第1刷発行　　　　　［検印廃止］
2017年7月31日　初版第4刷発行

　　　編　者　　笠井秀明　赤井久純　吉田 博
　　　発行所　　大阪大学出版会
　　　　　　　代表者　三成賢次

　　　〒565-0871　吹田市山田丘2-7
　　　　　　　　　大阪大学ウエストフロント
　　　　　TEL：06-6877-1614
　　　　　FAX：06-6877-1617
　　　　　URL：http://www.osaka-up.or.jp

　　　印刷・製本所　㈱遊文舎

ⓒ Hideaki Kasai *et al.* 2005　　　　　　　　Printed in Japan
ISBN978-4-87259-152-1

|JCOPY| 〈出版者著作権管理機構　委託出版物〉
本書の無断複製は著作権法上での例外を除き禁じられています。複製される場合は、その都度事前に、出版者著作権管理機構（電話 03-3513-6969、FAX 03-3513-6979、e-mail: info@jcopy.or.jp）の許諾を得てください。